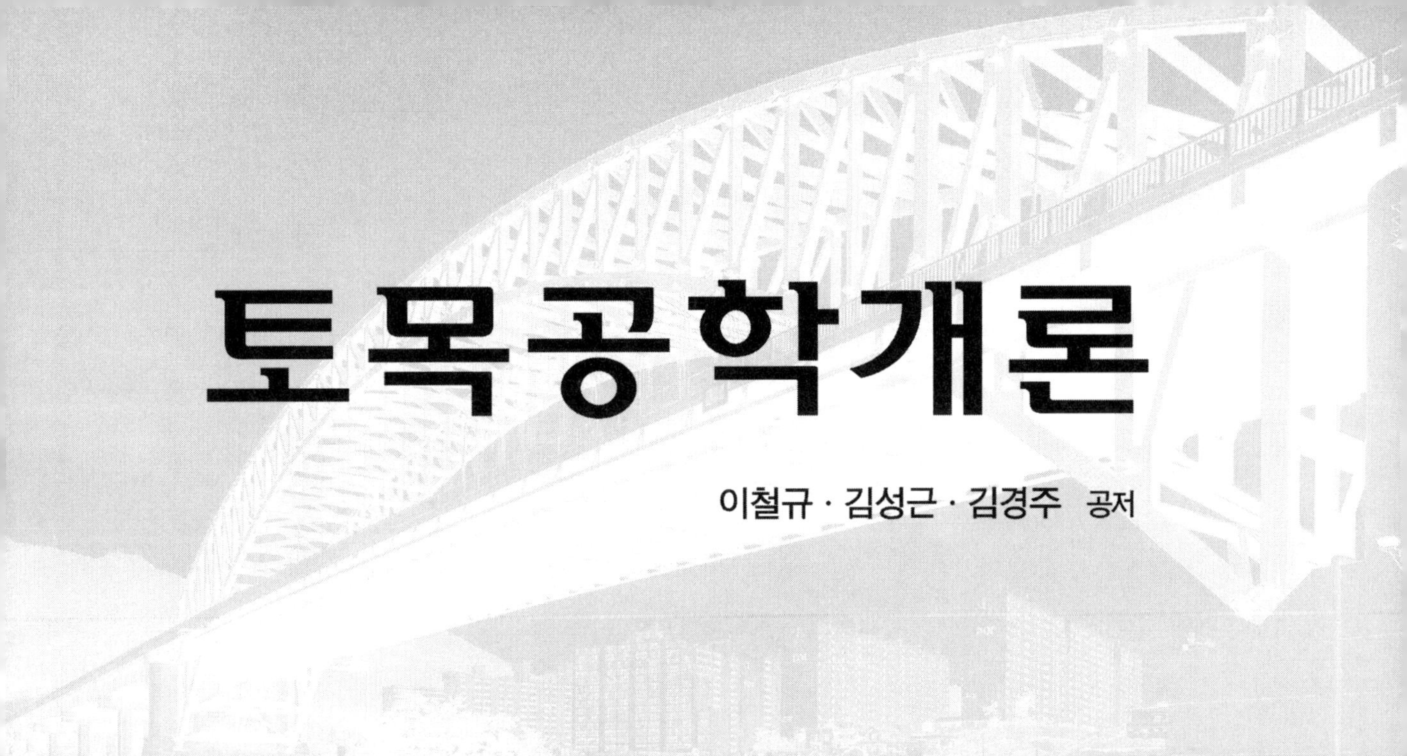

# 토목공학개론

이철규 · 김성근 · 김경주 공저

도서출판
구미서관

# 머 리 말



인류문명의 발달과 함께 한 토목공학은 오늘날 거대한 댐이나 교량을 만들고, 망망대해의 바다를 메워 공항을 만들거나, 시속 300km가 넘는 속도로 달릴 수 있는 고속철도를 건설하는 등 해를 거치며 발전을 거듭하면서 인간의 생활을 한 층 윤택하게 하고 있다. 토목공학을 Civil Engineering이라고 하는 것은 토목공학은 사람들이 숨쉬고 살아가는 터전을 보다 편리하고 안전하게 만들어 가는 것을 목표로 하기 때문이기도 하다. 일부 사람들은 토목공학을 단순히 흙을 쌓아 둑을 만들고 적당히 산을 깎아 도로나 만드는 별다른 지식을 필요로 하지 않는 학문으로 잘 못 인식하고 있기도 하다. 그러나 토목공학은 거대한 자연을 대상으로 하는 학문으로서 구조, 토질, 수리, 수문 등 각 전문영역별로 체계적이고도 심화된 학습을 통해서만이 구체화될 수 있다는 것을 명심할 필요가 있다.

본 서는 토목공학을 처음 공부하는 학생들에게 토목공학의 전반에 대한 폭 넓은 이해와 전공과정에서 기본적으로 알아두어야 할 가장 기초적인 사항들에 관해서만 알기 쉽고 평이하게 설명하고자 하였다. 즉, 전문적인 지식을 열거하기보다는 전문영역이나 응용분야를 공부하기 이전에 각 분야에서 심층적으로 다루고 있는 내용을 개괄적으로 살펴보고, 그에 필요한 공학적인 사전지식에 대한 정보를 제공함으로써 학생들의 방향설정에 길잡이가 될 수 있도록 하였다. 본문에는 가급적 그림과 사진을 많이 포함시켜 처음 내용을 접하는 학생들의 이해를 돕고자 하였으며, 세부적인 전문지식은 과감히 생략하고 각 장의 말미에 수록된 참고문헌 등을 통하여 필요한 때에 심화된 학습을 할 수 있도록 하였다.

본 서는 토목공학을 몇 해 앞서 공부한 필자들의 기억을 더듬어 처음 토목공학을 공부하면서 이해하기 어려웠거나 왜 이런 과목이나 내용들을 배워야 하는지 혹은 이러한 과목간에 어떠한 연계성을 가지고 어떻게 심화된 학습으로 진행시켜 나갈 것인지를 모른 체 맹목적으로 공부한 시행착오를 후배들 또한 겪을 것이라 판단되어 집필하였다. 그러므로 본 서는 토목공학의 모든 분야를 집대성한 완성본이 아니고, 토목공학이란 학문을 처음 배우는 사람들에게 토목공학이란 전체적인 숲을 조망시키고, 각 분야의 가이드 게이트가 될 수 있도록 앞으로 보다 알찬 내용으로 지속적인 수정과 보완의 과정을 거쳐갈 것이며, 이 과정에서 선배제현들의 아낌없는 충고와 도움을 기대하겠다. 이 책이 나올 수 있도록 힘써주신 구미서관 관계자 여러분께 감사의 말씀을 전한다.

저자 일동

## Chapter 1 총 론



## Chapter 2 건설산업 일반

CONTENTS

## Chapter 4 측 량

# 차 례



## Chapter 5 역학과 구조공학



Contents

CONTENTS

## Chapter 6 콘크리트와 토목재료

## Chapter 7 지반공학 및 암반공학

CONTENTS

## Chapter 8 도로공학



## Chapter 9 수공학

## CONTENTS

Civil Engineering

Chapter 1

# 총 론

# 1.1 토목공학의 정의

토목공학(土木工學, Civil Engineering)은 인간생활의 편리성을 추구하는 학문으로서 우리 일상생활에서 매우 중요한 역할을 하고 있다. 토목공학은 궁극적으로 인간생활에 없어서는 안될 각종 사회기반시설물을 구축하는 것을 목표로 하며, 시설물이 최적의 성능을 갖도록 함과 동시에 지진이나 태풍 등 각종 재해로부터 안전하도록 설계하고 시공 및 유지관리하기 위한 기술을 다루는 학문이라 할 수 있다.

사회기반시설물(Infrastructure)이란 특정한 개인의 이익이나 사용을 목적으로 만들어지는 것이 아니라 불특정 다수의 생활을 편리하게 하고, 쾌적하고 안전하게 할 목적으로 만들어지는 시설물로서 다른 산업활동의 원활한 수행에 필수적인 요소이다. 사회기반시설물의 대표적인 것으로는 도로, 공항, 항만, 철도, 교량, 댐, 상하수도시설, 플랜트설비, 전력시설, 해양시설 등 매우 다양하며, 그 범위 또한 넓다.

따라서 토목공학은 이러한 다양한 시설물이 공통적으로 내포하고 있는 문제와 각 시설물의 특성에 따른 고유한 문제를 해결하기 위한 기술을 다루는 학문이라 할 수 있다.

1828년 영국의 T. Tredgold는 영국 토목학회(The Institution of Civil Engineers)헌장을 통하여 토목공학을 "국내무역을 위한 도로 · 교량 · 수로교 · 운하 · 하천항로 · 내항의 건설과 국제무역을 위한 항만 · 돌제 · 방파제 · 등대의 건설 및 인공동력에 의한 항해, 기계의 건설 및 이용, 도시하수도의 건설에 의한 국제무역 · 국내무역을 위한 국내의 생산교통수단을 만들어 인간에게 도움이 되도록 자연계의 많은 자원을 지배하는 기술"이라 정의하였다[1]. 결국 토목공학은 인간이 살아가는 생활터전을 만들고 산업의 발전과 원활한 생산활동을 돕기 위한 기반기술이라 할 수 있다.

한편 미국 토목학회(ASCE: American Society of Civil Engineers)에서는 토목공학에 대한 정의를 "환경의 창조 · 개량 · 보호나 사회생활 · 산업 · 교통을 위한 시설물 및 인간이 사용하는 구조물의 건설을 수행하고, 인류의 복지를 증진하기 위하여, 자연에서 얻어지는 재료와 에너지를 경제적으로 이용하는 방법을 개발하는 목적을 가지며, 연구 · 경험 · 실무 등을 통하여 얻어진 수학적, 물리학적 과학지식과 판단을 이용하고 응용하

1) 日本土木學會(1982), 土木工學ハンドブック(上), 東京 : 技報堂, pp.7

는 전문분야이다."라고 정의하고 있으며 이 역시 마찬가지 개념을 담고 있다.[2)]

그러면 토목공학을 공부하는 토목기술자는 어떠한 일을 수행하고 어떤 역할을 할 것인가에 의문이 생긴다. 우선 토목기술자는 공공, 상업용, 또는 산업용의 다양한 구조물을 계획, 설계, 시공하고 유지하는 일을 한다. 또한 도로, 철도, 공항, 터널, 개수로, 교량, 항만, 파이프라인 등 국내 또는 국가간 수송체제를 이루는 것을 계획하고 건설한다.

그리고 물을 저장하였다가 우리의 일상생활을 충족시키고자 제 시간에 필요한 양의 물을 분배할 수 있도록 댐, 운하, 기타 관개시설을 계획하고 건설한다. 토목기술자는 우리의 편의와 건강을 유지하는데 도움이 되도록 상수도, 하수도, 오물처리장 등의 시설을 설계하고 건설한다. 경우에 따라서는 측량기술자 또는 도면의 제도를 담당하는 사람들의 업무를 지도하고 감독하는 경우도 있다. 이처럼 매우 다양한 일을 담당하므로 토목기술자는 수학, 물리, 역학, 기타 공학적인 지식을 충분하게 습득할 필요가 있다.

지금까지 설명한 사항을 종합하면 다음과 같이 토목공학을 정의할 수 있다[3)].

1) 토목공학은 사람이 자연의 가혹한 조건 즉, 눈, 바람, 비, 추위, 심한 더위 등으로부터 피하기 위한 구조물을 만드는 직업인이 전공하는 학문이다.
2) 토목공학은 인간의 생명유지에 필요한 물, 공기를 공급하고 청결하게 유지하는 학문이다.
3) 토목공학은 인간에게 불리한 자연환경을 친근한 것으로 변환시키고 유지 보존하며, 편리한 것으로 만들어 인류문화의 발달에 전념할 수 있도록 하는 학문이다.
4) 토목공학은 자연의 힘과 자원을 인류에게 유용하게 만드는 예술과 과학의 결합체이다.
5) 토목기술자는 상기 목적을 달성하기 위한 구조물과 방법을 계획하고 발전시키고 또 이런 과정을 감리하기 위하여 특별히 교육받고 경험있는 사람을 의미한다.

---

2) 赤木俊允 et al.(1976), 土木工學大系 17 "プロジェクト·マネジメント", 東京 : 彰國社, pp.6, 원문은 "Civil Engineering is the profession in which a knowledge of the mathematical and physical sciences gained by study, experience, and practice is applied with judgement to develop ways to utilize, economically, the materials and forces of nature for the progressive well-being of mankind in creating, improving and protecting environment, in providing facilities for community living, industry and transportation, and providing structures for use of mankind."

3) 김동현(1973), "토목공학의 정의와 분야", 대한토목학회지 제21권 제2호, pp.38-45

## 1.2 토목공학의 특성

토목공학은 인류에게 없어서는 안 될 주요한 사회기반 시설물을 제공하지만, 완성된 시설물의 소유는 특정한 개인이나 집단이 아닌 국민 전체의 소유가 된다. 그러므로 국민을 대신하여 행정기관이 대신하여 관리하고 안전하게 유지되도록 할 책임이 있다. 토목공사는 다른 산업분야와 달리 몇 가지 구분되는 특징을 갖는다. 가장 명확히 구분되는 점은 수주산업(受注産業)이라는 점이다. 즉, 미리 생산되어 있는 제품을 가격과 성능을 비교한 후 구매하는 것이 아니라, 필요성이 생길 때마다 주문에 의해 생산되는 것이다. 건설공사가 다른 산업과 다른 특성은 다음과 같다.

### (1) 수주생산(受注生産, Contracting Job)

발주자의 주문에 의하여 생산에 착수하게 되며, 그 때마다 수주자(건설업체)는 발주자의 요구에 맞는 목적물을 건설하게 된다. 따라서 계획적으로 수주활동을 할 수 없고 생산에 미리 착수할 수도 없으므로 기술인력, 자금, 자원 등을 효과적으로 배분하는데 매우 많은 어려움이 있다.

그림 1.1 토목공학의 특성

### (2) 공공사업(公共事業, Public Works)

대부분의 대형 건설공사는 국민 전체의 이용을 전제로 하여 국민의 세금을 재원으로 건설된다. 공장, 주거용 건축물 등 민간공사의 경우에는 특정한 개인을 위해서 시행되는 것도 있으나, 정부가 주도하는 사회기반시설물 건설공사의 경우, 국민의 복리증진 및 산업의 발전을 위한 기초가 된다.

### (3) 단품생산(單品生産, Sole Production)

수주에 따라 발주자의 요구는 동일한 시설물일지라도 내용적으로 같을 수 없다. 동일한 형식의 교량을 시공하더라도 현장의 시공조건과 특성, 사용목적과 규모, 재료 등이 모두 달라지므로 내용적으로는 유일한 교량을 시공하는 것과 같다. 이 점이 제조산업과 달리 대량생산체제를 갖추기 어려운 점으로 작용한다.

### (4) 현장생산(現場生産, Field Works)

건설공사는 위치이동이 불가능하므로 직접 구조물이 만들어질 위치에서 시공이 되어야 하는 현장생산이다. 따라서 지형, 지질, 기후, 토지사정 등 자연조건에 영향을 많이 받게 된다. 요즘에는 구조물을 작게 나누어 공장에서 만든 후 현장에서 조립하여 완성해나가는 프리캐스트(Precast) 시공이 늘어나고는 있으나, 시공의 대부분은 현장에서 직접 완성하지 않으면 안 된다. 따라서 주로 야외에서의 작업이 많기 때문에 자연조건에 직간접적인 영향을 받는다.

### (5) 종합적인 공사(Comprehensive Works)

건설공사는 규모가 작은 공사일지라도 여러 종류의 서로 다른 공사가 복합적으로 내포되어 공사를 완성한다. 즉, 구조물 기초(Foundation)를 시공하기 위해 흙을 다루는 토공(Earth work)에서부터 철근의 배근, 콘크리트 타설, 양생과 마감에 이르기까지 거쳐야 하는 공종이 대단히 많다.

### (6) 대상범위가 넓고 대규모 공사(Large Scaled Project)

흔히, 건설공사는 지상에 구조물을 축조하는 작업만을 생각할 수 있으나, 그 범위를 확장하면 해양개발, 극권개발 더 나아가 우주개발에 이르기까지 아주 광범위한 공간을 대상으로 한다. 현대사회가 고도화 될 수록 이러한 현상은 더욱 두드러게 나타나는 현상으로 인류의 복지증진을 위해 개발할 영역은 무한히 존재한다.

### (7) 공사기간이 길다(Long Period Project)

그림 1.2 인천국제공항

대부분의 건설공사는 공사에 소요되는 순 공사 기간이 짧게는 몇 개월에서 길게는 수 십년간 계속될 정도로 그 기간이 길다. 최근 개통된 경부고속철도만 보더라도 지난 '91년에 계획이 수립된 이후 약 13년이라는 긴 공사 끝에 완공되었다. 인천 국제공항의 경우에도 '90년에 영종도가 신공항 건설입지로 선정된 후 '01년 개항까지 약 11년이 시간과 약5조 6천억원이라는 막대한 건설비용이 투입되었다. 이처럼 건설공사의 공사기간이 긴 이유는 건설현장에서 직접 시공하는 옥외생산이라는 점도 공사기간이 길어지는 한 요인이 되지만, 지반 안정화 기간, 콘크리트의 양생기간 등 필수적인 최소한의 소요기간(Work duration)이 필요하기 때문에 공사기간이 길어지게 되며, 또한 대규모 건설공사에는 많은 공사비와 공사용 기계, 노동력 등이 필요한 것도 그 한 요인이 된다.

### (8) 공사비용이 많이 들고 노동집약적인 산업

토목공사의 대상이 되는 사회기반시설물은 대부분 대규모시설로서 새로운 시설을 건설하는데 소요되는 비용이 매우 큰 특징을 갖는다. 또한 건설과정에 기능인력과 기술자가 필요하고 투입되는 건설자재도 막대하므로 자재생산과 고용유발 효과가 타 산업에 비하여 큰 산업이다. 그러므로 경제 불황기에 정부는 불황의 타개책으로 건설경기 활성화를 위한 각종 대책을 내놓고 있다. 건설경기 활성화를 위한 각종 제도적 지원이 시행되면, 건설활동에 종사하는 기술인력의 고용이 늘게되고, 자재의 생산을 위한 제조부문의 경기회복에 도움을 주게 되는 등 산업전반에 연쇄적인 경제효과를 창출하게 되는 까닭이다.

이처럼 토목공사는 제조산업과 달리 독특한 특성을 가지고 있으므로 공사관리의 어려움이 있으며 이를 극복하기 위해서 철저한 시공계획이 요구되는 것이다. 표 1.1은 토목공학의 특성과 그에 따른 문제점을 요약한 내용이다.

표 1.1 토목공학의 특성

| 특 성 | 내 용 |
| --- | --- |
| • 수주생산 | • 주문에 의한 생산<br>• 계획적인 사전생산이 어려움 |
| • 공공사업 | • 불특정 다수를 대상으로 하는 공익사업<br>• 사회적인 책임이 큰 사업 |
| • 단품생산 | • 고유한 공사내용을 가진 목적물<br>• 대량생산에 의한 비용절감이 어려움 |
| • 현장생산 | • 현장의 작업조건에 영향이 큼<br>• 기후, 기상, 자연조건에 영향을 많이 받음 |
| • 종합적인 공사 | • 공종이 매우 많고 복잡한 선후관계를 가짐<br>• 공사계획이 중요하고 공사관리가 어려움 |
| • 대상범위가 넓고 대규모 | • 육상, 해상, 우주개발까지 대상영역이<br>• 공사의 규모가 매우 큰 경우가 많음 |
| • 공사기간이 길다 | • 장기간에 걸친 작업이 이루어짐<br>• 인근 환경에 미치는 영향이 큼 |
| • 공사비용이 크고 노동집약적 산업 | • 많은 비용의 투자가 필요<br>• 직간접적인 노동의존도가 높음 |

## 1.3 토목공학의 역사

토목공학은 인간의 생활과 밀접한 관계를 가지고 있으므로 그 역사는 인류가 태동한 때부터 시작하여 인류의 진화와 더불어 오늘날까지 계속적으로 발전을 거듭해왔다고 할 수 있다. 인류의 조상이 지능을 갖게 되면서부터 자연재해로부터 자신을 보호하고 보다 나은 생활터전을 확보하기 위한 노력이 누적되면서 토목기술로 발전되어왔다. 오늘날에는 정보통신기술의 비약적인 발전과 나노기술(Nano Technology), 생명공학(Bio Technology) 등과 같은 미래 첨단산업[4]만이 우리의 문명을 선도하고 있는 기술로 인식되고 토목공학은 낡고 전근대적인 학문으로 인식되는 경향이 있으나, 토목공학은 어떤 시대에 있어서도 그 문명을 지탱하고, 문명진보의 원동력 역할을 하였으며, 앞으로도 현대문명을 지속시키고 발전시키기 위해서는 필수적인 학문분야임은 틀림없는 사실이다.

농경사회가 시작되면서 사람들은 취락을 형성하고 한 곳에 정착생활을 시작하게 되었으며, 자신의 취락을 보호하기 위하여 해자, 성벽 등을 축조하기 시작하였다. 이때부터 본격적으로 토목공학이 체계화되고 발전되기 시작하였다. 세계 7대 불가사의 중의 하나인 이집트 피라미드나 중국의 만리장성의 축조를 보면 고대에도 이미 토목기술이 상당한 수준이었음을 짐작케 한다. 기원전 1300년경에 이미 수에즈운하를 완성시켜 선박의 통행을 가능하게 했으며, 기원전 1세기경에는 고대 로마제국에 의하여 압피아가도나 수도교 등의 웅대한 구조물들이 축조되었다. 우리는 피라미드의 축조에서 고대 이집트인들이 이미 정밀한 측량에 대한 지식이 있었고, 무거운 석재를 높은 곳에 올려 쌓기 위한 각종 기술을 가지고 있었으며, 만리장성의 역사에서는 인간의 위대한 힘을 느낄 수 있다. 한편, 영국, 독일, 프랑스, 이태리 등 많은 유럽의 국가에는 중세시대의 건축물이 지금까지도 잘 보존되어 있다. 이 또한 당시의 토목·건축기술과 수준을 잘 표현하고 있다고 할 수 있다. 고대와 중세에는 토목과 건축의 구분 자체가 애매하였고 나아가 예술과의 구분도 명확하지 못했다. 따라서 아름답고 웅장한 건축물을 만들기 위해서는 토목기술과 건축기술, 아울러 미적인 감각을 소유하고 있는 전문가에 의해 구축되었다.

그림 1.3 고대 이집트 피라밋

근대적 의미에서 토목공학이란 용어가 사 용 것은 인류의 역사에 견주어 볼 때 그리 오래된 것은 아니지만 비약적인 발전의 토대는 주로 군사용 목적의 시설물을 만들면서부터이다. 1675년 프랑스 군인이며 기술자인 바우반(Sébastein Le Prestre De Vauban)에 의해 프랑스 공병대가 창설되었으며, 근대 최초의 기술자 집단으로 알려져 있다. 이

4) 6T ; 정보기술(IT Information Technology), 생명공학(BT–Bio Technology), 문화기술(CT–Culture Technology), 환경공학(ET–Environment Technology), 미세공학(NT–Nano Technology), 우주공학(ST–Space Technology)

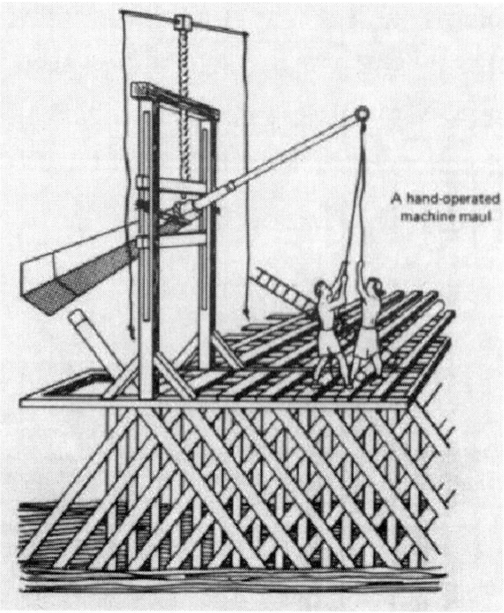

그림 1.4 인력에 의한 말뚝 가설

프랑스 공병대는 난공불락의 요새 구축과 같은 주요 군사시설의 구축을 담당하였다. 이후 1760년에는 역시 프랑스 공병대 중앙 설계국장이던 페로네에 의해 최초의 토목학교(Ecole des Ponts et Chaussées)가 창설되기에 이른다. 토목학교의 창설은 교량·도로·운하·제방·측량·지도작성 등 각종 토목기술이 체계화되고 학문으로서의 틀을 갖추게 되는 계기가 되었으며, 기술자 양성을 담당하는 유일한 고등교육기관으로서, 졸업생들은 군사시설의 건설뿐만이 아니라 공공시설물의 건설에도 종사하게 되었다. 이때부터 토목공학은 군사기술(Military Engineering)로부터 분리·독립되어 시민기술(Civil Engineering)로 발전하게 된 것이다. 비슷한 시기에 영국의 John Smeaton에 의해 토목기술자협회(The Society of Civil Engineers)를 조직하면서 토목공학(Civil Engineering)과 토목기술자(Civil Engineer)로 불리우게 된 것이다[5].

우리 나라 전역에서 발굴되고 있는 고인돌과 선사유적들에 비추어 볼 때 국내에서도 토목공학의 발전은 선사시대부터 계속되어 온 것으로 추정된다. 이후 삼국시대의 성벽 축조와 고분이나 왕릉, 석탑 등을 축조하는 기술과 경주의 안압지와 같은 조경술로 이어졌으며, 고려와 조선조를 거치면서 계속 발전하였을 것이다.

그러나 우리 나라에서 근대적인 토목기술이 체계화되고 독창적인 기술로서 등장한 것은 구한말 일제의 강점 하에 놓인 때부터라고 할 수 있다. 1899년 미국과 일본의 기술자들에 의해서 국내 최초의 철도인 노량진과 제물포를 잇는 총 33.2km의 경인철도가 건설되었으며, 1900년에는 한강에 철교가 가설되었다. 이후 1905년에는 경부선(서울~부산)이 개통되었고, 계속해서 경의선(서울~신의주), 호남선(대전~목포) 등이 차례로 개통되기 시작하였다. 1908년에 뚝섬에 정수장이 건설되어 수자원 관리가 이루어지면서 각지에 치수와 발전을 위한 댐이 건설되기 시작하였다.

5) 伊藤 學 et al.(1992), 土木工學序論, 東京 : コロナ社, pp.19~20

그림 1.5 개통당시와 현재의 경인선 모습

이후 해방과 한국 전쟁으로 폐허화 된 국토를 재건하면서 국내 토목공학은 눈부신 발전을 거듭하였다. 50년대의 전후 복구사업과 60~70년대의 산업화 과정에서는 1970년에는 경부고속도로가 개통되어 국가의 대동맥을 형성하는 등 각 분야에서 많은 인프라가 건설되었다. 70년대 중반부터 80년대까지는 중동의 건설 붐과 국내 주택200만호 건설 등 우리 나라 최대의 건설 호황기를 누렸다. 1950년대 이후 국내건설산업의 성장과정과 주요 성과를 살펴보면 다음과 같다.

### (1) 태동기(~'62)

한국전 복구사업을 위해 건설회사가 설립되기 시작하였으나, 기술력과 장비, 자금 등 모든 면에서 부족하여 정부의 지원과 지도에 의해 겨우 공사를 수행하는 정도였다. 건설은 주로 군사적인 목적의 전략시설과 도로, 철도, 항만 등 기본적인 인프라를 확보하는데 전력하였으며, 미군의 지원으로 현대식 공법과 장비 등에 의한 공사를 경험할 수 있기도 하였다.

### (2) 성장기('63~'72)

전후 복구사업의 마무리와 더불어 정부에서 본격적으로 국가 재건에 대한 의지를 다지며 순차적인 경제개발 5개년 계획에 착수하였다. 이에 따라 산업화에 필요한 각종 사회기반시설의 확충이 필요하여 고속도로와 댐 등이 건설되기 시작하여 1967년 총 연장 29km의 국내 최초의 고속도로인 경인고속도로가 개통되었고, 이어 1970년에는 경부고속도로가 개통되었다. 치수를 목적으로 '67년부터 소양강 다목적댐이 건립되기 시작하였으며 고리 원자력발전소도 준공되어 원자력 시대를 열어갔다.

### (3) 해외 진출기('73～'82)

1973년 석유파동으로 국내 건설산업이 큰 어려움에 부딪치게 되면서 이에 대한 돌파구로서 중동지역의 건설시장으로 눈을 돌리게 되었다. 1, 2차 석유파동 시에 해외건설공사의 대금을 달러로 조달함으로써 국가경제에 막대한 공헌을 하게 되었다. 우리 건설업체들은 성장과정에서 건설한 경부고속도로와 댐 등 비교적 짧은 시간에 많은 인프라시설을 경험하면서 축적된 노하우와 기술이 해외진출의 발판이 되었다. 해외공사는 사우디아라비아의 도로공사와 쥬베일 산업항 기지 건설공사 등을 비롯하여 주변 중동국가에서 대형공사를 많이 수주하여 국내 건설기술자와 기능공이 많이 파견되었다. 한편, 국내에서도 서울 지하철 1호선이 완공되어 지하철시대의 서막을 올리게 되었으며, 부족한 기반시설의 확충에도 아울러 추진되었다.

그림 1.6 양감댐

### (4) 건설 팽창기('83～'97)

해외건설의 활성화는 국내 건설기술의 수준을 국제적인 수준으로 향상시키는 계기가 되었으며, 사회기반시설이 어느 정도 완성되면서 건축시장의 활성화가 두드러진 시기이다. 특히, 1986년 아시안게임과 1988년 올림픽을 유치하면서 각종 경기장 건설과 국민의 주거안정을 위한 주택200만호 건설과 같은 대규모 건축공사가 이루어졌다. 또한 해외에서도 국내업체가 리비아 대수로공사를 수주하여 단일공사로는 세계 최대의 공사를 수행하는 업적을 낳기도 하였다.

그러나 한편으로는 무리한 공사의 수행과 부실시공으로 인하여 성수대교 붕괴사고, 삼풍백화점 붕괴사고 등 대형참사가 연이어 발생하였다. 정부에서는 이러한 건설산업의 구조적인 모순과 문제점을 해결하기 위하여 책임감리제도를 도입하고 사전자격심사(PQ: Pre-Qualificati on)제도를 강화하는 등 다각적인 대책을 강구하게 되었다.

### (5) 구조 조정기('97～현재)

1997년말에 몰아닥친 IMF 외환위기는 국내 건설산업도 막대한 영향을 주게 되었다. 성장일변도를 걸어왔던 건설산업이 국가와 기업의 신인도 하락에 따라 국내 굴지의 건설업체가 도산하고 국내외 건설수주가 큰 폭으로 감소하는 등 급박한 상황에 내몰렸으며, WTO체제의 출범과 함께 무한경쟁에 들어서게 되면서 국내외적으로 더욱 어려운 상황에 직면하게 되었다.

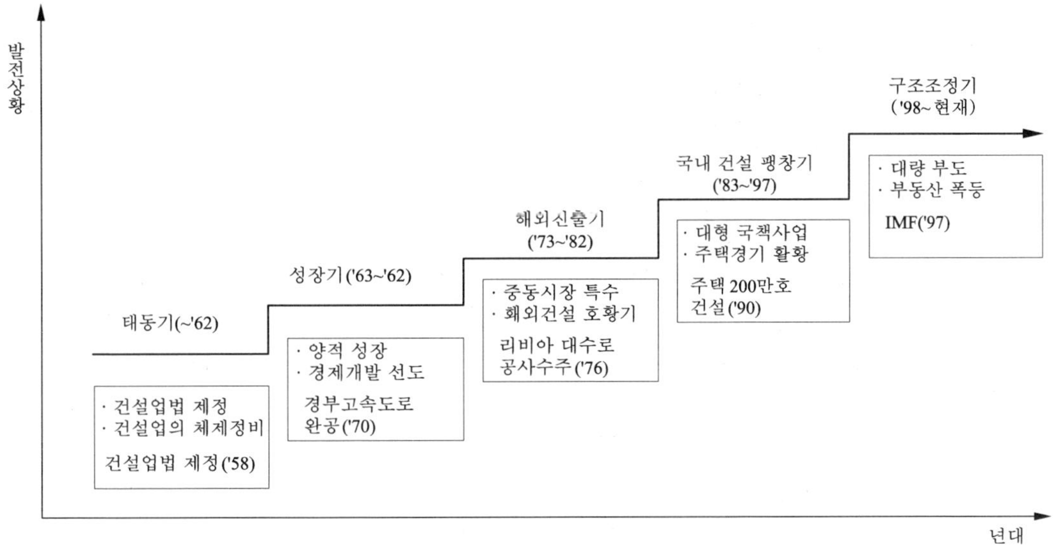


자료 : 삼성경제연구소, “건설업의 위기와 긴급제언”, CEO Information

그림 1.7 국내 건설산업의 발전과정

그러나 국내 건설산업은 그 동안의 성장에서 잠재력이 풍부하게 축적되어 있고, 고급 건설기술인력과 경험과 기술을 갖추고 있어 2000년대에 들어서면서 상황이 조금씩 나아지고 있다. 국내 건설산업은 전 세계적으로도 그 유래를 찾을 수 없을 정도로 가장 짧은 시간에 큰 성장을 한 것이 사실이다. 지난 50여년간 우리 건설산업은 초기 국가 재건사업으로부터 세계 건설사에 남을만한 프로젝트까지 다양한 건설사업을 수행하여 왔다. 특히 중동 건설시장에서 우리 건설업체가 보여준 굵직굵직한 건설사업은 우리나라의 해외건설에 큰 전기를 마련함과 동시에 국가 경제발전에 큰 기여를 하였다.

21세기는 국제화, 개방화, 복삽화, 다원화의 시대이다. 이러한 시대에 건설산업도 더욱 전문화, 고도화하여 기술과 경영에서 국제 경쟁력을 갖추어 나가야만 한다. 이를 위해 산·학·연·관이 합심하여 우리가 가지고 있는 장점을 최대한 살린다면 우리 건설산업의 미래는 계속 성장할 수 있을 것으로 판단된다.

표 1.2 국내외 주요 건설사업의 역사

| 연대 | 주요 공사 | 기타 및 비고 |
|---|---|---|
| 1950년대 이전 | • 경인철도 완공(1899)<br>• 한강철교 준공(1900)<br>• 경부선 완공(1905)<br>• 경의선 완공(1906)<br>• 뚝섬 정수장 완공(1908)<br>• 부전강 발전소 완공(1929)<br>• 수풍댐 완공(1931) | • 일제 강점기<br>• 근대적인 서구 토목기술의 국내 도입 |
| 1950년대 | • 시멘트공장 건설(1954)<br>• 화천 수력발전소 완공(1957)<br>• 김포국제공항 개항(1957)<br>• 청계천복개공사 착수(1958) | • 농지개혁 착수<br>• 전후 복구사업<br>• 정부 기구에 부흥부 설치(1954)<br>• 건설업법 제정(1958) |
| 1960년대 | • 춘천 수력발전소 완공(1961)<br>• 제2한강교 착공(1962)<br>• 경인 고속도로 완공(1968)<br>• 남산 1호터널 완공(1969) | • 국토건설본부 설치(1960)<br>• 부흥부를 건설부로 개편(1961)<br>• 순차적인 경제개발 5개년 계획 수립<br>• 수출 1억불 돌파(1964) |
| 1970년대 | • 경부 고속도로 완공(1970)<br>• 포항종합제철소 준공(1970)<br>• 소양강 다목적댐 완공(1973)<br>• 남해대교 완공(1973)<br>• 서울 지하철1호선 완공(1974)<br>• 대청 다목적댐 완공(1977) | • 사우디 쥬베일 항만공사(1976)<br>• 수도권 신공업도시 건설(1976)<br>• 수출 100억불 달성(1977)<br>• 세종문화회관 개관(1978)<br>• 서울대공원 착공(1978)<br>• 잠실 실내체육관(1979) |
| 1980년대 | • 과천 신도시 착공(1980)<br>• 호남선 복선공사 착공(1981)<br>• 광양 제철소 착공(1985)<br>• 중부 고속도로 착공(1985)<br>• 시화지구 개발 착공(1987) | • 제2차 국토종합개발계획 고시(1981)<br>• 리비아 대수로공사 수주(1983)<br>• 아시안게임(1986)<br>• 서울 올림픽게임(1988)<br>• 주택 200만호 건설계획(1989) |
| 1990년대 이후 | • 서해안 고속도로 착공(1991)<br>• 경부 고속철도 착공(1992)<br>• 인천 신국제공항 개항(2000)<br>• 상암 월드컵 주경기장(2001) | • 제3차 국토개발계획(1990)<br>• 건설시장 개방 UR협정 체결(1993)<br>• 사회간접자본 민자유치계획 발표(1994)<br>• 성수대교 붕괴사고(1994)<br>• 삼풍백화점 붕괴사고(1995) |

# 1.4 토목공학의 대상 분야

## 1.4.1 공학기초 분야

공학기초분야에서 배우는 내용은 이미 고등학교과정을 통해서 수학한 내용의 심화학습이라 할 수 있다. 즉, 고등학교과정에서 배운 내용을 토대로 대학의 학부과정에서 각종 공학을 공부하기 위해 보다 심화된 내용을 학습하는 것이다. 따라서 전공에 관계없이 공학을 공부하는 학생이라면 누구나 알고 있어야 할 기초적인 수학과 자연과학지식을 함양하는 것을 목적으로 한다.

표 1.3 공학기초분야의 주요과목과 내용

| 분 야 | 과 목 | 주 요 내 용 |
|---|---|---|
| 공학기초 | 공 업 수 학 | 공학 전 분야에서 필요한 기초적인 수학지식을 습득하여 공학에 응용 |
| | 일 반 물 리 학 | 학부과정에서 필요한 물리학의 기본적인 지식 |
| | 일 반 화 학 | 학부과정에서 필요한 화학의 기본적인 지식 |
| | 프로그래밍기초 | 컴퓨터를 이용하여 공학문제를 해결하기 위한 기초 프로그래밍 언어 |
| | 정 역 학 | 정지상태에 있는 강체의 역학적 평형과 힘에 대한 기초 |
| | 동 역 학 | 움직이는 강체에 가속화된 운동상태에 관한 기본 이론 |
| | 유 체 역 학 | 유체의 일반적 성질과 역학적 특성의 이해, 유체의 흐름과 거동 |
| | 공 업 역 학 | 정역학, 동역학의 기본원리를 이용한 공학적인 역학문제의 해석 |
| | 수 치 해 석 | 공학분야에 필요한 각종 수학문제를 컴퓨터를 이용한 수치해법 이해 |

## 1.4.2 토목공학의 전공기초 분야

토목공학의 전공기초분야는 특정분야를 막론하고 토목공학에서 필수적으로 알아두어야 할 가장 기본적인 지식들로 구성되어 있다. 이 기초과목들은 구조물의 설계와 시공 혹은 유지관리에 이르기까지 토목기술자가 공학적인 의사결정과 판단에 기초적인 지식으로 이용되고 실제로 토목기술자들은 자신의 전공 또는 주 업무에 관계없이 필수적으로 알아야만 하는 내용을 담고 있다.

토목공학의 전공기초분야는 크게 7가지 정도로 구분되며 대부분의 학교에서 대학원 과정의 전공분야로 심화되며, 대학원과정에서는 각 세부전공별로 심화된 과목을 부가하여 배우게 된다.

### (1) 측량 및 원격탐사 분야

지구상의 모든 지형·지물의 위치에 대한 물리적인 측정과 지도의 제작, 원격탐사를 이용한 지중 구조의 파악 및 자원의 상태 등을 파악하는 분야이다. 건설의 관점에서 측량의 협의의 개념은 지도나 토지의 경계선, 임의의 구역에 대한 면적이나 체적을 등을 측량기기를 이용하여 측정하고 구하는 것이다.

표 1.4 전공기초분야의 주요과목과 내용

| 분야 | 과목 | 주요내용 |
|---|---|---|
| 전공기초 | 측량학 | 지구상 물체의 상호 위치관계를 정확히 구하고 또는 위치를 측설 |
| | 토목제도 및 CAD | 도면의 작성과 파악 및 이해에 관한 기초지식 함양, 전산도면의 작성 |
| | 응용역학 | 하중을 받는 재료의 물성과 역학적 이론 및 기본적 해석 이론 |
| | 토질역학 | 흙과 그에 포함된 물의 거동, 흙과 관련된 물리적 현상과 역학적 해석 |
| | 구조역학 | 토목구조물에 적용되는 역학이론과 기본적인 해석이론 |
| | 강구조공학 | 구조역학적 지식을 기초 강재의 특성과 강구조물 설계와 시공 |
| | 기초공학 | 구조물을 지지하는 각종 기초 형식의 해석과 설계, 기초지반의 안정 |
| | 토목시공 | 각종 토목공사의 시공법과 장비의 이용, 공사관리에 필요한 사항 등 |
| | PS콘크리트 | 프리스트레스 콘크리트 기본개념, PS콘크리트 구조물의 설계와 시공 |
| | 토목재료학 | 토목재료의 물성과 역학적 특성의 이해, 각종 재료의 물성시험 |
| | 암반역학 | 암석의 생성과 특성, 암반의 균열 및 암반사면의 해석방법 등 |
| | 수리학 | 유체역학적 기초지식을 이용하여 물의 성질, 개수로 흐름에 대한 이해 |
| | 수문학 | 물의 순환과 증발산, 지하수·지표수의 흐름, 강우와 유출에 대한 해석 |
| | 철근콘크리트 공학 | 콘크리트의 역학적 특성과 콘크리트 부재의 거동의 이해 및 설계 |

(2) 구조 및 콘크리트 분야

콘크리트 또는 강 구조물의 구조역학적인 해석문제를 주로 다루는 분야와 철근콘크리트 및 PS콘크리트 등 재료의 물성과 특성을 파악하는 분야로 크게 구분할 수 있다. 토목시설물의 설계를 위해서는 구조물에 작용하는 하중 및 그 하중의 배분문제를 구조해석하여 부재의 배치와 단면을 결정하데 된다. 토목시설물에 가장 일반적으로 이용되는 콘크리트의 고강도화, 고품질화를 위한 연구개발도 포함된다.

(3) 토질 및 지반공학 분야

지구상에 축조되는 모든 토목구조물은 지상 또는 지중에 구조되므로 흙에 관한 충분한 지식이 필요하다. 토질역학 및 지반공학에서는 흙의 기본적인 성질, 역학적 성질, 산사태나 비탈사면의 안정, 지질조사와 방법 등에 대해서 배우게 된다.

(4) 수리 및 수문학 분야

유체역학의 기본원리를 토대로 각종 수리학적 현상과 수리구조물의 설계와 시공에 대하여 공부한다. 농업용수와 공업용수 등의 공급을 위한 댐, 도수로, 취수시설과 수력발전설비에 관한 연구가 포함되며, 수문학에서는 지구상의 물의 순환도 다루게 된다. 토목공학에서 물과 관계된 시설은 하천, 상하수도시설, 배수, 항만, 사방댐 등으로서 이러한 구조물의 설계와 시공을 위해서는 물의 성질, 물의 흐름 상태, 물이 흐를 때 다른 물체에 주는 영향 등을 잘 알고 있어야 한다. 그러므로 수리 및 수문학에서는 물과 관련된 모든 공학적인 문제를 다루고 있다.

(5) 도로 및 교통공학 분야

도로공학에서는 보행자와 차량이 통행하기 위한 각종 도로의 설계와 시공, 유지관리 등을 종합적으로 다루는 공학분야이다. 교통량에 맞는 도로의 선형설계, 포장설계, 배수구조물 등의 설계 및 콘크리트 포장공사와 아스팔트 포장공사의 재료와 시공방법 등에 대하여 공부한다. 도로는 대부분 지표면 위에 절토 혹은 성토[6]하여 도로노선을 구축하고 그 위에 차량이 통행할 수 있는 포장을 시공하므로 토질공학과 지반공학 등과 매우 밀접한 관련을 가진다.

한편 교통공학은 도로를 이용하여 사람과 화물의 이동에 관련된 여러 요소들의 상호관계를 파악함으로서 교통체계를 합리적으로 계획, 설계, 운영, 통제하기 위한 학문이다[7]. 교통공학을 공부하기 위해서는 통계학, 수학, 경제학 등의 지식이 필요하며, 구체적으로 교통계획, 교통류 이론, 교통경제, 교통물류, 교통관리체계 등을 배우게 된다. 최근 고속도로나 일반국도에서 교통정보의 제공과 교통량분산을 목적으로 첨단교통관리시스템(ITS: Intelligent Traffic Management System)이 구축되어 운영되고 있다.

### (6) 해안 및 항만공학 분야

항만이란 외해의 파랑과 풍파 등으로부터 선박을 안전하게 정박시킬 수 있는 수역과 승객과 수하물을 신속하고 편리하게 승하역시킬 수 있는 설비를 갖춘 장소를 말한다. 그러므로 항만공학(Harbor Engineering)이란 부두, 방파제, 항로, 계류시설 등의 항만시설을 계획・설계・시공・유지관리에 필요한 기초이론과 지식등을 해안공학적 측면에서 다루는 토목공학의 한 응용분야이다.

해안공학(Costal Engineering)은 해양학(Oceanography)과 기상학 및 유체역학 등에 기초하여 항만공학과 밀접한 관련을 가지는 학문으로서 연안의 파랑에 관한 문제, 방파제와 돌제 등의 해안구조물, 해류에 의한 표사이동, 폭풍과 쓰나미(Tsunami)[8]로부터 해안의 보호 등에 관하여 이론적인 연구와 실험적인 연구를 수행하는 학문이다.

### (7) 건설관리

건설관리(Construction Management)는 공사의 계획, 견적, 계약관리, 장비관리, 공정관리, 원가관리, 품질관리 등 하나의 건설프로젝트를 효율적으로 수행하기 위한 제반 기술, 방법, 절차 및 관리체계 전반에 걸쳐 연구하는 학문이라 할 수 있다. 앞서 살펴본

---

6) 절토(切土; Cutting) ; 육상에서 흙을 깎는 작업을 의미하며 수중에서 이루어지는 절토작업은 준설이라 함
성토(盛土; Banking) ; 육상에서 흙을 쌓는 작업을 말하며 수중에서 이루어지는 성토는 매립이라 함

7) 원제무(1999), 알기쉬운 도시교통, 세진사, pp. 12~13

8) 해양에서 발생하는 지진에 의한 해일을 의미하며, 지진이 많은 일본에서는 쓰나미에 의한 피해가 상당히 큼

토목공사의 특징과 같이 복잡한 공정으로 진행되는 건설공사는 공사과정에서 많은 양의 정보가 발생하고 공종간의 상충과 연계 등을 종합적으로 고려하여야 하는 경우가 많다. 특히 날로 대형화·다양화·복잡화 되어 가고 있는 오늘날의 토목공사에서는 더 이상 경험이나 주먹구구식의 관리방법에 의존하기는 불가능해지고 있다. 따라서 건설관리에서는 효율적인 공사의 진행을 위한 과학적인 관리기법과 방법에 대하여 연구하는 분야이다. 세부적으로 건설관리에서 다루는 주요 내용으로 공정관리(Scheduling), 원가관리(Cost Managemet), 리스크 관리(Risk management), 가치공학과 생애주기비용분석(Value Engineering & Life Cycle Costing), 품질관리(Quality management), 클레임(Claim), 건설자동화 및 건설정보화시스템(Construction Automation & Construction Information System) 등에 대하여 연구한다.

#### (8) 환경공학 분야

산업의 발달에 따른 공해나 개발에 따른 환경파괴 문제가 심각해지면서 환경공학(Environmental Engineering)이라는 학문 분야가 새롭게 생겨났다. 기존에도 하수·상수·폐기물 등은 위생공학이나 토목공학에서, 대기 및 수질오염은 화학공학, 주택 및 실내환경은 건축공학, 소음 및 진동은 기계공학에서 다루는 등 이미 공학 차원에서 환경에 관한 전문 분야가 세분화되어 있었다. 하지만 공해나 환경파괴를 미연에 방지하기 위해서는 환경을 종합적으로 이해하고 기술적으로 응용해 가는 능력이 필요하게 되어 최근 환경공학의 중요성이 부각되고 있다.

### 1.4.3 토목공학의 응용분야

#### (1) 국토개발과 단지조성

국토개발이란 고정된 국토이용의 효율성을 높이고 국토이용의 편익 증진, 입지의 효율적 선택, 용도 간의 이용경합에 관한 조정과 기능의 부여 등을 총괄하여 국가차원에서 추진하는 개발이라 할 수 있다. 따라서 국토개발은 국민의 생활과 산업활동에 관한 종합적인 고려가 선행되어야 하며, 체계적으로 수립된 국토개발계획에 따라 진행되며 토목공학은 이러한 계획에 따라 차질없는 국토개발이 진행될 수 있도록 지원하게 된다.

우리나라는 1972년에 수립된 "제1차 국토개발 10개년 계획(1972~1981)"을 시작으로 현재 "제4차 국토개발 10개년 계획(2002~2011)"기간에 포함되어 있으며, 이 계획에서는 그동안의 국토계획이 대내적인 발전과 물리적인 수단을 공급하는데 주안점을 두어온 데 비하여 제도측면과 수요자 중심의 소프트한 측면을 강조하고 있는 것이 특색이다.

단지개발은 국민생활수준의 향상으로 양호한 주거환경을 개발하는 주택단지개발사업 뿐만 아니라 농어촌개발사업, 국가산업단지개발사업, 택지개발사업, 국가공단조성사업, 토지구획정리사업, 취락지구조성사업, 관광지조성사업 등을 수행한다.

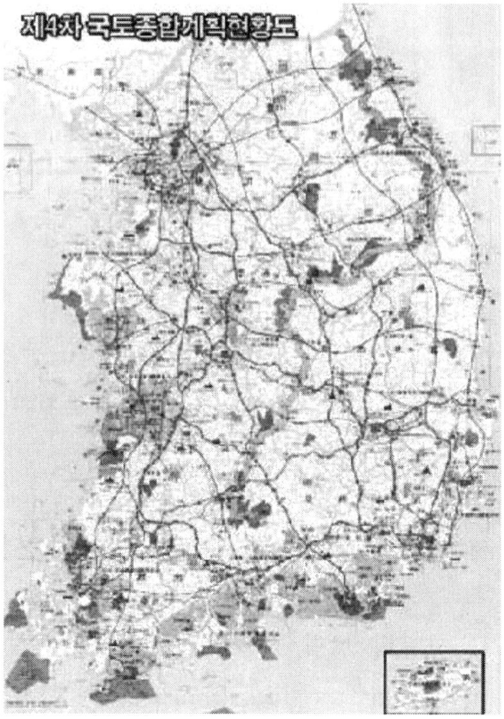


그림 1.8 제4차 국토종합계획

### (2) 도로 및 철도, 공항 등 교통시설의 건설

국가 물류의 중요한 역할을 담당하게 되는 고속도로와 국도를 비롯하여 각종 도로의 건설은 토목공학이 응용되는 중요한 분야이다. 경제개발계획과 함께 지속적인 도로의 건설은 우리나라 곳곳을 더욱 빠르고 안전하게 이어주고 있다. 최근 개통된 중앙고속도로, 대전진주간 고속도로 등 전국을 반나절 생활권안에 들게 하고 있으며 많은 토목기술자들의 노력의 결실이라 하겠다.

그림 1.9 서해안고속도로 서해대교

또한 최근 본격적인 운영을 개시한 고속철도 역시 많은 기술자들의 노력으로 완공되

그림 1.10 운행중인 고속철도

어 여객수송량과 화물수송량의 획기적인 향상을 가져오게 되었다. 과거 경인철도가 최초로 부설될 당시에는 시속 300km로 서울-부산을 2시간대에 주파할 수 있을 것이라고는 누구도 생각하지 못했을것이다. 그리고 영종도 갯벌을 매립하여 만들어진 동북아 허브공항인 인천공항 역시 우리 토목사의 위대한 업적으로 남을 것이다.

### (3) 항만의 건설 및 해양의 개발

국토의 3면이 바다로 둘러싸인 우리나라는 해양자원에 대한 연구가 매우 중요하다. 또한 중국의 성장으로 지리적으로 가까운 우리나라는 해양 물류의 중요성도 한층 높아지고 있다. 그러므로 지정학적 장점을 살린 동북아 공동번영화를 위한 물류 중심화 전략으로 새로운 항만의 건설과 기존 항만의 정비에 박차를 가하고 있다. 부산 신항, 광양항의 조기 건설과 항만 배후단지의 개발 등이 항만 인프라의 확충을 위해 진행 중에 있다.

그림 1.11 조력발전 개념도

해양에너지의 개발에도 노력을 기울여 조력에너지 실용화에 필수적인 기반기술을 확보하였고, 우리나라에서 조류 유속이 가장 빠른 울돌목을 대상으로 현장조사, 해수유동

수치모형실험, 20kW 발전수차 현장 실험 등의 기초 연구가 진행되고 있다. 한편 마라도에서 서남쪽으로 149km에 위치한 이어도에 해양과학기지가 2003년 6월에 완공되어 기상관측업무와 재해대책업무에 큰 도움을 주고 있다.

### (4) 댐과 수자원개발

그림 1.12 영국의 Loch Laggan댐

우리나라는 국토의 대부분이 산지로 구성되어 하천의 유속이 빠르고 연평균 강수량의 2/3가 여름철에 집중되어 홍수해 또는 가뭄의 피해가 매년 반복되고 있다. 그러므로 이러한 피해를 최소화하기 위하여 하천을 정비하거나, 댐을 건설하는 등의 치수(治水) 사업이 예로부터 중요시되어 왔다. 우리 토목사에 큰 업적으로 남을 만한 소양강댐이 70년대에 건설된 이후로 주요 하천에는 다양한 목적으로 각종 댐이 건설되어 왔고, 수자원 종합개발사업이 지속적으로 추진되고 있다. 이와 같이 수자원개발은 맑은 물의 안정적 · 균형적 공급, 홍수에 강한 국토 건설, 한정된 수자원의 효율적 이용 도모, 댐 주변지역 지원확대 등 댐 상 · 하류 균형발전 도모 등을 위해 앞으로도 지속적으로 추진되어야 하는 분야이다.

### (5) 상하수도 시설물의 건설

도시화 및 급격한 산업의 발달로 인하여 인간이 살아가는데 필요한 생활용수와 산업용수의 수요가 급격히 증가되고 있으며, 이에 따라 필요한 수원을 개발하여 상수의 공급과 하수의 처리는 도시에서 필수적인 시설이 되고 있다. 상하수도 시설은 환경공학을 기반으로 토목시설물로 분류되고 있으며 도시계획에 있어 매우 중요한 요소가 되고 있다.

# 1.5 토목공학의 체계와 장래 전망

## 1.5.1 토목기술자의 역할 및 직업

토목공학의 정의에서 토목기술자가 어떠한 일을 수행하는지 간략하게 살펴보았다. 앞에서 설명한 바와 같이 토목기술자는 우리의 일상생활과 산업활동을 위한 사회기반시설물의 설계와 시공을 주로 담당한다. 대부분의 토목기술자는 설계와 시공업무에 종사하지만, 토목기술자가 할 수 있는 일이 반드시 설계와 시공만은 아니다. 설계의 전 단계에서 이루어지는 측량, 각종 지반조사 등도 토목기술자가 담당하는 일이고, 건설사업 전반에 걸친 컨설팅, 입찰 및 계약과 같은 관리분야에서도 일을 할 수 있다. 그리고 공사에 소요되는 비용을 견적하는 일, 공사감리, 건설과 관련된 각종 연구 등도 수행한다. 최근에는 해양과 해저의 개발과 같은 지구상에서 이루어지는 개발은 물론 우주공간의 개발에까지도 토목기술자의 지식이 필요하다. 실제로 미항공우주국(NASA)와 같은 곳에서 일하고 있는 토목공학자도 많다.

토목공학에서는 경우에 따라서 환경공학을 같이 포함시키는 경우도 있다. 환경공학에서 주로 다루고 있는 상하수도 처리, 대기환경, 토양환경 등도 큰 의미에서 공공의 이익을 위한 응용학문이란 점에서 그 맥을 같이하고 있기 때문이다. 이 밖에 도시공학, 지역계획도 이러한 관점에서 토목공학에 포함시키는 경우도 있다. 그러므로 토목공학은 그 관점에 따라서 다루는 범위와 영역의 폭을 달리할 수 있으며, 토목기술자가 나갈 수 있는 부분이 그 만큼 넓다고 할 수 있다.

토목공학과에 입학하게 되면 학부과정의 저학년에서는 주로 공학기초 과목에 대하여 수학하고 고학년에 올라갈수록 토목공학의 전반에 걸쳐 다양한 과목을 통해 토목기술자가 필수적으로 갖추어야 할 기초지식을 함양하게 된다. 주로 구조물의 설계와 시공과정에 필수적으로 필요한 공학적 기초지식이지만, 많은 부분에 있어서는 실무적 경험이 수반되어야 하므로 학부과정 이후의 진로에 따라서 자신의 전문영역을 찾게 되는 것이 일반적이다.

다시 말하면 토목공학의 대상이 너무 넓기 때문에 학부과정에서 직접 토목구조물을 설계하거나 시공할 수 있는 능력을 바로 갖출 수는 없다. 그러나, 단순한 토목구조물일지라도 어느 한 분야의 지식만을 가지고 완성되는 것이 아니고, 여러 가지 전공영역이 복합적으로 적용되어야 만이 완성될 수 있다. 그러므로 학부과정에서 기초분야는 실무 응용의 기본이 되므로 매우 중요하다.

학부과정에서 토목공학 전반에 걸친 기초적인 학습이 이루어지는데 반해 대학원과정에서는 각자가 선택한 토목공학의 전문 전공분야별로 보다 심도있는 학습이 이루어진다. 국내외 대부분의 학교에서는 대학원과정에 토질 및 지반, 구조공학, 수리 및 수자원공학, 측량 및 GIS, 해안 및 항만공학, 콘크리트공학, 도로공학, 교통공학, 환경공학, 건설관리 등의 전공영역을 마련하고 다양하고 특성있는 연구를 추진하고 있다.

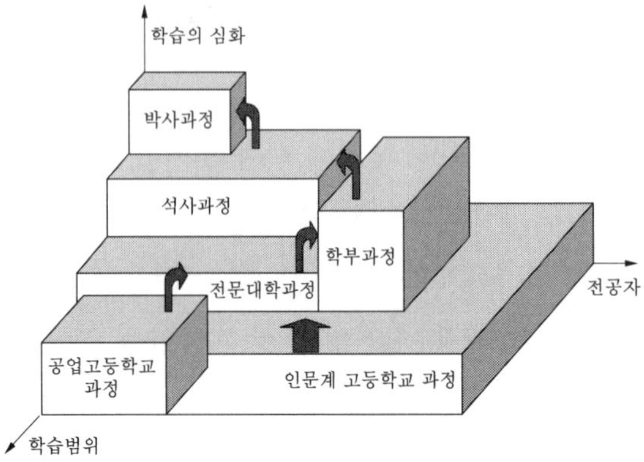


그림 1.13 토목공학의 학제

토목공학을 전공한 직업인으로서 선택할 수 있는 진로는 진학이외에도 설계엔지니어링업체에서 토목구조물에 관한 설계업무를 수행하거나 일반건설업체 및 전문건설업체에 취업하여 건설현장에서 직접 시공업무를 수행할 수 있다. 이외에 기술직 공무원에 응시하여 정부 각 기관에서 건설교통정책 또는 공공건설업무를 수행하기도하고 정부출연기관인 공기업에서 특성화된 업무를 수행할 수도 있다.

### 1.5.2 기술자로서의 자격 및 국내·외 자격제도

자격이라 함은 일정한 기준과 절차에 따라 평가·인정된 지식, 기술의 습득정도로서 직무수행에 필요한 능력을 말한다. 자격은 법령에 의하여 국가가 관장하는 국가자격과 국가외의 법인, 단체 등이 관장하는 민간자격이 있다. 건설과 관련된 기술자격은 대부분 국가자격으로서 국가기술자격법에 의하여 자격자의 선발과 관리가 엄격하게 시행되고 있으며 한국산업인력공단에 검정을 위임하고 있다.

국가기술자격은 기술과 기능으로 크게 구분되며, 세부적으로 기술사, 기능장, 기사, 산업기사, 기능사로 구분된다. 기술자격의 세부 직무는 다음과 같다.

(1) 기술사

과학기술에 관한 전문적 응용능력을 필요로 하는 사항에 대하여 계획 · 연구 · 설계 · 분석 · 조사 · 시험 · 시공 · 감리 · 평가 · 진단 · 사업관리 · 기술판단 · 기술중재 또는 이에 관한 기술자문과 기술지도를 그 직무로 한다.

(2) 기능장

전공분야의 최상급 숙련기능 및 생산관리기법에 관한 지식을 보유함으로써 산업현장에서 작업관리 및 소속기능인의 지도 · 감독, 현장훈련, 경영계측과 생산계측을 유기적으로 연계시켜 주는 현장관리 등의 업무를 수행하는 능력을 갖춘 자를 말한다.

(3) 기사

공학적 기술이론 지식을 가지고 설계 · 시공 · 분석 등의 기술업무를 수행할 수 있는 능력을 갖춘 자를 말한다.

(4) 산업기사

과거의 기사2급에 해당하며, 기술기초이론 지식 또는 숙련기능을 바탕으로 복합적인 기능업 무를 수행할 수 있는 능력을 갖춘 자를 말한다.

(5) 기능사

산업현장에서 숙련기능을 가지고 제작 · 제조 · 조작 · 운전 · 보수 · 정비 · 채취 · 검사 또는 작업관리 및 이에 관련되는 업무를 수행할 수 있는 능력을 갖춘 자를 말한다.

현재 토목분야에서 시행되고 있는 기술자격의 직무분야와 직무분야별 등급 및 종목은 아래와 같다.

표 1.5 토목분야의 기술자격

| 직무분야 | 기술사 | 기능장 | 기사 | 산업기사 | 기능사 |
|---|---|---|---|---|---|
| 토목 | 토질및기초<br>토목품질시험<br>토목구조<br>항만및해안<br>도로및공항<br>철도<br>수자원개발<br>상하수도<br>농어업토목<br>토목시공<br>측량및지형공간정보 | | 건설재료시험<br>철도보선<br>토목<br>측량및지형공간정보 | 건설재료시험<br>철도보선<br>토목<br>측량및지형공간정보 | 건설재료시험<br>콘크리트<br>포장<br>보선<br>석공<br>토목제도<br>측량<br>지도제작<br>도하<br>항공사진 |

4년제 대학을 졸업한 학생들에게는 기사자격에 응시할 기회가 부여되며, 2년제 대학을 졸업한 학생들에게는 산업기사자격에 응시할 기회가 주어진다. 이 자격시험은 학부 정규과정을 충실히 이해한 학생이라면 모두 합격할 수 있는 절대평가 방식으로 시험이 실시된다. 그리고 대부분의 건설회사와 현장에서는 국가기술자격자가 업무에 참여하여 일을 수행하였는가를 검토하고 있으며, 경우에 따라서는 반드시 유자격자만이 수행할 수 있는 업무도 있으므로 자격의 취득을 소홀히 해서는 안된다.

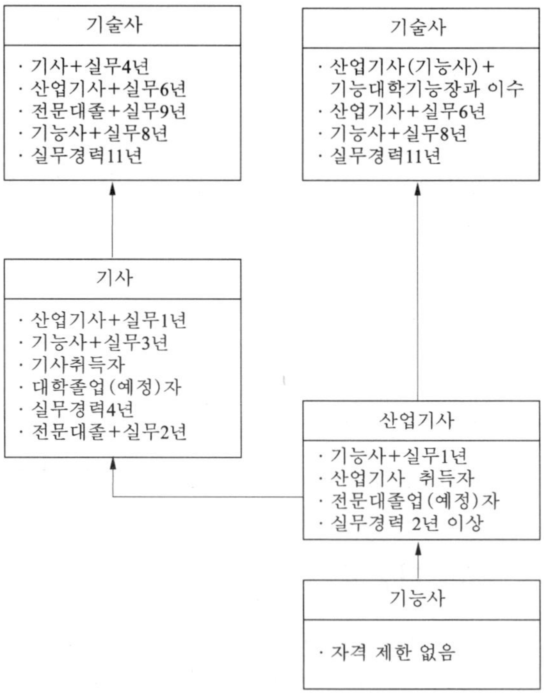


그림 1.14 국가기술자격체계 및 응시자격

미국과 일본 등 선진외국에서도 대부분 국가에서 관련자격제도를 운영하고 있으며, 일본은 우리와 유사한 자격체계를 가지고 있다. 미국에서는 공과계통의 4년제 정규대학을 졸업한 사람들이 응시할 수 있는 우리나라의 기사시험에 대응되는 초급엔지니어(Fundamental of Engineer)자격이 있고, 반드시 이 FE를 취득한 이후에 우리의 기술사에 해당하는 PE(Professional Engineer)에 응시할 수 있는 자격제도를 운영하고 있다. 우리나라에서 시행되는 기사시험의 경우에는 관련 전공분야에 관해서만 시험이 실시되지만, FE의 경우에는 공학전반에 관해서 광범위한 학습을 필요로 한다. 이 제도는 미국 NCEES(National Council of Examiners for Engineering and Surveying)에서 관장하고 있으므로 관심이 있는 학생은 참고하기 바란다.

### 1.5.3 건설환경의 변화와 토목기술자의 대응

건설산업은 국가 산업발전에 중추적인 역할을 한 국가 기간산업이었다. 고도 성장기에는 국내외에서 많은 건설사업이 실시되어 대내적으로는 경기활성화에 지대한 공헌을 하였으며, 대외적으로는 외화를 벌어들이는데 많은 역할을 하였다. 그러나, 사회간접자본의 건설이 어느정도 안정화되었고, 정보화사회로 들어서면서 건설산업이 과거와 같이 호항을 누리고 있지는 못하지만, 건설산업은 인간의 생활에 없어서는 안되는 필수적인 산업이란 점에는 변함이 없다. 따라서 건설산업을 사양화되고 있는 전통산업으로 인식할 것이 아니고, 새로운 변화를 위한 성장 동력화하는데 힘을 써야 한다. 정보기술 및 자동화기술과의 접목을 통해서 건설산업의 고부가가치화를 유도하고, 건설산업에 내재하고 있는 비효율과 비생산적인 요소를 첨단 기술과 접목하여 지속적으로 개선시켜나가려는 노력이 요구되는 때이다.

그림 1.15 Kylltal 아치교

건설산업은 이제 지표상에 시설물을 건설하는데 만족하지 않고 우주의 개발, 해양과 해저자원의 개발을 위한 토목기술의 발전, 사막의 개발, 대단위 지하공간의 개발과 같이 과거에 도저히 상상할 수 없는 광범위한 분야로 발전해 나가고 있다. 따라서 토목공학을 공부하는 학생들은 보다 넓은 시각과 비전을 가지고 학업에 임해야 할 것이다.

## 연습문제

1. 토목공학의 정의에 관하여 간단하게 서술하시오.

2. 사회기반시설물에 관하여 서술하시오.

3. 토목공학의 특성에 관하여 서술하시오.

4. 토목공학의 전공기초 분야에 관하여 서술하시오.

5. 토목공학의 응용분야에 관하여 서술하시오.

6. 토목기술자의 역할에 관하여 서술하시오.

7. 토목공학 분야의 국내의 자격제도에 관하여 서술하시오.

## 참고문헌

건설교통부(2001), 국토업무편람

김동현(1973), 토목공학의 정의와 분야, 대한토목학회지, 제21권, 제2호, pp.38-45

서관세(1996), 토목공학개론, 청문각

안용선, 김진호 역(2001), 21세기의 건설관리와 신공법

최영박(1997), 고대문명과 토목에서 미래의 지구환경을 생각한다(1), 대한토목학회지, Vol.45, No.11, 통권 211,

伊藤 學 et al.(1992), 土木工學序論, 東京 : コロナ社, pp.19～20

日本土木學會(1982), 土木工學ハンドブック(上), 東京 : 技報堂, pp.7

赤木俊允 et al.(1976), 土木工學大系 17 "プロジェクト·マネジメント", 東京 : 彰國社, pp.6

### ▶▶ Website

1. Memorial University of Newfoundland, <http://www.engr.mun.ca/Civil/index.html>

Chapter 2

Civil Engineering

# 건설산업 일반

## 2.1 우리 국토의 여건[9)]

우리 국토는 남북한을 합쳐 길이 약 1,000km에 달하는 반도와 3,200여개의 도서로 구성되고, 전체 총면적은 22.1만$km^2$이다. 남한의 경우 국토면적은 9.9만$km^2$이며, 인구는 2000년 현재 4,613만 6천명으로 평방킬로미터 당 인구밀도가 476명으로 세계 제3위에 해당하는 고밀도 국가이다. 전 국토의 65.5%가 산지이고 도시용지로 사용할 수 있는 토지의 비율이 5.6%로 일본 7.3%, 영국 13% 등 많은 외국 국가에 비해 매우 낮아 만성적인 토지 부족현상이 지속되고 있다.

표 2.1 국토관련 주요지표의 변화추이

| 지 표 | 1960 | 1970 | 1980 | 1990 | 2000 |
|---|---|---|---|---|---|
| 국토면적($km^2$) | 98,477 | 98,222 | 98,992 | 99,274 | 99,461 |
| 인구(만명) | 2,499 | 3,143 | 3,744 | 4,352 | 4,614 |
| GDP(조원) | 0.2 | 2.8 | 38.0 | 179.5 | 522.0 |
| 도시화율(%) | 35.8 | 49.8 | 66.4 | 79.6 | 87.6 |

또한 1960년대 이후 급속한 경제개발 과정에서 전체 인구에서 도시인구가 차지하는 비중이 35.8%에서 87.6%로 늘어나는 등 급속한 도시화가 진행되었으며, 이 과정에서 수도권과 경부축에 인구와 산업이 집중되는 현상이 나타났다. 사회간접자본의 확충, 주택시장의 안정, 용수의 안정적 확보 등을 위한 개발 수요가 높은 반면, 그 동안 국토를 개발대상으로만 인식하여 국토를 관리한 결과 자연과 경관이 지속적으로 훼손되고 해변, 강변, 준농림지역의 난개발이 발생하였으며, 하천의 수질악화와 자연생태계 단절 및 파괴가 사회 문제화되고, 이에 따라 쾌적한 환경에 대한 국민의 요구가 증대하고 있는 상황을 감안할 때 국토관리의 기본개념을 양적인 확대에서 국민생활의 질적 향상으로 전환하고 각종 개발사업의 경우도 환경훼손과 난개발을 초래하지 않는 범위 내에서 추진할 필요가 있다.

우리 나라는 아시아대륙 동북단의 반도로서 중국, 러시아, 일본과 접하는 동북아 교류의 허브이자 환태평양 진출에 거점이 되는 지정학적인 요충지이므로 국제 비즈니스

9) 건설교통부(2003), 건설교통백서, pp.14~30

와 물류의 중심지로서 기능이 요구되고 있어 이에 필요한 기반 인프라와 국제교류시설 등의 확충이 지속적으로 필요한 상황에 있다. 이에 우리 정부에서는 동북아 비즈니스 중심지 도약을 지원하기 위하여 국제교류의 거점을 적극적으로 개발하고 이를 지원할 고속간선교통망 구축 및 물류체계 개선을 추진하고 있다. 인천 국제공항 주변지역과 부산 신항, 광양항 주변지역에 경제자유구역을 지정하여 국제비즈니스와 물류의 중심지로 육성할 계획이며, 인천국제공항, 부산신항, 광양항 등 국제공항과 항만의 확충사업을 추진하고 있다.

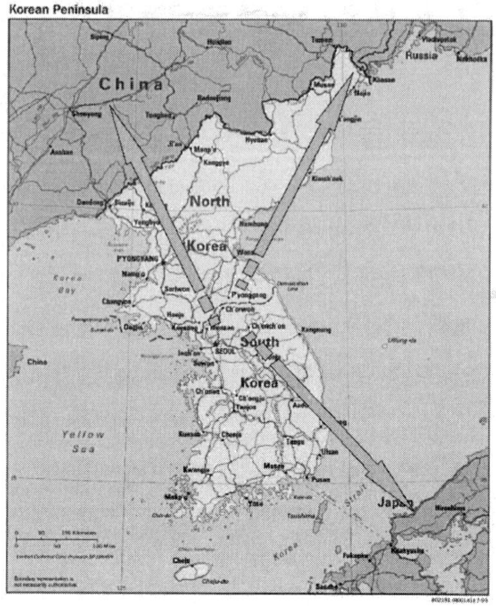


그림 2.1 동북아 교류 중심지로서의 한국

## 2.2 건설산업의 규모

건설산업은 일제 강점 하에 있던 1930년 이후, 기업화하기 시작하여 건설산업으로 성장하기 시작하였다. 6.25사변을 거치며 파괴된 도로, 철도, 항만 등의 복구사업과 식량증산을 위한 수리, 간척 등 농업시설의 건설이 미국의 경제원조와 기술지원으로 집중적으로 시행된 결과 건설기업은 규모나 활동 면에서 크게 성장하였고, 설계와 시공에 모두 건설기술과 시공능력이 크게 향상되었다. 60년대 초반부터 시작된 제1차 경제개발 5개년 계획으로 하천개수, 다목적 댐, 연해공업단지 등 개발사업과 생산설비시설이 대대적으로 건설되었다. 이후 경인고속도로 건설과 경부고속도로의 건설 및 70년대와 80년대 초반까지 계속된 중동특수의 영향으로 건설산업은 크게 성장하였으며 국가 경제발전에 크게 이바지하였다[10].

건설시장의 실질적인 규모는 건설투자액[11]으로 추정해 볼 수 있는데, 건설산업은 GDP 대비 건설투자 비중(1997년~2001년)이 대략 15.5%~22.2%, 건설생산비중은 8.0%~11.6%

10) 이배호(1998), 건설공사관리(이론과 실제), 서울 : 구미서관, pp. 1~2에서 발췌 정리

11) 건설투자액은 총고정자본중에서 주거용 및 비주거용 건물과 기타 구축물, 토지개량에 해당하는 부분을 합한 값

로 국가 경제에서 상당한 비중을 차지하고 있는 산업이다.

표 2.2 GDP 중 건설투자액 및 비중

(단위 : 10억원)

| 구 분 | | 1997년 | 1998년 | 1999년 | 2000년 | 2001년 |
|---|---|---|---|---|---|---|
| 국내총생산(GDP) | | 453,276.4 | 444,366.5 | 482,744.2 | 521,959.2 | 545,013.3 |
| 총 건설투자액 | | 100,650.5 | 92,705.3 | 83,741.5 | 80,922.6 | 86,904.4 |
| 건설생산액 | | 52,795.5 | 44,992.6 | 42,149.3 | 41,788.0 | 44,879.3 |
| GDP대비 비중 | 총 건설투자액(%) | 22.2 | 20.9 | 17.3 | 15.5 | 15.9 |
| | 건설생산액(%) | 11.6 | 10.1 | 8.7 | 8.0 | 8.2 |

실제 건설공사에 소요되는 비용을 추정하기 위하여 건설공사 계약실적을 살펴보면 '00년을 기준으로 대략 1년에 49조억원이 건설공사를 위해 쓰이고 있음을 알 수 있다. 특이할 사항으로는 '97년까지는 민간공사가 공공공사보다 더 많은 계약이 이루어졌으나, IMF이후에는 공공공사에 투입되는 비용이 훨씬 많음을 보인다. 이는 공공부문에서 선도적으로 건설투자에 박차를 가함으로써 건설경기회복에 노력하고 있음을 시사한다.

표 2.3 건설공사 계약실적 추이

(단위: 억원)

| 구 분 | | '97년 | '98년 | '99년 | '00년 |
|---|---|---|---|---|---|
| 공사 종류별 | 토목공사 | 271,447 | 219,264 | 202,824 | 203,122 |
| | 건축공사 | 453,515 | 236,743 | 253,874 | 267,053 |
| 발주 부문별 | 공공공사 | 332,866 | 296,458 | 271,892 | 268,025 |
| | 민간공사 | 416,374 | 174,344 | 199,785 | 231,338 |
| 전체 건설공사 | | 749,240 | 470,802 | 471,677 | 499,363 |

건설관계 종사자도 약 158만명으로서 전체 취업자의 약 7~10%의 비율을 차지하고 있다. 1997년 IMF 외환위기로 인하여 국내의 건설경기도 큰 타격을 받아 건설산업도 많이 위축되어 있는 실정이지만, 여전히 건설산업이 국내 산업에서 상당한 비율을 차지하고 있으며, 앞으로도 국가의 주요 기간산업으로서 계속적인 성장이 예상된다.

표 2.4 주요 사업별 취업자 현황

(단위 : 천명, %)

| 연 도 | 전산업 | | 제조업 | | 건 설 업 | | |
|---|---|---|---|---|---|---|---|
| | | 증가율 | | 증가율 | | 비 중 | 증가율 |
| '97 | 21,106 | 1.4 | 4,482 | -4.5 | 2,004 | 9.5 | 1.7 |
| '98 | 19,994 | -5.3 | 3,898 | -13.0 | 1,578 | 7.9 | -21.3 |
| '99 | 20,281 | 1.4 | 4,006 | 2.8 | 1,476 | 7.3 | -6.5 |
| '00 | 21,061 | 3.8 | 4,244 | 5.9 | 1,583 | 7.5 | 7.2 |
| '01 | 21,347 | 2.3 | 4,218 | -1.3 | 1,648 | 7.7 | 2.1 |

우리나라의 건설산업이 국가 경제에서 차지하고 있는 위치를 수치적인 통계와 현재까지 건설된 주요 실적은 다음 표와 같다.

표 2.5 건설산업의 주요 통계 및 실적

| 수치통계(2001년 현재) | 주요 실적 |
|---|---|
| • 20건설투자액/GDP, 15.5%<br>• 건설투자의 총 고정자본 형성률 62%<br>• 정부 재정대비 SOC 투자비중 14.1%<br>• 생산 유발효과 2.09<br>• 100억원 투입시 고용유발효과 321.9명<br>• 건설취업자 수 1648천명<br>• 주택보급율('00년기준) 94.1%<br>• 해외건설수주액 $16,595 | • 총 연장 2,050km의 고속도로<br>• 일반철도 총 연장 3,119km<br>• 철도여객 수송률 13.1%<br>• 주경간 470m의 서해대교, 300m 영종대교 등 다수의 장대교<br>• 댐, 12개 항만, 17개 공항<br>• 16기의 원자력 발전기 가동(총 발전용량의 40.9%)<br>• 올림픽/월드컵 경기장 등 기능형 건축물 |

세계 건설시장에서도 우리나라는 상당한 지위를 차지하고 있다. 국내의 건설시장의 규모가 세계 10위권 이내에 들고 있고 GDP대비 건설투자비의 비중 또한 10위권에 들고 있다. 전세계 건설업체 중 상위 250개 업체들이 해외매출액을 국가별로 통계한 결과에서도 한국은 과거 10년동안 줄 곧 7~9위를 지속적으로 유지해 왔다. 특히 국내 대형 건설업체들은 세계 굴지의 건설업체와 겨루어도 손색이 없는 해외공사를 수행해 왔다. 20세기 최대의 역사라 일컬어지는 사우디 아라비아의 쥬베일 산업항 건설공사, 싱가포르의 국가 전략사업인 준설 및 매립공사, 20세기의 만리장성으로 일컬어지는 리비아 대수로 건설공사, 세계에서 가장 아름다운 콘크리트 사장교인 말레이시아 페낭대교, 일본의 업체와 경쟁적으로 건설한 말레이시아 패트로나스 타워빌딩 건설공사 등 크고 작은

해외 건설공사를 통하여 우리나라의 건설기술을 대외적으로 과시하고 국가의 이미지 제고에 큰 기여를 하였다.

## 2.3 건설산업의 분류

그림 2.2 말레이시아 페낭대교

건설산업기본법에 따르면 건설산업(Construction Industry)은 크게 건설공사를 수행하는 건설업과 건설공사의 수행에 필요한 각종 용역을 수행하는 건설용역업으로 구분된다. 쉽게 구분하면 설계와 엔지니어링업체, 일반건설업체, 전문건설업체, 건설감리업체, CM전문업체 등으로 구분해 볼 수 있다. 건설업체는 그 범위와 전문영역에 따라서 일반건설업체와 전문건설업체로 구분되며, 설계 및 엔지니어링업체는 건축 또는 토목시설물의 설계를 주로 담당한다. 감리업체는 설계와 시공과정에서 발주자를 대신하여 올바른 설계 또는 시공을 유도하는 역할을 한다. 뿐만 아니라 넓은 의미에서의 건설산업이란 건설활동과 관계된 컨설턴트, 건설자재의 공급을 담당하는 건설자재업까지 포괄하는 매우 방대한 산업분야이다.

### 2.3.1 일반건설업

일반건설업(General Contractor)은 종합적인 계획·관리 및 조정 하에 시설물을 시공하는 건설업으로서 그 업종은 대통령령으로 정하도록 되어 있다. 일반건설업은 다시 토목공사업, 건축공사업, 토목건축공사업, 산업설비공사업, 조경공사업 등으로 구분할 수 있으며 구체적인 업의 내용과 범위는 다음과 같다. 즉, 일반건설업자는 건설공사를 수주하여 총괄적인 공사의 수행과 관리를 담당하지만, 세부 업무의 특성에 따라서 다시 공사의 일부를 그 하위에 하도급[12]업체(Sub-Contractor)를 위임하여 공사를 진행할 수 있다.

---

12) 하도급이란 건설공사의 전부 또는 일부를 제3의 건설업자에게 위탁하여 처리하도록 하는 것을 의미한다.

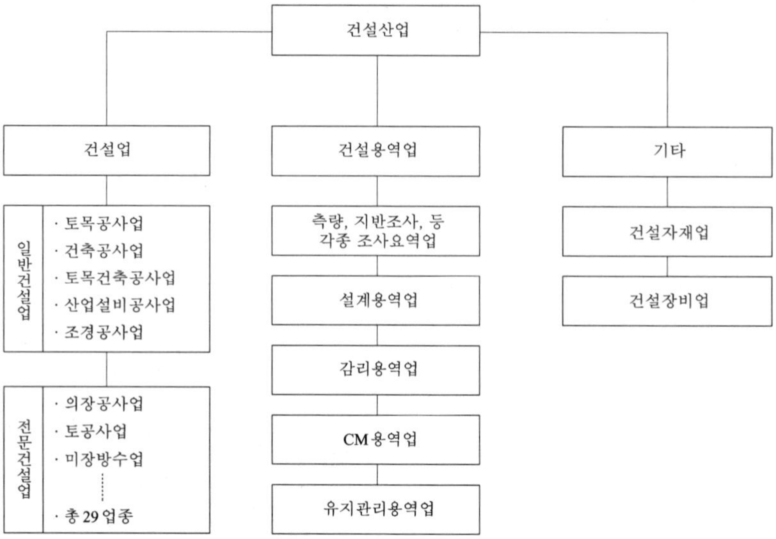


그림 2.3 건설산업의 분류

표 2.6 일반 건설업의 종류 및 업무 내용

| 종 류 | 내 용 |
|---|---|
| 토 목 공 사 업 | • 도로, 항만, 철도, 댐, 하천 등의 건설, 택지조성, 간척 및 매립공사 등과 같이 종합적인 계획, 관리 및 조정하에 토목공작물을 설치하거나 토지를 조성, 개량하는 공사 |
| 건 축 공 사 업 | • 종합적인 계획, 관리 및 조정하에 토지에 정착하는 공작물 중 지붕과 기둥과 기둥(또는 벽)이 있는 것과 이에 부수되는 시설물을 건설하는 공사 |
| 토 목 건 축 공 사 업 | • 토목공사업과 건축공사업의 업무내용에 속한 공사 |
| 산 업 설 비 공 사 업 | • 종합적인 계획, 관리 및 조정하에 산업의 생산시설, 환경오염을 제거, 감축하기 위한 시설, 에너지 등의 생산, 저장, 공급시설 등의 대규모의 산업용 시설을 건설하는 공사<br>• 제철, 석유화학공장 등 산업생산시설, 소각장, 수처리설비 등 환경시설공사, 발전소 설비공사 등 |
| 조 경 공 사 업 | • 종합적인 계획, 관리, 조정하에 수목원이나 공원의 조성 등 경관 및 환경을 조성하는 공사 |

## 2.3.2 전문건설업

전문건설업이란 건설공사의 각 공정별 전문공사를 직접도급 또는 하도급 받아 해당 분야의 전문 시공기술을 가지고 공사를 수행하는 것을 말한다. 이는 일반건설업이 토목, 건축, 산업설비, 조경분야에서 종합적인 공사를 직접 도급 받아 시공하는데 비해 전문건설업은 건설공사의 공정상 공종별로 세분하여 전문적인 시공기술을 요하는 공사를 수행한다. 전문건설업은 건설공사를 수행하는 것은 일반건설업과 동일하나 업무의 범위와 영역이 전문화되어 있으며 공종별 시공의 핵심적인 역할을 수행하게 된다. 즉, 전문건설업은 일반건설업에서 수립한 종합적인 관리계획을 토대로 시공을 담당하는 핵심적인 생산주체로서의 역할을 수행한다고 할 수 있으며 현행의 제도에서는 총 29개의 전문건설업을 규정하고 있다. 각 전문건설업의 업역과 주요 공사내용은 다음과 같다.

표 2.7 전문건설업의 종류 및 내용

| 종 류 | 주요 공사의 예시 |
|---|---|
| 의 장 공 사 업 | • 인테리어공사, 실내설계, 실내 건축공사, 환경조형공사 |
| 토 공 사 업 | • 굴착공사, 성토공사, 절토공사, 흙막이 공사, 철도도상 자갈공사 등 |
| 미 장 · 방 수 공 사 업 | • 미장공사, 다듬기공사, 미장뿜칠공사, 줄눈공사, 타일공사, 방수공사 등 |
| 석 공 사 업 | • 돌쌓기공사, 돌붙임공사, 석재공사, 돌포장공사 |
| 도 장 공 사 업 | • 일반 도장공사, 도장뿜칠공사, 차선도색공사, 분사표면처리공사, 부식방지공사 |
| 조 적 공 사 업 | • 블록쌓기공사, 벽돌쌓기공사, 벽돌붙임공사, 축노공사 |
| 비계, 구조물 해체공사업 | • 발파가설공사, 빔 운전 거상공사, 특수중량물 공사, 샌드파일공사, 말뚝공사, 건축물 및 구조물의 해체공사 |
| 창 호 공 사 업 | • 창호공사, 배연창 또는 방화문 설치공사, 유리공사 등 |
| 지 붕 , 판 금 공 사 업 | • 지붕단열공사, 기와공사, 샌드위치패널, 슬레이트 공사, 지붕장식공사 등 |
| 철 근 콘 크 리 트 공 사 | • 철근가공 및 조립공사, 콘크리트 공사, 인공어초 제작공사, 포장공사 등 |
| 철 물 공 사 업 | • 수문설치공사, 탱크공사, 셔터설치공사, 난간, 계단, 천장, 굴뚝, 가드레일 |
| 상 하 수 도 공 사 업 | • 취수, 정수, 송배수기기 설치공사, 상하수도 용수관 설치공사 |
| 보링 그라우팅공사업 | • 시추공사, 그라우팅공사, 착정공사 등 |
| 철 도 궤 도 공 사 업 | • 궤광공사, 레일공사, 분기부공사, 침목공사, 도상공사, 선로차단공사 등 |
| 포 장 공 사 업 | • 아스팔트 포장공사, 콘크리트 포장공사 등 |
| 수 중 공 사 업 | • 수중 암석파쇄공사, 수중 구조물기초 및 구체공사, 수중관 부설, 선박 계류시설 |
| 조 경 식 재 공 사 업 | • 조경수목, 잔디, 지피식물, 초화류 등의 식재공사 및 이를 위한 토양개량공사 |

| 종 류 | 주요 공사의 예시 |
|---|---|
| 조경시설물 설치공사업 | • 조경석, 인조목, 인조암 등의 설치공사, 야외의자, 놀이기구, 운동기구 등의 설치공사 |
| 건축물조립공사업 | • 샌드위치 패널공사, ALC패널공사, PC패널공사, 세라믹패널공사 등 |
| 강구조물공사업 | • 교량 등의 철구조물 조립, 인도 전용 강재육교 설치공사, 철탑공사 |
| 온실설치공사업 | • 농업, 임업, 원예용 등 온실설치공사, 온실 설치의 부개공사 |
| 철강재설치공사업 | • 교량 등의 철구조물 제작, 조립, 설치공사, 건축물의 조립 및 설치공사 |
| 삭도설치공사업 | • 설치공사, 리프트 설치공사 |
| 준설공사업 | • 항만, 항로, 운하 및 하천의 준설공사 등 |
| 기계설비공사업 | • 건축물, 플랜트 기타 공작물에 급배수, 위생, 냉난방, 공기조화 등의 조립 설치 |
| 승강기설치공사업 | • 승객용 화물용 엘리베이터 및 에스컬레이터 공사, 기계식 주차장 설비공사 |
| 가스시설시공업 | • 가스사용시설의 설치 및 변경공사 |
| 난방시공업 | • 보일러의 설치 및 배관공사, 세관공사 등 |
| 시설물유지관리업 | • 시설물의 보수 보강공사 등 |

### 2.3.3 건설기술 용역업

건설기술 용역업이란 과학기술 지식을 응용하여 건설사업 및 시설물에 관한 기획, 타당성 조사, 설계, 분석, 구매, 조달, 시험, 감리, 시운전, 평가, 자문, 지도 등 기타 대통령령이 정하는 활동과 그 활동에 대한 사업관리를 수행하는 엔지니어링 활동을 일컫는 것으로서 엔지니어링진흥법에 규정되어 있다. 건설기술 용역업은 우리가 익히 잘 알고 있는 설계업무 뿐만이 아니라 측량용역, 지반조사용역, 예비타당성조사 및 타당성조사와 같은 각종 조사 용역, 감리용역, 안전진단 용역 등으로 구분해 볼 수 있다.

표 2.8 엔지니어링 활동부문과 건설 엔지니어링

| 구 분 | 내 용 |
|---|---|
| 엔지니어링의 주요 기술부문 | 기계, 선박, 항공우주, 금속, 전기전자, 통신정보처리, 화학, 섬유, 광업자원, 건설, 환경, 농림, 해양수산, 산업관리, 응용이학 |
| 건설부문의 전문분야 | 토질 및 기초, 토목구조, 농어업 토목, 토목품질 및 시험, 항만 및 해안, 도로 및 공항, 철도, 교통, 수자원개발, 상하수도, 건축구조, 건축품질시험, 도시계획, 조경, 건설안전, 화약류관리, 건축기계설비, 건축전기설비 |

## 2.4 건설사업관계자

건설사업은 건설행위를 위탁하는 발주(發注)와 실제 건설활동을 수행하는 수주(受注)의 도급관계에 의해 수행되며, 여기에는 많은 참여자가 생기게 된다. 건설사업에 참여하게 되는 서로 다양한 이해를 가진 참여자를 주체별로 구분하여 건설사업관계자 혹은 건설활동주체라 통칭한다. 건설사업은 무엇보다 건설사업관계자간의 원활한 협조와 노력을 통해서만이 목적으로 하는 공사를 주어진 시간 내에 좋은 품질로 완성할 수 있다. 따라서 건설사업관계자의 책임과 의무 및 주요 활동내용을 정확히 파악하는 것이 필요하다.

### 2.4.1 발주자(發注者; Client)

발주자란 건설사업을 시행하고자 하는 주체로서 사업에 소요되는 비용을 투자하여 설계자와 시공자로 하여금 공사를 진행토록 하고, 공사가 완성되면 이를 인도받아 운용하면서 유지관리의 의무를 가진다. 민간공사의 경우 시공주 또는 건축주(Owner) 등의 명칭으로 불리며 민간회사, 각종 민간단체 및 개인 등이 발주자가 되며, 공공 건설사업에서의 발주자는 사업의 시행부서, 정부투자기관, 각급 지방자치단체가 발주자가 되며, 민간부문에서는 사업을 시행하는 개인, 단체, 민간회사들이 된다.

발주처는 공사의 수행을 위해서 다음과 같은 사항에 대하여 책임을 갖는다.

1) 공사를 위한 부지의 구입
2) 사업시행 허가 또는 면허의 취득
3) 사업비의 조달 및 비용의 지불
4) 공사실시에 따른 인허가 취득
5) 공사의 계획・조사, 설계, 시공감독, 검수 및 유지관리
6) 기술용역회사 및 시공회사의 고용과 감독

도급으로 시행되는 공사에서 발주자는 공사도급 절차에 따라 시공회사를 선정하여 공사도급계약을 체결하고, 시공자가 계약약관과 설계도서에 따라 공사를 수행하는데 필요한 업무를 지원하고, 공사가 설계도서에 따라 확실하게 수행되도록 감독하고, 수행과

정을 확인, 검사하며 공사감독자가 확인한 공사기성고에 대하여 계약에 정해진 절차에 따라 기성금액과 계약에 관련하여 발생한 기타 비용을 시공자에게 지급한다. 이 절차는 사업주가 공사의 계획조사, 설계 또는 시공감리를 위하여 기술용역회사나 공사감리회사를 고용하는 경우에도 똑 같이 적용된다.

발주자는 자신의 고용원이나 공사감리를 위하여 고용한 감리자의 고용원을 현장에 상주시켜 시공자가 수행하는 공사시공을 지휘, 지시, 독려, 검사, 확인하는 감독업무를 담당하게 한다. 또한 발주자는 공사도면을 작성하여 시공자에게 제공하고 공사시공에 필요한 주요 자재나 장비의 일부를 제공하기도 하는데 이때 시공자의 공사일정에는 이러한 사항이 사전에 충분히 반영되게 해서 시공에 차질이 없도록 해야 한다. 한 현장에서 발주자가 여러 시공자를 별도의 계약으로 고용하여 동시에 공사를 시행하는 경우에는 현장의 배치와 일정에 혼란이 일어나지 않도록 사전에 그리고 수시로 조정하여 여러 시공자의 공사운영에 차질이 없도록 할 책임이 있다. 다음은 국내 공공 토목공사의 주요 발주처를 예시한 것이다.

표 2.9 국내 주요 공공부문 발주처

| 구 분 | 주요 발주처 |
|---|---|
| 정부 부처 | • 건설교통부(6개지방국토관리청, 18개국도유지건설사무소, 항공청–공항시설의 건설)<br>• 해양수산부(항만시설), 교육인적자원부(교육시설)등의 부처별 시설 건설<br>• 철도청<br>• 광역시도 및 각급 지방자치단체 |
| 건설교통부 산하 공사공단 | • 한국도로공사, 한국토지공사, 한국수자원공사, 대한주택공사, 인천국제공항공사, 한국공항공사, 교통안전공단, 부산교통공단, 한국고속철도건설공단, 시설안전기술공단, |
| 기타 공사공단 | • 한국가스공사, 한국통신공사, 한국전력공사 |

## 2.4.2 설계자(設計者; Design Contractor)

설계자는 사업주와 설계용역계약을 체결하고 설계업무를 수행하는 기술용역회사로서 기술사사무소, 건축사사무소 등이 포함되며 설계자의 업무범위는 계약에 따라 계획조사(기획, 예비조사, 타당성조사 포함), 실시설계, 공사감리 등의 업무에 걸친다. 일반기술분야와 건축분야를 통합한 종합기술용역회사는 건축을 포함한 모든 기술분야의 설계 용역업무를 수행할 수 있다. 대부분의 설계용역회사는 각 전문분야별로 설계부서를 운영하며, 건축설계, 건축구조설계, 건축조경설계, 토질 및 기초설계, 토목구조설계, 수자원설계, 도로설계, 상하수도설계, 도시계획설계, 단지설계, 기전설계 등으로 구분하여 운영하는 것이 일반적이다.

기술사사무소는 엔지니어링진흥법에 따라 자격요건을 갖추어 과학기술처에 등록한 기술용역업의 면허를 받은 회사이며, 건축사사무소는 건축사법에 따라 건설교통부에 회사등록을 하고 건축설계업의 면허를 받는 회사이다.

### 2.4.3 시공자(施工者; Contractor)

시공자는 도급공사에서 공사도급계약에 의하여 사업주에게 고용되어 공사의 시공을 수행하는 책임을 진다. 설계와 시공을 일괄하여 도급하는 일괄도급계약에서 시공자는 설계업무를 함께 수행하기도 한다. 공사시공을 수행하는 것을 업무로 하는 시공회사는 건설산업기본법에 따라 건설교통부에 등록하고 일반건설업 또는 전문건설업 면허를 받아야 한다. 시공회사는 설계기능을 보유하여 종합건설회사로 활동할 수 있으며 규모에 따라 업무의 범위와 내용에 차이가 있겠지만 기능면에서는 설계, 시공 등을 담당하는 운영부서와 인사, 구매, 회계 등을 담당하는 관리부서 조직을 가지고 있고, 공사의 관리는 계약별 또는 공사별로 운영한다.

### 2.4.4 감리자(監理者; Supervisor)

공사의 시공과정에서 전문적인 지식, 기술, 경험 등을 활용하여 발주자의 자문에 응하고 설계서 등 기타 관계서류대로 시공되는가의 여부를 확인하는 등 감리를 시행하는 자를 일컫는다. 감리자는 사업주가 고용하여 시공감리를 담당하게 하며, 공사현장에서 사업주를 대리하여 시공자의 시공을 감독하고, 확인·검사하며 공사의 중간기성과 준공을 확인하고 증명서를 발급한다. 감리자는 자신의 현장대리인과 고용원을 감리원으로 현장에 상주시켜 감리업무를 수행하게 하며, 현장에 상주하는 책임감리원은 시공자의 현장시공을 지휘하고, 시공자가 공급하는 공사용 자재를 검사하며 시공을 지시, 독려, 확인, 검사하며 감독한다.

또한 감리자는 사업주를 대리하여 시공감리업무를 수행하는 과정에 공사의 변경이나 공사비용 및 공사기간 변동을 초래하는 경우외에는 공사가 설계도서에 따라 정확하게 수행되도록 감독하는데 폭넓은 재량권을 부여받고 있다. 일반공사감리에서는 공사감리자로서 설계자가 수행하는 설계업무를 감독하고, 사업주의 공사도급을 위한 입찰업무를 대행하기도 한다.

감리자는 기술사사무소나 건축사사무소 등 감리전문회사로서 감리용역계약을 수행하는 회사이지만, 건설기술관리법에서는 공공건설사업에 참여하는 감리전문회사는 법규에 따라 자격을 갖추어 건설교통부에 등록한 회사에 책임시공감리업의 면허를 발급받도록 하고 있다. 여기서 책임시공감리자는 일반시공감리업무외에 기성검사・증명 및 설계변경조치 등 폭넓고 실질적인 공사감독의 책임과 권한을 부여받고 있다.

### 2.4.5 공사관리자(工事管理者; Construction Management Group)

건설산업기본법에 의하면 공사관리(Construction Management)는 기획, 분석, 설계, 조달, 계약, 시공관리, 감리, 평가, 사후관리 등에 관한 관리업무의 전부 또는 일부를 수행하는 것을 말한다. 즉, 공사관리자는 CM계약을 통하여 발주자의 대리인 역할을 수행하면서 제공하는 엔지니어링 또는 컨설팅서비스에 대한 보수를 받는 건설활동주체라고 할 수 있다. 사업주와 체결하는 계약의 범위에 따라 사업주를 대리하여 공사를 감리하거나 시공자와 마찬가지로 자기책임으로 공사도급계약을 수행하며, 종합기술용역회사나 종합건설회사가 이 기능을 할 수도 있다. 공사관리자의 업무범위는 설계와 시공을 일괄해서 대상으로 하는 경우와 시공만을 대상으로 하는 경우로 구별할 수 있다.

또한 계약상의 책임은 사업주를 대리하여 공사를 감리하는 공사관리 용역의 경우와 시공자의 경우와 마찬가지로 공사계약 또는 일괄공사계약을 체결하여 시공 또는 설계와 시공을 자기책임으로 수행하는 경우로 달리 볼 수 있다. 후자의 경우에 공사관리자는 공사의 설계와 시공을 반드시 자신이 직접 수행하는 것은 아니다. 공사관리용역계약에서 공사관리자는 설계자나 시공자와 같이 계약당사자는 아니지만 설계자나 시공자를 선정해서 사업주와 계약을 체결하도록 추천하고 그들의 업무수행을 지휘, 감독하는 위치에 있게 된다.

### 2.4.6 기타 건설 관계자

건설산업은 시공의 목적물을 생산하기 위하여 많은 자재를 소요로 한다. 콘크리트,

철강 및 철근제품, 골재 그리고 각종의 건설재료가 정해진 방법과 공정에 따라 완성되어 편의를 제공하는 것이다. 따라서 시공에 직접 참가하지는 않지만, 각종 건설재료를 공급하는 자재업자, 시공과정에 이용되는 건설장비 등을 임대하는 장비임대사업자, 필요한 노무인력을 제공하는 인력송출업체 등이 관계하고 있다. 최근에는 정보화된 건설사업관리를 수행하기 위하여 ASP(Application Service Provider)사업자도 건설사업에 관계하는 경우가 많다. ASP사업자는 단위 현장 또는 각 건설사업관계자와 계약을 통하여 건설사업에 필요한 정보시스템을 구축하고 이를 대신운영하는 컨설팅업자의 개념으로 이해될 수도 있다.

## 2.5 건설사업의 수행절차와 특성

일반적으로 건설공사는 공사의 필요가 생길 때마다 시공자(Contractor)를 선정해서 필요한 목적물을 완성해 가는 수주생산(受注生産)활동으로서, 일반 산업활동과는 다소 다른 절차에 의해 수행된다. 이 때 발주자로부터 직접 건설공사를 수주하는 원도급 건설업체(Genecon, General Contractor)와 이 원청건설업체로부터 공사의 일부 또는 전부를 재도급 받는 하도급(Subcon, Sub Contractor) 및 설계업체, 자재공급업체, 건설장비의 임대업체 등이 서로 긴밀한 협조 하에 공사를 수행하게 된다. 기본적으로 이러한 업체간의 업무의 범위와 권한 및 책임 등은 계약에 의해 규정되고 있다.

### 2.5.1 건설공사의 시행절차

오늘날 건설공사의 수행절차는 이제까지의 전통적인 건설공사 절차에서 더욱 세분화하여 턴키(Turn-key)방식, CM(Construction Management)방식 등 그 수행방식에 따라 매우 다양하게 구분되고 있다. 그렇지만 모든 건설공사는 기본적으로 다음 그림과 같은 과정을 가지며, 이 과정을 특히 건설공사의 라이프사이클(生涯週期; Life Cycle)이라 한다.

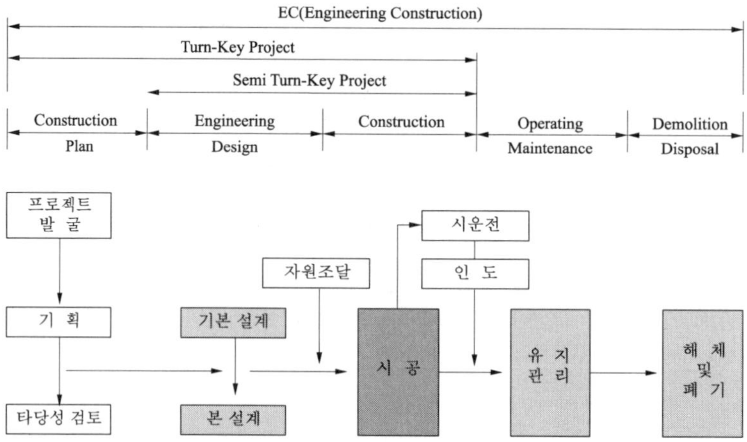


그림 2.4 건설공사의 라이프사이클

원칙적으로 건설공사의 라이프싸이클(Life Cycle)은 사업(Project)의 발굴 및 기획에서부터 해체 · 폐기하는 단계까지를 넓은 의미에서 시설물의 라이프싸이클로 보는 것이 타당하지만 좁은 의미에서 건설공사의 실제 및 시공단계만을 의미한다. 건설공사에 대하여 라이프사이클(Life Cycle) 개념이 도입된 것은 그리 오래된 일이 아니지만, 최근에는 정부에서 강력한 의지를 가지고 추진하고 있다.

한편, 건설공사는 같은 종류의 공사라 할지라도 필요에 따라서 공사별로 주문(Order made)에 따라 실시된다. 따라서 정해진 가격(定價)이라는 것이 존재할 수 없으며, 각각의 공사별로 발주→견적→입찰→계약이라는 단계를 반드시 거친다. 다음 그림 2.5는 일반적인 공공건설공사의 토목사업의 흐름을 나타낸다[13].

표 2.10 건설 제 단계별 참여주체와 주요 적용법률

| 구분 | 기획 · 타당성조사 | 설계 | 입찰·계약 | 시공·감리 | 유지관리 |
|---|---|---|---|---|---|
| 주요 참여자 | 엔지니어링업체, 조사용역업체 | 건축사 사무소 엔지니어링업체 | 설계 또는 시공참여업체 – 조달청 | 일반건설업체 전문건설업체 감리전문업체 | 안전진단기관 유지관리업체 |
| 주요 서비스 | 사업기획·각종 조사분석 | 설계 및 설계도서작성 | 견적 및 적산 | 시공 및 감리 | 안전점검과 유지관리 활동 |
| 주요 적용법률 | 건축사법, 엔지니어링기술진흥법 | | 국가계약법 | 건설산업기본법 건설기술관리법 | 시설물안전관리에 관한 특별법 |

13) 石井一郎, 土木積算學入門, 技術書院, 2002, pp.2

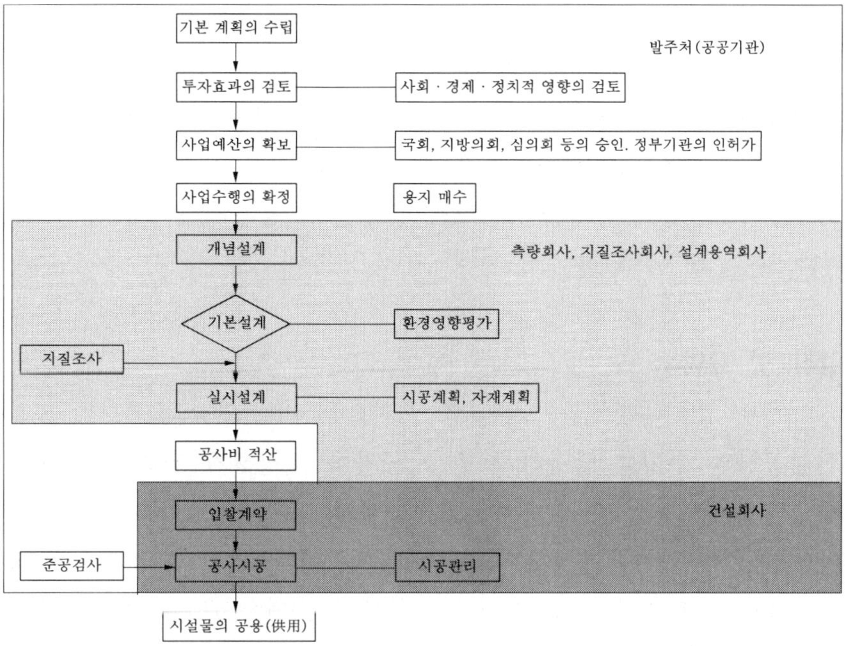


그림 2.5 공공건설사업의 사업수행 절차도

현행 건설기술관리법에서는 건설공사의 시행절차와 관련한 내용을 규정하고 있다. 공사의 계획에서부터 준공에 이르기까지 제 단계의 내용을 살펴보면 다음과 같다.

### (1) 건설공사의 계획단계

계획단계는 주로 사업주가 자신의 필요에 의해 입안하게 되며, 이 과정에서 전문가의 자문이나 컨설팅 등을 받을 수도 있다. 공공공사의 경우 사업의 목적은 주로 국가나 사회의 수요를 해결하기 위한 것으로 국가경제개발계획이나 민간기업활동계획으로 표현된다. 사업목적을 달성할 수 있는 방법을 검토하는 사업계획은 사업기획, 예비조사, 타당성조사 등 3단계의 조사활동을 차례로 진행하면서 구체화되는 것이 일반적이다.

### (2) 설계단계

타당성조사 등을 통하여 사업의 시행이 결정되면 공사에 필요한 각종 허가절차를 진행하면서 공사시공을 위한 설계도서와 공사비 등을 산출하는 설계작업이 진행된다. 대형건설공사에서는 설계를 기본설계와 실시설계의 두 단계로 나누어 실시하는 경우가 많으며 이는 설계의 내용을 보다 충실하게끔 한다. 실시설계 단계에서는 현지조건을 보다 세밀하게 파악하고 정확한 공사위치를 결정하는데 필요한 현지측량, 지질 및 토질조사 등의 상세한 현지조사를 실시하여야 하며 설계단계를 통해서 설계도면, 지질 및 토질조사보고서, 구조 및 수리계산서, 공사수량계산서, 공사비내역서 등이 산출되어 시공에 이용된다.

### (3) 입찰 및 계약

실제 건설공사의 수행을 담당하게 될 시공자를 결정하기 위하여 공사수행방식에 따라 시설공사의 입찰을 실시하게 되며, 공공공사의 경우에는 『국가를 당사자로 하는 계약에 관한 법률』에 의거하여 입찰과 계약을 실시한다. 입찰의 방법에는 크게 경쟁입찰과 수의계약으로 구분할 수 있으며, 경쟁입찰에서는 현장설명회 등을 거쳐 입찰에 참여한 업체별로 각자 산출한 공사견적금액을 투찰(投札)하고 적정금액을 입찰한 자를 낙찰자로 정하게 된다.

### (4) 시공

건설공사 수행방식에 따라서 설계된 내용대로 현장의 공사가 진행되는 단계로서 시공자뿐만아니라 감리자, 발주자 필요한 경우에 따라서는 설계자들이 서로 협력하여 공사를 진행하는 단계이다. 대부분 공사의 착수를 신고하는 착수계를 제출하면서부터 본격적인 시공이 시작되며, 공사중에는 구조물에 대한 공정관리, 품질관리, 안전관리, 원가관리, 환경관리 등의 공사관리가 지속적으로 이루어진다.

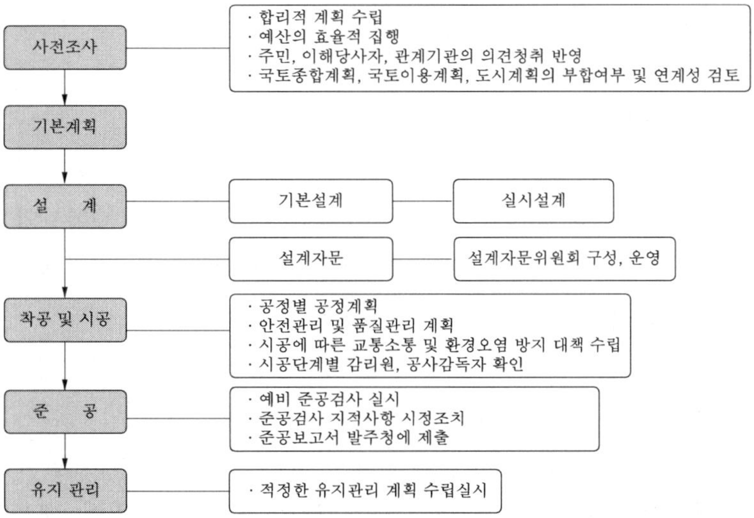


그림 2.6 주요 사업단계별 건설행정

### (5) 준공 및 유지관리

현장의 공사가 순조롭게 진행되어 목적으로 하는 시설물이 구축되게 되면 준공검사를 통하여 시설물이 규정대로 구축되었는가를 확인한 후 사용에 들어가게 된다. 유지관리단계는 시설물을 사용하면서 어쩔 수 없이 발생하는 파손이나 손상등에 대처하면서 구조물을 관리하는 단계로서 시설물의 수명이 다할 때까지 끊임없이 철저한 관리활동이 이루어져야 한다.

## 2.5.2 건설공사 발주 및 공사수행방식

건설공사를 실시하는 방식은 크게 직영방식과 도급방식으로 구분해 볼 수 있다. 직영방식은 사업주가 자신의 책임으로 건설공사를 진행해 나가는 것으로서 공사에 따르는 모든 책임과 위험을 사업주가 떠맡게 된다. 그러나 실제 건설공사를 수행하기 위해서는 각종 전문지식과 다양한 경험 등이 필요하게 되며, 여러 분야의 노력이 집적되어 수행되는 것이므로 대부분 도급방식으로 수행된다. 도급방식에서는 사업주인 발주자가 경험이 많고 유능한 시공자와 공사도급계약을 체결하고 시공자로 하여금 공사업무의 계획, 운영, 관리를 담당하여 공사를 수행하게 하므로 공사수행에 따르는 모든 책임은 도급계약에 규정된 범위내에서 시공자가 맡게 된다.

### (1) 전통적인 공사수행방식

전통적인 건설공사 수행방식은 사업주가 설계자 및 일반시공회사와 별도의 계약을 체결하고 시공감리는 설계자 또는 별도로 계약을 체결한 감리전문회사가 수행하는 형태이다. 즉, 설계자와 설계용역계약을 수립하고, 시공자와는 공사계약, 감리자와는 시공감리용역계약을 각각 별도로 체결하여 수행하는 방식이다. 따라서 이 방식에서는 설계자, 감리자, 시공자가 서로 독립적으로 작용하여 협조가 어려운 단점이 있으며, 설계와 시공이 순차적으로 이루어져야 하기 때문에 공사기간이 길어지는 단점이 있다. 그러나 전통적으로 오랫동안 수행된 방식으로 계약선례를 확보하고 있어 매우 안정적인 공사수행방식이며, 공사과정에서 발주자의 역할이 최소화 될 수 있고 시공자는 공사과정에서 발생하는 위험부담이 적어지는 장점을 가지고 있다.

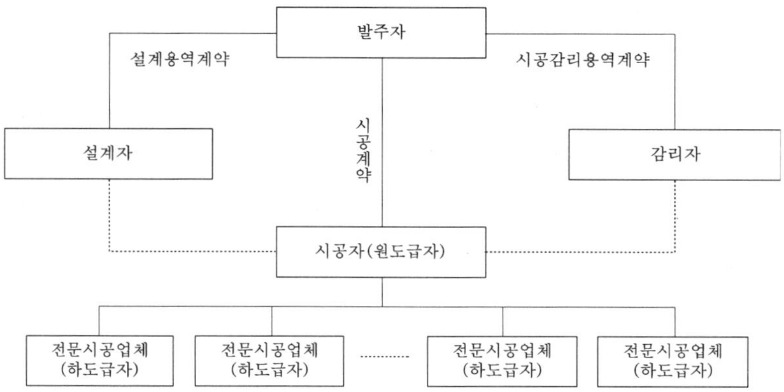


그림 2.7 전통적인 공사수행방식

### (2) 설계 · 시공 일괄수행방식[14)]

설계 · 시공 일괄수행방식은 흔히 턴키(Turn-key)방식 혹은 디자인-빌드(Design-Build)방식이라 하는데 미국에서 최초로 개발되어 세계 각국에서 활용되는 공사수행방식이다. 턴키방식에서는 시공자가 건설공사에 대한 설계와 시공을 일괄적으로 수행함은 물론

14) 건설교통부(2003), 턴키 교육자료 4, 턴키·대안입찰제도 업무요령(입찰·계약절차 및 심의운영제도)에서 발췌정리

경우에 따라서는 재원조달, 토지구매와 같은 업무까지도 발주자에게 제공하며, 발주자는 하나의 도급자와 설계 및 시공을 수행하는 계약을 체결하는 형태로 수행된다.

국내에서 턴키방식의 계약방법이 최초로 도입된 것은 1970년대 초로서 오일쇼크가 있던 시기이며, 유가폭등에 의해 부를 축적한 중동국가를 중심으로 국내 업체들이 본격적인 해외진출을 한 시기이기도 하다. 이러한 해외 건설활동은 국제적인 계약방식의 하나로서 활용되고 있던 설계·시공 일괄계약 방식을 처음으로 접할 수 있는 기회를 부여하였고 이를 계기로 국내에서도 대형공사나 기술집약적 공사에 설계·시공 일괄계약을 적용하게 되었다.

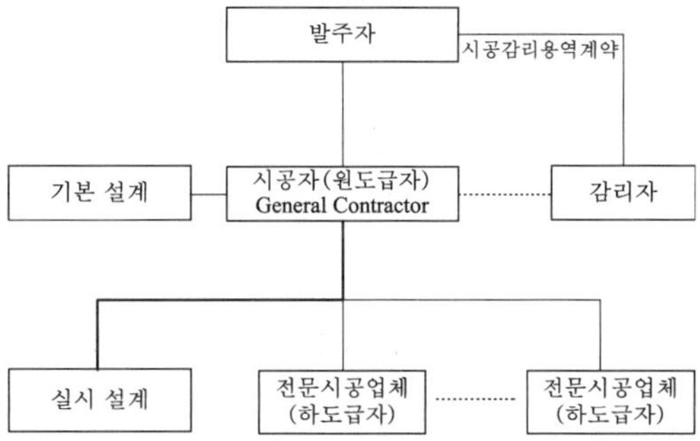


그림 2.8 Design-Build방식

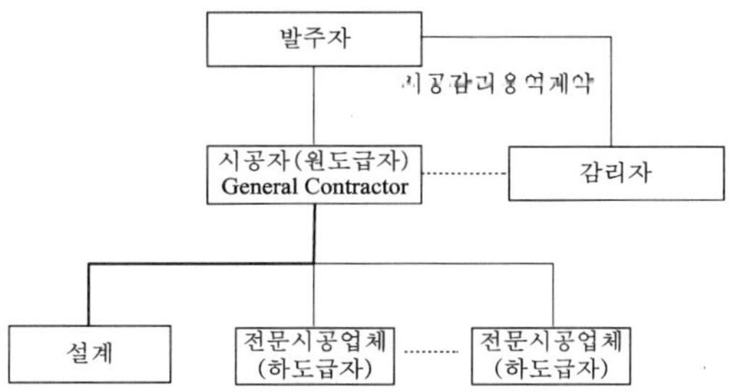


그림 2.9 Turn-Key 방식

설계·시공 일괄수행방식은 하나의 계약자가 모든 책임을 지고 공사의 설계부터 준공까지를 담당하기 때문에 관리업무를 최소화할 수 있고 공기절감과 계약자의 능력 여하에 따라서 새로운 신기술·신공법 등의 도입이 비교적 자유로운 반면에 설계가 확정되기 전 낙찰금액이 확정되고 사업이 추진되는 단점과 중소규모업체는 참여에 제한을 받을 수 있다는 단점이 있다.

표 2.11 턴키수행방식의 장단점

| 구 분 | 발 주 자 | 건 설 업 자 |
|---|---|---|
| 장 점 | •일괄책임 회피<br>•최적대안 선정<br>•관리업무 최소화<br>•공기절감 | •사업수행 효율성 제고<br>•신기술등 업체보유 기술 활용<br>•위험관리기회 증진<br>•전문화 촉진 |
| 단 점 | •사업내용 불확실<br>•품질확보 한계<br>•사업관리 한계<br>•발주절차 복잡성 | •사업내용 불확실<br>•입찰부담 과중<br>•중소기업 참여기회 제한 |

### (3) CM방식

CM방식이란 발주자가 공사목적물을 완성하기 위해 필요한 공사계획과 각종 공사관리 활동 등 공사일체를 CM(Construction Management)용역업체에게 전담시켜 대리토록 하는 공사수행방식을 말한다. 이 경우 발주자는 CMer(Construction Manager)를 통하여 전문가적인 지식과 경험을 통한 합리적인 의사결정이 가능하다. CM방식에는 단순히 용역대가를 받고 발주자에게 해당 프로젝트에 대한 관리 및 운영에 관한 단순한 조언과 자문역할만을 수행하는 CM-for-Fee방식과 CMer가 직접 시공업체나 엔지니어링업체를 고용하면서 일부의 시공을 직접 담당하는 CM-at-Risk방식이 있다. 따라서 CM-at-Risk방식에서는 공사가 잘못되는 경우 CM업체가 이에 상응하는 위험과 책임을 져야 할 수도 있다.

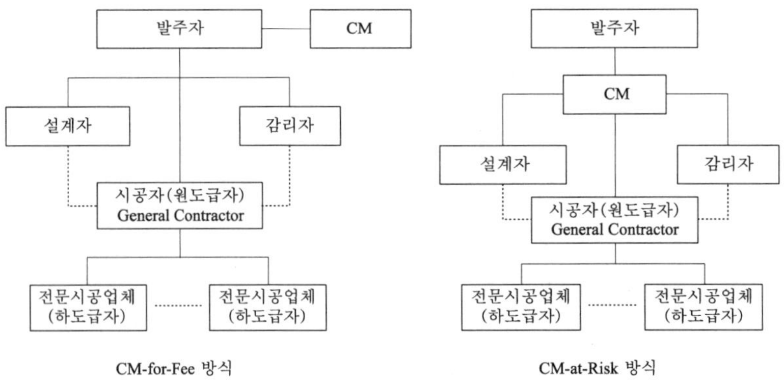


그림 2.10 CM방식

CM방식에서는 건설사업관리자(CMer)가 설계자와 시공자간의 업무의 조정이 가능하고 객관적인 입장에서 전체사업에 대한 공사비, 공정, 기타 공사와 관련된 제반 문제점을 검토할 수 있으므로 발주자의 의사결정에 큰 도움을 줄 수 있다. 반면, 적절한 건설사업관리자를 선정하는 것이 매우 중요하며 CM의 역할에 너무 많은 의존이 생기는 단점이 있다.

## 2.6 건설공사의 입찰 및 계약방식

계약(Contract)이란 법률적 효과의 발생을 위해 복수의 당사자가 서로의 합의에 따라 성립하는 법률적 행위이다. 건설사업의 수행을 위해서도 발주자와 수주자간에 엄격한 계약행위에 따라서 사업수행이 진행된다. 민간 건설공사에서는 발주자의 편의에 따라서 적절하다고 판단되는 방식을 임의로 채택할 수 있으나, 정부가 계약의 상대자가 되는 공공 건설공사의 경우 국가계약법[15]에 그 절차와 방법 등을 엄밀히 규정하고 있다. 이는 공정하고 합리적인 방법에 의해 적절한 건설업체를 선정하여 공공의 이익을 도모하기 위함이다.

국가계약은 계약의 목적물, 체결형태 및 체결방법 등으로 구분해 볼 수 있으나, 일반적으로 건설공사의 계약방식이라 하면 계약체결방법따라 수의계약과 경쟁입찰계약으로 크게 구분할 수 있다.

표 2.12 정부계약의 종류

| 계약목적물별 | 계약체결형태별 | 계약체결방법별 |
|---|---|---|
| • 공사계약<br>– 건설공사<br>– 전기공사<br>– 전기통신공사 등<br>• 물품제조·구매계약<br>• 용역계약 | • 확정계약, 개산계약<br>• 총액계약, 단가계약<br>• 장기계속계약, 계속비계약, 단년도계약<br>• 공동계약, 단독계약<br>• 기 타<br>– 종합계약<br>– 사후원가검토조건부계약<br>– 회계연도 개시전의 계약 | • 경쟁입찰계약<br>– 일반경쟁입찰계약<br>– 제한경쟁입찰계약<br>– 지명경쟁입찰계약<br>• 수의계약<br>• 기타<br>– 희망수량 경쟁입찰계약<br>– 2단계 경쟁입찰계약<br>– 분리동시입찰계약<br>– 협상에 의한 계약 |

### (1) 수의계약

공사의 성격이나 발주자의 편의에 따라 경쟁입찰의 실시가 부적당한 경우, 발주자는 신뢰할 수 있는 특정한 시공회사를 선정하여 견적서를 받고 공사계약에 관한 조건을 협의하는 수의시담을 거쳐 수의계약(Negotiated Contract)을 체결할 수 있다. 수의계약은 긴급한 공사에서 경쟁입찰의 절차를 따를 시간적인 여유가 없거나, 보안의 유지가 필요한 경우, 유사공사에 경험이 있는 시공회사가 극소수인 경우 등에 채택하는 방식이다. 수의계약은 그 실시절차가 간편한 반면에 계약의 담당자가 재량을 남용하여 불공정한

15) 국가를 당사자로 하는 계약에 관한 법률 을 말하며, 여기에는 특정 조달을 위한 국가를 당사자로 하는 계약에 관한 법률 시행령 특례규정 등도 포함된다.

처리를 할 경우 부정의 소지가 많아 공공 건설공사에서는 수의계약의 범위를 엄격하게 규정하고 있다.

### (2) 일반경쟁입찰

경쟁입찰방식 중에서 가장 보편적인 것으로 입찰참가자의 범위가 널리 개방되어 있어서 해당공사업면허를 가지고 제시된 조건을 갖춘 시공회사가 제한없이 응찰할 수 있는 입찰방식이다. 그러므로 모든 업체에게 균등한 기회가 주어지는 반면, 너무 많은 업체가 참여하여 과열경쟁이나 입찰관리업무와 입찰수속을 위한 노력과 비용이 과다하게 드는 단점이 있다.

경쟁입찰에서는 발주자가 미리 정한 공사예정가격보다 낮고 최저가인 입찰자에게 낙찰되는 것이 일반적이다. 따라서 과다경쟁으로 인한 저가 낙찰, 또는 입찰가에만 의존하므로 능력이 없는 회사가 수주하여 부실공사로 이어지는 문제점이 있다. 이러한 폐단을 보완하기 위해 일정기준 이하의 입찰을 무효로 하거나 저가입찰에 대한 낙찰을 판정하는 제도를 병행하여 시행하고 있다.

### (3) 제한경쟁입찰

일반경쟁입찰방식에서 예상되는 문제점을 보완하기 위하여 시공회사의 도급한도액에 의한 군분류, 주소지 지역, 시공실적 등 회사의 실태를 참작하여 입찰참가자의 범위를 미리 제한하는 방식이다. 이 방식에는 입찰참가를 희망하는 업체로부터 회사실태자료를 제출받아 심사를 거쳐 자격이 있다고 판정된 소수의 회사만을 경쟁입찰에 참가하도록 하는 사전자격심사제도[16]가 대표적이며, 현재 일정규모 이상의 공사에 대하여 적용하고 있다.

### (4) 지명경쟁입찰

공사시공에 특수한 경험이나 전문기술 또는 시공장비 등이 필요한 공사 또는 소규모

---

16) 사전자격심사제도를 PQ(Pre-Qualification)제도라 한다.

의 유지관리공사에서 입찰참가요건을 갖춘 회사가 많지 않을 경우에 해당하는 회사를 미리 선별하여 경쟁입찰에 참가하도록 권유하는 방식이다. 이 방식은 공정하게 다루어졌을 때 가장 신뢰할 수 있고 계약이행이 착실한 시공회사를 선정할 수 있지만, 수의계약과 마찬가지로 공공건설공사에서는 이 방법을 채택하는데 엄격한 제한을 두고 있다.

## 2.7 건설산업 관계법규

건설산업은 국가 경제에 미치는 영향이 매우 크고, 여타 산업의 발전을 위한 초석이 되기 때문에 정부에서는 건설산업의 건전한 발전을 도모하기 위하여 각종 법규를 제정하여 시행하고 있으며, 모든 건설공사는 이를 토대로 영위되고 있다. 건설산업에 종사하는 엔지니어들은 대부분 법규를 어렵고 복잡한 것으로 생각하는 경향이 있으나, 건설공학은 인간의 생활을 보다 편리하고 안전하게 하기 위한 실용학문이라는 점에서 현재의 법체계와 관계규정의 중요사항에 대해서는 반드시 숙지하고 있어야 한다. 건설공사를 수행하기 위해서는 엔지니어라 할지라도 공사와 관련된 법규에 대한 명확한 이해가 필요하다. 건설관계법령과 하위기준과의 위계는 그림 2.11과 같이 나타낼 수 있다.

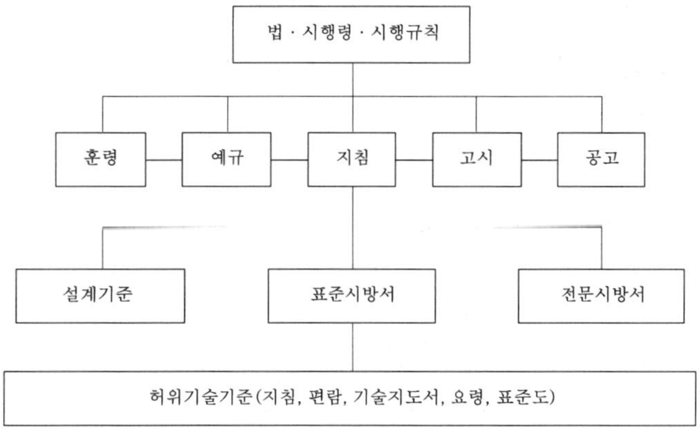


그림 2.11 건설산업 관계법령과 하위기술기준의 위계

헌법은 국가법체계의 기본으로서 국회가 심의해서 제정하며 모든 법령의 우위에 있다. 법률은 국가 목적을 수행하는데 필요한 규범으로서 국회가 심의하여 제정한다. 대통령령은 법률의 시행에 필요한 사항을 규정하는 것으로 각의의 심의를 거쳐 제정되며 모든 법률은 대통령령으로 제정된 법 시행령에 의해 뒷받침되고 있다. 법률과 법시행령을 시행하는데 필요한 세부적인 규정은 국무총리령, 소관부처의 부령으로 법시행규칙을 제정하여 운용하고 있다.

건설사업과 관계된 법률은 매우 많지만 두 개의 중요한 법률을 근간으로 한다. 건설산업기본법은 건설사업의 수행을 위해 가장 기본이 되는 법률로서 건설공사의 조사·설계·시공·감리·유지 관리·기술 관리 등에 관한 기본적인 사항과 건설업의 등록, 건설공사의 도급 등에 관하여 필요한 사항을 규정하고 있으며, 건설공사의 적정한 시공과 건설산업의 건전한 발전을 도모함을 목적으로 하는 법률이다. 건설기술관리법은 건설기술의 연구개발을 촉진하고 이를 효율적으로 이용·관리하게 함으로써 건설기술을 확보하여 공공복리의 증진과 국민경제의 발전에 기여하기 위해 제정된 법률이다. 건설산업은 이 건설산업기본법과 건설기술관리법을 근간으로 운영된다고 하여도 과언이 아닐만큼 매우 중요한 법이다. 그 외 공사의 계약과 관련해서는 국가를 당사자로 하는 계약에 관한 법률 등이 있으며, 이 밖에도 개별적인 업무범위와 기준을 규정하고 있는 법률이 다수 있다. 건설사업에 관련되는 주요 법률을 규제하는 내용에 따라 분류하여 나타내면 표와 같다.

표 2.13 건설사업관계 법규

| 구 분 | 법 규 |
|---|---|
| 건설업 관리 | 건설기술관리법, 건설산업기본법, 건설기계관리법, 골재채취법, 시설물의 안전관리에 관한특별법, 엔지니어링기술진흥법, 전기공사업법, 전력기술관리법, 정보통신공사업법, 측량법, 하도급거래공정화에 관한 법류, 해외건설촉진법 |
| 국토개발, 사업간접시설, 토지 | 개발이익환수에 관한법률, 고속철도건설촉진법, 공고용지의 취득 및 손실에 관한 특례법, 공업배치및공장설립에 관한 법률, 공유토지분할에 관한 특례법, 관광진흥법, 국토건설종합계획법, 국토이용관리법, 농지법, 도시개발촉진법, 도시철도법, 도시철도건설규칙, 부동산등기법, 사회간접자본시설에 대한 민간자본유치촉진법, 산업입지 및 개발에 관한 법률, 수도권신공항건설촉진법, 수도권정비계획법, 오지개발촉진법, 외국인 토지법, 유통단지개발촉진법, 자연공원법, 지가공시 및 토지등의 평가에 관한법률, 지적법, 토지구획정리사업법, 폐광지역개발지원에 관한 특별법 |
| 건축, 주택, 도시 | 건축물의 구조기준등에 관한 규칙, 건축물의 설비기준 등에 관한 규칙, 건축물의 피난·방화구조등의 기준에 관한 규칙, 건축물 착공통계조사시행규칙, 건축법, 건축사법, 공동주택관리령, 공동주택관리규칙, 공업용수공급규칙, 도시계획법, 도시계획시설기준에 관한 규칙, 도시공원법, 도시재개발법, 소방법, 수도법, 임대주택법, 주택건설촉진법, 택지개발촉진법, 토지구획정리사업법, 하수도법, 학교시설사업촉진법 |
| 도로, 철도, 수자원, 항만 | 고속국도법, 고속철도건설촉진법, 공유수면관리법, 도로법, 도로의 조사·시설기준에 관한 규정, 도시철도법, 방조제관리법, 사도법, 삭도·궤도법, 소하천정비법, 수산업법, 신항만건설촉진법, 지하수법, 철도법, 특정다목적댐법, 하천법, 항만법, 해양개발기본법 |
| 에너지 (전기/가스) | 고압가스안전관리법, 도시가스사업법, 발전소주변지역지원에 관한 법률, 전기공사업법, 전기사업법, 전력기술관리법, 전원개발에 관한 특례법, 집단에너지법 |
| 환경 | 각종분쟁조정위원회 등의 조정조서등에 대한 집행문 부여에 관한 규칙, 대기환경보전법, 먹는물관리법, 먹는물 수질기준 및 검사등에 관한 규칙, 상수원 관리규칙 |

건설에서는 공사 수행시에 참조하는 시방서라는 독특한 시공기준이 있다. 시방서는 건설교통부 등 중앙정부에서 발행하는 표준시방서와 특정 발주처의 특성에 맞게 제정한 전문시방서 및 특정 공사에만 준용하기 위한 공사시방서로 구분할 수 있다. 표준시방서는 시설물의 안전 및 공사시행의 적정성과 품질확보 등을 위하여 표준적이고 일반적인 기준을 시설물별로 정하여 발주청 또는 설계 등의 용역업자가 공사시방서 등의 작성시 활용하게 되는 시공기준이다. 현재 16종의 표준시방서가 제정되어 있으며 전문시방서 9종, 기타 설계기준은 시설물별로 18종이 제정되어 있다.

표 2.14 건설관계 시방서

| 표준시방서 | 전문시방서 | 설계기준 |
|---|---|---|
| 1. 토목공사 표준일반시방서 | 1. 항만 및 어항공사 전문시방서 | 1. 철도설계기준 |
| 2. 도시철도(지하철)공사 표준시방서 | 2. 철도공사 전문시방서(토목편) | 2. 콘크리트구조설계기준 |
| 3. 건축공사 표준시방서 | 3. 서울시 전문시방서 | 3. 건축표준기준 |
| 4. 콘크리트 표준시방서 | 4. 농어촌정비공사 전문시방서 | 4. 구조물기초설계기준 |
| 5. 도로공사 표준시방서 | 5. 주택건설공사 전문시방서 | 5. 조경설계기준 |
| 6. 도로교 표준시방서 | 6. 댐 및 상수도공사전문시방서 | 6. 도로교설계기준 |
| 7. 하천공사 표준시방서 | 7. 건설공사 전문시방서 | 7. 도로설계기준 |
| 8. 조경공사 표준시방서 | 8. 고속도로공사 전문시방서 | 8. 터널설계기준 |
| 9. 터널공사 표준시방서 | 9. 고속철도공사 전문시방서 | 9. 하천설계기준 |
| 10. 건축전기설비공사 표준시방서 | | 10. 댐설계기준 |
| 11. 건축기계설비공사 표준시방서 | | 11.. 건축전기설비설계기준 |
| 12. 산업설비공사일반 표준시방서 | | 12. 건축기계설비설계기준 |
| 13. 상수도공사 표준시방서 | | 13. 강구조설계기준 |
| 14. 항만공사 표준시방서 | | 14. 내진설계기준연구 |
| 15. 농업토목공사 표준시방서 | | 15. 상수도시설기준 |
| 16. 가설공사 표준시방서 | | 16. 하수도시설기준 |
| | | 17. 항만 및 어항설계기준 |
| | | 18. 농업생산기반정비사업 계획설계기준 |

## 2.8 건설 관계조직

건설사업의 수행을 위한 조직은 정부조직, 발주처, 설계용역회사, 일반 및 전문건설회사별로 약간씩 다른 구조로 조직되어 운영된다. 먼저 건설사업을 관장하는 정부조직은 건설교통부로 대표되며, 건설교통부에서는 건설사업의 수행을 위한 각종 정책의 추진,

대형 국책건설사업의 계획과 추진를 담당하며, 건설사업에 필요한 각종 법률과 기준을 입안하고 제공한다.

건설교통부는 당초 1948년 8월 15일 대한민국 정부수립과 함께 교통부를 설치함으로서 시작하여 도로, 철도, 항공운수 및 해운업무를 담당하고 있다. 이후 1962년에 효율적인 국토개발을 추진하기 위하여 건설부를 새로 신설하고 도로에 관한 업무를 교통부에서 건설부로 이관하고 산업입지, 도시, 주택, 수자원업무를 총괄하는 중앙부처로서 자리잡았다. 1994년 12월에 교통난의 해소, 사회간접자본에 대한 투자와 운영의 효율적인 연계체제 확립을 위하여 건설부와 교통부가 하나로 통합되어 건설교통부로 거듭나게 되었으며 2004년 3월 현재 건설교통부는 2실 9국 6관 55과로 구성되어 사회간접자본의 건설 및 운영을 담당하고 있다.

설계용역업체는 대부분 전문설계 부문별로 도로, 철도, 공항, 수자원, 상하수도, 지반 등의 설계부서를 두고 있으며, 일정규모 이상의 설계업체에서는 감리업무를 같이 수행하기 위해서 감리부서를 가지고 있다. 대학을 졸업하고 설계용역업체에 취업을 하게 되면, 자신의 적성에 따라 설계부서에 배속되어 업무를 수행하게 되는데, 설계업무자체가 전문적인 영역이므로 업무 성격상 전문영역간의 이동은 다소 힘들게 되므로 자신의 적성과 장차 하고 싶은 업무를 잘 선택하여야 할 필요가 있다.

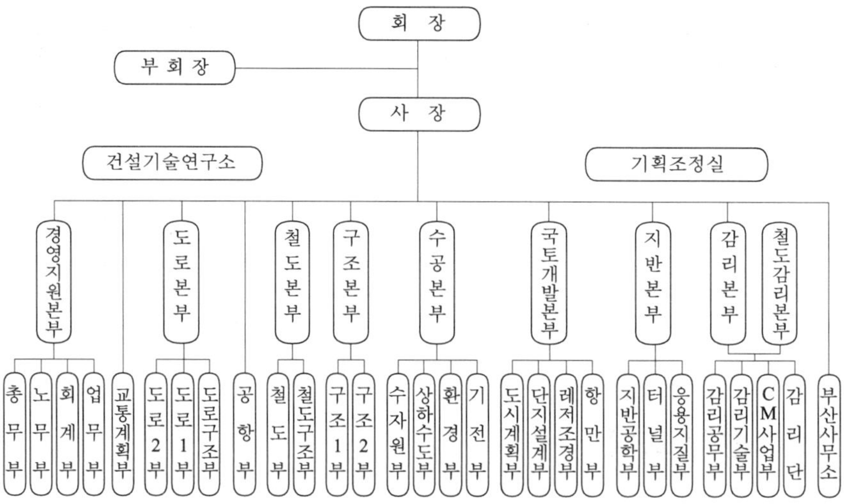

그림 2.12 설계용역업체의 조직 예

일반건설업체와 전문건설업체는 실제 건설공사를 수급받아 공사를 수행하기 때문에 본사의 조직과 현장조직으로 구분하여 볼 필요가 있다. 본사의 조직은 일반 기업체와 마찬가지로 기업을 운영하기 위한 필수적인 관리부서가 있으며, 건설회사의 특성상 토목사업부문, 건축사업부문, 플랜트사업부문, 해외사업부문, 기전사업부문 등으로 구분되는 것이 일반적이다. 또한 각 부문별로 전문적인 기술팀 등을 운영하게되며, 프로젝트에 따라서는 별도의 Task-Force팀을 운영하는 경우도 많다. 기술부서에서는 회사가 수행하는 각종 공사에 대한 설계업무를 담당하며, 공사입찰을 위한 견적서를 작성하고, 시공중인 공사에 대한 시공설계와 시방작성 등의 기술지원을 담당한다. 공무부서에서는 수주된 공사에 대한 실행예산서의 작성, 시공계획의 수립, 공정관리, 원가관리를 담당하고 현장을 지원・감독한다.

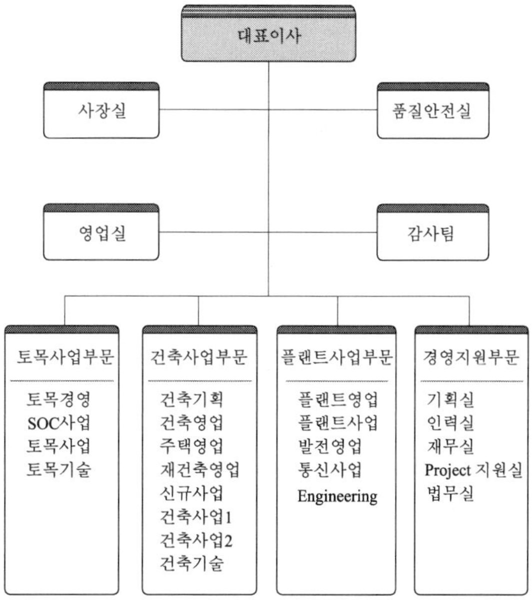


그림 2.13 일반건설업체의 본사 조직구성의 예

한편, 현장에서는 현장소장이라고 불리우는 현장관리자의 지휘아래 본사와 유사한 소규모의 조직이 운영되며, 공사시공에 필요한 자재, 노무, 장비를 직접 동원하거나 전문시공회사를 하도급자로 고용하여 시공을 지휘감독하는 활동을 한다. 현장의 관리조직은 공사의 종류, 규모, 내용에 따라서 구역분할방식, 공종분할방식, 구조분할방식 등으로 구별할 수 있다.

## 연습문제

1. 건설산업 측면에서 우리국토의 개발여건에 관하여 서술하시오.

2. 건설산업이 국가 경제발전에 어떻게 이바지하고 있는지 서술하시오.

3. 일반건설업과 전문건설업의 차이점을 서술하시오.

4. 건설사업관계자를 구성하는 주체들을 분류하고 간단히 서술하시오.

5. 건설공사의 라이프사이클(Life Cycle)에 관하여 서술하시오.

6. 설계・시공 일괄수행방식에 관하여 설명하시오.

7. CM방식과 전통적인 공사수행방식의 차이점을 서술하시오.

8. 건설공사의 입찰 및 계약방식에 대해 간단히 서술하시오.

9. 건설산업 관계법규 체계에 관하여 서술하시오.

10. 발주처, 시공사, 설계용역회사의 조직구성을 조사・기술하시오.

## 참고문헌


건설교통부(2003), 건설교통백서, pp.14～30

건설교통부(2003), 턴키 교육자료 4, 턴키・대안입찰제도 업무요령(입찰・계약 절차 및 심의운영제도)

김재영, 김성일, 이형찬(2001), 건설산업 구조변화 및 전망, 연구보고서, 국토연 2001-23, 국토연구원

김예상(1997), CM이란 무엇인가?, 보성각

남상욱(2000), 토목시공학, 청운문화사

이배호(1998), 건설공사관리(이론과 실제), 도서출판 구미서관

전인식(1998), 건설용어대사전, 건설연구사

최대호(2000), 최신 토목적산, 도서출판 구미서관

한국기술사회(2003), 건설사업관리(CM) 지식체계, 기문당

福島博行, 前田全英, 長谷川武司(1995), 繪とき土木施工管理, pp.12～13

Richard H. Clough(1981), Construction Contracting, John Wiley & Sons, Inc.

Chapter 3

Civil Engineering

# 지식정보사회에서의 토목공학

# 3.1 토목공학에서의 정보화

모든 산업부문에서 정보화는 혁명적이라고 할 만큼 많은 변화를 일으키고 있으며, 정보화의 거센 물결로 인하여 산업구조의 틀이 제조업에서 정보서비스업 중심으로 변화하고, 지식과 정보가 새로운 성장동력으로 등장하고 있다. 건설산업에서의 정보기술(IT: Information Technology)의 중요성은 다른 산업에서와 마찬가지로 점점 더 강조되고 있다. 건설산업은 전통적으로 3D(Dirty, Difficult, Dangerous)업종으로 인식되어 젊은 기술자와 숙련된 기능인력을 확보하기 어려운 상황이 되었고, 날로 심화되는 시설물의 첨단화, 복잡화 추세에 따라 정보기술(IT)의 활용이 필수적이면서도 산업의 경쟁력 확보에 큰 관심사가 되고 있다. 건설정보화의 개념은 광의적으로 "건설사업의 생애주기(Life Cycle)에 걸쳐서 다양하게 발생하는 각종 지식과 정보를 수집 · 분석 · 가공하고 이를 교환 및 공유할 수 있는 환경을 구축하는 모든 노력"이라 할 수 있다. 건설산업에서의 정보화 속도는 타 산업에 비해 다소 느린 것으로 평가되고 있으나, 90년대 말부터는 정부와 대형건설업체를 중심으로 e-Business를 지향하는 디지털 건설산업환경을 구축하기 위한 많은 노력이 진행되고 있다.

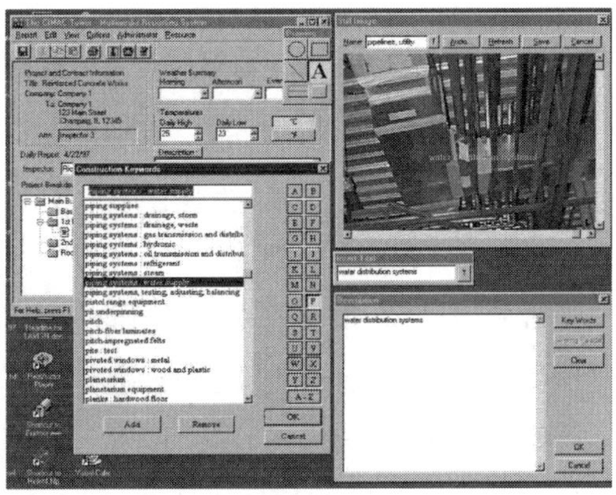

그림 3.1 컴퓨터를 활용한 정보관리

건설분야에서 컴퓨터의 활용은 1950년대 후반부터로 주로 역학계산이나 구조계산의 분야에서 시작하여 주로 구조해석 시뮬레이션 분야에서 활용되기 시작하였다. CAE(Computer Aided Engineering)라는 용어를 사용하면서, 주로 공학적인 해석이 필요한 분야에서 엄청난 양의 계산과 데이터 처리를 가능하게 하였다. 1980년대부터는 CAD(Computer Aided Design)가 개발되어 수작업에 의존하던 각종 도면의 작성을 쉽게 할 수 있는 프로그램들이 속속 개발되었고, 이후 이것은 3차원 그래픽으로 발전되었다. 오늘날에는 공사의 계획시 마련되는 각종 자료로부터 가상의 구조물을 3차원으로 생성하여 주변환경과의 조화, 시공과정에서의 문제점 등 각종 유용한 정보를 사전에 얻을 수 있는 시뮬레이션이 개발되어 가상공간에서의 건설공사가 가능할 정도로 발전되고 있다. 또한 건설관리적인 측면에서는 복잡한 행정업무 등을 간소화하고 많은 양의 도면과 문시의 공유 및 건설자재와 기술의 전자상거래시스템을 구축하고자 하는 "건설CALS/EC"와 같은 건설정보화사업이 추진되고 있어 건설사업수행 환경의 효율화에 큰 역할을 할 것으로 기대된다.

본 장에서는 정보기술을 이용하여 앞으로 각 전문분야에서 더욱 발전이 예상되는 분야를 중심으로 토목공학에서 다루어지는 정보화요소기술을 살펴보고 토목공학의 발전 방향을 가늠해 보고자 한다.

## 3.2 정보화 대응을 위한 기본요건

건설산업의 생산성 및 품질향상을 위해서는 건설계획, 설계, 시공 및 유지관리에 이르기까지 모든 단계를 포함하는 정보의 통합화(Integration) 및 자동화(Automation)이 필수적이며, 따라서 이에 관한 컴퓨터 응용기술의 개발이 관건으로 인식되고 있다. 정보의 통합화는 인공지능(AI)기술, 데이터베이스기술, 통신기술 등 컴퓨터 응용기술을 이용하여 건설 각 단계에서의 필요한 데이터 및 지식을 상호전달, 공유함으로써 건설의 각 단계를 유기적으로 통합하는 것을 의미한다. 이러한 의미에서 CIC(Computer Integrated Construction) 또는 CALS(Continuous Acquisition & Life-cycle Support)의 노력이 계속되고 있다. 또한 자동화는 엔지니어링, 설계, 시공에서의 전산화에 맞추어 각종 센서를 장착한 원격제어와 자동제어가 가능한 각종 건설장비와 로봇을 활용함으로써 인력을 절감하고 공사의 안전성과 품질의 향상을 도모하는 현장자동화를 추구하고 있다.

오늘날 대부분의 건설회사에서는 구조물의 설계나 도면의 작성, 공사의 관리 등에 컴퓨터를 활용하고 있으며, 이젠 거의 모든 업무를 수행하는데 있어서 컴퓨터가 없으면 업무가 이루어질 수 없는 상황에 이르고 있다. 또한 최근에는 계획이나 설계단계에서 생성된 CAD(Computer Aided Design) 데이터를 이용하여 견적이나 자재구매에 활용하고 있는 사례도 증가하고 있으며, 이러한 CAD데이터를 구조물의 설계, 시공단계 뿐만 아니라 구조물의 전체 수명에 걸쳐서 구조물의 관리, 운영, 각종 설비의 유지 및 보수 등에도 활용하는 단계에 이르고 있다. 이와 같이 정보화의 발전으로 인해 사회 전반에서 일어나는 주요 변화는 다음과 같다.

표 3.1 정보화에 의한 주요 변화

| 구 분 | 내 용 |
|---|---|
| 정보교류 방법의 변화 | • 전 세계가 시간과 장소에 구애받지 않고 하나로 교류<br>• 전자적 커뮤니케이션의 가능성 확대 |
| 정보저장 및 접근방법의 변화 | • 컴퓨터를 통해 다양한 정보접근, 활용 및 가공 가능<br>• 데이터 텍스트, 이미지, 오디오, 오락 등 개인의 선택에 따라 개별적으로 정보를 조회하고 결과물의 합성이 가능<br>• 다양한 이용자 모두에게 적합한 접근 인터페이스로의 발전이 과제 |
| 학습방법의 변화 | • 지리적 위치, 나이, 물리적 제한없이 온라인 교육프로그램에 참여 가능<br>• 새로운 교육자료, 새로운 교수법, 주문제작 교육프로그램 등 모든 사람이 새로운 학습에 도달 가능<br>• 직접 상호작용의 관점에서 효과적인 교수 및 학습방법을 위한 신기술 개발의 과제 |
| 상거래 성격의 변화 | • 기업의 위치에 관계없이 고객에 접근, 즉각적인 피드백에 적용<br>• 소비자는 최상의 재화, 서비스에 관한 정보 획득<br>• 디지털 기반의 재화와 서비스 분배, 소매방식의 변화<br>• 국제무역에서도 전자상거래의 중시 |
| 업무성격의 변화 | • 일터는 지리적 제한에서 탈피, 이동중에도 업무에 접근 가능<br>• 라이프스타일 등 개개인의 선호에 따른 유연한 근무지 선택 가능<br>• 고용인, 피고용인 모두가 효과적으로 대응하는 방법의 모색이 요구됨 |
| 사물의 디자인 및 구성방식의 변화 | • 물리적 구조물이나 시스템 등이 컴퓨터 모의실험 등을 통해 설계과정에 참여<br>• 제품 생산주기의 혁신과 안정성, 고품질, 저비용의 제품 생산 촉진<br>• 컴퓨터 가격의 하락과 함께 설계, 엔지니어링, 제조능력이 더 많은 제품으로 적용 |
| 연구 수행방법의 변화 | • 물리적 위치에 관계없이 연구자간 상호작용, 데이터 및 컴퓨터 기반자원의 공유, 디지털 도서관 정보의 접근이 가능<br>• 고속 컴퓨터와 네트워크의 발전을 전제로 혁신적인 방법, 과학적인 발견으로 발전 |
| 환경이해에 대한 변화 | • IT를 활용한 정교한 모델을 통해 기온, 수자원 이용, 대기구조에서의 변화에 대한 생태계의 반응을 정확하게 예측가능<br>• 기후동향, 인구동향, 자원이용, 천연·경제적 자원 등의 가치를 검토하여 실현 가능성과 비용효과적인 선택 지원<br>• 국내·국제적인 에너지와 환경정책을 지원 |

정보화로 인해 유사 이래로 건설산업이 발전해온 속도보다 최근 몇 십년간의 발전의 속도가 더 빠르게 느껴지고 있다. 그러나 건설기술자들이 이러한 정보화 추세에 맞추어 컴퓨터를 효과적으로 사용하고 생산성을 높이는 것은 매우 중요하지만 정보기술 자체에 대한 전문적인 지식을 습득하기 위해 많은 노력을 기울일 필요는 없다. 정보기술과 컴퓨터를 이용하여 경쟁의 우위를 점하기 위해 이에 관한 기본적인 지식을 함양하고 이를 어떻게 응용할 것이가에 더욱 관심을 두어야 한다. 즉, 컴퓨터 하드웨어, 소프트웨어, 통신기술 등에 관한 초보적인 수준의 지식을 습득한 후에는 오히려 다음과 같은

사항에 더 관심을 기울이는 것이 중요하다.

(1) 업무를 체계적으로 분석하고 정보시스템의 응용이 가능할 것인지를 진단하는 능력과 각종 대안에 대한 비용과 효과를 평가해보는 능력
(2) 그러한 분석을 통해 가능한 솔루션(Solution) 시스템의 구축을 위한 확실한 해결 방법을 제시할 수 있는 능력을 배양하고 적어도 어떠한 전문가를 어떻게 이용하여 하드웨어와 소프트웨어를 설계할 것인가에 대한 일반적인 지식 또는 어떠한 상업용 패키지를 바람직하게 이용할 수 있는가를 판단할 수 있는 능력
(3) 다양한 컴퓨터 하드웨어와 유사한 소프트웨어 패키지 사이에서 대안 솔루션을 비교하고 평가하는 능력과 중장기적 대책을 세우는 능력
(4) 주어진 어플리케이션 프로그램을 만들어가는데 있어서 사람과, 인력, 시간, 비용 등을 어떻게 관리할 것인가에 대한 지식 또는 패키지 어플리케이션을 적응시켜 나아가는 것
(5) 오늘날 이용되는 데이터베이스, 스프레드시트 등 기초적인 사무용 소프트웨어는 기본적으로 다룰 수 있도록 평상시 프로그램을 다루어본 경험이 필요
(6) 공정관리, 견적, 원가관리 등과 같은 특별한 기능을 수행할 수 있는 어플리케이션과 시스템에 대한 인식, 어떻게 그것들이 건설업체에서 이용될 수 있을 것인가에 대한 이해와 특정회사의 요구와 일하는 방식의 복잡성과 관련하여 그들의 능력을 진단하는 능력
(7) 새롭게 출현하는 정보기술 들에 대하여 학습할 수 있는 기본적인 지식의 함양

위의 리스트를 종합해보면 특별한 컴퓨터 지식을 집중적으로 습득할 것이 아니라 적재적소에 응용할 수 있는 일반적인 수준을 요구하는 것이다. 즉, 기본적인 이해와 사용 경험을 통한 적응력을 기르는 것이 더욱 필요하다고 할 수 있다.

## 3.3 건설산업의 정보화 추진분야

### 3.3.1 건설관리분야

건설산업은 최초 기획에서부터 유지관리까지 보통 100년 이상의 수명주기를 갖는 시

설물을 건설하는 경우가 많고, 발주자, 설계자, 감리자, 시공자, 자재공급업자 등 많은 관련주체가 참여하게 된다. 따라서 오랜 시설물 생애주기에 걸쳐서 다수의 사업관계자 간에 교환되는 정보가 많기 때문에 정보화의 중요성이 다른 어떤 분야에 비해 강조되고 있다. 최근, 공공부문을 중심으로 추진되고 있는 건설CALS/EC사업은 이러한 배경하에서 시작되어 그 성과가 차츰 나타나고 있다. 건설CALS/EC란 건설사업의 설계·입찰·시공·유지관리 등 전과정에서 발생되는 정보를 발주청, 설계·시공업체 등 관련주체가 정보통신망을 활용하여 교환·공유하기 위한 정보화 전략으로 정의할 수 있다. 즉, 설계단계에서 생성된 정보가 유지관리에 이르기까지 전자적으로 교환 및 공유되어 일관성 있는 업무의 수행을 가능하게 하고, 한번 생성된 정보를 저장하여 지속적으로 재활용함으로써 정보 활용도를 극대화하고 발주자, 설계자, 시공자, 감리자 등 사업수행기관간에 표준화 된 전자문서 교환체계를 갖춤으로써 비효율적인 업무흐름을 개선시킬 수 있는 핵심적인 건설정보화 사업이라 할 수 있다.

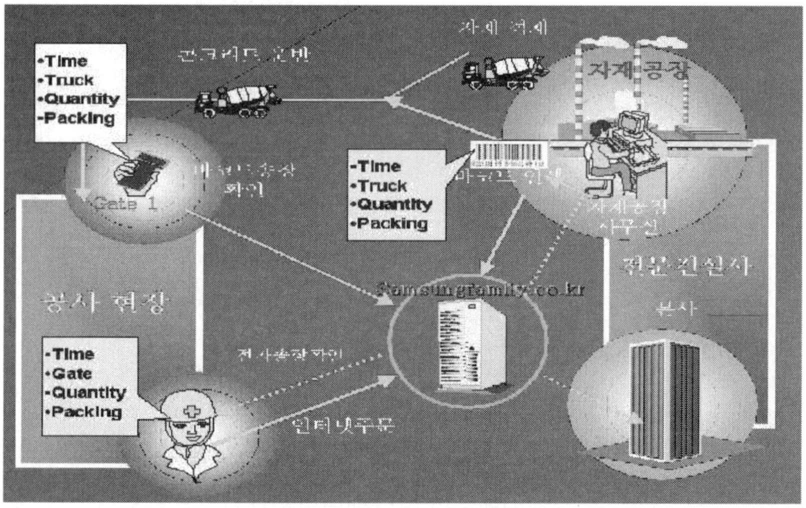

그림 3.2 삼성건설의 바코드를 이용한 콘크리트 타설관리 시스템

또한 민간 건설업체에서도 효율적인 건설공사관리를 위해서 제각기 PMIS(Project Management Information System)이나 건설ERP(Enterprise Resource Planning)시스템과 같은 정보시스템을 이용하여 제반 업무를 전자화하고 있는 추세이다. PMIS시스템은 전반적인 프로젝트의 관리, 설계관리, 공사비관리, 구매관리, 공정관리, 계약/행정관리, 품질관리, 안전/환경관리, 유지관리 등 사업전반의 관리행위를 수행하는 것이고, 건설ERP시스

템은 건설업체의 내부에서 조직, 인사, 회계 등 기업의 기본적인 사항을 수행하는 것이다. 또한 조직원의 지식을 체계적으로 관리하기 위해 지식관리시스템(KMS; Knowledge Management System)등이 운영되기도 한다.

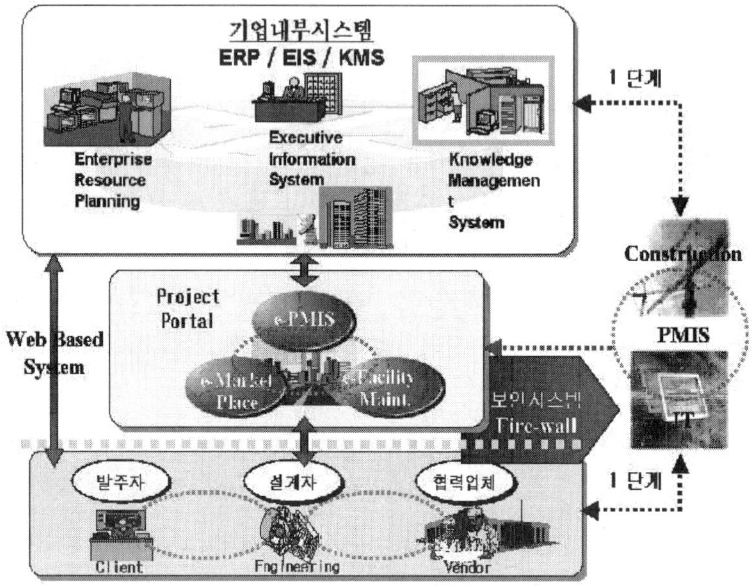


그림 3.3 정보시스템에 의한 선진적인 건설관리 비전

최근에는 이동통신기술과 인터넷기술의 향상으로 원격지에서 수행되고 있는 건설공사 현장의 모든 정보를 본사에서 실시간으로 파악하면서 대응할 수 있을 정도로 발전해 나가고 있다. 이러한 시스템들이 유기적인 연계체제 하에서 구축될 경우 완벽한 프로젝트의 관리가 가능해지고 프로젝트 참여자 간의 의사소통과 협업을 능동적으로 지원할 수 있다. 이는 상호 업무협조가 용이해지고 관련된 지식정보의 공유를 실현할 수 있는 것이며, 효율적인 의사소통 및 보고시스템 체계를 구축하고 실질적인 지식을 관리할 수 있는 좋은 도구가 된다.

### 3.3.2 3차원 설계와 가상현실(Visual Reality)분야

건설공사는 3차원의 현실세계에서 수행되는 작업이지만, 건설공사에 사용되는 도면을 비롯한 대부분의 자료들은 지금까지 평면적인 도면에 치수정보 등의 수치만을 가지고 작성되어 이를 토대로 현장시공이 이루어져 왔다. 컴퓨터를 이용한 도면작업인 CAD(Computer Aided Drawing)가 개발되면서부터 컴퓨터상의 가상공간에서 실제와 같은 스케일로 3차원 설계가 가능해졌다. 이전까지 정면도, 입면도, 단면도 등의 서로 다른 관점에서 제각각 도면이 작성되던 것을 3차원 CAD에서는 실제 치수를 그대로 이용하여 마음대로 작성한 후, 원하는 어떤 각도에서 3차원으로 조망하는 것이 가능하게 된 것이다. 따라서 설계자의 의도와 다른 오류를 파악하기 쉽고, 전산화된 도면이므로 언제라도 수정과 재이용이 가능해졌다.

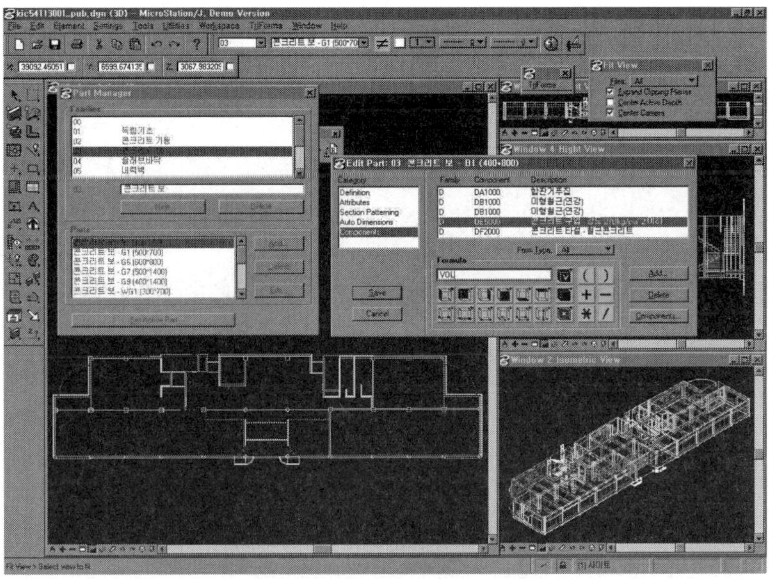

그림 3.4 3차원설계와 프로덕트 모델링

한편 3차원설계의 장점은 객체화된 부재를 이용하여 더욱 효과적인 설계와 도면의 작성은 물론, 도면에 각 부재가 가지는 고유의 속성정보를 함께 표현하여 수량의 산출은 물론 설계와 동시에 개략적인 공사비의 산출까지도 가능하게 발전되어 가고 있다. 그러나 3차원 설계데이터 역시 공간 및 공정과 관련된 내용을 서로 관계지어 보여주거나 시간의 경과에 따른 작업의 진행과정을 보여주는데는 한계가 있다. 그러므로 3차원 CAD 설계정보와 공정(Time)정보를 연계하여 4D-CAD(4-Dimensional Computer Aided Design)개념이 대두되게 되었다.

최근의 건설공사관리에서 공사일정 계획은 다분히 수작업에 의하고 있으며, 품과 시간이 소요되는 작업들이다. 대다수의 건설현장에서 일정계획의 전산화를 위해 소프트웨어들을 사용하고 있으나, 설계변경시의 반복입력작업과 2차원적인 그래픽에 의해 단순히 공정표를 제시하는데 그치고 있다. 이러한 점은 공정관리의 전산화에 장해요인이 되고 있으며, 기존 시스템들이 계획대비 실행공정표의 해석을 위해서는 사용자로 하여금 상당한 전문지식을 요하고 있는 점 또한 활용성을 저해하는 요인이 되고 있다. 또한 공정표는 궁극적으로 설계자의 설계도면에 근거하여 작성되나 설계자의 설계의도 및 공사시설물내의 주요 부위별 완성상태에 대한 검증은 기존시스템에서 불가능한 부분이다. 이러한 기존 공정표의 한계를 극복하기 위하여 최근에는 기존의 3D-CAD 도면에 일정(Time)을 연계한 4D-CAD 기술이 활발히 연구 개발 중에 있으며, 곧 상용화된 제품이 시판될 전망이다.

그림 3.5 4D-CAD에 의한 건축공사 공정시뮬레이션

건설부문에서 4D-CAD가 활성화되면 공사의 특성과 환경조건에 맞는 공정의 대안을 실제공사의 수행전에 적은 비용으로 충분히 검토할 수 있으므로 현실적으로 최적의 공법과 공정을 계획하는 것이 가능하게 된다. 또한 공정을 동적으로 시뮬레이션 할 수 있으므로 이를 통해 공정을 미리 검토해 봄으로써 사전에 잘못된 공정을 찾아 최적화할 수 있다. 그리고 이는 실제 공사를 수행하기 전에 가상적으로 공사를 수행하는 것이므

로 잘못된 공정으로 인해 발생할 수 있는 비용을 최소화 할 수 있다. 또한 평면적인 데이터가 아닌 현실의 공사와 유사한 3D상에서 공간형상과 공정을 볼 수 있으므로 발주자, 설계자, 시공자 등의 공사 참여자 들간의 의사소통을 증진시켜 실수와 재시공을 방지할 수 있다.

한편, 4D-CAD와 비슷한 개념으로 건설공사의 계획에 시뮬레이션(Simulation)기법이 이용되는데, 시뮬레이션이란 원래 복잡한 문제를 해석하기 위하여 실제와 같은 모델을 만들거나 실제와 비슷한 상태를 수식 등으로 만들어 모의적으로 연산을 되풀이하여 그 특성을 파악하는 것을 의미한다. 예를 들어 토공작업을 수행할 때 굴착장비와 덤프트럭의 효과적인 장비조합을 파악하기 위해서나, 교통량에 따른 고속도로 톨게이트의 운영계획을 수립하기 위해서는 실제와 유사한 상황을 만들어 이를 컴퓨터상에서 운영해 봄으로써 최적의 계획을 수립하기 위하여 시뮬레이션 기법이 많이 활용되고 있다.

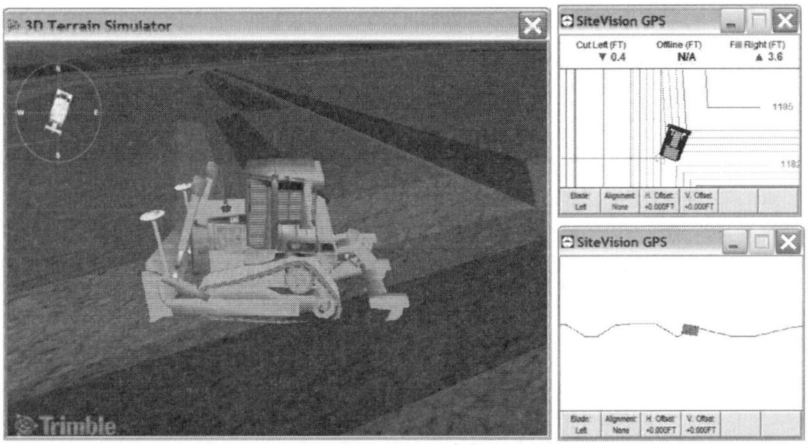


그림 3.6 Trimble의 토공장비의 주행 시뮬레이션

### 3.3.3 인공지능(Artificial Intelligence)분야

인공지능(AI)이란 주어진 문제를 해결하거나 새로운 사실을 학습하고, 사고하는 능력 등의 지능을 컴퓨터를 이용하여 실현하는 방법이다. 인공지능은 지능 자체에 관심을 갖기보다는 인간이 소유하고 있는 지능을 어떻게 컴퓨터로 구현하는가에 더 관심을 두고 있다. 인공지능은 매우 넓은 영역에서 응용되고 있으며, 각 전문영역에서 문제해결의 열쇠가 되는 지식을 그 기반으로 하기 때문에 방대한 지식의 축적, 적절한 이용, 효율

적인 지식의 입력 등이 오늘날 중요한 과제로 등장하고 있다. 인공지능은 인간이 가지고 있는 상식이나 지식, 애매한 추론, 학습 등을 컴퓨터 프로그램으로 구현하여 문제해결에 이용되는 응용기법이다. 건설분야에서 이용되고 있는 인공지능기법으로는 퍼지이론(Fuzzy Theory), 유전자 알고리즘(Genetic Algorithm), 인공신경망(Neural Network) 등의 기법이 많이 응용되고 있다.

퍼지이론은 인간이 사용하는 숫자만이 아니고 애매한 표현도 처리할 수 있는 이론적인 바탕을 제공하는 것이다. 예를 들어, '매우 큰 균열'이란 표현 속에는 애매모호한 개념이 들어있다. 어떤 사람은 균열폭이 5mm이상 되는 균열을 매우 큰 균열로 볼 것이고, 어떤 사람은 10mm이상의 균열을 매우 큰 균열로 간주할 수 있을 것이다. 컴퓨터는 원래 '0'과 '1'로 표현된 것을 기억하여 모든 정보를 처리하는데 이와 같이 인간만이 가지는 언어적인 애매모호함을 컴퓨터로 처리하기 위해 고안된 것이 퍼지이론이다. 최근에는 퍼지이론과 전문가시스템을 이용하여 댐 수위를 조절한다든가 교통의 흐름을 원활하게 하는 시스템들이 만들어지고 있다.

유전자 알고리즘은 자연세계의 진화과정을 컴퓨터 상에서 시뮬레이션 함으로써 복잡한 실세계의 문제를 해결하고자 하는 계산모델이다. 진화 알고리즘으로도 불리는 이 유전자 알고리즘은 특히 적응적 탐색과 학습 및 최적화를 통한 공학적인 문제의 해결에 많이 응용된 바 있으며, 최근들어 특히 인공신경망과 퍼지이론과의 결합으로 그 응용범위가 점차 늘어나고 있다. 유전자 알고리즘에서는 풀고자 하는 문제에 대한 가능한 해들을 염색체로 표현한 다음 이들을 점차적으로 변형함으로써 점점 더 좋은 해들을 생성한다. 각각의 가능한 해를 하나의 개체(Individual)로 보며, 이들의 집합을 개체군(Population)이라 한다. 하나의 개체는 보통 한 개 또는 여러 개의 염색체로 구성되며 염색체를 변형하는 교배, 돌연변이 등의 조작을 가하면서 우수한 해를 얻게 된다.

인공지능의 응용기술은 구조물의 설계 및 시공, 건설관리 등 전 분야에 걸쳐서 다양하게 적용되고 있다. 구조물의 개념설계에 있어서 구조시스템의 선택이나, 선택된 시스템의 평가를 위한 지식기반시스템이, 상세설계에서는 구조해석의 지원과 각종 규준검토 등에 많이 이용되고 있다. 특히, 시공 및 관리분야에서는 인공지능의 논리적인 구조를 기반으로 추론기법들이 폭넓게 활용되며, 지식기반을 이용한 현장설계 또는 지식기반을 이용한 프로젝트의 계획 및 관리시스템 뿐만 아니라, 유지보수, 손상진단을 위한 지식기반시스템들도 널리 활용될 전망이다.

### 3.3.4 전문가 시스템(Expert System)분야

전문가 시스템이란 인간 전문가의 문제해결능력을 모델링하기 위해 디자인된 컴퓨터 프로그램을 말한다. 전문가는 어떤 분야에 있어서 월등한 지식을 가지고 있는 사람을 말하며, 전문가는 경험을 통해 문제를 효율적으로 해결할 수 있는 능력을 가지고 있다. 전문가 시스템에서는 전문가가 가지는 전문적인 지식과 이를 바탕으로 추론할 수 있는 능력을 전산화하기 위하여 지식베이스와 추론기능을 가지고 있다. 지식베이스는 전문가에 의해 제공되며 고도의 전문지식이 들어가게 되고, 추론기능은 전문가의 추론방법을 모방한 지식 처리기로서 어떠한 문제를 해결하려고 할 때 지식베이스 내에 저장된 정보를 이용하여 결론을 유도하여 문제를 해결하는 것이다.

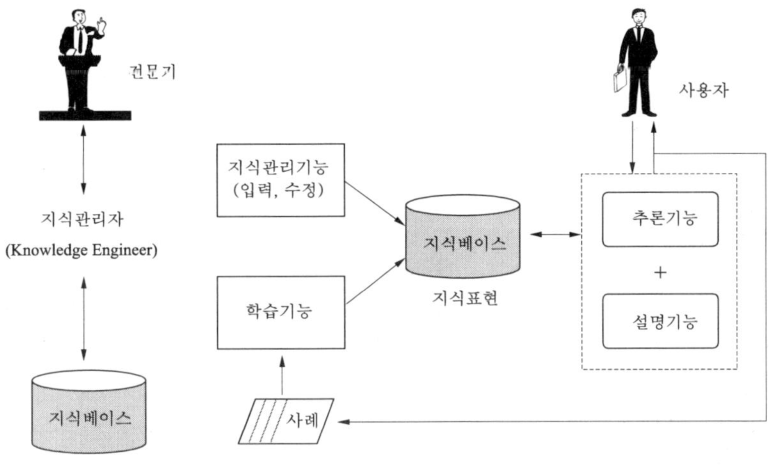


그림 3.7 전문가 시스템의 구조

건설분야에서 전문가 시스템은 주로 의사결정이 필요한 분야에서 많이 이용되고 있다. 즉, 점검이나 조사를 통해 적합한 공법을 선정하는 문제라든가, 다양한 설계변수 가운데에서 적정한 변수의 조합을 획득한다든가, 또는 공사의 계획단계에서 광범위한 과거자료를 토대로 적절한 계획의 수립을 위해서 활용되고 있다. 특정한 분야에서 담당자의 잦은 교체로 인해 전문적인 정보가 계속해서 전달되기 어려운 분야에서 효과적으로 활용할 수 있고, 새로운 담당자를 교육시키기 위한 수단으로도 활용될 수 있다. 전문가 시스템은 비교적 일관성 있는 결과를 생성할 수 있고, 문제를 해결하기 위해 모든 정보를 비교·분석하는데 인간보다 훨씬 빠른 속도로 작업을 진행할 수 있는 장점을 가지고 있다. 구체적으로 전문가 시스템은 건설장비의 제어, 설계, 안전점검과 진단, 구조해석, 건설공사의 계획, 재해의 예방과 대책방안의 수립, 최적공법의 선정 등의 분야에서 과거에 축적된 풍부한 정보를 바탕으로 효과적인 의사결정을 지원하게 된다.

### 3.3.5 건설 자동화(Construction Automation) 분야

건설자동화(Construction Automation)란 컴퓨터 및 전산기술을 이용한 정보화, 통합관리 시스템 등 소프트웨어적인 기술과 시공의 효율화·기계화를 위한 자동과 반자동 형태의 로봇의 개발 등 하드웨어적인 기술을 포함한다. 고소작업 및 중량물 취급 등 열악한 작업환경과 인력 의존도가 높은 건설공사의 근로자 안전문제 및 작업환경 개선과 생산성 향상의 방안으로 건설자동화에 대한 관심이 고조되고 있다. 건설자동화는 원격조종, 통신, 수치제어 등의 제어와 다양한 센서에 의한 자료수집의 기능을 포함한 인력대체형(Robotic) 또는 인력과 장비가 협력하는 형태(Man-Machine Interface)의 건설장비 개발을 의미하고 있으며, 개발된 장비는 건설자동화장비 또는 건설로봇이라 불리고 있다.

그림 3.8 각종 매니퓰레이터의 개발

건설자동화는 1980년대 후반부터 일본, 미국, 유럽 등을 중심으로 연구개발이 시작되어 주로 개별공정에 대한 로봇화, 무인화 등에 관한 연구개발이 진행되고 있다. 산업용 로봇이 반복작업을 기계화하고자 매니퓰레이터를 개발하는 데서 시작되었고, 여기에 인공지능 등의 첨단기술을 접목하여 현재 고도 지능형 로봇이 개발되는 성과를 올리고 있지만, 건설산업에서의 로봇개발은 아직 초보적인 단계로서 인간과 장비의 공동작업 형태 또는 원격조종형 로봇의 형태인 매니퓰레이터의 개발단계로 판단된다.

표 3.2 건설용 로봇의 개발현황

| 적용분야 | 건설용 로봇 | 개 발 회 사 |
|---|---|---|
| 조립·접합·운반 | 철골 자동조립(보, 기둥)<br>철골용접로봇<br>중량철근 조립로봇<br>자동철근 조립로봇<br>벽체조립 매니퓰레이터<br>외벽부착 로봇<br>천장보드 조립로봇<br>원격조정 하중운반기 | 오바야시구미, 스미즈, 다이세이(일)<br>후지타(일)<br>가지마, 다케나카, 스미즈(일)<br>다이세이(일)<br>다이세이, 스미즈(일)<br>가지마(일)<br>스미즈, 다이세이, 도큐(일)<br>Svets, Mekano AB(스웨덴) |
| 콘크리트공사 | 콘크리트 디스트리뷰터<br>타설 매니퓰레이터<br>지브 크레인<br>Fomer Device<br>형틀 수직이동 시스템 | 다케나카, 가지마, 오바야시구미(일)<br>Putzmeister(독)<br>도다, 다케나카, 오바야시구미(일)<br>Putzmeister(독)<br>후지타, 가지마(일) |
| 조사·점검·보수 | 타일벽면검사 로봇<br>철근콘크리트 검사 로봇<br>클린룸 검사로봇<br>지반 다짐도 검사로봇<br>수중검사로봇<br>지중탐사로봇 | 다이세이, 다케나카, 가지마(일)<br>오바야시구미(일)<br>도다, 오바야시구미(일)<br>미쯔이(일)<br>EUREKA(영,이태리)<br>도큐(일) |
| 도장·미장·청소 | 벽면도장 로봇<br>천장도장 로봇<br>내화피복 로봇<br>콘크리트 미장 로봇<br>숏크리트 로봇<br>청소로봇 | 다케나카, 다이세이, 구마타니(일), CBC, CEA(프), SM(영)<br>CSTB(프)<br>스미즈(일)<br>가지마, 다케나카, 오바야시구미(일), 다이세이(일)<br>가지마, 오바야시구미, 다이세이(일)<br>Electroux AB(스웨덴), 스미즈, 다케나카(일) |
| 기타 | 구조물 현장조립 로봇<br>해체공사용 로봇<br>교각형틀 승강 로봇<br>돌쌓기 로봇 | 후지타(일)<br>Altas Copco, Diamantex AB(스웨덴)<br>후지타(일)<br>도큐(일) |

국내에서는 그간 건설자동화에 관한 연구로서 진동 로울러의 자동화, 타워크레인의 반자동화 연구 등 현장적용을 위한 기존장비의 자동화 방안 연구가 수행되었다. 또한 교량의 하부 안전점검용 로봇의 개발, 흄관 매설장비의 자동화장비, 도로면 유지보수를 위한 크랙실러의 개발, GPS와 머신비전(Machine Vision)을 활용한 타워크레인 작업의 효율성 향상방안 연구, 기설 콘크리트 말뚝의 두부정리 자동화 방안에 대한 연구도 진행되고 있다. 이와 같은 국내 연구는 선진외국보다는 미약한 실정이지만, 건설자동화에

관한 인식의 전환이 점차 이루어지고 있어 앞으로 활기찬 연구개발이 이루어질 것으로 예상된다.

건설산업에 자동화기술이 도입되면, 기능인력에 의존하여 수행하던 많은 작업영역이 자동화되어 작업수행에 필요한 인력을 절감할 수 있고, 전체적인 작업생산성의 향상을 기대할 수 있게 된다. 이는 기능인력이 절대적으로 부족한 분야에서 획기적인 대안으로 인식되어야 하며, 국내 건설산업의 이미지를 제고하는 데도 큰 역할을 할 것으로 기대된다. 또한 위험한 작업환경에서의 인력에 의한 직접 시공을 로봇으로 대체하여 작업의 안전성을 확보함으로써 재해율을 감소시킬 수 있고, 노무자의 작업숙련도에 따라 품질에 많은 편차를 보이는 재래식공법에 비해 자동화장비를 활용하여 작업품질의 향상도 기대할 수 있다. 건설자동화장비는 주로 노동집약적인 작업, 단순반복적인 작업, 숙련공의 확보가 어려운 작업, 위험한 작업, 중량물 취급작업 등에 적합하므로 전체적인 건설생산성의 향상에 기여하게 될 것이다. 정보기술과 GPS 및 레이저를 활용한 측량기술, 센싱, 원격조정기술, 인터넷 및 무선통신기술, 디지털 이미지프로세싱 등을 활용한 이미지 모델링 테크닉 등 자동화를 가능하게 하는 소프트웨어 및 하드웨어의 발전과 가격의 하락은 앞으로 자동화기술의 획기적인 발전을 유도하는 원동력이 될 것이다.

## 연습문제

1. 건설산업 정보화의 필요성에 관하여 서술하시오.

2. 건설정보화를 통해 변화될 정보화 건설산업에 관하여 서술하시오.

3. 건설CALS/EC란 무엇인지 서술하시오.

4. CAD를 이용한 건설정보화 발전방향을 서술하시오.

5. PMIS시스템이 현재 어떻게 적용되고 있는지 조사・서술하시오.

6. 건설산업에서 시뮬레이션은 어떻게 적용될 수 있는지 서술하시오.

7. 전문가 시스템(Expert System)이 무엇인지 서술하시오.

8. 건설정보화 시스템을 실제 현장에 적용하고 사례를 조사・기술하시오.

## 참고문헌


국토연구원(2000), 건설산업 지식기반 구축방안 연구, 연구보고서

김남희(2001), 구조공학에서의 컴퓨터의 이용, 전산구조공학, Vol.14, No.1

도용태 외3인(2001), 인공지능 개념 및 응용, 사이텍미디어

문정호, 최성민(2001), 건설산업 e-비즈니스의 추진현황과 발전방향, 한국건설산업연구원 연구보고서, 2001.10

이상용(2000), 인공지능, 상조사

이준복(2003), 국내외 건설자동화의 연구개발 및 미래전망, 건설관리 기술과 동향(I), 한국건설관리학회

이재석(1989), 건설산업에서의 정보통합화 및 자동화 기술 전망, 전산구조공학 Vol.2, No. 3,

이태식(2003), 건설자동화 기술개발의 필요성, 건설관리 기술과 동향(I), 한국건설관리학회

한국건설기술연구원(2001), 4D CAD를 기반으로 한 건설사업관리 시스템 개발, 연구보고서

한국건설기술연구원(2003), 건설분야 미래첨단 과학기술 기획조사연구, 연구보고서

高本孝賴(2001), 建設業界をめぐる國內外のIT化動向(その1 : IT化推進の課題とパラダイム), 鐵構技術, 株式會社 剛構造出版, Vol.14, No.153, 2001.2., pp.52～58,

古田均, 河村廣(1993), 建築・土木技術者のためのファギィ理論入門, 講談社

土木學會 土木情報システム委員會(1988), 建設支援のための土木情報システム, 日本土木學會, 1988.7

平岡成明(1999), 建設CALS/ECポケットブック, 山海堂, 1993.3

Boyd C. Paulson, Jr.(1995), Computer Applications in Construction, McGraw-Hill, Inc.

Peter Brandon, Martin Betts, ed.(1995), Integrated Construction Information, E &FN Spon, London ; UK, 1995

Chapter 4

Civil Engineering

# 측 량

# 4.1 개요

모든 건설공사는 측량(測量; Survey)에서 시작된다고 해도 과언이 아닐 정도로 측량의 역할은 대단히 중요하다. 즉 모든 건설공사는 지정된 장소에 목적으로 하는 시설물을 정확하게 구축하기 위하여 지도 및 지형도를 주로 이용하는 설계단계부터 시공은 물론, 완공 후의 검측에 이르기까지 계속적인 측량이 이루어지고 있다. 특히 토목공사의 경우, 큰 하천이나 해협을 가로지르는 교량의 건설, 지표면과 해저 하부를 통과하는 터널의 건설과 같은 대규모 구조물의 구축이 많으므로 측량의 역할이 더 없이 중요하다고 할 수 있다. 이 책에서는 측량이란 어떠한 원리로 수행되고 있으며 측량의 방법에는 어떠한 것이 있는가에 대한 개론적인 내용에 관해서만 다루도록 하겠다.

## 4.1.1 측량의 정의와 역사

우리는 주변의 아파트 건설현장이나 새로운 도로가 계획되고 있는 곳에서 흔히 측량하는 모습을 볼 수 있을 것이다. 따라서 측량을 대부분 지표면에서 거리, 높이, 각도, 방위 등을 측정하는 작업이란 것을 어렴풋이 짐작을 하고 있으나 실제로 측량의 범위와 대상, 그 역할은 매우 크고 다양하다고 할 수 있다. 측량법에서는 "『측량』이라 함은 지표면 · 지하 · 수중 및 공간의 일정한 점의 위치를 측정하여 그 결과를 도면 및 수치로 표시하고 거리 · 높이 · 면적 · 체적 및 변위의 계산을 하거나 도면 및 수치로 표시된 위치를 현지에 재현하는 것을 말하며, 지도의 제작, 연안해역의 측량과 측량용사진의 촬영을 포함한다"고 정의하고 있다. 즉, 측량이란 지구표면뿐만 아니라 수중, 지중, 공중에 있는 모든 점들의 절대위치 또는 상대위치를 결정하거나 그러한 점들을 측설하는 과학기술로 정의되고 있다[17]. 그러므로 측량은 모든 시설물의 구축을 위해 가장 기본적인 토대가 되는 것으로서 토목공학을 공부하는 사람들에게 가장 기본적으로 익혀야 할 필수과목으로 규정되고 있다.

측량은 인류의 역사상 가장 오래되고 중요한 기술중의 하나로서 최초의 측량이 언제부터 시작된 것인지 정확한 근거를 제시할 수는 없으나, 대략 기원전 3000년경, 이집트의 나일강이 홍수로 토지의 경계가 불명확해져 세금징수의 어려움을 겪게되자 경계측

17) 김병국, 측량과 GIS의 현황과 전망, 土木, 제47권 제10호, 1997.10, pp.37

그림 4.1 트랜싯의 초기 모습

량을 통하여 유역의 농지를 정리한데서 시작된 것이 아닌가 추측되고 있다. 『측량』이란 용어의 사용도 3,100여년전 주나라에서 이미 『測天量地』(하늘을 헤아리고 땅을 잰다)라 사용되었으며, 서구에서도 3,000여년전 구약성서 여호수와 18장 4절 등에서 이미 『Survey』란 용어를 사용해 왔다. 그러므로 예전부터 측량학은 땅을 재고, 지도를 만들며 모든 건설에 위치자료를 제공하여 그 나라 건설기술수준의 척도가 되어 왔다[18].

중세시대에 들어서면서 컴파스 등 각종 측량기기가 발명되면서부터 측량기술이 비약적으로 발전하기 시작하였다. 15세기에 이미 네덜란드에서 삼각측량법이 고안되었고, 18세기에는 트랜싯이 발명되었다. 19세기부터는 사진측량이 시작되기 시작하였으며, 이후 20세기에 들어서면서 1차, 2차 세계대전의 시작은 군사적인 목적에 의해 측량기와 측량기술 발전에 큰 역할을 하였다.

정보통신기술의 비약적인 발전으로 인해 오늘날의 측량기술은 더 넓은 지역을 보다 정확하게, 더욱 간편한 방법으로 측정이 가능하게 계속 발전해가고 있다. 또한 측량의 기여 범위도 지구가 가지고 있는 자원을 측정하고, 환경의 변화 등을 관찰해 가는 영역으로 확대되고 있으며 우주개발 등에 그 역할이 기대되고 있다. 특히 현대의 측량기술은 전자계산기술, 위성통신기술, 전자통신기술, 전자광학기술 등의 발전으로 원격탐측(Remote Sensing), 지형공간정보시스템(GIS), 인공위성위치관측시스템(GPS) 등으로 심화되어 국토공간의 개발과 효율적인 이용에 절대적인 역할을 하고 있다.

### 4.1.2 측량학의 역할과 발전방향[19]

모든 건설공사의 조사 및 설계단계에서는 대상지역의 지형, 지물에 대한 정확한 측량

18) 유복모(2002), "측량 및 지형공간정보학의 현황과 전망", 토목 제50권 제4호, 대한토목학회
19) 대한토목학회(2000), 한국토목사, "측량 교육 및 연구", pp. 1716-1720 발췌정리

성과가 없이는 정확한 설계를 할 수 없다. 측량이 부실하면 설계가 부정확하게 되어 결국 시공단계에서 설계변경이 필요한 사례가 발생하게 된다. 총공사비 중 측량용역비가 차지하는 비율은 그다지 크지 않으나, 이를 소홀히 하여 측량이 잘못되는 경우에는 측량비용의 수십 배에 이르는 추가경비를 시공단계에서 지출하게 된다.

표 4.1 측량의 주요 역사

| 연 대 | 주 요 내 용 |
|---|---|
| BC 3세기 경 | • 측량의 시작으로 나일강 연안의 농경지 측량 → 잦은 범람으로 농지측량이 빈번히 이루어져 측량기술이 발달하기 시작함 |
| BC 2,600년경 | • 이집트에서 피라미드가 축조됨 → 당시의 측량기술을 가늠할 수 있음 |
| BC 2,500년경 | • 고대 바빌로니아 지도 작성 |
| BC 240년경 | • 이집트의 에라스토테네스에 의해 지구의 크기가 측정됨 |
| 14C~16C | • 측량기술이 획기적으로 발전하는 르네상스시대로 새로운 측량방법이나 측량기구가 속속 발명됨 |
| 16C말 | • 메카토르법에 의해 비교적 정밀한 세계지도가 완성 |
| 1617년 | • 네덜란드의 스네리우스에 의해 삼각측량법이 고안되었고, 위도 1° 의 길이가 측정됨 |
| 1793년 | • 프랑스에서 미터법이 확립됨 |
| 1851년 | • 평판사진측량 방법이 개발됨 |
| 1884년 | • 세계 측지회의에서 기준자오선을 영국의 그리니치 천문대로 확정함 |
| 1957년 | • 국제 도량형 회의에서 미터법을 채택키로 함 |

시공과정에서도 공사 착공 시에 착공측량이 필요하며, 설계도면상의 제 점의 위치를 현장에 정확하게 측설하는 것도 측량기술에 의존하여야 한다. 또한 공사가 어느 정도 진행됐는지를 확인하여 기성금을 지출할 때에도 반드시 기성측량을 하여야 하며, 준공을 위해서도 준공측량이 필요하다. 따라서 측량이 제대로 이루어지지 않고 정확한 설계에 따른 건설공사가 이루어지는 것을 기대할 수 없으므로 건설공사에서 측량기술자와 측량의 역할은 필수 불가결한 것이다. 현재 측량 관련 기술자격은 측량 및 지형공간정

보기술사, 측량 및 지형공간정보기사, 측량 및 지형공간정보산업기사가 있으며 타 기술 자격과 함께 한국산업인력관리공단에서 시험을 관장하고 있다.

측량에서는 다루는 주요 업무는 다음과 같다.

1) 지구의 형상 및 중력과 자기장 등 각종 데이터에 대한 측량, 계획, 조사, 해석과 우주개발을 위한 행성 및 위성의 정밀 측정
2) 지상, 지하, 공간에 존재하는 자연과 인공물체의 위치 및 형상의 측량, 계측, 조사, 해석, 감시와 건설사업에 따른 측량, 계측, 조사, 설계 및 각종 데이터의 제공과 그에 따른 경비적산
3) 공유지 및 사유지에 대한 경계의 확정 및 조사측량과 토지, 건물과 부동산에 관한 조사, 측량, 계측, 평가와 데이터의 관리
4) 자연 및 사회환경의 측량, 계측, 조사, 해석, 육지 및 해역에 대한 측량, 계측, 조사, 해석
5) 도시, 농촌지역의 개발, 재개발에 따른 측량 및 각종 데이터의 조사해석 및 육지 및 해역에 대한 방재의 측량 및 각종 데이터의 조사해석

최근 고속도로건설이나 고속전철공사와 같이 정밀한 시공이 필요하고 규모가 큰 대형공사에서는 항공사진측량에 의해 제작된 수치지도를 납품하게 하고 이 성과를 직접 이용하여 설계를 실시하는 경우가 많다. 이것은 설계에 있어 정확한 측량의 중요성에 대한 인식이 과거에 비해 크게 향상되었음을 말해주고 있다. 또한 최근의 토목설계는 대부분 CAD를 이용하여 도면을 작성하고 이를 전자적인 파일형태로 저장하도록 하고 있다. 따라서 측량단계에서도 이와 연동하여 세부측량의 성과가 바로 수치지도로 제작이 될 수 있게 하고 전산파일도 함께 제출하도록 바뀌어 가고 있다.

최근에는 반도체와 정보기술이 비약적으로 발전함에 따라 측량기구에 적용되어 전자파 거리측정기, 레이저 수준기, 초장기선간섭계, GPS(Global Positioning System), GIS (Geographical Information System) 등의 기술로 전개되고 있으며 앞으로 더욱 정밀하고 과학적인 측기의 개발로 보다 첨단화된 위치측정과 탐사가 가능하게 될 것으로 전망하고 있다. 지구상에서의 물리적인 위치의 파악만이 아니라 인공위성과 전자파를 이용하는 측지기술과 일상생활과의 접목을 시도하면서 물류 최적화, 시설물 관리, 무인화・자동화시공 등의 핵심기술로 계속 발전해 갈 전망이다.

### 4.1.3 측량과 지도의 제작

지도(Cartography)의 역사는 문자의 역사에 못지 않게 긴 역사를 가지고 있다고 알려져 있다. 인류는 아주 오래 전부터 인류가 살고있는 이 지구의 형상과 크기를 알고자 하였으며, 삶의 터전인 땅의 형상을 지도로서 표현하였다. 지도란 지구 표면의 일부나 전부의 상태를 기호나 문자를 사용하여 실제보다 축소해서 평면상에 나타낸 것이다. 사진이 모든 목적물을 화상에 담아 있는 그대로를 표현하는 것에 반해 지도는 오직 지도의 목적에 맞는 필요한 정보들만을 축척[20]에 맞도록 담아서 표현한다. 지도를 제작하기 위해서는 그 지역에 대한 필요한 자료를 얻기 위하여 지형측량이나 항공사진측량 등을 실시하고 그 성과를 일정한 축척으로 표현하여 지도를 만들게 된다. 그러므로 무엇보다 정확한 지도를 얻기 위해서는 정확한 측정이 필요하고 이 측정의 방법이 측량이 되므로 측량은 지도제작에 있어서도 매우 중요한 요소이다.

현존하는 지도 중 세계에서 가장 오래된 지도로 알려진 고대 바빌로니아의 지도는 기원전 2500년 전의 것으로 판명되었는데 이것은 태양열로 구운 벽돌 표면에 나뭇가지로 그린 것으로 큰 바다로 둘러싸인 원반 모양의 육지의 중심에 수도 바빌론이 있고 그것을 꿰뚫고 유프라테스강이 그려져 있다. 즉, 이시기에 이미 측량기술이 응용되고 있음을 알 수 있다. 18세기 초엽부터 수학과 물리학 등 자연과학의 장족의 발전에 힘입어 서유럽을 중심으로 측량과 지도제작사업의 정확도가 향상됨과 동시에 주로 전문가의 개인적인 취향과 연구로 실시되던 지도의 제작이 국가적인 사업으로 발전하게 된다. 이 때의 지도제작은 물론 군사목적과 조세용의 지적조사를 겸한 것이었다. 서유럽의 각국에서 많은 노력이 있었지만 그 중에서도 특히 프랑스와 네덜란드는 지도제작에 선도적인 역할을 하였다.

우리나라의 경우에는 기록이나 문헌 등에 의해 삼국시대나 고려시대에 이미 지도가 있었을 것으로 추정되고는 있으나 현존하고 있는 지도는 없다. 다만, 조선시대의 지도는 조선전기때의 것부터 남아있는 것이 많이 있다. 김정호에 의해 1834년에 만들어진 청구도와 1861년에 만들어진 대동여지도에는 이미 근대적인 좌표계가 도입되어 있고 오늘날의 지도와 상당히 유사하게 제작되었다. 우리나라에서 근대적인 지도의 제작은 1910년 한일합방이후 『조선 토지조사사업』의 실시로 인하여 시작되었으며 이 때부터

20) 축척이란 실제거리와 지도상에서 축소된 거리의 비율로서 지도의 축적은 다음과 같이 나타낼 수 있다.
지도의 축척 = 지도상의 거리/지상거리

근대적인 측량기술을 이용하였다. 이후, 한국 전쟁 때 미군에 의해 군사적 목적의 1/50,000의 지형도가 제작되었다. 이를 위해 미 육군은 극동측지부를 구성하여 1954년까지 720도엽을 제작하였다. 1960년대에 들어서면서는 항공사진측량이 실시되어 보다 정밀한 1/25,000지도가 제작되었고, 1974년 국립지리원이 탄생하면서부터 체계적인 지도의 관리 및 측량원점의 관리가 이루어지기 시작하였다.

지도는 사용목적에 따라 나름대로의 축척과 표현내용을 달리하고 있다. 다시 말해서 이용 목적을 달리함에 따라 각양 각색의 지도가 제작되고 있으며 축척에 따라서 지도상에 표현되는 지물의 내용과 정확도가 달라진다. 보통 건설공사를 실시하기 위한 설계와 시공에서는 1/5,000이하의 대축적의 지도를 사용하는 것이 일반적이다. 현재 국토지리정보원에서 발행되는 국가기본도로는 1/5,000~1/50,000의 각종 축척의 지형도와 지세도, 도로망도, 대한전도, 동북아전도를 비롯하여 토지이용현황도, 국세지도, 연안해역기본도, 위성영상지도 등과 같은 특수지도도 제작하고 있다.

그림 4.2 청구도, 대동여지도 및 현 지도의 비교

## 4.1.4 측량의 분류

측량은 내용, 지역의 협소정도와 정확도, 관련 법률, 작업과정, 측량기기, 측량의 목적 등 다양한 관점에서 분류될 수 있다.

### 1) 측량의 내용에 의한 분류

- 정량적 조사(Quantitative Survey)

평면의 좌표 또는 표고의 위치 등을 정량적으로 측정하는 것

- 정성적 조사(Qualitative Survey)

  측정지역의 상태, 성질, 해석 등을 광범위하게 조사하는 것

### 2) 측량구역의 협소정도와 정확도에 의한 분류

- 평면측량(Plane Surveying)

  지구의 곡률을 고려하지 않고 실시하는 것으로서 측량구역이 좁은 경우에 측량지역을 평면으로 가정하여 실시하는 것

- 측지측량(Geodetic Surveying)

  측량지역을 곡면으로 간주하고 측량하는 것으로 일반적으로 지표면상의 거리가 20km이상이거나 측량대상 지역의 면적이 400km$^2$이상일 경우 측지측량이라 함

### 3) 측량법에 의한 분류

- 기본측량

  모든 측량의 기초가 되는 측량으로서 건설교통부장관의 명을 받아 국토지리정보원장이 실시하며, 삼각점, 수준점 등 국가 기준점을 세우기 위한 측량

- 공공측량

  기본측량을 제외하고 국가, 지방자치단체, 정부투자기관 등에서 공공의 이해를 목적으로 실시하는 측량

- 일반측량

  측량을 전문으로 하는 법인 또는 개인이 계획하고 실시하는 측량으로서 각종 허가, 인가, 면허, 등록, 승인 등에 필요한 첨부도서를 작성하기 위해 실시하는 측량이 포함됨

### 4) 측량의 작업과정에 의한 분류

- 기준점측량(Control Surveying)

세부측량을 실시하기 전에 지도상에서 지물과 지형의 상세한 위치를 표현하기 위한 기준점의 위치를 구하기 위해 실시하는 측량으로서 골조측량이라고도 함

- 세부측량(Detail Surveying)
  도로, 철도, 건물, 댐 등의 인공지물과 호수, 산, 개울 등의 자연지물을 지형과 함께 측정하여 위치관계를 정확히 표현하는 측량을 말함

### 5) 측량에 사용되는 기기 및 기구에 의한 분류

- 체인측량, 컴퍼스측량, 트랜싯측량, 레벨측량, 평판측량, 시거(스타디아)측량, 사진측량, 기압계측량, 육분의측량, 전자파측거측량 등 측량에 이용되는 기기의 명칭을 직접 붙여 분류

### 6) 측량의 목적에 의한 분류

- 토지측량, 지형측량, 수준측량, 시가지측량, 노선측량, 터널측량, 하천측량, 항만측량, 해양측량, 광산측량, 농지측량, 산림측량, 지적측량, 공사측량, 건축측량, 수로측량, 천문측량, 자기측량, 중력측량 등 측량의 대상이 되거나 시행목적에 따른 분류

### 7) 측량의 방법에 의한 분류

- 삼각측량, 다각측량, 삼변측량, 지거법 등 측량의 방법에 따른 분류

### 4.1.5 측량의 순서

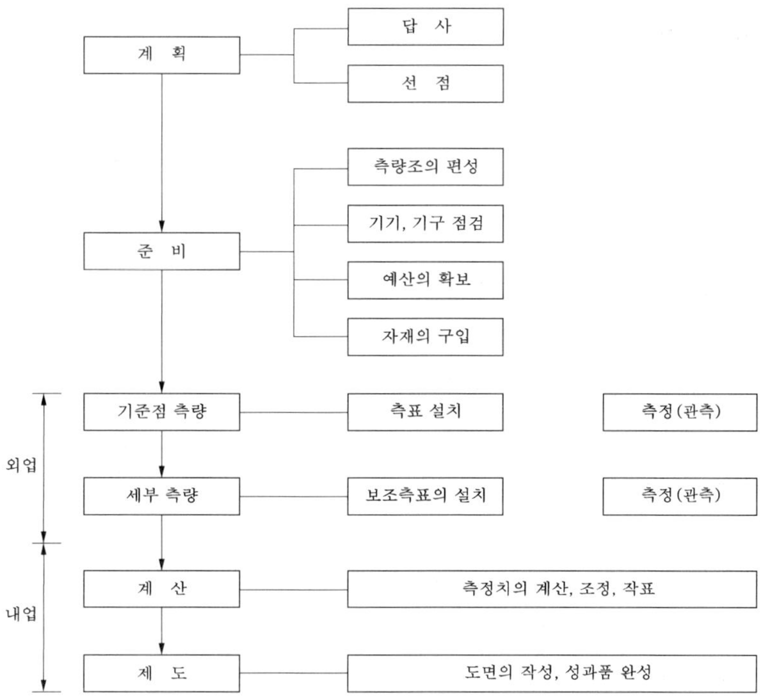


그림 4.3 측량작업의 순서

측량작업은 목적에 따라서 다소의 차이가 있으나 계획을 시작으로 현지에서 직접 위치를 측정하는 작업인 외업과 외업의 결과를 바탕으로 계산 및 값의 조정, 도면화하는 작업인 내업으로 크게 구분할 수 있다.

답사는 측량을 실시하기에 앞서 측량구역 전체를 둘러보는 것을 말하며, 현지의 지형·지물의 상태를 파악하여 효율적인 측량을 실시할 수 있도록 자료를 수립하는 것이다. 선점이란 측량을 위한 측점을 선전하는 것으로 지반이 견고하고 측점이 쉽게 이동되지 않고 측각과 측거에 편리함과 동시에 교통과 출수 등의 장애를 받지 않는 지점에 선정한다.

본격적인 측량의 과정인 기준점 측량은 측량대상지역 전체에 걸쳐서 뼈대가 되는 각 기준점의 좌표를 소정의 정확도가 확보되도록 결정하기 위한 측량이다. 이어 실시되는 세부측량은 기준점 측량에 의해 좌표가 결정된 기준점을 기준으로 부근의 지물 및 지형의 상세한 현황을 측정하여 일정한 축척, 도식에 따라 도시하는 작업이다.

# 4.2 측량의 기준 - 측량원점과 좌표계

## 4.2.1 지구의 형상

우리가 살고 있는 지구는 완전한 구(球)가 아니라 타원체라는 것을 알고 있다. 하지만 고대의 사람들은 살고있는 땅이 편평하다고 알고 있었으며, 지구가 둥글다는 것이 밝혀진 이후에도 타원체라는 것이 알려지기까지는 많은 시간이 걸렸다. 기원전 200년경 에라토스테네스(BC275~194)는 같은 자오선 위에 있다고 생각한 시에네(현재의 Aswan)와 알렉산드리아 사이의 거리를 측정하고, 태양의 고도를 이용하여 지구 둘레의 길이가 약 4만 5천km이른 다는 결과를 추정하였다. 그 이후, 지금까지 보다 정확한 지구의 형상과 위치를 파악하고자 하는 노력이 계속되고 있으며 남북이 양극방향으로 편평한 회전타원체라는 사실이 밝혀졌고 지금까지 몇 개의 제원이 제안되어 있으며 이를 지구타원체라 한다. 우리나라는 Bessel 타원체 값을 쓰고 있다.

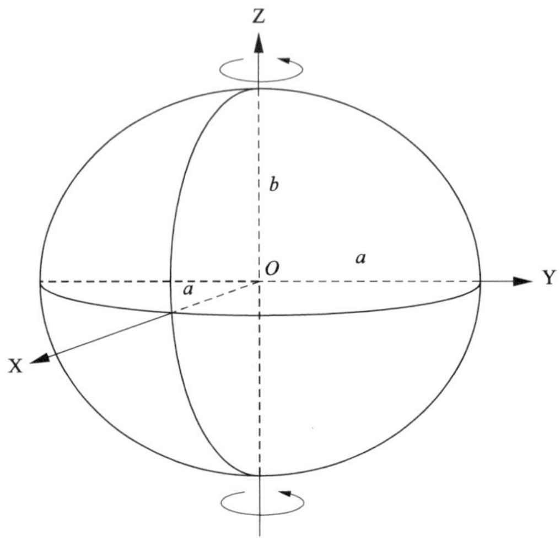


그림 4.4 지구의 형상 및 지구타원체

표 4.2 지구타원체의 제원

| 측정지역 | 년대 | 장반경(km) | 편평율 | 사용국 |
|---|---|---|---|---|
| De Lambre | 1800 | 6375.653 | 1 : 334.000 | |
| Everest | 1830 | 6377.304 | 1 : 300.100 | 인도 |
| Bessel | 1841 | 6377.397 | 1 : 299.150 | 한국, 일본, 독일 |
| Clark | 1866 | 6378.206 | 1 : 294.980 | 미국, 캐나다 |
| Hayford | 1909 | 6378.388 | 1 : 293.470 | 남아메리카 |
| Bursa | 1969 | 6378.138 | 1 : 298.286 | |
| I.U.G.G. | 1980 | 6378.137 | 1:298.260 | 대지측량의 통일을 위함 |

지구타원체는 그 모양과 크기가 실제의 지구와 가장 가까운 굴곡이 없는 기하학적인

회전타원체로서 지구가 타원체가 된 이유는 정확히 알 수 없으나 지구의 자전에 의한 원심력때문이라는 주장이 가장 설득력이 있다.

지구의 표면은 약 72%의 바다와 약 28%의 육지로 구성되어 있으며 그 형상이 매우 복잡하고 불규칙하므로 지표면 위에 있는 어떠한 위치를 어떤 기준으로 측정하는 것인가 하는 것은 쉽지 않은 일이다. 따라서 측량이나 지도제작 등을 위한 기준면으로 지구의 표면을 직접 사용하기는 불가능하다. 그러므로 삼각측량과 같이 수평의 위치를 측정하기 위한 기준면으로는 지구타원체가 이용되고 해발고도의 측정을 위해서는 지오이드면이 기준이 된다.

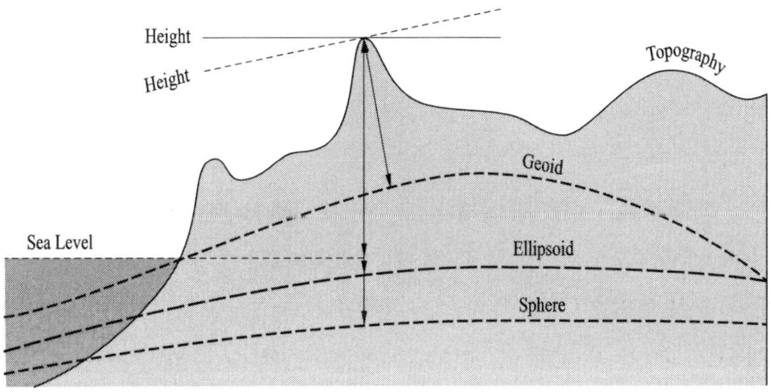


그림 4.5 지표면, 지구타원체, 지오이드의 형상

지오이드는 평균 해수면을 육지까지 연장한 것으로, 어디에서나 중력방향에 수직인 등중력 포텐셜면(Equi-potential Surface)으로서 실제의 지표면보다는 단순하면서도 회전타원체보다는 실제에 가깝게 지구의 모양을 나타낸 것이다. 지구의 질량분포가 불균일하기 때문에 지오이드면은 매끄러운 구의 형상이 아니라 표면에 기복이 있지만 평균해수면을 연장하였으므로 지표면에서 중력방향에 항상 수직의 성질을 갖게 된다. 따라서 높이에 대한 기준면으로 평균해수면과 일치하는 등포텐셜면인 지오이드면이 이용되며 지오이드면에서의 위치에너지는 항상 0(zero)이 된다. 평균해수면이란 특정 지역에서 오랜기간동안 관측된 값으로서 조석간만의 차 등 지리적인 영향 때문에 간단히 결정하기는 어렵지만, 우리나라에서는 인천항의 평균해수면을 높이 측정의 기준으로 삼고 있다.

### 4.2.2 측량원점

우리가 일상생활에서 서울에서 부산까지의 거리를 잰다거나 한라산의 높이를 잴 경우를 가정해 보자. 거리 또는 높이를 잴 때는 반드시 기준이 되는 위치가 필요하다. 즉, 서울에서 부산까지의 거리를 서울시청부터 부산시청까지의 거리를 재는 것과 행정구역상 서울시의 남쪽경계와 부산직할시의 북쪽경계까지를 재는 것에는 차이가 있으므로 어떤 것을 기준으로 잴 것인가 하는 문제가 발생하게 된다. 마찬가지로 산의 높이를 잴 경우에도 산의 맨 아래쪽에서 재는 것과 해수면의 위치에서부터 재는 것과는 큰 차이를 보일 것이다.

측량원점(Control Point)은 이와 같이 측량을 실시하는데 필요한 어떠한 기준이 되는 점으로서 위치 및 표고측정의 기준이 되는 점이다. 측량원점은 좁게는 삼각점 · 수준점 · 다각점 등을 총칭하며, 넓게는 중력점 · 자기점 등을 포함한다.

### 1) 수준원점

수준원점은 수준기표 · 수준점이라고도 하며 해발(海拔), 즉 평균해수면(Mean Sea Level)을 기준으로 한 국토의 높이 측정에 기준이 되는 점을 말한다. 우리나라에서는 인천 앞바다의 평균해수면을 수준측량의 기준으로 삼고 있으나 바닷물의 높이가 항상 일정한 것이 아니고 매번 바닷물의 높이를 재는 것이 불편하기 때문에 인천 인하공업전문대학 교정에 대한민국 수준원점(표고 26.6871m)을 설치하고 있다.

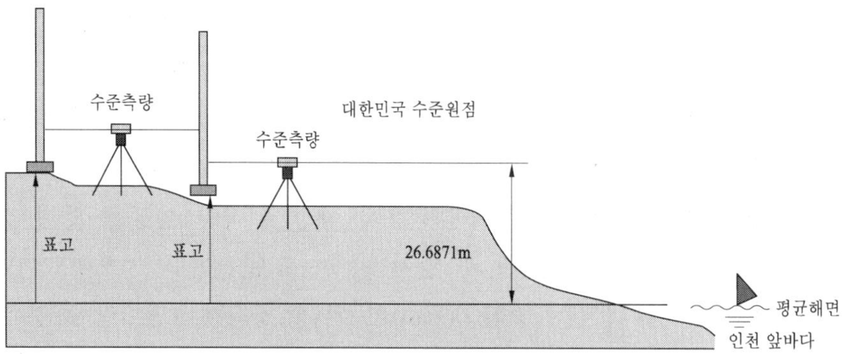


그림 4.6 수준원점의 개념

대한민국 수준원점의 수치 등은 다음과 같으며 이를 기준으로 국립지리원에서는 국도를 따라 약 4km마다 1등 수준점, 이를 기준으로 다시 2등 수준점을 설치하고 있다.

표 4.3 대한민국 수준원점

| 위 치 | 37° 27′ 20″ N,<br>129° 40′ 20″ E |
|---|---|
| 주 소 | 인천광역시 남구 용현동<br>253번지,<br>인하공업전문대학 교정내 |
| 설 치 일 | 1963년 12월 2일 |
| 표 고 | 26.6871m |

그림 4.7 대한민국 수준원점
(인하공업전문대학 소재)

## 2) 경위도 원점

경위도 원점은 지도제작을 위한 측지측량의 원점으로서 삼각측량에 의해 엄밀하게 위치를 결정한 점이다. 우리나라의 경위도 원점은 1910년대에 일본의 동경원점으로부터 삼각측량을 실시하여 대마도를 거쳐 거제도를 연결하여 우리나라 전국에 설치되었다. 이후, 국립지리원에서는 1981년부터 5년에 걸쳐 정밀측지망측량의 출발점이 될 우리나라 고유의 측지원점을 설정하기 위한 경위도 원점관측을 실시하였다. 그 결과 경위도 원점은 다음과 같다.

표 4.4 대한민국 경위도 원점

| 경 도 | 동경127° 03′ 05″ .1451 |
|---|---|
| 위 도 | 북위37° 16′ 31″ .9034 |
| 원방위각 | 170° 58′ 18″ .190<br>(동학산 2등삼각점의 방위각) |
| 위 치 | 경기도 수원시 팔달구 원천동 111 |

그림 4.8 경위도 원점

## 3) 평면직각좌표 원점

지도상에 도원점을 설정하고 이를 이용하여 제점간의 위치관계를 용이하게 결정하도록 하는 기준섬을 발한다. 현재 국가기본도의 평면 직각 좌표계는 전국을 3개의 좌표계원점으로 구성되어 있어 서로 다른 좌표계가 인접한 부분에는 불일치 문제가 발생한다. 다음 표 4.5는 우리나라 현행 도원점이다.

표 4.5 우리나라 평면직각좌표계의 도원점

| 명 칭 | 경 도 | 위 도 |
|---|---|---|
| 동부도원점 | 동경 129° 00′ 00″ | 북위 38° 00′ 00″ |
| 중부도원점 | 〃 127° 00′ 00″ | 〃 38° 00′ 00″ |
| 서부도원점 | 〃 125° 00′ 00″ | 〃 38° 00′ 00″ |

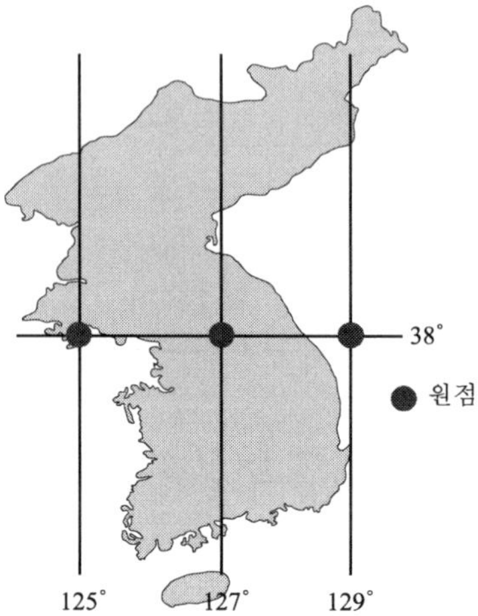


그림 4.9 우리나라의 도원점

국가 기본도에서 사용하는 TM(Traverse Mercator : 횡메르카토르 도법)은 지구타원체를 베셀 타원체로 보며, 좌표원점 계수를 0.9999로 쓰고 원점의 좌표 값을 X = 200,000, Y = 500,000로 채택하고 있다.

### 4) U.T.M.좌표 원점[21)]

UTM(Univeral Traverse Mercator)좌표는 미국에서 군사적인 목적으로 지구상의 모든 위치를 동일한 좌표계로 나타내기 위해 개발되었다. 국가기본도의 TM투영과 차이점은 날짜 변경선을 기준으로 반 시계 방향으로 6도씩으로 나누고 위도방향으로는 적도 기준으로 북위 84도까지 남위 80도까지 8도씩으로 나누어 각 지역은 6°×8°도 간격의 격자로 나누어 일련 번호를 부여하여 관리하게 각 지역마다 좌표원점 계수를 0.9996으로 채택하여 TM보다 넓은 지역에 사용되도록 만들어서 좌표원점에서의 정확도는 TM보다는 정확하지 않지만 공통된 하나의 좌표체계를 유지할 수 있다. 다음 표 4.6은 우리나라 UTM 원점에 대한 정보이다.

표 4.6 우리나리 U.T.M. 좌표원점

| | |
|---|---|
| 투영 방식 및 좌표변환식 | 가우스.크뤼거 도법 |
| 좌 표 원 점 의 경 위 도 | E129° 00′ 00″ , N0° 00′ 00″ |
| 축 척 계 수 | 0.9996 |
| 원 점 의 좌 표 값 | X = 500,000 Y = 0 |

21) 공공원격탐사센터(http://krsc.kari.re.kr)에서 발췌정리

### 4.2.3 지구 좌표계

좌표계(座標系: Coordinates System)란 직선·평면 위 또는 공간 내의 임의의 점의 위치를 나타내는데 이용한다. 위치란 어느 좌표계에 있어서 다른 점들과 어떤 기하학적인 상관관계를 갖는가를 의미하는 것으로, 일반적으로 그 좌표계의 특정점 또는 특정선으로부터의 길이와 방향을 매개로 하여 표현한다. 이때 어느 좌표계의 기준이 되는 고유한 한 점을 원점(Origin), 매개가 되는 실수(어떤 길이, 또는 방향 등)을 좌표(Coordinate)라고 한다[22]. 현재 지구상에서 위치를 나타내기 위하여 많이 쓰이고 있는 지구좌표계는 다음과 같다.

표 4.7 지구좌표계의 종류

| | |
|---|---|
| 경위도 좌표계 | 지구상의 절대적 위치를 표시하는데 경도와 위도를 이용하며 일반적으로 가장 널리 쓰이는 좌표계 |
| 평면직교 좌표계 | 측량범위가 크지 않은 일반 측량에서는 평면직교 좌표가 널리 사용 |
| U.T.M.좌표계 | UTM 투영법을 이용하며, 적도 → 횡축, 자오선 → 종축<br>① 경도 : 동경 180° 기준, 지구전체 6° 간격으로 60등분<br>② 위도 : 남북위 80° 까지 포함, 8° 간격 20등분 |
| UPS 좌표 | 위도 80° 이상의 양극지역의 좌표를 표시하는데 사용 |
| WGS 좌표계 | 지심좌표 방식으로 위성 측량에서 사용 |

## 4.3 일반측량

### 4.3.1 거리측량

거리측량은 측량 중에서 가장 기본이 되는 측량이라 할 수 있으며 크게 직접 거리측량과, 간접 거리측량으로 구분할 수 있다. 직접 거리측량은 줄자, 체인 등을 이용하여 수평 또는 경사거리를 직접 측정하는 것이고, 간접 거리측량은 기구 등을 사용하여 전

22) 성균관대학교 측지정보학연구실, <http://geo.skku.ac.kr>, 발췌정리

파, 광파, 3각 및 기하학적 방법으로 거리를 간접적으로 측정하는 방법으로 소요의 정도, 비용, 지형학적 조건에 의하여 가장 유리한 기구 및 방법으로 측정한다.

표 4.8 측량방법과 기대되는 정도

| 측량방법 | 기대되는 정도 | 용도 | 적용되는 기구 |
|---|---|---|---|
| 보측 | 1/100~1/200 | 답사, 소축척의 지도, 테이프에 의한 측정의 점검 | 핸드콤파스, 앨리데이드 |
| 스타디아측량 | 1/300~1/1,000 | 세부측량, 정도가 낮은 트래버스 측량, 정밀측량의 점검 | 트랜싯, 측량용 콤파스 |
| 테이프에 의한 보통측량 | 1/1,000~1/5,000 | 농지측량, 지형측량의 기준점, 트래버스, 보통의 공사용 측량 | 트랜싯 |
| 테이프에 의한 정밀측량 | 1/10,000~1/30,000 | 시가지의 트래버스측량, 정도가 낮은 3각측량의 기선, 정밀한 공사측량 | 트랜싯(배각법) |
| 기선측량 | 1/50,000~1/100,000 | 대지역의 시가지, 긴 다리, 터널의 3각측량용 기선 | 정밀 데오도라이트 |

(1) 직접거리측량

직접거리측량은 줄자 등 거리를 잴 수 있는 도구를 이용하여 직접 거리를 측정하는 방법으로 이용되는 도구는 줄자, 체인(Chain) 등이 이용되고, 경우에 따라서는 보행자의 보폭에 의한 보측(步測: by Pacing)에 의해 거리를 구하는 경우도 있다.

(2) 간접거리측정

간접거리측정은 급경사지, 계곡에 접하고 있거나 교통의 통행이 빈번한 도로, 논, 늪지대, 하천, 터널 등 직접 거리측정이 곤란한 장소에서 실시한다. 간접거리측정은 전파 또는 광학측량장비를 사용하여 기하학적인 방법으로 거리를 간접적으로 구한다.

### 4.3.2 각측량

각 측량은 임의의 점에서 두 방향선이 이루는 각을 구하는 측량으로 거리 측량·수준 측량 등과 함께 기본적인 측량의 하나이다. 각의 측량에 사용되는 기구는 일반적으로 트랜싯(Transit)이나 데오도라이트(Theodolite) 등의 측각의(測角儀)를 사용하여 측각하며 가장 정밀도가 높은 것으로는 1°정도의 각까지 측정할 수 있다.

각 측정에 이용되는 트랜싯은 망원경이 그 수평축의 주위를 회전할 수 있으나, 데오도라이트는 회전할 수 없고 대개 콤파스가 장치되어 있지 않다. 그러나 각 측정에는 트랜싯보다 데오도라이트가 훨씬 정밀하게 각을 측정할 수 있다.

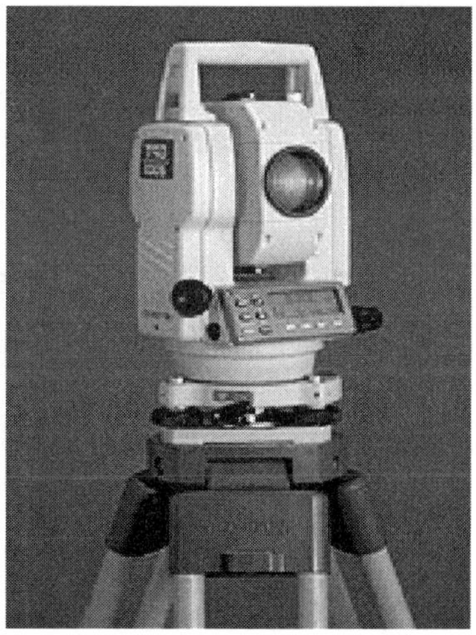

그림 4.10 데오도라이트

### (1) 각의 종류

- 수평각 : 수평면상의 1점에서 2점의 목표에 대하여 시준한 각($\alpha_H$)
- 고도각 : 수평선을 기준으로 하여 상향 혹은 하향의 목표에 대하여 시준한 각($\alpha_n$)
- 연직각 : 연직선을 기준으로 하여 목표에 대하여 시준한 각(∠O'OA')

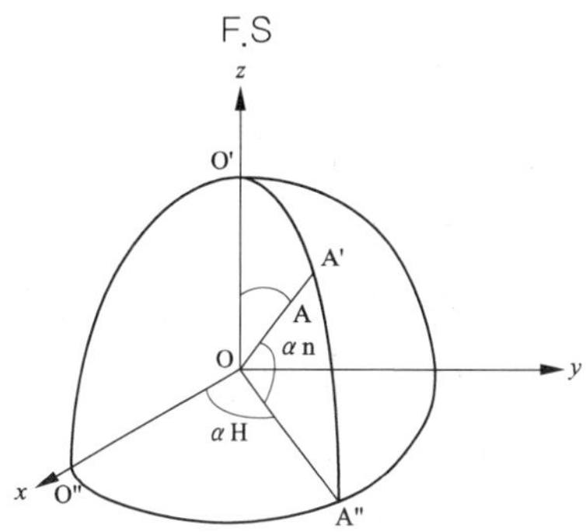



그림 4.11 각의 표시법

### (2) 각의 측정법

- 단각법
  1개의 각을 1회 관측으로 측정하는 방법이며 그 결과는 나중읽음 값-처음읽음 값으로 구해진다.

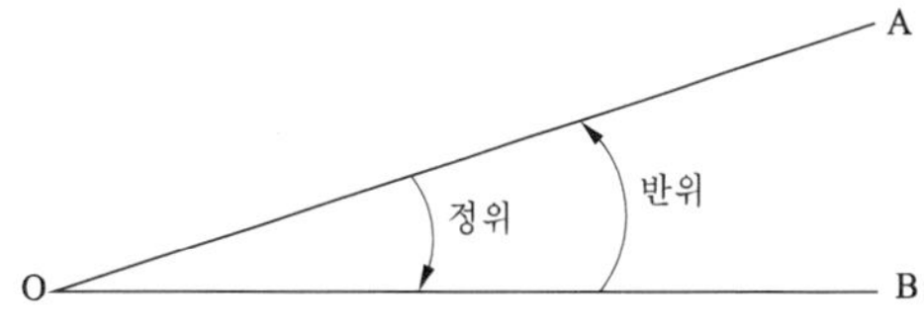



그림 4.12 단각법

- 배각법(반복법)

  배각법은 2회 이상 반복관측하여 관측한 값을 모두 더하여 평균한 값이다.

  ∠AOB=$(\alpha_n-\alpha_0)/n$

  이 배각법의 특징은 방향각법에 비해 읽기오차가 감소하고 최소눈금 이하의 값을 측정할 수 있으므로 정밀한 관측 가능하다.

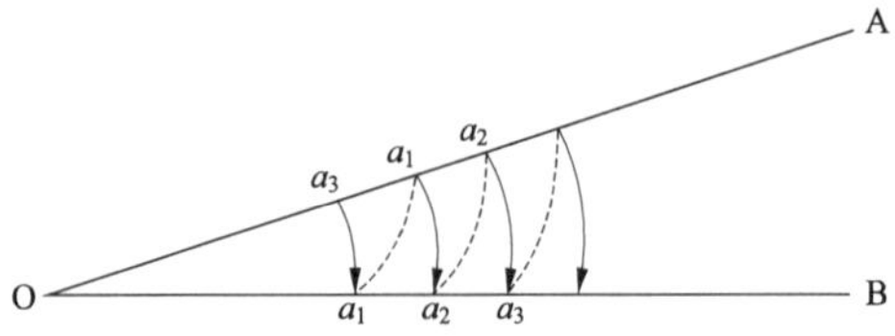


그림 4.13 배각법

- 방향각법

  어떤 시준방향을 기준으로 하여 각 시준 방향의 내각을 관측하여 기준방향선에 결합한 경우 최초의 읽기와 일치하도록 하는 방법이다.

### 4.3.3 수준측량

수준측량은 지표면상에 있는 지물의 표고차를 측정하여 지점의 표고를 결정하고자 실시하는 측량으로 고저측량 또는 레벨측량이라고도 한다. 엄밀하게는 지표면 위에 위치하는 것뿐만이 아니고 수심(水深)과 같이 평균해수면을 기준으로 하는 측량까지도 수준측량이라 할 수 있다. 수준측량의 성과는 지도의 제작, 설계와 시공시 구조물의 정확한 위치와 토공량 산정을 위해서 매우 중요하게 이용된다. 특히 도로 노선토공의 종단설계시에 수준측량의 성과는 종단선형의 올바른 위치결정과 노선 토공량의 정확성에 큰 영향을 미치게 되므로 정확한 측량이 되도록 노력하여야 한다.

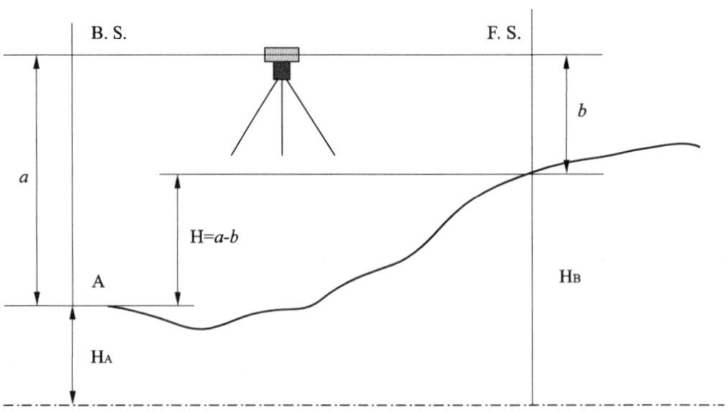


그림 4.14 직접 수준측량의 방법

국토지리정보원에서는 수준측량을 실시하기 위한 기준점으로 전국적인 수준망을 구축하고 있으며 이는 앞에 설명한 국가 기준수준원점인 인천 수준원점(표고 26.6871m)이 기준이 된다. 현재 국토지리정보원의 국가기준점 성과발급시스템[23]을 이용하면 전국에 분포되어 있는 수준점과 삼각점의 위치를 쉽게 파악할 수 있다.

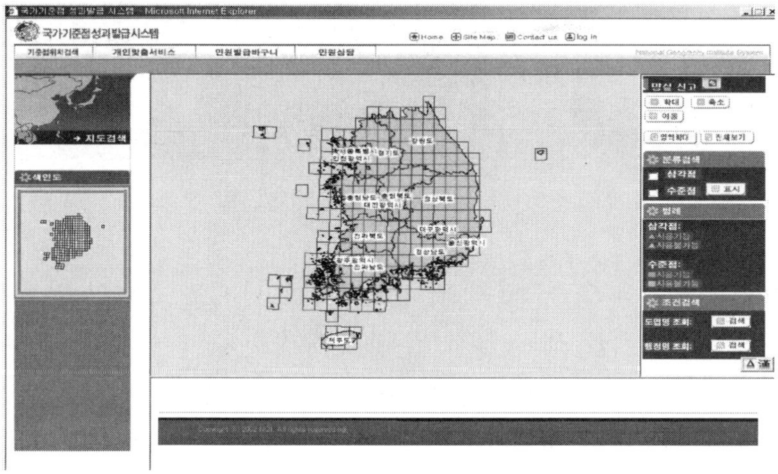

그림 4.15 국토지리정보원의 국가기준점 성과발급시스템 화면

수준측량은 이 수준망을 이용하여 미지점의 표고를 측정하는 것이며 주로 레벨(Level)이 대표적인 측량기로서 이용된다. 이 레벨을 사용하여 그 점에 세운 표척의 눈금 차이로부터 직접 고저차를 구하는 직접수준측량과 레벨 이외의 기기를 사용하는 간접수준측량으로 구분할 수 있다. 간접수준측량은 트랜싯을 사용한 삼각수준측량과 시거수준측량, 평판의 앨리데이드에 의한 방법, 나침반에 의한 방법, 기압차에 의한 기압수준측량, 중력에 의한 방법, 사진측정에 의한 방법 등이 있으며, 강 또는 바다 등으로 인해 접근이 어려운 두 점 사이의 고저차를 직접 또는 간접 수준측량에 의하여 구하는 교호수준측량(交互水準測量)과 간단한 레벨로 간단히 수평을 보는 근사 수준측량도 있다.

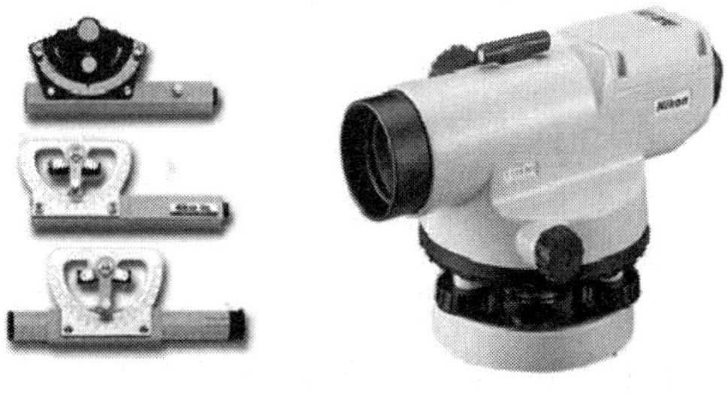

핸드레벨 자동레벨

그림 4.16 여러 가지 유형의 레벨

23) 국토지리정보원 국가기준점 성과발급시스템, <http://www.ngi.go.kr/>

그림 4.17 수심의 측량방법

바다나 하천의 수심도 수준측량에 의해서 측정한다. 다만 수심이 얕은 경우에는 육상에서와 마찬가지로 표척을 세워 표척 간의 고저차를 읽어 측정이 가능하지만, 수심이 깊은 경우에는 음파 또는 인공위성을 이용하여 깊이를 측정하는 방법을 사용한다. 그림 4.17은 국립해양조사원에서 실시하고 있는 수심측정방법을 보여주는 것으로서, 수심의 3~5배를 커버할 수 있는 MultiBeam을 사용하여 전 해저면을 미측심 폭이 없이 측량하며, 해저의 형상 해저장애물(침선, 암초 등)을 정확히 탐사할 수 있는 최신의 측량방법이다[24].

## 4.4 기준점측량

### 4.4.1 삼각측량

삼각측량의 기본원리는 네덜란드의 지리학자 Frisius(Gemma Frisius, 1508~1555)가 고안하였다. 이 삼각측량을 이용하여 자오선의 길이를 네덜란드의 수학자이자 천문학자인 Willebrord Snellius가 1615년경에 측정하였으나 정도가 낮았다. 이후 1669년에 이르러 프랑스의 천문학자인 Jean Picard가 망원경을 부착한 측량기로 정확히 측정하였다.

24) 국립해양조사원<http://www.nori.go.kr/kr/data/menu4/menu4_sub1.asp>, 수로측량에서 발췌

삼각측량(Triangulation)은 하천, 호수, 산악지, 터널, 항만 등과 같은 넓은 지역의 위치 결정을 위해 삼각형의 변과 각을 측정한 후 삼각법의 이론(Sin법칙)을 적용하여 측점의 위치관계를 결정하는 것이다. 즉, 넓고 장애물이 많은 지역에서 각 정점 잇는 삼각형의 망을 형성하고 그 중 어느 한 변의 길이를 기선으로 삼아 정밀하게 측정한 후, 이를 중심으로 삼각형의 내각을 측정하여 미지점의 위치를 결정해 가는 측량방법이다.

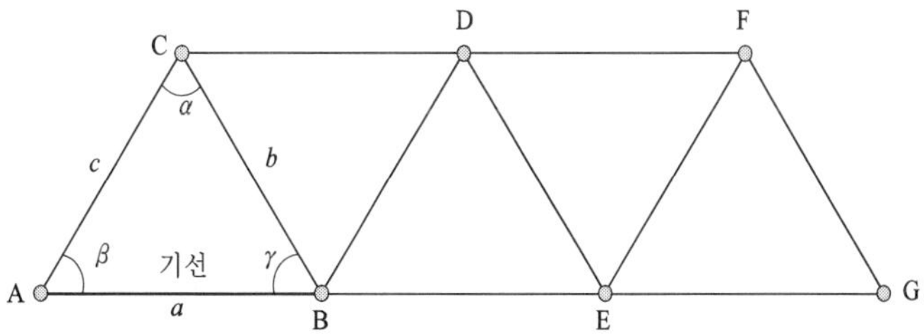


그림 4.18 삼각측량의 개념

위 그림 4.18에서 기선 a를 알면

$\frac{a}{\sin\alpha} = \frac{b}{\sin\beta} = \frac{c}{\sin\gamma}$ 이므로 $b = \frac{\sin\beta}{\sin\alpha} \times a$, $c = \frac{\sin\gamma}{\sin\alpha} \times a$로부터 각 측점의 위치를 결정해 나갈 수 있다.

삼각측량은 삼각점 간의 거리를 비교적 길게 취할 수 있고, 한 점의 위치를 정밀하게 결정할 수 있으므로 넓은 지역에 동일한 정확도로 기준점을 배치하는 것이 편리하며 넓은 면적의 측량에 적합하다. 또한 시야가 잘 확보되는 산지 등 기복이 많은 곳에 적당하지만 조건식이 많아 계산 및 조정방법이 복잡한 단점도 가지고 있으며 각 단계에서 정확도의 점검이 가능한 특징을 가지고 있다.

산악지역에 터널을 굴착하는 경우 과거에는 터널의 중심선을 직접 측량하는 방법을 이용하였으나 최근에는 거의 삼각측량법에 의해 터널의 굴진방향을 결정하고 있다. 소백산맥을 관통하는 길이 4.5km의 죽령터널이나 강원도에 위치한 많은 장대터널들이 공사기간을 단축하기 위해 양쪽에서 동시에 터널을 굴진해가면서도 정확하게 관통되는 것도 측량기술의 발전이 없이는 불가능한 일이다. 이와 같이 터널굴착에서 삼각측량의 방법은 먼저 국가에서 관리하고 있는 삼각점에서 터널의 양 갱구부의 기준점을 정하고 이를 기준으로 갱구의 위치와 굴착방향을 정해나가는 것이다.

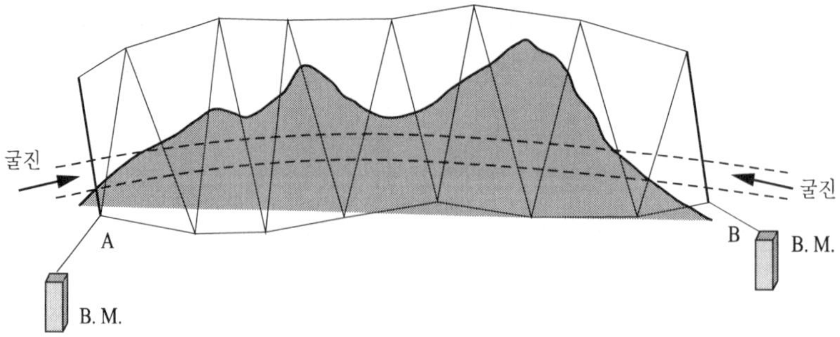


그림 4.19 삼각측량에 의한 터널의 굴착방향과 위치결정

삼각측량은 보통 수평적인 위치결정에 많이 이용된다. 지구는 엄밀히 얘기하면 평면이 아니고 구의 형상을 가지고 있으므로 지구의 곡률을 고려하여 실시하는 측지삼각측량과 지표면을 평면으로 간주하고 실시하는 평면삼각측량으로 구분할 수 있다. 측지삼각측량은 국립지리원에서 실시하고 있는 1등 2등 삼각측량이 이에 해당하는 것으로 경도(Longitude), 위도(Latitude), 해발고도 등을 측정하여 지표상의 제점의 절대위치를 결정하는 큰 면적에 대한 측량인 반면, 평면삼각측량은 대략 20㎢이내의 지역에서 실시하는 국지적 삼각측량(Local Triangulation)이지만 지형측량의 골조측량으로서 대단히 유용하다.

### 4.4.2 트래버스 측량

트래버스(Traverse)란 서로 인접한 여러개의 측점(측선)을 서로 연결하여 만들어진 다각형의 도형을 의미하며, 트래버스 측량이란 그 측선의 거리와 사잇각을 측정하여 각 측점의 상대적인 좌표를 구하는 기준점 측량의 한 방법이다. 트래버스 측량은 복잡한 시가지나 지형의 기복이 심하여 시준이 어려운 지역의 측량에 적합하고, 특히 도로, 하천, 철도와 같이 좁고 긴 방향으로 연속되는 측량에 매우 적합한 측량이지만 측량시의 오차 때문에 높은 정밀도를 기대하기 어려운 단점이 있다. 트래버스의 형태에 따라서 다음과 같은 몇가지로 분류할 수 있다.

#### (1) 폐합 트래버스 측량(Closed Traverse Surveying)

시점과 종점이 일치하는 형태로 하나의 다각형을 형성하는 측량으로 측량결과의 검사가 쉽고, 측량성과의 정확도가 비교적 높고 소규모지역의 측량에 이용된다.

### (2) 결합 트래버스 측량(Combined Traverse Surveying)

기지점에서 출발하여 다른 기지점으로 연결하는 트래버스 측량으로 높은 정확도를 요구하는 대규모 지역의 측량에 이용된다. 이 측량은 양단에서 기지 방위각을 관측할 수 있어야 하고 기지점으로는 주로 삼각점을 이용한다.

### (3) 개방 트래버스 측량(Open Traverse Surveying)

시점에서 출발하여 종점이 시점으로 다시 돌아오지 않는 형태의 트래버스 노선측량을 말한다. 이것은 측량결과의 검사나 오차의 계산·조정이 안되기 때문에 높은 정확도를 요구하는 측량에는 사용되지 않고 하천이나 노선의 기준점을 결정하는데 많이 이용한다.

### (4) 망상 트래버스 측량(Traverse Network Surveying)

2개 이상의 트래버스 노선이 모여서 형성된 하나의 망으로서 앞서 설명한 트래버스를 혼합시킨 것이다.

그림 4.20 개방 트래버스 측량

# 4.5 세부측량

## 4.5.1 평판측량

평판측량(Plane Table Survey)이란 그림 4.21과 같은 도구를 이용하여 현장에서 도해법에 의해 지형지물 등을 직접 평면도상에 작성해 가는 측량으로서, 측량작업이 간편하고 신속한 반면에 측량의 정확도는 다소 떨어진다. 평판에 도화지를 붙여 지상관측지점에 평판을 세우고 앨리데이드로 목표물의 방향, 거리, 높이차 등을 관측하여 현장에서 도해적으로 직접 작도하는 측량방법이다.

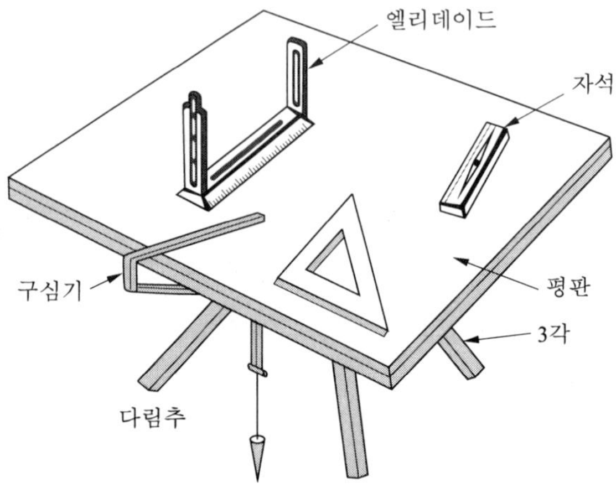

그림 4.21 평판측량의 도구

평판은 방향관측이 가능하지만 점의 위치를 구하기 위해서는 별도의 거리측정이 필요하다. 앨리데이드로 방향을 관측하고 거리는 줄자 등을 이용하여 직접 거리를 측량하기도 하지만 최근에는 망원경을 이용한 시거측량 등 간접적인 거리측량이 많이 활용되고 있다. 평판측량은 지형을 측정하는 지형측량에 주로 이용되거나 삼각측량원리를 응용하여 도해삼각측량으로서 기준점 측량에도 이용되고 있다.

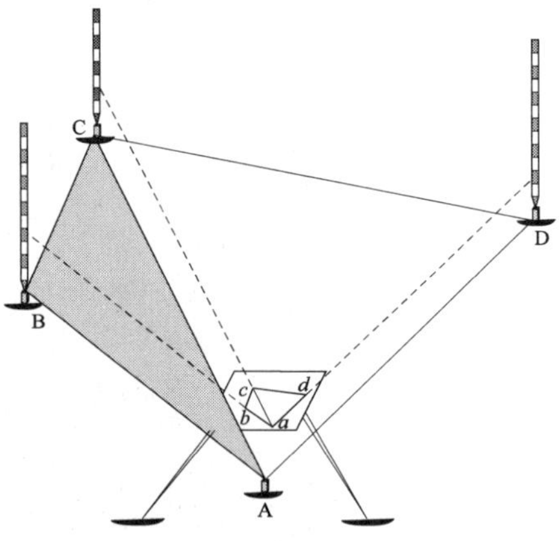

그림 4.22 평판측량의 원리

평판측량은 측량기기가 간단하고 현장에서 도면을 작도하기 때문에 시간이 절약되며 작업효율이 좋고 측량상의 과실로 인한 오차를 막을 수 있다. 또한 측량의 다양화에 응할 수 있으나 날씨의 영향을 받기 쉽고 측량지역에 제한을 받으며 높은 정도를 기대할 수 없는 단점이 있다.

평판측량을 이용하여 측량을 하는 방법에는 방사법, 전진법, 교회법 등이 대표적인 방법이다. 방사법(Method of Radiation)은 측량할 구역에 장애물이 없고 비교적 작업구역이 작은 곳에서 평판을 한번 세워서 여러 관측점을 동시에 측정하는 방법이다. 이에 반하여 전진법(Method of Traversing)은 도선법, 절측법이라고도 불리며 각 측점별로 평판을 옮겨가면서 측정하는 방법으로 측량구역에 장애물이 있어 육안에 의한 시준이 곤란할 때 사용하며 비교적 넓은 작업구역에 대한 측정에 이용되지만, 폐합오차가 발생하기 쉬우므로 주의해야 한다. 교회법은 기지점(旣知點)에 평판을 세우고 미지점을 구해나가는 방법으로서 넓은 지역에서 세부 도근측량이나 소축척의 세부측량에 적합하다.

## 4.5.2 시거측량

시거측량(Stadia Surveying)은 트랜싯의 시거선을 사용하여 임의의 점에 세운 표척을 시준하고 시거선 사이에 낀 협장과 연직각을 관측하여 두 점 사이의 거리와 고저차를 동시에 구하는 측량이다. 측량의 성과가 높은 신뢰성을 가지지는 못하지만 직접측량이 곤란한 지역에서 높은 정확도를 요구하지 않는 측량에 대단히 효율적으로 이용될 수 있다.

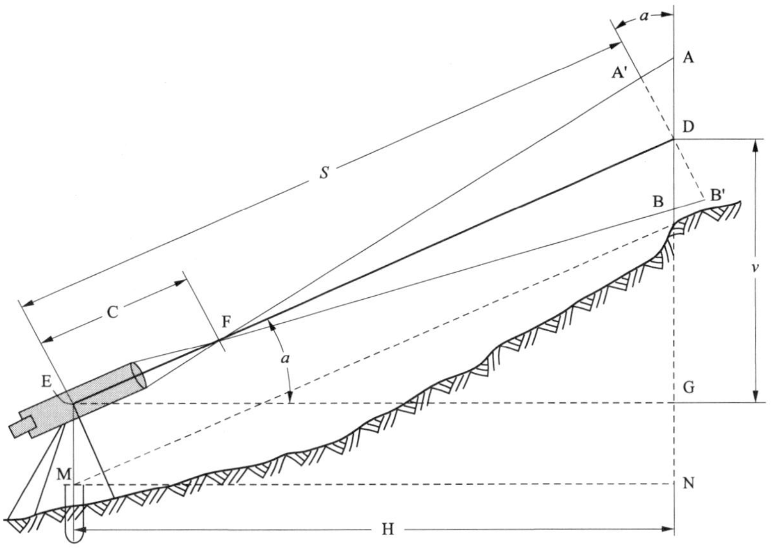


그림 4.23 경사지에서의 스타디아 측량

시거측량에 이용되는 측량장비는 트랜싯을 사용하며 트렌싯의 망원경을 통해 시거표척을 시준하여 상하시거선에 나타나는 눈금차를 측정하여 관계공식으로부터 측점사이의 수평거리와 높이차를 결정하는 방법이다. 시거측량은 작업이 간편하고 신속하며 지형의 기복에 영향을 받지 않아 정도가 낮은 산지부의 측량에 적합하게 이용되며, 다각측량, 지형측량, 평판과 병용한 세부측량에 널리 사용된다.

### 4.5.3 지형측량

지형측량(Topographic Surveying)은 지표면 위에 있는 자연지물이나 인공지물의 수평 또는 수직위치를 나타내기 위한 측량으로서 지형도의 제작에 필수적이다. 지형도는 실제의 길이를 축척따라 소정의 크기로 축소하여 나타낸 것으로서 용도와 목적에 따라 그 축적을 달리할 수 있다.

표 4.9 축척과 지도의 이용

| 축 척 | 지 형 도 | 특 수 도 |
|---|---|---|
| 1 : 500 | 건설공사의 세부설계, 도시계획 | 지적공부 |
| 1 : 1,000 | 철도, 도로, 하천개수, 토지개량계획 | 지적공부, 도로, 항만계획 |
| 1 : 2,500 | 도시, 철도, 도로, 하천, 댐 등의 계획, 용수사업계획, 농지계획 | 전신전화, 통신, 항만, 해안조사, 지적공부 |
| 1 : 5,000 | 국토기본도, 도시계획, 하천종합개발, 도로철도계획, 댐계획, 국토종합개발 | 지적공부, 산림개발, 광산개발, 항만개발 |
| 1 : 10,000 | 국토기본도, 국토종합개발, 도시계획, 철도계획, 도로계획, 농업용수계획, 상수도계획, 간척계획, 공업단지개발 | 산림개발, 광산개발, 관광개발, 지리조사, 지질조사, 지형조사, 토지이용조사 |
| 1 : 25,000 | 국토기본도, 국토종합개발, 하천계획, 도로계획, 도시계획 | 산림개발, 토양보존, 관광개발, 지질조사, 토지이용조사 |
| 1 : 50,000 | 국토기본도, 국토종합개발, 도시계획 | 산림개발, 토양보존, 토지이용조사, 관광개발 |

지도는 지표의 여러 가지 사상(Phenomena)을 측정, 정리하여 표현한 것인데 그 종류는 무수히 많다. 따라서 지도의 종류를 몇 가지 기준에 의해서 분류해 보면 다음과 같다.

#### (1) 표현방법에 의한 분류

1) 일반도 - 자연, 인문, 사회 사상을 정확하고 상세하게 표현한 지도
2) 주제도 - 여러 가지 특수한 상태의 장소적 변화나 혹은 어느 특정한 주제를 강조하여 표현한 지도(예 : 토지이용도, 지질도, 토양도, 관광도, 도시계획도)
3) 특수도 - 특수한 목적에 사용되는 지도(예 : 항공도, 해도, 사진지도, 지적도)

### (2) 제작방법에 따른 분류

1) 실측도 - 지도를 만드는 지역을 실제 측량한 성과를 이용하여 제작한 지도(예 : 1/5,000 및 1/25,000기본도, 지적도)
2) 편집도 - 기존지도를 이용하여 편집한 지도로서 대축척의 지도로부터 소축척의 지도로 편집하는 것이 원칙이다.(예 : 1/25,000지형도 → 1/50,000지형도)
3) 집성도 - 기존의 지도, 도면, 사진 등을 이어 붙여서 만든 것(예 : 사진집성도)

### (3) 축척에 따른 분류

1) 대축척 지도 - 1/10,000보다 큰 것
2) 중축척 지도 - 1/10,000 ~ 1/100,000
3) 소축척 지도 - 1/100,000 미만

표 4.10 지도의 분류

| 분류기준 | 지도명 |
|---|---|
| 표현내용에 따른 분류 | 일반도, 주제도, 특수도 |
| 제작방법에 따른 분류 | 실측도, 편집도, 집성도 |
| 축척에 의한 분류 | 대축척도, 충축척도, 소축척도 |
| 대상지역에 의한 분류 | 세계도, 국토전역도, 군도 등 |
| 양식에 의한 분류 | 도엽, 전국, 지도첩 |

지형도에 의한 지형표현법은 크게 태양광선이 지표에 비출 때 지표상의 기복물의 형태에 따라서 명함이 생기는 형상을 이용하는 음영법과 부호를 사용하여 지형을 도시하는 방법으로 구분할 수 있다. 부호에 의한 지형의 표시방법은 지표의 높이를 정량적인 수치로 나타낼 수 있으므로 공학적으로 가장 적절한 방법이며 등고선법, 단채법, 점고법 등으로 다시 구분해 볼 수 있다. 이 중

그림 4.24 지형의 표현법

등고선법에 대해서는 자세히 알아둘 필요가 있다.

지형도에는 지표상에 있는 물체뿐 아니라 지표면의 기복상태가 알기 쉽게 표현되어야 한다. 이때 지표면의 고저 기복상태를 측량하여 도면에 표시할 때는 주로 등고선에 의해 나타내는 것이 일반적이다. 등고선(Contour Line)이란 대지나 언덕, 산이나 골짜기 등의 모양을 표시함에 있어 동일한 고도를 연결한 선이다. 따라서 동일한 등고선상의 모든 점은 동일한 해발고도를 가지게 되며 그 성질은 대략 다음과 같다.

1) 동일 등고선상의 모든 점의 높이는 같다.
2) 등고선은 급경사에서 간격이 좁고, 완만한 사면에서 넓어진다. 경사가 동일하면 간격도 같다.
3) 1본의 등고선은 도면의 안과 밖에서 반드시 폐합한다. 단, 절벽, 함정 등의 경우는 그 부분에서 교차하거나 일치하는 경우가 있다.
4) 등고선이 도면내에서 폐합한 경우, 그 내부는 산정이거나 요지이며, 구별하기 위하여 요지에는 낮은쪽에 화살표를 붙인다.

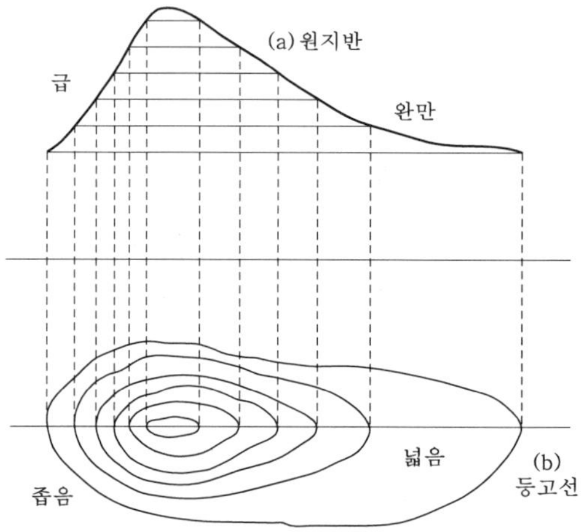

그림 4.25 원지반과 등고선의 표현

5) 등고선은 철선, 요선, 최대경사선과는 직교한다.
6) 등고선과 등고선 사이는 연속된 평면이라고 생각한다.

## 4.6 기타 응용측량

### (1) 하천측량

하천측량이란 하천의 계획 및 유지관리 등에 필요한 자료를 수집하기 위하여 지형지물의 위치, 수위 및 종횡단 등을 측량하여 평면도, 종단면도, 횡단면도 등을 작성하는 작업을 말한다. 하천측량은 도상조사→자료조사→현지조사→평면측량→수준측량→유량

측량→기타측량의 순으로 진행한다.

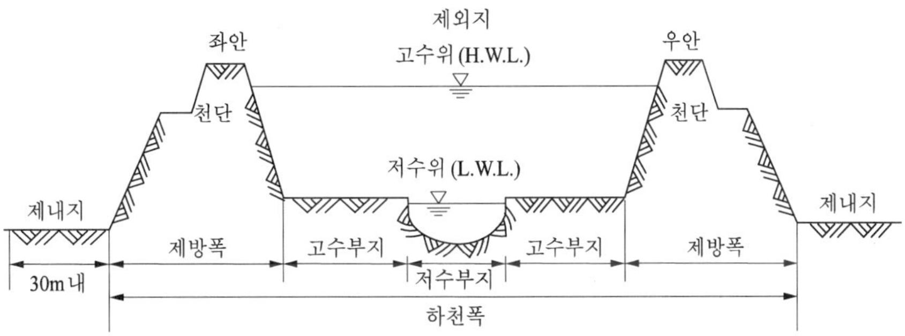


그림 4.26　하천 단면도 및 하천측량의 범위

유속의 관측에는 유속계와 부자(Float)를 이용하여 직접 관측하는 것이 일반적이지만, 유속을 직접 관측할 수 없을 때에는 하천의 구배를 관측하여 평균유속을 관측하는 방법을 이용하기도 한다. 유속을 관측하게 되면 각 수위에서 유량을 관측하고 수위와 유량과의 관계를 정리하여 하천계획과 댐계획, 기타 하천 관련계획의 기초자료로서 이용하는 것이 하천측량의 목적이라 할 수 있다.

### (2) 해양측량

해양측량은 해저의 지형을 파악하거나 수로의 파악 등을 위해서 실시하는 측량으로서 해양에 있어서 선박의 안전항해 및 해저지형, 지층탐사, 중력관측, 지자기관측 등 종합적으로 측량하는 것을 말한다. 해양측량에서는 해저지형측량, 해저면 영상탐사, 천부 지층탐사, 지자기탐사, 중력탐사 등이 많이 사용된다. 수로측량은 바다의 수심, 해안선의 형태, 암초의 위치 및 높이, 해저지질 등을 조사하는 것으로 그 성과를 이용하여 해도 및 각종 수로도서지에 수록하여 항해안전, 항만공사, 군작전 및 해양개발에 이용하고 있다

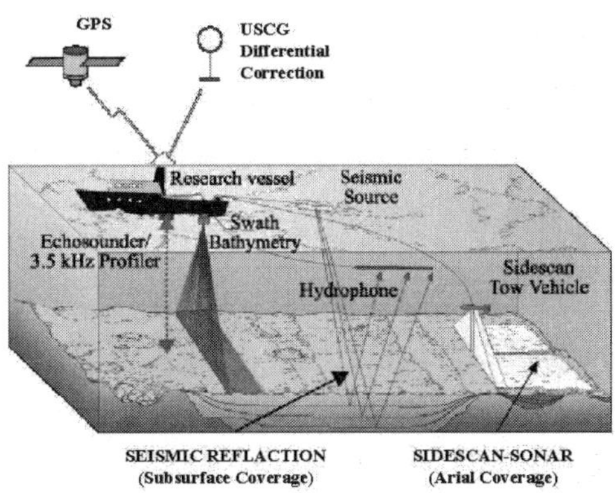


그림 4.27　해저 지형측량의 개념도

우리나라에서 해양에 관련된 측량은 해양수산부에 소속된 기관인 국립해양조사원(www.nori.go.kr)이 우리나라 전 해역을 대상으로 해양관측, 수로측량 등 해양조사를 실

시하고 있으며, 각종 해양자료를 수집 · 분석하고 데이터베이스화 작업은 물론 해도 및 수로서지를 간행하여 항해안전 및 해양수산 발전에 필요한 정보를 제공하고 있다.

### (3) 터널측량

산간이나 도심부에서 차량이나 철도의 원활한 교통 흐름을 위해 많은 터널이 건설되고 있다. 터널을 굴착할 때 계획된 선형에 따라 정확히 터널을 관통시키기 위해서는 정밀하고 정확한 측량이 요구되며, 이를 터널측량이라 한다. 터널측량은 보통 지상부에서 측량하는 갱외 측량과 터널 굴진 중에 갱내에서 실시되는 갱내 측량으로 구분된다. 특히 갱내에서 측량을 실시하는 경우에는 지상에서 측량을 실시하는 것보다 많은 제약이 따르므로 주의해서 측량을 실시하지 않으면 안된다.

### (4) 면적 및 체적의 측량

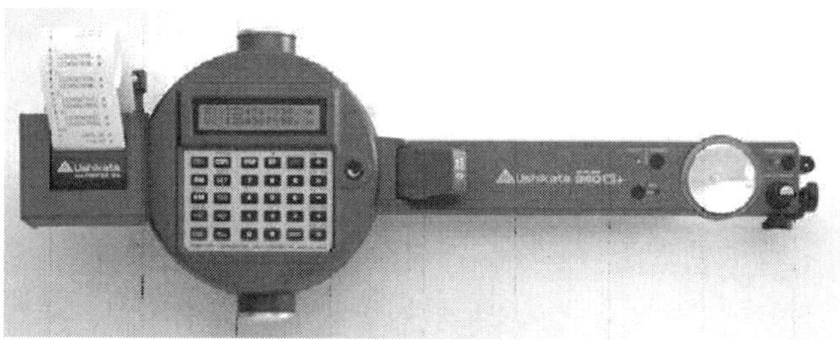

그림 4.28 구적기(Planimeter)

건설공사를 수행할 때 정확한 면적과 체적의 산정은 적정한 토공량[25)]을 산정하거나 저수지에서의 담수량의 파악, 공사지역의 면적 계산 등에 매우 중요한 요소이다. 정확한 체적을 산출하기 위해서는 먼저 정확한 면적을 계산하는 것이 매우 중요하다. 면적을 계산할 때는 기하학적인 방법으로 수치적으로 계산하는 수치계산법과 도상에서 구적기(Planimeter) 등을 이용하여 불규칙한 형태의 면적을 계산하는 방법이 있다. 일반적으로 설계시에는 지형도상에서 구하고자 하는 지역을 따라서 구적기를 이용하여 면적을 계산하는 경우가 많다.

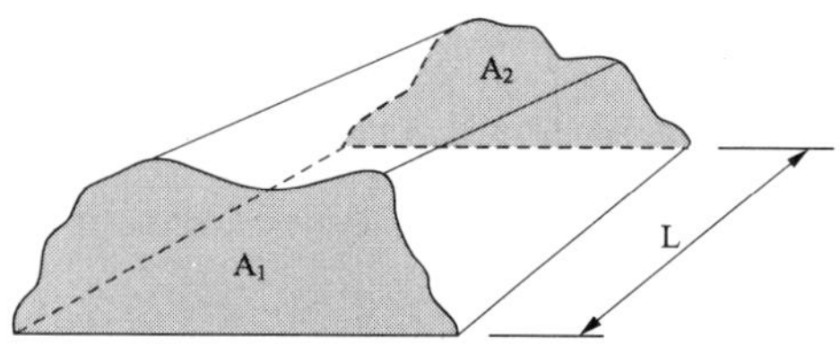


그림 4.29 양단면 평균법

체적을 계산할 때는 먼저 면적을 구하고자 하는 구역에서 단면을 계산한 후 이를 양단면 평균

---

25) 건설공사로 인해 발생하게 되는 절토 또는 성토의 양

법이나 중앙단면법 등을 이용하여 계산하게 된다. 도로의 건설을 위한 노선토공과 같은 체적의 계산에서는 주로 이러한 방법에 의해 체적을 계산하고, 지형도와 같은 불규칙한 지역에서의 체적을 구할 때는 심프슨 제2법칙과 같은 방법으로 체적을 계산한다. 그림 4.29과 같이 어느 구간의 양쪽 끝의 두 단면을 구할 수 있다면 이 구간의 체적을 양단면 평균법으로 구하면 다음과 같다.

$$V=\frac{A_1+A_2}{2}\times L$$

실제 노선토공에서는 시공기면을 중심으로 절토와 성토가 동시에 발생되는 경우가 많지만, 절토면적과 성토면적을 구할 수 있다면 이와 같은 양단면 평균법 또는 중앙단면법으로 그 구간내의 토공량을 쉽게 구할 수 있다.

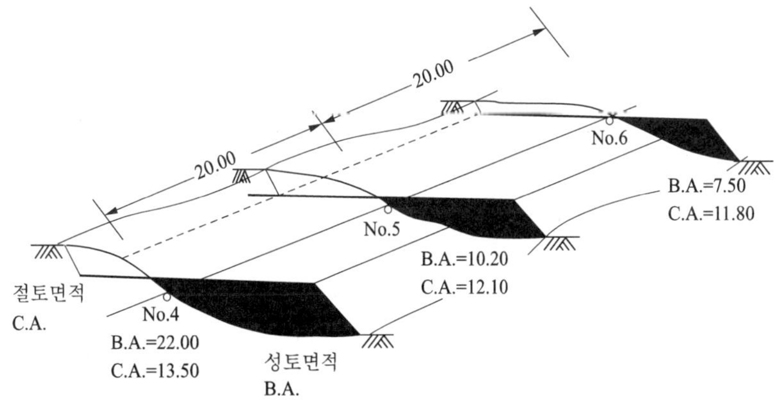


그림 4.30 노선 토공에서의 종횡단면도를 이용한 토공량 계산

댐의 저수량을 계산하거나, 대단면의 산지부를 절토할 때 지형도를 이용하여 그 저수량이나 토공량을 계산할 때는 다음과 같이 등고선을 이용하여 구적기로 등고선내의 면적을 계산한 후 심프슨 제2법칙을 이용하여 계산할 수 있다.

$$V_1=\frac{A_1+A_2}{2}\times h,\quad V_2=\frac{A_2+A_3}{2}\times h$$

그러므로 $V=\frac{h}{2}\times(A_1+2A_2+A_3)$

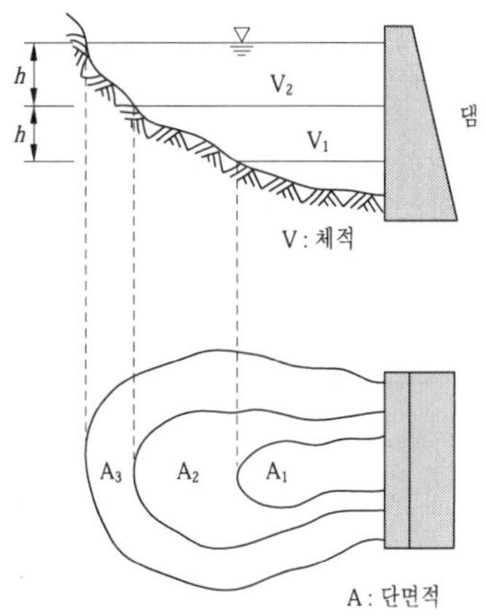


그림 4.31 댐의 저수량 계산

## 4.7 사진측량

사진측량(Photogrammetry)이란 전자기파(사진영상)를 이용하여 대상물에 대한 정량적인 위치, 형상, 크기를 측정하거나 환경 및 자원문제를 조사, 분석, 처리 등의 정성적인 해석을 하는 측량작업을 말한다. 사진측량은 카메라를 이용하기 때문에 광학, 전자공학, 수학, 천문학, 지형학, 지질학 등의 이론과 밀접한 관계를 가지고 있으며, 1840년대부터 지형도 제작에 이용되기 시작한 기술이다. 제1차 대전을 전후로 항공기 기술이 발전하고 아울러 고성능의 광학기계가 속속 발명되기 시작하면서 사진측량이 광범위하게 이용되기 시작하였으며, 최근에는 인공위성을 이용한 원격탐측으로까지 발전하기에 이르렀다. 우리나라에서는 한국전쟁중에 군사지도용으로 항공사진측량이 최초로 실시되었고, 이후 1960년대 후반에 1/5,000기본도를 제작하였으며, 2000년도에 들어서면서부터 항공사진에 대한 DB구축작업이 진행되고 있다.

사진측량은 계획→표정점 측량→사진촬영→항공삼각측량→현지조사→도화→편집→현지보측→원도의 작성 등의 순서로 진행되는 것이 일반적이며, 기존 측량방식에 비하여 움직이는 것까지 측량할 수 있는 장점을 가지고 있다.

표 4.11 사진측량의 장단점

| 장 점 | 단 점 |
|---|---|
| • 접근하기 어려운 대상물의 측정이 가능하고 정량적, 정성적 측정이 가능하다<br>• 움직이는 물체까지 측정이 가능하고 정확도가 균일하다<br>• 대규모지역에서는 상당히 경제적이며 대상물의 동시기록이 가능하다<br>• 시간까지 고려한 4차원 측정이 가능하다<br>• 분업화에 의한 능률이 좋으며, 축척의 변경이 용이하다<br>• 비접촉식 측정방법이므로 대상물에 손상을 주지 않고 측정이 가능하다 | • 소규모 지역에서는 비경제적이다<br>• 고가이다<br>• 소축척의 측정에는 부적합하고 피사체에 대한 식별이 난해하다<br>• 기상조건에 따른 영향을 많이 받는다<br>• 태양고도 등에 영향을 받는다<br>• 측정과 해석의 지연이 발생할 수 있다 |

사진측량은 크게 지상에서 촬영한 사진을 이용하는 지상사진측량과 비행기 등을 이용하여 공중에서 찍은 사진을 이용하는 공중사진측량으로 크게 분류할 수 있다. 이외에 촬영방향에 따라서도 수직사진과 경사사진, 수평사진 등으로 분류하기도 하며, 사용되

는 카메라에 따라서 협각사진측량, 광각사진측량, 초광각사진측량으로 구분하기도 한다. 사진측량을 말할 때는 촬영방법에 따라서 다음과 같이 분류하는 것이 일반적이다.

### (1) 항공사진측량

항공기 및 기구 등에 탑재된 측량용 사진기로 연속 촬영된 중복사진을 해석하여 지형도 제작 및 판독에 이용하는 측량방법이다. 항공기에 탑재된 카메라의 각도에 따라서 연직사진측량과 경사사진측량으로 구분된다.

그림 4.32 항공사진

### (2) 지상사진측량

지상의 두 점에 카메라를 고정시켜 촬영하며 카메라의 축을 수평면에 평행하게 설치하여 화면이 연직되게 지상에서 촬영한 사진을 이용하여 건조물이나 시설물의 형태 및 변위계측, 건물의 정면도, 입면도의 제작에 이용된다. 주로 항공사진으로 측량이 불가능한 지형, 구조물의 변형이나 문화재의 조사, 교통문제의 해석 등에 이용한다.

### (3) 수중사진측량

수중사진기에 의해 얻어진 영상을 해석하여 플랑크톤량, 수질조사, 해저 기복상황, 수중식물의 활력도 등을 조사한다.

### (4) 원격탐측

지상이나 항공기 및 인공위성 등의 탑재기에 설치된 센서를 이용하여 지표, 지상, 지하, 대기권, 우주공간의 대상들에서 반사 혹은 방사되는 전자기파를 탐지하고 이들 자료로부터 토지, 환경 및 자원에 대한 정보를 얻어 이를 해석하는 기법이다.

(5) 비지형 사진측량

X선 사진, 홀로그래픽 사진 등을 이용하여 의학, 고고학, 문화재 조사, 변형 조사 등에 쓰인다.

공중사진 측량을 실시할 때는 촬영대상 지역을 촬영방향으로 약 60%, 인접 노선과 30% 정도씩 중첩시켜 촬영하고, 촬영하는 비행기의 고도, 속도가 일정하게 유지되도록 함과 동시에 촬영시의 기울기에 주의하여야 한다. 보통 항공기의 고도는 700~3,000m정도의 고도에서 수직방향으로 촬영을 실시한다. 항공사진측량을 실시할 때에는 가급적 구름이 없는 쾌청한 날을 선택하여 오전10시~오후2시 사이에 태양각이 약45°이상인 경우에 실시하고 계절적으로는 늦가을에서 초봄까지가 최적이다.

그림 4.33 항공사진측량

## 4.8 원격측량

### 4.8.1 GIS

GIS(Geographic Information System)란 지리, 지형 정보와 속성 정보를 결합한 지형공간에 관한 모든 정보를 컴퓨터에 지상, 지하시설, 자원, 환경, 토지 등 일정한 시설이나 지역을 체계적이고 효율적으로 관리하기 위한 종합정보시스템을 말한다. 전통적으로 지도를 이용하여 기록되던 지형이나 시설물에 대한 정보를 제공하였으나 수시로 변하는 내용을 신속하게 제공하는 데에는 한계가 있어, 이에 컴퓨터를 이용하게 된 것으로 자료의 수집, 처리, 분석이 용이한 형태로서 방대하고 다양한 자료를 효율적으로 처리할 수 있는 종합적 공간처리 기술인 지리정보시스템(GIS)로 발달하게 되었다. 지리정보시스템은 지형정보 뿐만이 아니라 및 사회 · 경제적인 유용한 정보까지도 지리적 공간 위치에 맞추어 입력 · 저장하여 여러가지 목적으로 활용할 수 있으며 각종 데이터의 수집과 처리작업에 대해 경제성과 능률성이 우수한 장점을 가지고 있다. 그러므로 지리정보시스템은 필수적으로 공간자료와 속성자료를 가지고 있으며, 이를 운영하기 위한 하드웨어와 소프트웨어 등으로 구성된다. 하드웨어는 GIS를 운용하는데 필요한 컴퓨터와 각종 입 · 출력장치 및 자료관리장치로 구성되며, 소프트웨어는 각종 정보를 저장 · 분석 · 표현 할 수 있는 기능을 지원하는 도구로써 정보의 입력 및 중첩기능, 데이터베이스 관리기능, 질의 분석 시각화기능 등을 주요 기능으로 한다. 또한 지리정보데이터는 지도에서 추출한 도형정보와 대장이나 통계자료로부터 추출한 속성정보로 구성되는데, 최근 이러한 지리정보데이터는 지도 외에 항공사진, 인공위성영상으로부터 많은 정보를 획득하고 있다. 지리정보데이터는 전체 구축비용의 약70%를 차지하는 것으로 알려져 있으며 지리정보시스템에서 가장 힘들고 방대한 작업량을 가지는 것으로 알려져 있다.

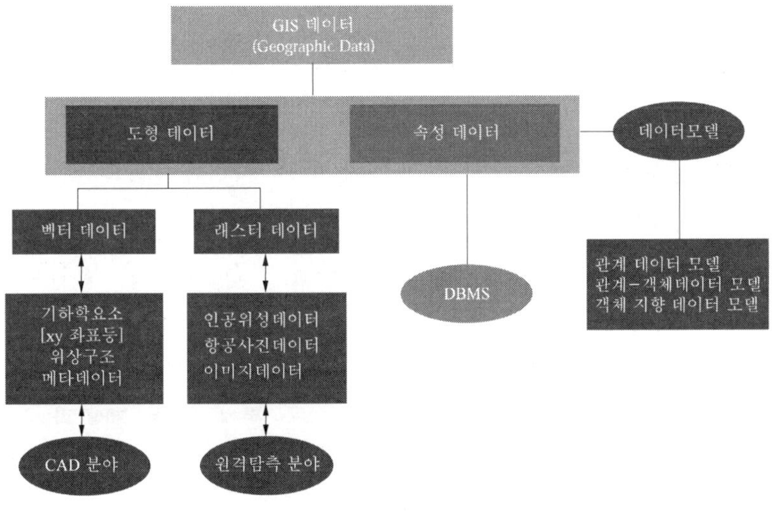


그림 4.34 GIS의 자료구조

기존에 종이지도에 의한 정보로는 여러 종류의 도면과 지도를 중첩시켜 통합적인 분석을 실시하는 것은 불가능하였고, 도면이나 지도에 나타나 있는 위치정보와 각종대장, 통계자료 등의 속성정보를 연계시켜 함께 볼 수 있는 기능의 구현도 사실상 불가능하였다. 또한 각 부서에서 가지고 있는 도면과 지도에 관한 정보를 공유하기가 힘들어 같은 자료를 중복적으로 생산하는 비효율성을 낳기도 하였으며 공간관련 계획수립이나 정책의 결정시 각종 지형공간정보를 신속하게 분석하여 의사결정자에게 전달하기에는 미흡하였다. 그러나 GIS의 획기적인 발전으로 통해 많은 부분에 있어서 효율적인 업무활용이 되고 있다. 즉, 기존도면의 전산화와 GIS기법을 이용한 도면제작이 이미 일반화되어지고 있으며 이에 따라 통합DB가 구축되어 중복자료가 획기적으로 감소되고 있다. 또한 GIS 모델링에 바탕을 둔 실시계획의 수립이 가능해지고 있으며, GIS분석기법에 의한 효과적인 지역정보관리(Urban Information System)의 활용도 증가하고 있는 추세이다.

지리정보시스템의 발전을 위해서는 지형학 및 측지학, 사진측정학, 원격탐측 및 수치영상처리, 지리학, 전산과학, 수학 등의 지형공간을 다루는 학문에 대한 체계 있고 깊이 있는 교육 및 연구가 선행되어야 하며, 이를 바탕으로 각 부분간의 긴밀한 협조를 통한 통합적인 연구 및 사업의 시행이 이루어져야만 실질적인 효과를 거둘 수 있다.

지리정보시스템은 환경, 도시계획, 토목, 건축, 지상, 지하시설, 통계, 유통, 상권분석, 고객관리, 교통, 경찰, 소방 및 행정 등의 광범위한 적용분야를 가지고 있으며 구체적으로 건설과 유통분야에서는 다음과 같이 이용되고 있다.

### 1) 건설산업

건설산업은 부지의 선정작업이나, 공사에 따른 지하매설물의 위치 파악, 인접 도로와의 연결 노선 등에 대한 고려가 필요하다. 즉, 부지선정을 포함한 건설공사의 계획을 수립하기 위해서는 대상 부지의 입지조건, 주변 여건, 교통량, 인접도로의 위치 등 수많은 요소들을 고려하는 것이 필요하다. 이때 지리정보시스템은 각각의 관련된 요소들을 통합하고, 그 중 서로 간섭되는 것이 있는지를 파악하거나 대립관계 또는 조화가 필요한 것이 무엇인가를 판단하기 위한 정보 분석을 통해 이런 계획과 부지 선정과정을 유용하게 지원한다. 주변에 유해 요소나 범람하는 평야, 또는 시설공사에 영향을 미칠 만한 특수한 환경의 존재여부 등 공사와 관련되어 전반적으로 지리정보시스템은 의사결정에 필요한 각종 정보를 제공한다.

### 2) 유통산업

유통산업은 GIS를 이용하여 배달 경로계획, 분배 최적화와 평가, 서비스 지역의 확장

범위 및 대체 유통로의 파악 등에 활용하고 있다. 특히 최근에는 GPS(Global Positioning System)와 같이 차량의 위치를 추적할 수 있는 기술을 함께 사용하여 이동시간 계산과 경로 이동 정보를 실시간 제공함으로서 교통정체지역을 피해 적재적소에 신속한 유통이 가능해지고 있다.

지리정보시스템은 아직까지 발전 단계에 있는 기술로서 향후 그 활용성이 더욱 커질 것으로 예측되며 원격 탐사(Remote Sensing)기술이나 GPS(Global Positioning System), 네트워크기술 등의 급속한 발달에 따라 보다 폭 넓은 활용이 기대되는 유망한 분야이다.

### 4.8.2 GPS

GPS(Global Positioning System)란 지구를 돌고 있는 24개의 GPS위성의 궤도를 기초로 지상의 위치를 결정하는 방법으로서 옛날 항법을 위해 전통적으로 사용해 왔던 별자리 대신 인간이 만든 위성을 이용하는 것이다. 최근의 GPS는 지상의 모든 위치에 대한 위치측정시스템으로서 지구상 어디에서나 고정된 시설물의 위치는 물론 비행기, 선박, 차량 등 움직이는 물체까지도 100m 이내의 오차로 알아낼 수 있는 첨단 시스템으로 발전되어 있다.

GPS에 의한 위치 측정원리는 GPS위성에서 송신되는 신호를 수신기가 수신할 때의 도달시간을 측정하여 공간적인 위치를 측정하는 것이다. 그러므로 위성으로부터의 정확한 신호출발시각을 얻기 위하여 위성에는 고정확도 시계를 장착하고 있으며 수신기에는 상대적으로 정밀도가 떨어지는 시계를 장착하고 있으므로 이에 대한 오차를 고려하여 각각의 위치를 계산하는 원리이다.

| 기 법 | 내 용 | 정확도 | 특 기 사 항 |
|---|---|---|---|
| 단독측위<br>(Positioning) | GPS수신기 1대로 위치측정 | 15~30m | 이동체 실시각 항법용<br>저가의 항법용 수신기 사용 |
| DGPS<br>(Differential GPS) | 측량용과 항법용 수신기를 결합하여 이동체의 실시각 정밀위치 측정 | 1~5m | 이동체 정밀 항법용<br>기준점과 통신매체 필요 |
| 상대측위<br>(Static Survey) | 2대 이상의 측량용 GPS 수신기를 이용하여 고정밀 상대위치 측정 | 수m | 실시각 불가능<br>기준점과 고가 수신기 필요 |
| RTK<br>(Real Time Kinematic) | 2대 이상의 측량용 수신기를 이용하여 실시각 고정밀 위치측정 | 1~2cm | 기준점과 통신매체 필요<br>고가의 수신기 사용 |

3차원적인 위치를 결정하기 위해서는 적어도 4개 이상의 위성에서 송신되는 신호를 수신할 수 있어야 정확한 위치를 결정할 수 있다. 현재 GPS에서 사용하는 좌표계는 WGS-84 좌표계로서, 이는 좌표 원점이 지구 질량 중심에 위치하는 직교의 중심고정(ECBF: Earth Centered Body Fixed) 좌표계를 사용하고 있다. GPS는 그 측위기법과 정확도에 따라서 몇 가지의 방법으로 다시 구분된다.

GPS는 관측점의 좌표(X,Y,Z)와 시각(t)의 4차원 좌표 결정방법에 의하여 위치를 결정하게 되므로 고정된 위치는 물론 비행기나 자동차와 같이 고속으로 운동하는 물체의 위치관측 및 속도관측에도 유용하다. GPS의 초기 활용분야는 군사용으로 항공기, 탱크 등의 위치측정용과 민간 및 학술용으로 대형 구조물의 기준점 선정, 자동차 네비게이션 시스템, 순찰 및 응급차량 등에 많이 이용되었으나, 최근에는 선박이나 인공위성 등의 항법장치, 지각의 변동관측, 지질구조해석 등으로 확장이 되고 있으며, 개인용 휴대장비로 소형화되어 등산이나 여행시 어느 곳에서나 개인의 위치를 정확히 파악할 수 있는 시대가 되고 있다.

GPS에 의한 위치측정의 가장 큰 장점은 무엇보다 정확도가 높다는 점이다. 고정도 GPS측위의 경우 수cm이하로 측정도 가능하고 수백 Km이상의 거리를 한번에 측정이 가능하다. 또한 날씨에 관계없이 측량이 가능하여 기후에 영향을 받지 않으며 24시간 항시 관측이 가능하다. 또한 무제한의 사용자가 이용가능 하며(One-Way System), 기상조건, 간섭 및 방해에 강하다. 전 세계적인 공통 좌표계를 사용하며, 사용자는 전용 수신기를 설치하는 것만으로 정확한 위치를 알 수 있다.

GPS는 전파 항법 시스템 중에 가장 정확하지만, 특정 분야에서는 오차의 한계때문에 적용이 불가능하다. 이러한 오차를 보정하여 매우 정밀한 좌표를 계산하도록 고안된 장치로서 DGPS (Differential GPS)가 이용되고 있다. DGPS에서는 서로 다른 2개의 GPS 수신기를 사용하는데 하나는 고정된 DGPS 기준국으로 여기서 실시간 보정값을 무선으로 송출하여 오차를 보정하는 방식이다. 따라서 DGPS 기준국은 사전에 정밀한 정적 측량 등을 토대로 하여 자신의 실제 위치(1mm 이하 오차)를 알고 있는 지점에 고정, 설치되어야 한다. DGPS 보정은 실시간으로 오차 보정 데이터를 교환하기 때문에 공통된 오차원인이 효과적으로 제거되어 매우 정밀한 실제 좌표를 얻을 수 있다. 항공기, 차량 등 이동 중인 물체의 일반적인 DGPS 오차는 1~5m 로 대폭 줄어든다. 또한 정지 상태에서는 통상 1m 내외의 보다 정확한 좌표를 얻을 수 있다.

## 연습문제

1. 측량의 정의 및 역사에 관하여 서술하시오.

2. 지구타원체와 지오이드의 정의 및 특징에 관하여 서술하시오.

3. 측량원점의 정의 및 종류에 관하여 서술하시오.

4. 거리측량의 방법 및 사용 기구에 관하여 서술하시오.

5 각측량의 방법 및 사용 기구에 관하여 서술하시오.

6. 수준측량의 방법 및 사용 기구에 관하여 서술하시오.

7. 삼각측량의 정의 및 장·단점에 관하여 서술하시오.

8. 트래버스 측량의 정의 및 형태에 따른 분류에 관하여 서술하시오.

9. 평판측량의 정의 및 측량방법에 따른 분류에 관하여 서술하시오.

10. 사진측량의 정의 및 장·단점에 관하여 서술하시오.

11. GIS(Geographic Information System)의 정의 및 적용분야에 관하여 서술하시오.

12. GPS(Global Positioning System)의 정의 및 적용분야에 관하여 서술하시오.

# 참고문헌

김계현(2000), GIS개론, 대영사

김영표, 박종택, 한선희(1999), GIS의 기초와 실제, 하나디앤피

香坂文夫, 그림으로 보는 土木計劃, 도서출판 일광, 1997, pp.37～38

안철호 · 최재화(1994), 일반측량학, 문운당, 1994

양민수 역(2003), 그림으로 보는 기초측량, 도서출판 일광

대한토목학회(2001), 한국토목사, "제10편 측량 및 지도", pp.1625～1723

## ▶▶ Website

성균관대학교 측지정보학연구실, <http://geo.skku.ac.kr>

공공원격탐사센터, <http://krsc.kari.re.kr>

국가 GIS교육센터, <http://www.e-gis.or.kr/>

Civil Engineering

5

# 역학과 구조공학

Chapter

# 5.1 개요

역학(力學: Mechanics)이란 힘(Forces)의 작용을 받는 물체(Bodies)의 정적·동적인 운동상태를 연구하는 학문으로서 공학을 공부하는 학생들은 누구나 자신의 전공과 관련된 몇 가지 역학을 공부하게 된다. 역학은 구체적으로 여러 가지 힘을 받고 있는 물체의 정지상태, 운동상태, 변형 및 흐름(Fluids)에 관한 물리적인 현상을 해석하고 연구하는 학문분야라고 할 수 있다. 역학은 자연과학 중 가장 오랜된 역사를 가진 학문이며, 모든 공학의 기초가 되는 학문이므로 공과대학에서는 역학이 매우 중요한 기초학문으로 다루어지고 있다. 토목공학에서도 구조물을 설계하고 시공하는데에 역학적인 개념이 기초가 되고 있으므로 공업역학(Engineering Mechanics)을 비롯하여 반드시 공부해야 하는 필수적인 역학과목이 몇 가지 있다. 토목공학에서는 배우게 되는 역학은 주로 정역학(Statics), 동역학(Dynamics), 재료역학(Mechanics of Material), 유체역학(Fluid Mechanics) 등의 기본적인 역학과목은 물론 구조역학(Structural Mechanics), 토질역학(Soil Mechanics), 암반역학(Rock Mechanics) 등 다양한 분야에서의 응용역학을 배우게 된다.

## 5.1.1 역학의 분류

역학은 자연의 역학적인 현상을 파악하고 원리와 개념을 연구하는 물리학의 연장이 되는 고전역학(Classical Mechanics)과 역학적인 개념과 원리를 공학에 응용하는 응용역학(Applied Mechanics)으로 크게 구분할 수 있다. 또한 흔히 공업역학이라 일컫는 역학의 큰 분류를 살펴보면 다음과 같다.

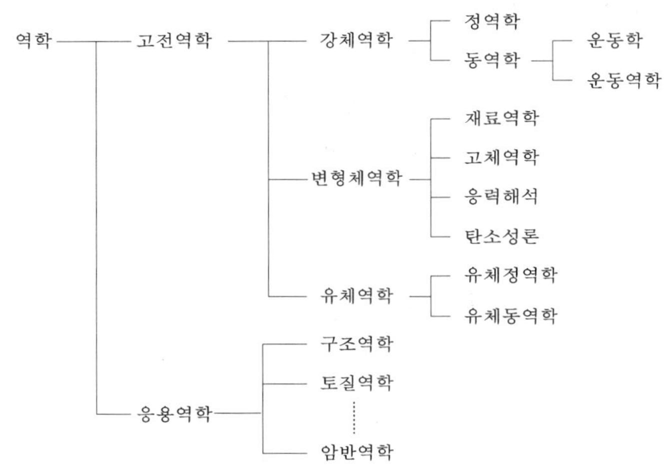


그림 5.1 역학의 분류

강체역학(Mechanics of Bodies)은 외력을 받는 고체를 변형불가능한 강체라고 가정하여 이 강체에 일어나는 외적효과(운동하는 강체의 가속도, 운동을 구속한 경우의 지점 반력)를 다루는 역학이다. 이를 다시 정지상태 또는 등속운동 상태에 있는 강체의 평형을 다루는 정력학(Statics)과 움직이는 강체의 가속화된 운동을 다루는 동력학(Dynamics)으로 구분할 수 있다. 동력학은 다시 운동을 일으키는 힘에는 관심이 없고 단지 시간에 종속되는 운동의 형태 및 기하학을 취급하는 운동학Kinematics)과 이를 더욱 확장하여 질량체에 작용하는 힘의 효과를 포함시킨 운동역학(Kinetics)으로 구분된다.

변형체역학(Mechanics of Deformable Bodies)은 외력을 받는 변형체에 일어나는 외적효과 뿐만 아니라 내적효과(모양과 크기의 변형)를 다루는 분야로서, 재료역학(Machanics of Materials)을 비롯하여 탄성론(Theory of Elasticity), 소성론(Theory of Plasticity), 탄성안정론(Theory of Elastic Stability) 등이 여기에 속한다. 유체역학(Mechanics of Fluids)은 정지 또는 운동상태에 있는 액체와 가스 즉, 비압축성 유체와 압축성 유체의 흐름을 역학적으로 다루는 분야이다. 수리학(Hydraulics)은 비압축성 유체에 관한 역학이론이 기반이 되고 있다.

그러나, 반드시 이러한 역학에서 다루는 내용이 명확히 구분되는 것은 아니라는 점을 알아두어야 한다. 동역학과 재료역학과 같은 과목은 공과대학에 진학한 학생이 학부과정에서 소화하기에 상당히 어렵게 느껴질 수 있다. 비단 동역학과 재료역학 뿐만이 아니고 모든 역학과목이 다른 응용학문에 비해 어렵다고 느끼게 되지만 우리가 공부해야 할 토목공학이 인간의 생활을 윤택하게 하고 삶에 편의를 증진하기 위하여 거대한 자연현상인 바람(風), 강우, 지진, 해일, 파도 등에 견디고 안전하면서도 튼튼한 구조물을 구축하는 것을 목적으로 하는 것이기 때문에 무엇보다 역학적인 기초가 매우 중요하다고 할 수 있다. 그러므로 역학이란 토목공학을 공부하기 위한 가장 근본적이고 기본이 되는 학문이란 점을 명심할 필요가 있다.

## 5.2 역학의 기초지식

### 5.2.1 하중과 단위계

하중(荷重, Load)이란 물체에 작용하는 외력(外力)이다. 건설공사로 구축되는 각종 구조물에 작용하는 하중은 매우 다양하다. 일반적으로 구분하자면 사람이나 가구, 물건에 의한 점유하중, 눈이 쌓였을 경우 눈의 중량에 의한 설하중, 바람이나 온도 변화에 따른 풍하중과 온도하중, 흙이나 물에 의한 토압과 수압, 차량의 통행에 의한 차량하중, 지진으로 인한 동하중, 폭발에 의한 폭발하중, 구조물 자체의 자중에 의한 고정하중 등을 생각할 수 있다[26].

공학적인 측면에서 하중은 몇 가지로 구분하여 생각해 볼 수 있다. 하중의 분포상태에 따라서 정하중과 동하중으로 구분할 수 있고 하중의 분포상태와 공간적인 작용상태에 따라서도 구분해 볼 수 있다.

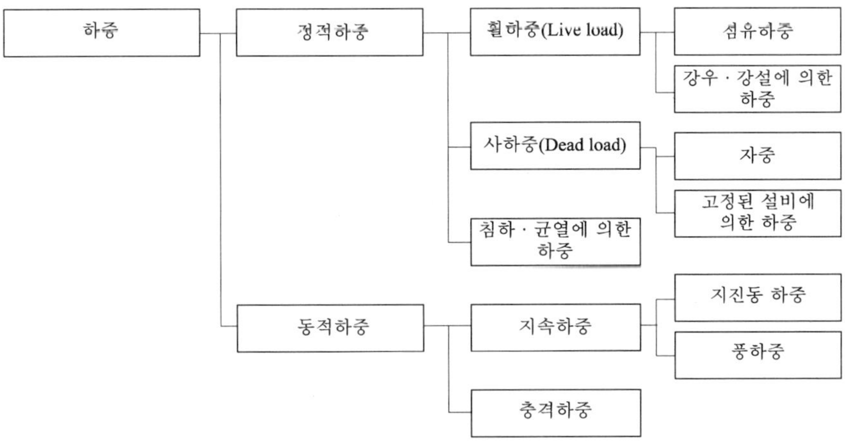


그림 5.2 하중의 종류

### (1) 시간적인 변화상태에 따른 하중의 분류

- 정하중 : 정지된 추와 같이 움직임이 없는 하중을 정하중이라 하며 구조물의 자중과 같이 시간의 변화에 따른 변화가 없는 고정하중이나 지극히 천천히 가해지는 점가하중 등이 이에 속한다.
- 동하중 : 하중의 크기와 방향이 같으면서 일정한 하중이 되풀이되는 반복하중, 하중의 크기와 방향이 변화하면서 인장력과 압축력이 서로 교대로 거듭되는 교번하중, 순간적인 충격으로 발생하는 충격하중, 구조체에 이동체가 이동하면서 가해지는 이동하중

26) 건교부(2000), 건축물의 하중기준, 건교부 고시 제2000-153호, 2000. 6. 5

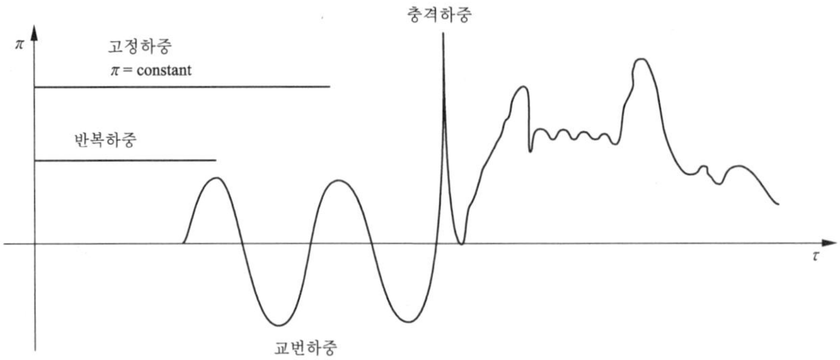


그림 5.3 정하중과 동하중

### (2) 하중의 분포상태에 따른 하중의 분류

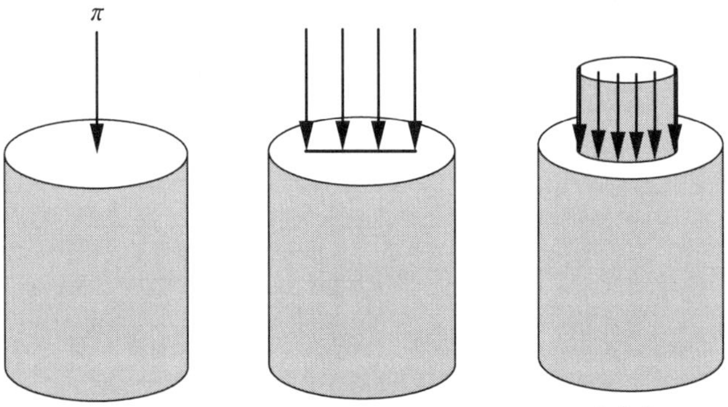


그림 5.4 집중하중과 분포하중

- 집중하중 : 한 점 또는 지극히 작은 범위에 집중하여 작용하는 하중
- 분포하중 : 넓은 범위에 분포하여 나타나는 하중

### (3) 공간적인 작용상태에 따른 하중의 분류

- 축하중 : 하중 작용선과 축선이 일치하는 하중
- 전단하중 : 물체의 단면에 평행하게 전단토록 작용하는 하중
- 비틀림하중 : 축의 주위에 접선방향으로 작용하여 축이 비틀리도록 가해지는 하중
- 굽힘하중 : 축선에 수직으로 작용하여 축을 굽히도록 가해지는 하중

일반적으로 구조물에 작용하는 하중은 한가지 하중만이 작용하는 경우는 매우 드물고 여러 가지 하중이 복합된 형태로 작용한다. 즉, 구조물의 설계나 시공시에는 구조물에 작용하는 하중을 정확히 예측하고 예상되는 하중에 충분히 견딜 수 있는 안전한 구조물이 만들어지도록 하여야 한다. 그러므로 엔지니어는 하중의 종류와 그 특성 및 구조물에 예상되는 하중을 정확히 예측하고 이에 대비하여야 한다.

단위계(System of Units)는 어떤 물리량(거리, 질량, 밀도, 온도 등)을 수치로 나타내기 위하여 비교의 기준이 되는 계량단위이다. 단위계는 크게 미국식 단위계(Metric System)와 영국식 단위계(British System)로 구분되며, 이는 다시 절대단위계(물리단위)와 공학단위계(중량단위)로 구분된다. 공학분야에서는 질량 대신에 힘(Force)을 기본량으로 하여 일정한 질량에 미치는 중력을 기본단위의 하나로 하는 단위계가 사용되고 있다. 이를 공학단위계(중력단위계: Gravity Force System of Unit)라 한다. 공학단위계에서는 절대단위계의 질량과 같은 kg을 사용하고 있기 때문에 매우 혼동하기 쉽다. 그러므로 이 혼동을 피하기 위하여 힘 또는 중량kg의 단위에서는 kgf의 기호를 사용하며 질량에는 kg을 써서 구별하고 있다.

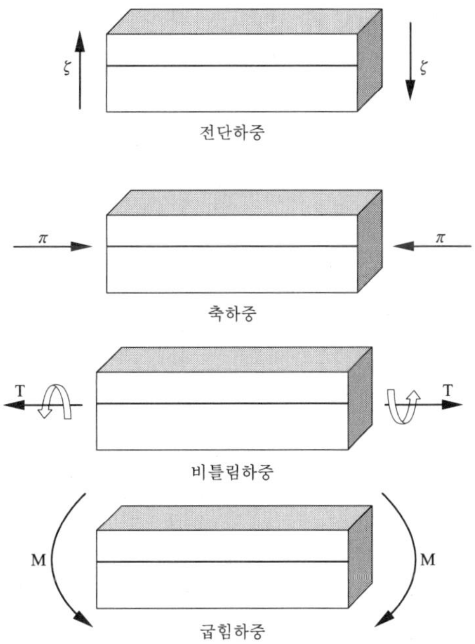

그림 5.5 공간 작용상태에 따른 하중

국제 단위계인 SI 단위계가 마련되지 않았을 때까지는 국가별로 서로 다른 단위계를 사용하였기 때문에 단위의 혼용 때문에 복잡한 문제가 발생하였다. 이러한 문제를 해결하기 위하여 1971년 프랑스에서 열린 제14차 도량형총회에서 단위량을 통일하여 국제단위계(SI)를 마련되었다. 이에 따라 모든 공학분야에서는 현재 국제단위계를 권장하는 추세이다. 국제기본단위계에서는 길이에 m(meter), 질량에 kg(kilogram), 시간은 s(second), 전류는 A(ampere), 열역학적 온도 K(kelvin), 광도에 cd(candela), 물질의 양으로 mol(mole) 등 7가지를 기본단위로 설정하고 그 외의 단위는 이 기본단위를 조합한 유도단위로 표현된다. 그러나 아직까지도 미국을 비롯한 여러 서구국가에서는 SI 단위계를 쓰지 않는 경우가 많아 공학도들은 기본적으로 두 시스템간의 단위의 변환에 대해서 정확히 이해할 필요가 있다

## 5.2.2 응력과 변형률

구조물을 구성하는 각 부재에 힘이 작용했을 때의 부재내의 힘의 상태와 변형을 해석하는 것은 안전한 구조물을 만들기 위해서 매우 중요한 사항이다. 이러한 힘의 상태와 변형을 알기 위해서는 여러 가지 역학적인 지식들이 필요하다. 그러므로 역학에서

다루고 있는 응력(応力: Stress)과 변형률(変形率: Strain)에 대해서 기본적인 개념을 파악하고 응력과 변형률 사이의 관계 및 재료의 특성에 대하여 확실히 알아둘 필요가 있다.

표 5.1 역학에 사용되는 SI 단위

| | 물 리 량 | 단위 이름 | 기 호 | 기본 및 유도단위로 표현 | 차 원 |
|---|---|---|---|---|---|
| 기본단위 | 길이 | 미터 | m | | L |
| | 질량 | 킬로그램 | kg | | M |
| | 시간 | 초 | s | | T |
| 유도단위 | 속도 | | | m/s | LT−1 |
| | 가속도 | | | $m/s^2$ | LT−2 |
| | 힘 | 뉴튼(Newton) | N | $kg \cdot m/s^2$ | MLT−2 |
| | 모멘트, 토크 | 뉴튼−미터 | N·m | N·m | ML2T−2 |
| | 일, 에너지,열량 | 주울(Joule) | J | N·m | ML2T−2 |
| | 동력 | 와트(Watt) | W | J/s | ML2T−3 |
| | 압력, 응력 | 파스칼(Pascal) | Pa | $N/m^2$ | ML−1T−2 |
| | 주파수 | 헤르츠(Hertz) | Hz | 1/s | T−1 |
| 보조단위 | 평면각 | 라디안(Radian) | rad | | 무차원 |

표 5.2 SI단위계에서의 크기 표현에 관한 접두사

| 접두사 | 기호 | 크기 | 접두사 | 기호 | 크기 |
|---|---|---|---|---|---|
| deka | da | 101 | deci | d | 10−1 |
| hecto | h | 102 | centi | c | 10−2 |
| kilo | k | 103 | milli | m | 10−3 |
| mega | M | 106 | micro | μ | 10−6 |
| giga | G | 109 | nano | n | 10−9 |
| tera | T | 1012 | pico | p | 10−12 |
| peta | P | 1015 | femto | f | 10−15 |
| exa | E | 1018 | atto | a | 10−18 |

어떠한 물체에 외력이 작용하면 변형(Deformation)이 생기는 동시에 물체내부에 이에 대한 저항력이 생기면서 외력과 평형을 이루고자 하는데, 이 때 외력에 저항하여 원형으로 돌아가려고 하는 물체내부에 발생하는 저항력을 내력(Internal Force)이라 한다. 응력은 단위면적당 이 내력의 크기를 나타낸다. 응력은 인장하중이나 압축하중과 같은 축

방향으로 외력이 작용함에 따라 응력이 단면에 직각방향으로 작용하는 수직응력과 물체의 단면에 평행하게 작용하여 물체를 전단하려고 하는 전단하중에 의하여 생기는 전단응력으로 구분된다.

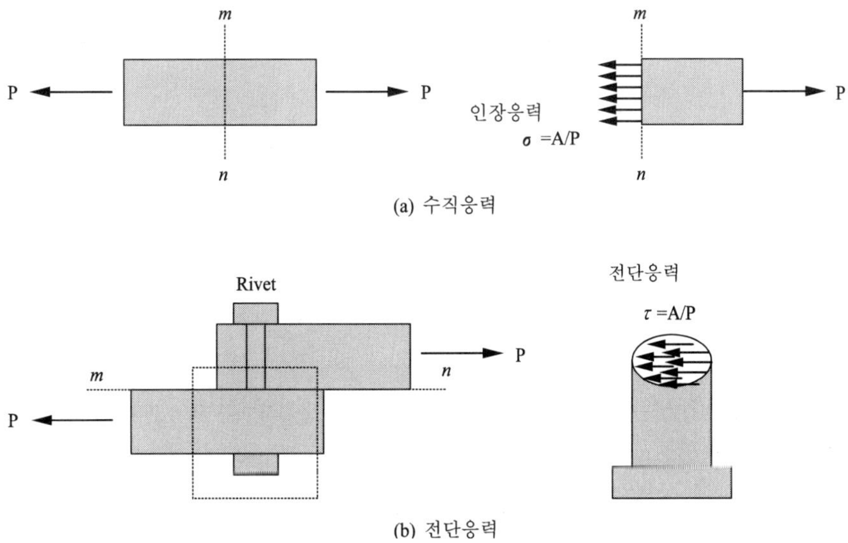


그림 5.6 수직응력과 전단응력의 개념

변형률(Strain)은 원래의 크기에 대한 변형의 정도를 나타낸다. 물체에 외력이 작용하게 되면 변위(Displacement)가 일어나는데, 이 변위를 원래의 크기로 나누어 원래의 크기에 비해 변위량의 정도를 변형률이라 하는 것이다. 변형률도 응력과 마찬가지로 수직변형률과 전단변형률, 또한 체적변형률로 구분할 수 있다.

수직변형률(Normal Strain, ε )이란 종방향변형 또는 횡방향변형에 의해 원래의 길이에 대한 변형의 길이를 의미하며 일반적으로 ε 과 ε′으로 나타낸다. 전단변형률(Shear Strain, γ )은 전단력에 의해 변형되는 변위량과 양면과의 수직거리와의 비로서 단위길이에 대한 미끄러짐을 말하며 보통 $\varepsilon_s$로 나타낸다. 이밖에 체적변형률은 물체가 수중 또는 진공탱크속에 있을 때 전면에 직각으로 균일한 하중인 압축 또는 인장하중을 받게되고 물체의 체적은 수축 또는 팽창하여 변형되는데 이때 생기는 체적의 변형량과 본래의 체적의 비를 말한다.

$\varepsilon = \frac{(l' - l)}{l} = \frac{\Delta l}{l}$ : 종방향 변형률, $\varepsilon' = \frac{(d' - d)}{d} = \frac{\Delta d}{d}$ : 횡방량 변형률

$\gamma = t\psi$ : 전단변형률

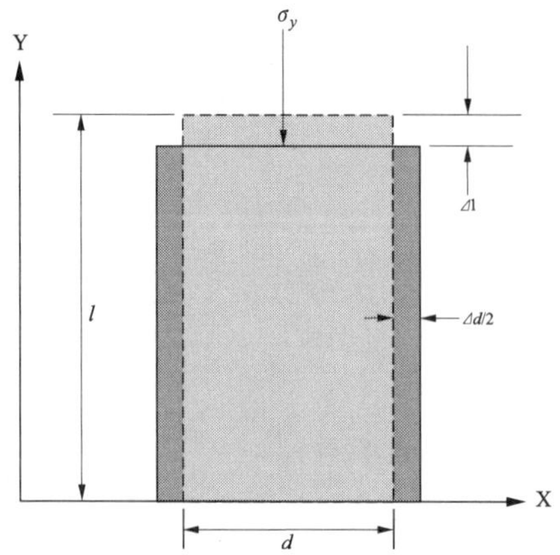


그림 5.7 수직변형률과 전단변형률

응력은 부재에 작용하는 하중의 크기와 부재의 기하학적 형상이 결정되면, 부재의 재료의 재질에는 관계없는 역학적 변수이다. 즉, 재료가 철강이건, 알루미늄이건, 또는 나무이건 간에 하중이 같고, 형상이 같으면, 응력의 크기는 모든 재료에 대해 동일하게 된다. 그러나 변형률은 부재의 재료 특성에 따라 크게 달라지는 값으로, 같은 하중과 형상이라 할지라도 철강재료와 알루미늄재료와는 변형률의 크기는 달라지게 된다. 따라서 힘을 받는 부재의 변형을 해석하기 위해서는, 힘이 작용했을 때 물체에 발생하는 변형의 정도가 부재의 재료 특성에 따라 어떻게 달라지는가를 알아둘 필요가 있다.

### 5.2.3 응력-변형률 선도 및 재료의 기계적 특성

어떤 재료의 응력과 변형률의 관계를 알기 위하여 균일한 단면을 가진, 비교적 연성(延性, Ductile)이 있는 재료를 인장시험기에 장치하고 잡아당기게 되면 재료는 전체적으로 균일하게 늘어나, 길이가 늘어나면서 단면적은 줄어드는 변형을 가져온다. 더욱 하중을 높여 잡아당기면, 그림과 같이 재료의 일부분만이 늘어나 가늘어지고, 이 외의 부분은 변형하지 않는 현상이 일어난다. 이러한 현상을 넥킹(Necking, 국부수축(局部收縮))이라고 한다. 더욱 더 인장력을

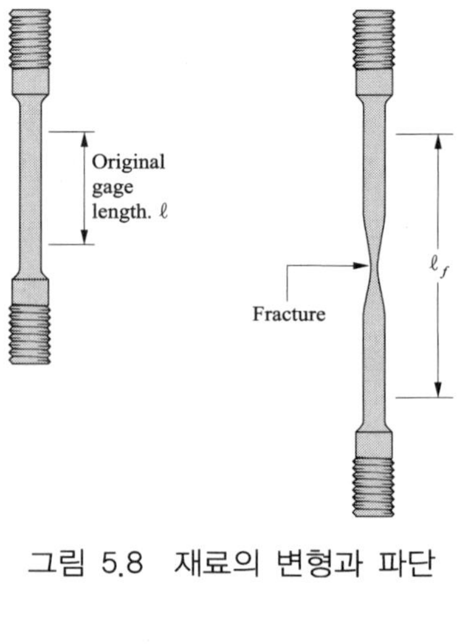


그림 5.8 재료의 변형과 파단

가하면 넥킹이 일어난 부분이 더욱 가늘어지고, 최종적으로 파단 분리하게 된다.

이와 같은 하중과 변형의 관계를 직교좌표축에 나타낸 것을 인장시험선도(Tensile Test Diagram) 또는 하중·변형선도(Load-Elongation Diagram)라 하며, 시험편의 치수에 관계없이 일반성을 갖도록 하중 대신 응력으로 변형량 대신 변형률로 바꾸어서 표시한 선도를 응력-변형률선도(Stress-Strain Diagram)라고 한다.

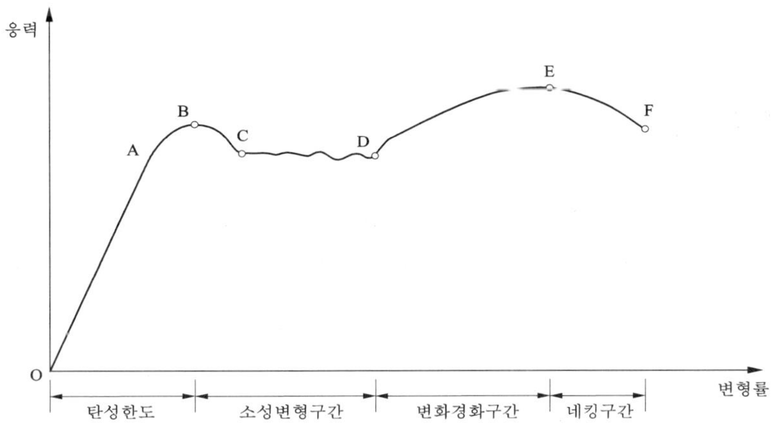


그림 5.11 구조용 연강의 응력-변형률선도(Stress-Strain Curve)

여기서, 직선OA구간은 비례한도(Proportional Limit)로서 하중과 변형률이 비례관계를 가지며, 직선 OB까지의 구간을 탄성한도(Elastic Limit)라 한다. 탄성한도까지는 Hooke의 법칙이 성립하는 범위이며, 하중을 제거하면 원래의 상태로 되돌아오게 된다. B와 C는 상항복점(Upper Yield Point)과 하항복점(Lower Yield Point)으로 B점을 넘어서면서부터 재료는 소성적으로 변형된다. 항복점을 지나면서 변형률을 증가시키기 위해서는 하중을 증가할 필요가 있으며, 하중을 계속 증가해 가면, 극한응력점(Ultimate Stress Point, E)에서 최대가 된 후, 재료는 변형률이 증가함과 함께 응력이 감소하는 파단구간(Necking구간 EF)을 거쳐 파단(파단점, F)에 이르게 된다. 탄성한도를 넘어서면서 최후까지 회복되지 않고 남는 변형률을 영구변형이라 한다. 항복현상은 영구변형, 즉 소성변형이 시작되기 시작하는 현상이며, 항복강도는 공학적으로 매우 중요하다.

연성이란 탄성한계를 넘는 힘을 가하여도 물체가 즉시 파괴되지 않고 늘어나는 성질을 말한다. 위 그림에서와 같이 연성이 풍부한 철근이나 강재의 경우 허용하중 이상의 인장력을 받더라도 즉시 끊어지는 것이 아니라 일정만큼 늘어나게 된다. 즉, 강구조로 만들어진 교량이나 건물일 경우에는 구소물에 처심이 발생하게 된다. 이 때 구조물에 과다한 이상처짐이 현상이 생겨도 갑작스럽게 붕괴되는 것은 아니며 파괴에 대한 징후로 해석할 수 있으므로 대처할 수 있는 시간적인 여유가 생기게 된다. 이에 반하여 콘크리트나 돌, 유리 등의 취성(脆性: Brittle)적인 재료는 파괴전에 아무런 징후가 없이 갑작스럽게 파괴된다. 따라서 구조물에서 취성이 중요한 이유는 붕괴의 위험을 예측할 수 없기 때문이다. 철근콘크리트는 콘크리트가 가진 취성재료의 취약점을 철근을 보강하여 상호보완적인 상태가 되도록 한 것으로 볼 수 있다.

## 5.3 구조부재

구조물을 주요 골격을 구성하게 되는 주요 구조부재는 구조물의 기능과 미관, 경제성 및 재료의 특성 등을 종합적으로 고려하여 선정하여야 한다. 건설구조물을 이루고 있는 구조부재는 보, 기둥, 판, 라멘, 트러스, 아치, 쉘 등으로 구분해 볼 수 있으며, 이들 구조부재가 단일 혹은 조합되어 구조물을 구성하는 것이 일반적이다.

### 5.3.1 보와 기둥

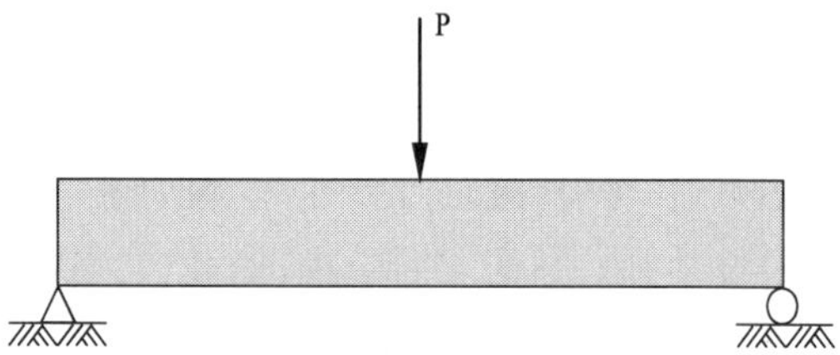

그림 5.10 단순보(Simple Beam)

보와 기둥은 토목·건축구조물의 가장 기본적인 구조부재라 할 수 있다. 보(Beam)란 세 방향의 치수 중 한 방향의 치수가 다른 두 개의 방향의 치수보다 훨씬 크고, 치수가 가장 큰 방향, 즉 길이 방향(축방향)에 대해 직각으로 작용하는 하중에 저항하는 휨 구조부재이다. 일반적으로 보는 전단력과 휨모멘트로 작용하중을 지탱하며 단순보의 상단에는 압축응력과 하단에 인장응력이 생긴다.

보의 지지방식에는 로울러 지지(Roller Support), 핀 지지(Pin Support), 고정지지(Fixed Support)방식으로 구분해 볼 수 있으며 로울러 지지의 경우 회전과 변위가 가능하며, 힌 지지점은 회전만 가능하고, 고정지점에서는 회전과 변위 모두 허용되지 않는다. 이는 각 지점에서 지점반력을 구하는데 매우 중요한 사항이다. 또한 지지된 형태에 따라 단순지지보, 외팔보(Cantilever Beam), 연속보(Continuous Beam), 내민보 및 몇가지 보의 형태가 조합된 합성보 등으로 구분된다.

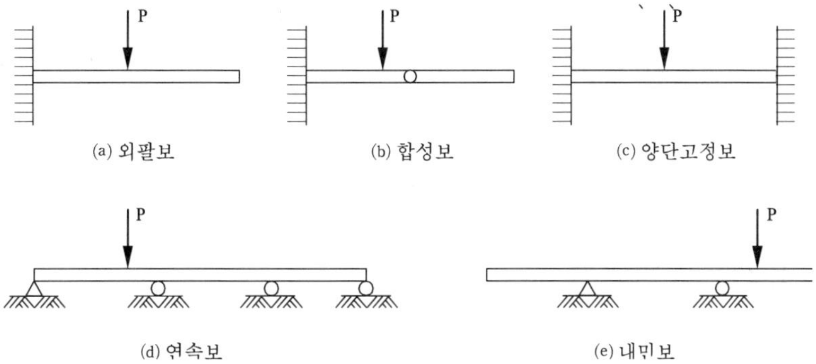


그림 5.11 보의 종류

기둥(Column)이란 한 방향의 치수가 다른 두 방향의 치수보다 크다는 점에서는 보와 같지만 축 방향으로 압축력을 받는 구조부재이다. 축방향 하중만을 받는 기둥이 있는가하면 라멘구조에서처럼 기둥 양단의 모멘트가 더 큰 기둥 및 기둥 중앙부에 횡하중을 더 받는 기둥 등이 있다. 기둥은 단면의 크기와 길이에 의해서 장주(長柱)와 단주(短柱)로 구분할 수 있다. 장주는 그 길이에 비해서 단면이 작아서 일정한 힘 이상이 가해졌을 때는 일종의 휨 변형인 좌굴(Buckling)이 발생하기 쉬운 기둥이고 단주는 길이에 비해 단면적이 상대적으로 커서 좌굴에 대한 고려가 생략될 수 있는 기둥을 의미한다. 이처럼 좌굴의 영향을 검토하는데 있어서 중요한 것은 길이와 단면의 비인 세장비(細長比)를 검토하는 것이다.

그림 5.12 좌굴의 개념

일반적으로 기둥은 모든 구조물에서 매우 중요한 위치를 차지하고 있다. 특히 건축구조물의 경우에는 작용하는 하중의 대부분을 기둥이 지지하여 기초에 전달한다. 기둥부재에서는 축에 비하여 길이가 매우 긴 기둥이 축하중을 받게되면 축하중에 의한 압축력에 의해 파괴되기 보다는 그 이전에 좌굴(Buckling)이

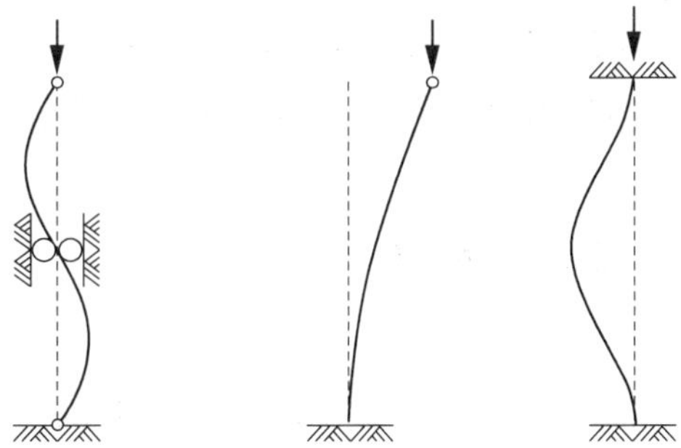

그림 5.13 기둥의 좌굴

발생하여 파괴한다. 그러므로 기둥의 설계에는 좌굴에 대한 고려 등 매우 세심한 기술적인 검토가 필요하다. 이러한 기둥의 설계이론은 단순히 건축구조물의 기둥에만 적용되는 것이 아니라 토목구조물의 교각, 교대 및 옹벽에까지도 적용되는 중요한 이론이다.

### 5.3.2 라멘과 평판구조

라멘(Rahmen)구조는 특히 건축구조물에 많이 적용되며 기둥과 보, 바닥으로 구성된 구조부재가 서로 강결되어 하중을 지지하는 구조체로 축방향력과 전단력 및 휨모멘트를 받는 구조물이다. 주로 철근콘크리트구조와 철골구조에 많이 적용되고 있다. 또한 교량에 있어서 단지간의 교량이나 지하차도의 경우에는 라멘구조를 적용하고 있는 사례도 많다.

그림 5.16 라멘형식의 건축구조물

그림 5.17 라멘구조의 교량

판(Plate)은 두 방향의 치수가 다른 한 방향의 치수에 비해 훨씬 크며, 횡하중을 받는 구조요소이다. 즉 슬래브나 벽체와 같이 가로, 세로 길이에 비해 두께가 매우 얇은 평면형 구조를 말한다. 판 구조는 평면판 구조와 곡면판 구조로 분류할 수도 있으며 빔에 의해 지지되는 형식에 따라서 1방향 판구조과 2방향 판구조로 분류된다.

### 5.3.3 트러스

트러스(Truss)는 직선 부재의 끝단에서 서로 연결되어 삼각형 형태로 구성된 것으로 각 격점이 힌지로 연결되어 있다고 가정하며 주로 부재의 축방향력에 의해 작용하중을

그림 5.18 스페이스 프레임구조

지지하는 구조이다. 모든 부재가 동일한 평면에 놓이는 2차원적인 것을 평면 트러스라 하고, 3차원적인 구성을 가진 것을 공간 트러스(Space Truss)로 구분하지만 보통 트러스라고 하면 평면 트러스를 가리킨다. 기하학적으로 볼 때 사각형은 외력을 받으면 변형되기 쉬운 구조이지만, 삼각형의 경우에는 외력이 작용하여도 변형이 어려우므로 구조형식으로 많이 이용된다. 그러므로 건축구조에서는 대각선 보강재인 가새로 보강하는 경우가 많다.

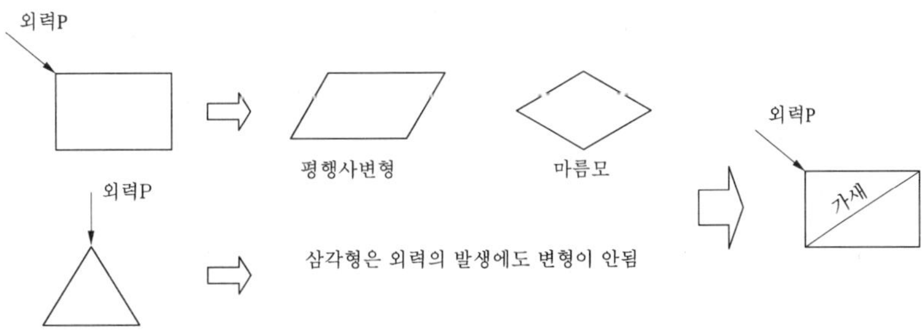


그림 5.19 트러스구조의 개념

트러스 구조는 교량의 상부구조형식, 본 구조물의 가설을 위한 가설구조물의 형식 및 송전철탑 등에 많이 응용되고 있으며 이 밖에 건축물의 구조물 지붕구조 및 크레인의 붐대 등에 응용되고 있다.

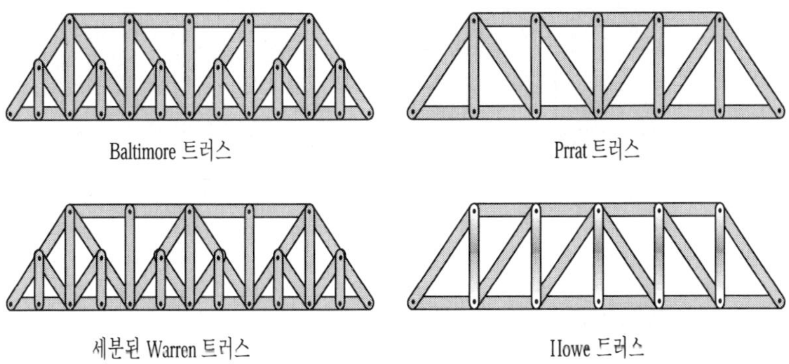

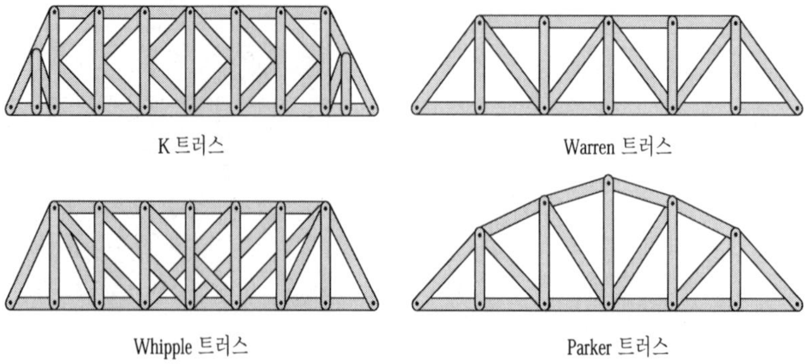


그림 5.18 트러스의 종류

## 5.3.4 아치구조

아치(Arch)는 두 지점 사이에 곡선 형태로 설치되는 선형의 구조체를 설치하여 상부에서 오는 수직하중을 아치의 축선을 따라 좌우로 전달함으로써 부재의 하부에 인장력이 발생하시 않도록 구조화 한 것이다. 아치 구조는 매우 오래 전부터 이용된 구조형식의 하나로, 건축물에 있어서는 극장, 공연장 등 장스팬(Long Span)을 요구하는 건축물의 지붕구조로 이용되고 있으며, 교량에 있어서는 부재의 단면을 줄일 수 있다는 점과, 케이블 구조 다음가는 장스팬으로 사용이 가능하고 독특한 곡선의 아름다움으로 인하여 많이 사용되고 있다. 아치 구조는 곡선의 형태에 따라 원호 아치, 포물선 아치 등으로 분류되며, 힌지수에 따라 고정아치, 1힌지 아치, 2힌지 아치, 3힌지 아치로 분류된다.

그림 5.19 아치구조의 지붕과 교량

건축물의 아치 지붕구조는 강성의 확보를 위하여 트러스 구조와 결합하여 사용하는 것이 일반적이나 자중이 증가하고 대형양중 장비가 필요한 단점도 있다. 토목구조물에서는 19세기까지 교량형식의 주류를 이루어 왔으나 시공상의 어려움과 공사비의 과다 등으로 줄어들다가 최근에 와서 다시 미적인 아름다움과 아치 시공법의 발달로 차츰 아치교가 늘어나고 있는 추세이다. 아치교는 주로 하천, 계곡, 협곡 등을 통과할 때 적용되며 철근콘크리트 아치교의 경제적인 경간장은 50~200m정도이나, 현수교 및 사장교 다음으로 장대지간으로 시공할 수 있다는 것이 장점이다. 현재 세계 최대의 아치교는 미국의 New River George교로서 중앙지간이 518m이다.

### 5.3.5 쉘 및 돔

쉘(Shell) 구조는 일정한 곡률을 가진 곡률판을 의미하며 두께 방향의 치수가 곡률반경이나 스팬 등의 크기에 비해서 대단히 작은 곡면판 구조이다. 앞서 설명한 평판은 곡면판의 곡률반경이 무한대로 될 경우로서 쉘 구조의 특별한 형태로 볼 수 있다. 쉘 구조는 주로 극장, 야외무대, 체육관 등 대공간 건축구조물의 지붕으로 주로 이용된다. 쉘의 형태에 따라서 장원통 쉘(Long Barrel Shell), 단원통 쉘(Short Barrel Shell), HP쉘(Hyperbolic Paraboloid Shell), 원뿔형 쉘(Conical Shell), 막구조(Membranes Shell) 및 돔(Dome) 등으로 분류할 수 있다.

돔(Dome) 구조는 쉘 구조의 한 특별한 형태로서 구조형식 중에서 가장 안정되고 견고한 구조형식이라고 할 수 있으며 미관이 우수하고 구조체를 형성하는데 필요한 재료도 가장 적게 드는 구조물이다. 다만 돔 구조물은 구조체를 만들기 위한 형틀을 만드는데 매우 어려움이 있고 시공이 까다로운 단점이 있으며 부분적인 집중하중에 약하기 때문에 집중하중이 예상되는 곳에 적용하기 위해서는 많은 주의를 필요로 한다.

그림 5.20 쉘과 돔구조

# 5.4 구조공학(Structural Engineering)

구조역학(Structural Mechanics)은 역학, 특히 정역학(Statics)의 일반원리를 응용하여 각종 구조물이 외력을 받았을 경우에 구조물에 발생하는 내력(Internal Forces)과 변형(Deformations)을 연구하는 응용역학의 한 분야이다[27]. 즉, 구조역학은 정역학적인 해석에 의해 구조물에 작용하는 응력해석을 다루는 것이다. 이에 반해 바람, 지진, 진동, 폭발 등 구조물에 동적인 하중이 작용할 때 동역학적인(Dynamics) 개념을 적용하는 경우는 구조동역학(Structural Dynamics)으로 구분하고 있다. 구조공학에서는 이러한 구조역학과 구조동역학의 개념을 바탕으로 구조물의 안전과 기능을 만족시키도록 구조물의 설계와 시공 및 유지관리 등을 총체적으로 다루고 있다.

## 5.4.1 구조해석(Structural Analysis)

구조해석은 각종 구조설계이론에 따라 부재에 발생하는 응력의 해석과 처짐, 변위 등을 수학적으로 검토하여 대상물의 구조적인 타당성을 검토하는 과정이다. 구조해석을 실시하기 위해서는 먼저 해석대상을 물리적인 모델로 단순화한 후 예상가능한 각종 가정을 도입하여 이상화 된 해석모델을 설정한다. 여기에 각종 물리법칙과 역학이론을 적용하여 수학적인모델(Mathematical Model)을 만들어 해석을 수행하는 과정을 갖는다.

구조해석을 크게 나누어 구분해보면 외부의 힘이 가해졌을 때 지점(支點)에 생기는 반력이나 구조부재에 생기는 응력을 힘의 평형조건식만으로 구할 수 있는 정정구조해석(Analysis of Determinate Structure)과 힘의 평형조건식만으로는 물체에 작용하는 모든 힘을 해석할 수 없기 때문에 다른 부가적인 조건을 추가적으로 이용하여 해석하는 부정정구조해석(Analysis of Indeterminate Structures)으로 구분해 볼 수 있다.

정정(靜定)구조해석에서는 정역학적인 방법을 이용하여 물체에 작용하는 힘을 구하면, 얻어진 힘으로부터 물체 내에 발생하는 응력, 변형률을 고체역학의 각종 이론 식들을 이용하여 비교적 쉽게 구할 수가 있다. 한편, 부정정(不靜定)문제는 정역학적인 방법만을 사용하여 물체에 작용하는 모든 힘을 구할 수 없으므로, 문제에 주어진 특수한 조건을 이용하여 힘을 구하게 된다.

---

27) 양창현(1990), 구조역학 매트릭스 구조해석 증보판, 청문각, Pp 1

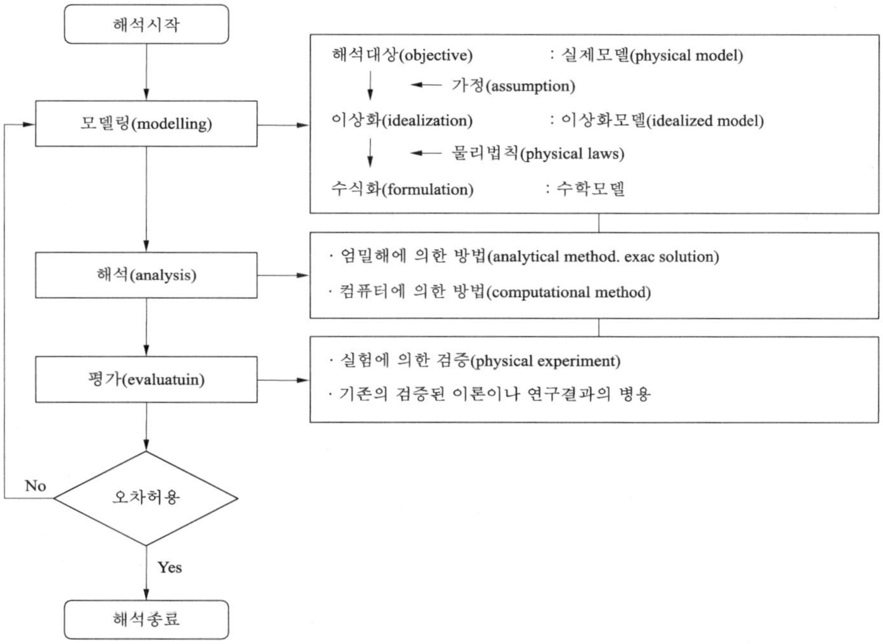


그림 5.21 구조해석의 흐름도

## 5.4.2 구조설계(Structural Design)

구조설계란 구조물의 형식, 제원을 선정하고 각 부재의 재료, 형태, 치수 등을 결정하는 작업이라 할 수 있다. 일반적으로 토목구조물은 그 규모가 매우 크고 건설에 필요한 시간과 비용이 크며, 한번 구축되면 매우 오랜 기간 사용되는 특성을 가지므로 토목구조물의 설계는 매우 신중하고도 충실한 검토가 이루어져야 한다. 토목구조물을 설계할 경우 엔지니어는 여러 가지 사항에 대해서 면밀한 검토를 수행해야 하지만 기본적으로 안전성과 내구성, 구조역학적 특성, 부재의 강도와 재료의 성질, 사용성, 경제성 및 구조물의 미관과 경관 등을 종합적으로 고려해야 한다. 그러므로 구조설계는 이러한 요건과 현장의 제약조건에 따라 대상 구조물의 최적 형태를 구현하는 것이라 할 수 있다.

구조설계의 단계에서는 각 부재의 치수를 정확히 결정하고 계산하여 구조해석을 실시하며, 부재의 단면 및 배근량 등을 결정하고 구조물의 제작과 시공에 필요한 상세도면, 구조계산서 등을 작성한다. 이 때 구조설계를 위한 각종 설계기준(Specification)이 이용되는데 이 설계기준이란 구조물의 안전을 고려하여 설계하중의 종류, 크기, 사용가능한 재료의 성질, 허용응력 등 설계시 필요한 사항에 대하여 규정한 기준을 말한다.

구조설계의 과정은 먼저 기술자의 경험을 바탕으로 여러 가지 요구조건을 만족시키기 위한 최초 구조시스템을 선정한 후, 최소비용의 비용으로 요구되는 각종 조건을 만족시킬 수 있는 가장 경제적인 설계안을 찾는다. 재료를 가장 적게 사용하는 것이 가장 적은 비용이 소요된다는 개념하에 구조물의 자중을 최소화하는 부재설계의 최적화가 일반적으로 많이 이루어져 왔으나, 점차 환경과 경관 등에 배려가 높아지고 있는 추세이다.

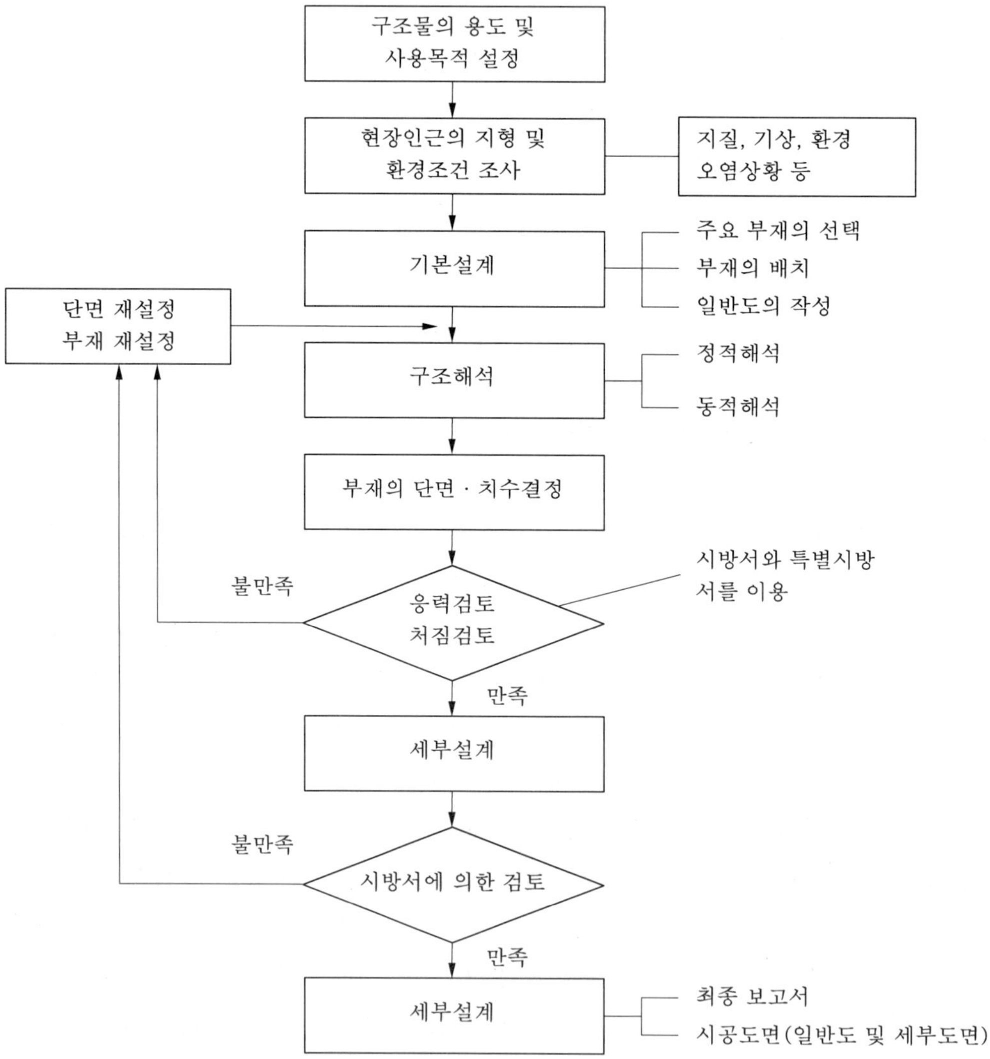


그림 5.22 구조설계의 흐름도

구조물을 설계할 때 어느 정도의 안전이 확보되도록 할 것인가는 매우 중요한 문제이다. 구조물의 안전을 위해서 단면을 크게 하면 보다 안전한 구조물이 만들어질 수 있으나, 경제성측면에서 불리하게 되고, 반대로 경제적인 구조물을 만들기 위해서는 부재의 치수를 최소화하는 것이 좋지만, 안전성에 큰 문제를 초래할 수 있는 Trade-off문제가 되므로 구조공학자들의 의사결정은 매우 중요하다고 할 수 있다. 그렇다면 과연 구조물을 설계할 때 얼마나 안전하게 설계할 것인가는 주로 안전율에 의해 결정된다. 즉, 구조물에 작용하는 총 하중보다 구조체의 강도가 더 크다면 구조물은 안전하다는 개념에 입각하여 설계하는데, 구조물에 작용하는 하중과 구조물의 강도를 정확하게 예측하기는 사실상 불가능하므로 일정한 안전율을 부여하여 안전성을 확보하게 된다.

$$\text{구조물의 강도} > \text{안전율} \times \text{총 하중}$$

토목구조물 중 가장 많은 철근콘크리트구조물을 설계할 때는 몇 가지 설계법이 사용되고 있는데, 과거에는 허용응력 설계법(Working Stress Design)이 주로 사용되었으나 1960년대 후반부터는 극한강도 설계법(Ultimate Strength Design)이, 그리고 1980년대부터는 하중저항계수 설계법(LRFD: Load and Resistance Factor Design)과 한계상태 설계법(LSD: Limit State Design)이 사용되고 있다. 본 절에서는 간단한 그 개념만을 살펴보고 보다 자세한 사항은 제6장의 콘크리트와 토목재료에서 설명하도록 하겠다.

### (1) 허용응력 설계법

허용응력설계법은 구조물의 설계에서 가장 오래된 설계법으로서 "재료가 공칭항복응력에 도달하면 파괴되며, 재료는 Hooke의 법칙을 따르는 이상적인 선형탄성거동을 한다"는 기본적인 가정하에서 출발한다. 그러므로 구조물에서 발생하는 응력이 허용응력을 넘을 수 없다는 개념으로 설계된다.

### (2) 소성 설계법(塑性設計法, Plastic Design, Collapse Design)

소성설계법은 재료가 항복점에 도달 후에도 파괴되지 않고 항복변형이후 소성변형을 허용하며 응력재분배에 의해 상당한 추가외력에 저항한다는 개념에 따라 설계되는 것으로 실제 설계하중은 하중계수를 곱하여 극한하중을 계산하기 때문에 허용응력설계법에 비해 훨씬 경제적인 설계가 가능하다.

### (3) 강도 설계법(Strength Design Method)

강도설계법은 1950년대 미국 콘크리트학회에서 처음 적용하기 시작한 설계개념으로서 하중계수와 강도저감계수를 사용하여 적절한 설계단면 강도를 갖도록 설계하는 방법이다. 강도설계법에서 설계하중(계수하중)은 사용하중에 하중계수를 적용한 값을 사용한다. 주어진 단면과 보강상태에서 부재가 발휘할 수 있는 공칭부재강도에 강도저감계수를 적용하여 얻어지는 설계강도가 소요강도 이상이 되도록 하는 설계법으로서 부재단면의 선정에서 부재의 사용성이 아울러 고려되어야 한다. 최근의 철근콘크리트 구조물의 설계는 대부분 강도설계법이 적용되고 있다.

### (4) 하중저항계수 설계법 (Load and Resistance Factor Design)

하중계수설계법은 하중 및 저항의 불확실성을 통계학적인 신뢰성 이론(Reliability Theory)에 근거하여 보정한 것으로서 강도설계법과 설계형식면에서는 유사하다.

### (5) 한계상태 설계법(Limit State Design)

한계상태란 파괴는 아니지만 구조물이 의도했던 기능을 더이상 만족시킬 수 없는 상태를 의미한다. 한계상태설계법에서는 이와 같은 한계상태에 도달되는 확률을 허용한도 이하로 하고자 하는 설계법이다.

## 5.4.3 전산구조해석

토목공학에서 컴퓨터의 이용은 모델링(Modeling), 시뮬레이션(Simulation), 시각화(Visualization), 최적화(Optimization), 자동화 설계(Automation of Design), 자동화 생산(Automation of Manufacturing) 뿐만 아니라 최근에는 통합화와 관련하여 정보 모델링(Information Modeling), 의사결정(Decision Making), 인공지능(Artificial Intelligence) 등 각 분야에서 다각적으로 진행되고 있다.

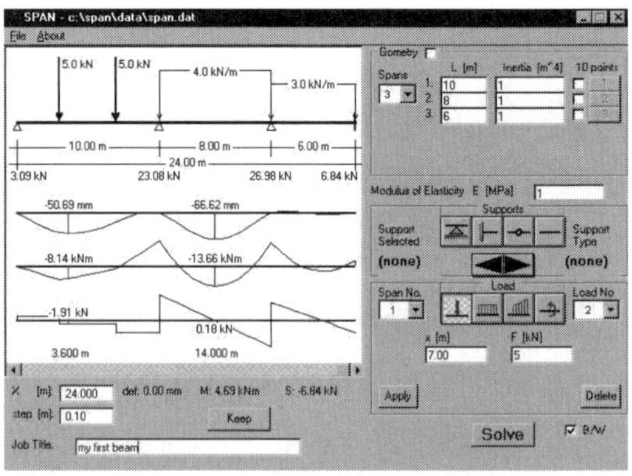


그림 5.23 소프트웨어에 의한 구조해석

전산구조해석(Computer Aided Structural Analysis)이란 계산량이 많은 구조해석분야에 컴퓨터를 응용하여 보다 빠르고 손쉬운 결과를 얻기 위한 응용학문이다. 구조해석분야에서는 간단한 구조물을 해석하기 위해서도 복잡한 모델링작업과 수많은 계산작업이 필요하므로 컴퓨터의 이용은 구조해석의 신뢰성과 효율성을 높이는 주요한 수단이 되고 있으며 구조물이 점차 대형화되고 복잡해짐에 따라 더 이상 수작업에 의한 구조해석이 불가능해지고 있다. 그러므로 국내외에서 사용목적에 맞는 여러 가지 상용 구조해석프로그램이 개발되어 이용되고 있다.

현재 건설분야에서는 SAP 2000, LUSAS, ETABS, SAFE, GT-STRUDL 등이 범용 구조해석 프로그램으로 주로 많이 사용되고 있으며, 이 밖에 교량 전용 해석 프로그램으로 RM, 콘크리트 균열 및 선형, 비선형해석 등에 DIANA, 선형 비선형 및 유체해석용으로 ADINA, 사면안정이나 지하수 및 지반응력 해석 등에 GEO-SLOPE 등의 범용 패키지 소프트웨어가 주로 이용되고 있다.

## 5.5 교량공학(Bridge Engineering)

교량이란 하천, 계곡, 호수, 해협, 운하, 도로 및 철도 등과 같이 교통에 방해가 되는 지상장애물을 횡단하기 위하여 설치하는 구조물이다. 인류가 지구상에 생활하기 시작하면서 사람이나 물자를 운반하기 위하여 하천이나 협곡 등의 가로질러 빠르고 쉽게 통과할 수 있는 인공적인 구조물을 만들기 시작하였다. 초기에는 돌이나 나무 등의 단순한 재료를 이용하여 만들어지기 시작한 교량은 문명의 발전과 함께 차츰 발전하여 오늘날에는 거대한 해협을 가로지르는 장대교량을 만드는 기술로 발전하여 왔다. 토목기술이 체계적으로 발전하기 시작한 산업혁명 이후로 현대적인 의미의 교량이 가설되기 시작하였으며, 다양한 형식과 용도의 교량이 계속 가설되고 있다.

그림 5.24 시드니 오페라 하우스와 Harbor Bridge

표 5.3 국내 가장 오래된 도로 교량 현황

| 교량명 | 위 치 | 연장 (m) | 총폭 (m) | 상부구조 | 설계 하중 | 가설 년도 |
|---|---|---|---|---|---|---|
| 안창교 | 전남 나주 영강 | 7.0 | 6.0 | RCT형교 | 미상 | 1910 |
| 안영교 | 전남 나주 영강 | 12.5 | 6.5 | RCT형교 | 미상 | 1910 |
| 금성교 | 전남 나주 금남 | 19.0 | 11.9 | RC슬래브교 | 미상 | 1910 |

교량공학(Bridge Engineering)은 차량이나 보행자가 교량을 안전하고 쾌적하게 통행할 수 있도록 교량의 조사, 계획, 설계, 제작 및 유지관리 등의 광범위한 지식을 필요로 하는 공학분야이며, 특히 구조적인 지식이 많이 응용되는 분야이기도 하다. 교량의 구조는 다음 그림과 같이 통행에 직접 이용되는 상부구조(Superstructure)와 이 상부구조를 지지하는 하부구조(Substructure)로 이루어져 있다. 상부구조는 상판과 포장부, 주 거더 및 교량의 받침, 신축이음장치, 중앙분리대, 방호벽 등으로 구성되고 하부구조는 교대와 교각 및 기초로 구성되어 있다. 교대는 교량의 양 단부에 설치되고,

표 5.4 국내 장대교량 현황

| 도로구분 | 교량명 | 위 치 | 연장 (m) | 총폭 (m) | 교고 (m) | 가설 년도 | 교량 등급 |
|---|---|---|---|---|---|---|---|
| 특별시도 | 정릉천고가교 | 서울 성북 하월곡 | 6,800.0 | 27.0 | 20.0 | 1999 | 1등교 |
| 특별시도 | 홍제천고가교 | 서울 마포 망원2 | 6,953.0 | 26.0 | 22.5 | 1999 | 1등교 |
| 고속국도 | 서해대교 | 경기 평택 포승 희곡 | 7,310.0 | 31.4 | 69.9 | 2000 | 1등교 |
| 고속국도 | 부천고가교 | 인천 남동 장수 | 7,754.0 | 38.6 | 29.0 | 1998 | 1등교 |
| 광역시도 | 동서고가로 | 부산 남동 문현 | 10,865.0 | 19.1 | 27.0 | 1995 | 1등교 |

표 5.5 국내 사장교 및 현수교 현황

| 노선명 | 교량명 | 위 치 | 연장 (m) | 폭원 (m) | 최대경 간장 (m) | 가설 년도 | 교량급 | 비고 |
|---|---|---|---|---|---|---|---|---|
| 국도 17호선 | 돌산대교 | 전남 여천 돌산 우두 | 450 | 11.7 | 290.7 | 1984 | 2등교 | 사장교 |
| 국도 18호선 | 진도대교 | 전남 진도 군내 녹진 | 484 | 11.7 | 344.0 | 1984 | 2등교 | 사장교 |

| 노선명 | 교량명 | 위 치 | 연장(m) | 폭원(m) | 최대경간장(m) | 가설년도 | 교량급 | 비고 |
|---|---|---|---|---|---|---|---|---|
| 국도 19호선 | 남해대교 | 경남 남해 설천 노량 | 660 | 12.0 | 404.0 | 1973 | 2등교 | 현수교 |
| 국도 39호선 | 행주대교(하) | 경기 고양 행주외 | 1,460 | 14.5 | 120.0 | 1995 | 1등교 | 사장교 |
| 서울 특별시도 | 올림픽대교 | 서울 광진 구이 | 1,470 | 30.0 | 150.0 | 1990 | 1등교 | 사장교 |
| 군도 | 영흥대교 | 인천 옹진 영흥 | 1,250 | 13.3 | 240.0 | 2001 | 1등교 | 사장교 |
| 신공항 고속도로 | 영종대교 | 인천 중 운북 - 서 경서 | 4,420 | 35.0 | 300.0 | 2000 | 1등교 | 현수교 |
| 고속국도 서해안선 | 서해대교 | 경기 평택 포승 - 충암 당진 송악 | 7,310 | 32.0 | 470.0 | 2000 | 1등교 | 사장교 |

교각(Pier)은 교량의 중간에 설치되어 상부구조를 지지하며 기초(Foundation)는 교대와 교각이 받는 하중을 지반에 전달하는 역할을 한다.

교장(Bridge Length)은 양 교대의 안쪽 흉벽부(Parapet Wall)사이의 길이를 나타내며 교량의 전체 연장을 의미한다. 지간(Effective Span)은 교량의 받침간의 거리를 나타내고, 순경(Clear Span)은 교대 또는 교각의 전면간의 수평거리를 나타낸다.

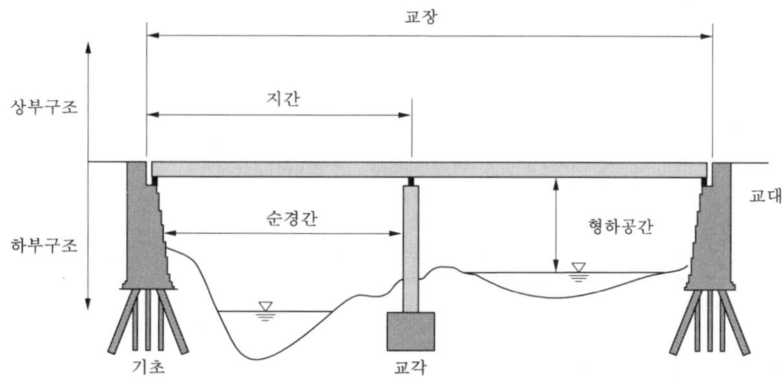


그림 5.25 교량의 일반적 구성과 명칭

## 5.5.1 교량의 종류와 형식

교량을 분류하는데는 여러 가지 방법이 있으며, 흔히 상부구조형식에 의해 교량을 구분하는 것이 일반적이다. 주요한 몇 가지 분류는 다음과 같다.

### (1) 가설장소에 의한 교량의 분류

1) 고가교(Viaduct) - 도로 또는 철도와의 평면교차를 피하기 위하여 교각에 의해 연속적으로 지지된 교량으로 도시 고속도로에 가설되는 형식이다.
2) 과수교 - 하천, 운하, 바다, 호수 등 물이 있는 곳을 횡단하기 위해 설치되는 교량
3) 과도교 - 도로를 횡단하기 위해 가설되는 교량으로서 가도교 또는 육교라고도 한다.
4) 과선교 - 철도를 횡단하기 위해 가설되는 교량을 말한다.

표 5.7 교량의 분류

| 분류방법 | 명 칭 |
|---|---|
| 사용목적 | 도로교, 철도교, 인도교, 수로교, 운하교, 혼용교, 군용교 |
| 사용재료 | 석교, 목교, 강교, 철근콘크리트교, PC콘크리트교 |
| 가설장소 | 고가교, 과수교, 과도교, 과선교 |
| 노면의 위치 | 상로교, 중로교, 하로교, 2층교 |
| 평면형상 | 직교, 사교 및 곡선교 |
| 설계하중 | 1등교, 2등교, 3등교 |
| 지지형식 | 단순교, 연속교, 게르버교, 기타 |
| 상부구조 가동 | 가동교(여개교, 승개교, 도개교, 퇴개교), 고정교 |
| 상부구조 형식 | RC 슬래브교, RC중공슬래브교, RC T형교, 강I형교, PSC상자형교, 강판형교, 프리플렉스교, PSC I형교, PC 슬래브교, PC중공슬래브교, RC 박스형교, 강박스형교, 라멘교, 트러스교, 아치교, 현수교, 사장교 |

### (2) 노면의 위치에 따른 교량의 분류

1) 상로교(Deck Bridge) - 거더 상부에 노면을 설치한 교량
2) 중로교(Half Through Bridge) - 거더 중간부에 노면을 설치한 교량
3) 하로교(Through Bridge) - 거더 하부에 노면을 설치한 교량
4) 이층교(Double Deck Bridge) - 거더 상하부에 2단으로 노면을 설치한 교량

### (3) 평면형상에 따른 교량의 분류

1) 직교(Right Bridge) - 교축(교량의 중심선)에 대하여 받침선(받침을 연결하는 선)이 직각인 교량
2) 사교(Skew Bridge) - 교축에 대하여 받침선이 경사각을 이루는 교량
3) 직선교(Straight Bridge) - 교축이 직선인 교량
4) 곡선교(Curved Bridge) - 교축이 곡선인 교량

### (4) 지지형식에 따른 교량의 분류

1) 단순교(Simple Bridge) - 교량의 양단을 단순지지한 거더나 트러스를 주 구조로 한 교량으로 교량의 받침은 1개의 가동받침과 1개의 힌지받침으로 구성되고 단순기더교와 단순트러스교가 있다.

(a) 상로교 (b) 중로교

(c) 하로교 (d) 이층교

그림 5.26 노면 위치에 따른 교량 형식

2) 연속교(Continuous Bridge) - 주 거더 등의 주구조가 2경간 이상에 걸쳐 연속하는 교량으로 연직 하중에 의한 반력은 연직이며, 온도 변화에 의해 반력에 영향을 받지 않지만 지점에 부등침하가 있을때는, 상부구조에 큰 응력과 변형을 일으키기 때문에 주의를 필요로 한다. 다 경간에서는 단순교보다 받침이나 신축이음을 줄일 수 있어 주행성 등이 좋은 이점이 있다.
3) 게르버교(Gerber Bridge) - 연속교의 중간에 부정정 차수와 동일한 수의 힌지를 삽입해 정정구조로 만든 교량으로 단순교와 연속교의 중간적인 특성을 가지며 정정구조이므로 지점 침하의 영향을 받지 않는 것이 특징이다.

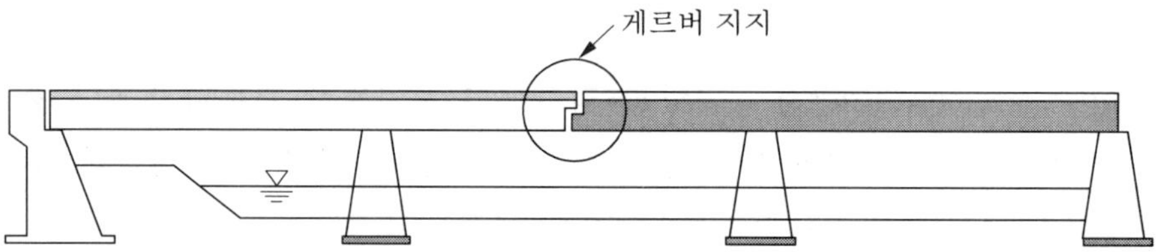


그림 5.27 게르버교

### (5) 상부구조의 가동방식에 따른 교량의 분류

교대나 교각에 고정되어 움직이지 않는 교량을 고정교(Fixed Bridge)라 하고, 선박이 통과할 때 지장이 없도록 교량의 거더나 교량 자체를 이동시킬 수 있는 교량을 가동교(Movable Bridge)라 한다. 가동교에는 다음과 같은 것들이 있다.

1) 선회교(Swing Bridge) - 거더를 수평으로 회전시켜 개폐하는 교량
2) 도개교(Bascule Bridge) - 교축에 직각으로 힌지 회전이 되도록하여 거더를 연직면내에서 개폐하는 교량
3) 승개교(Lift Bridge) - 거더 양측에 탑을 설치하여 탑을 타고 거더가 승강할 수 있도록 한 교량
4) 전개교(Rolling Bridge) - 차륜이라 롤러에 의해 거더를 개폐하는 교량
5) 부체교(Floating Bridge) - 교량의 본체를 폰툰으로 뜨게하여 고정 또는 보트 등으로 가동하는 교량

(b) 도개교

(a) 선회교 (c) 승개교

그림 5.28 상부구조가동방식에 따른 분류

그림 5.29 부체교의 개념도

## (6) 상부구조형식에 따른 교량의 분류

1) 거더교(Plate Gider Bridge) - 교량의 주 구조형식으로 거더를 이용한 교량으로서 가장 단순한 형식이며 비교적 지간이 짧은 경우에 이용된다. 강재를 사용한 거더로는 I-Beam교, 플레이트 거더교, 격자형 거더교, 강박스거더(Steel Box Girder)교 등이 있으며, 철근콘크리트 빔 거더교 등이 있고 강재와 철근콘크리

트가 합성된 합성거더교(Composite Gider Bridge)등이 있다.

2) 아치교(Arch Bridge) - 아치교는 거더교를 제외하고 가장 오래된 교량형식으로서 고대로부터 석재를 이용한 아치교가 많이 건조되어 오늘날까지 전해지고 있다. 아치교는 계곡이나 협곡 등을 가로지를 때 별도의 교각이 필요하지 않고 미관이 매우 우수하다 아치교는 휨에 효과적으로 저항하는 곡선구조로서 힌지수에 따라서 고정아치교, 1힌지아치교, 2힌지아치교, 3힌지 아치교 등으로 구분해 볼 수 있다.

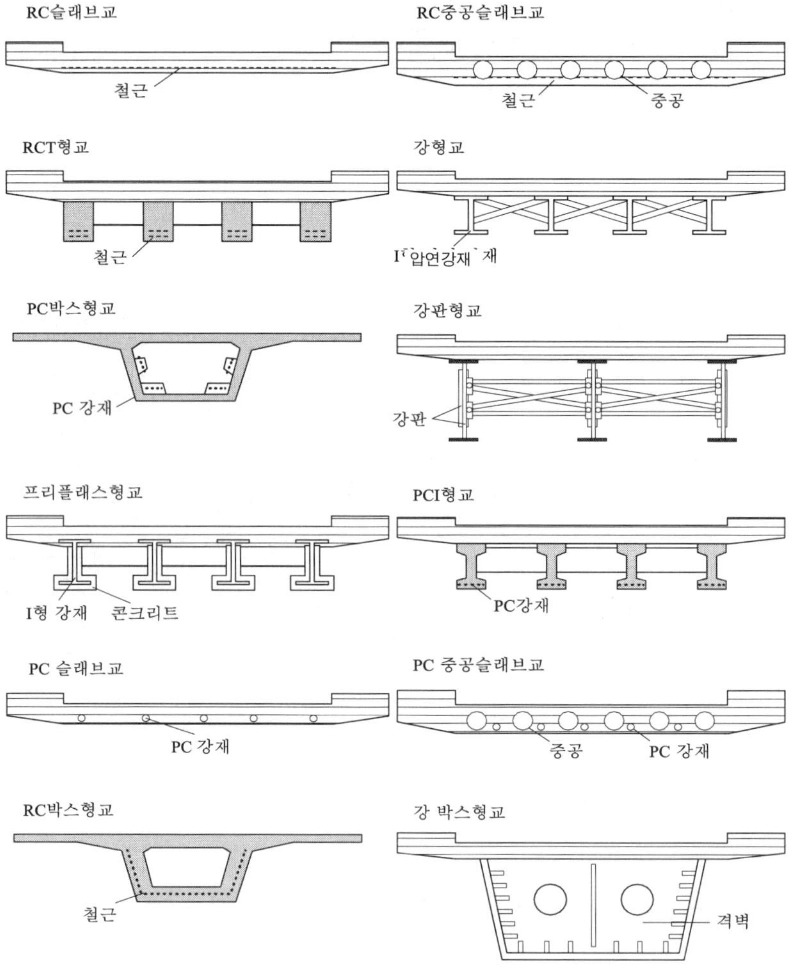


그림 5.30 상부구조 형식에 따른 각종 교량 단면

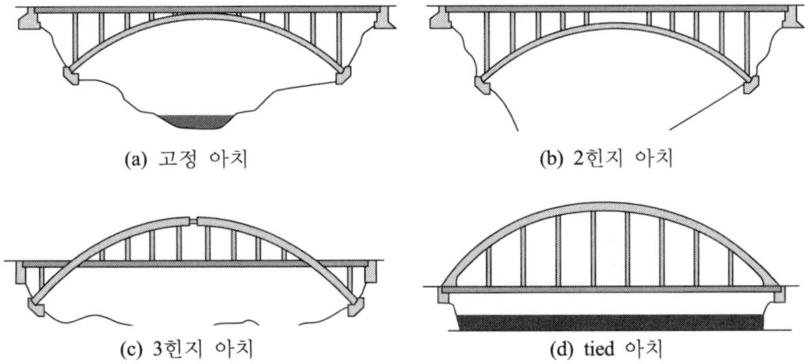


그림 5.31 아치교의 종류

3) 트러스교(Truss Bridge) - 교량의 주 구조형식으로 트러스를 이용한 교량으로서 축방향 인장력과 축방향 압축력을 받는 트러스를 조합시켜 휨 모멘트와 전단력에 저항할 수 있도록 한 교량이다.

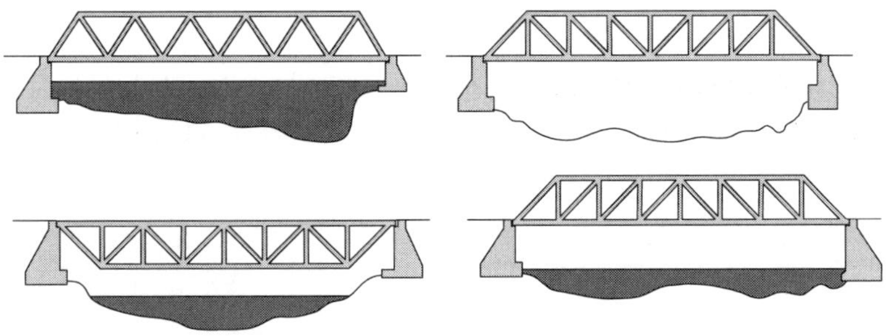

그림 5.32 여러 가지 형태의 트러스교

4) 라멘교(Rahmen Bridge) - 강성 프레임교(Rigid-Frame Bridge)라고도 하며, 라멘교는 교량의 거더와 교각 및 교대가 일체로 되어 있는 교량을 말한다. 비교적 단지간의 교량에 많이 이용된다

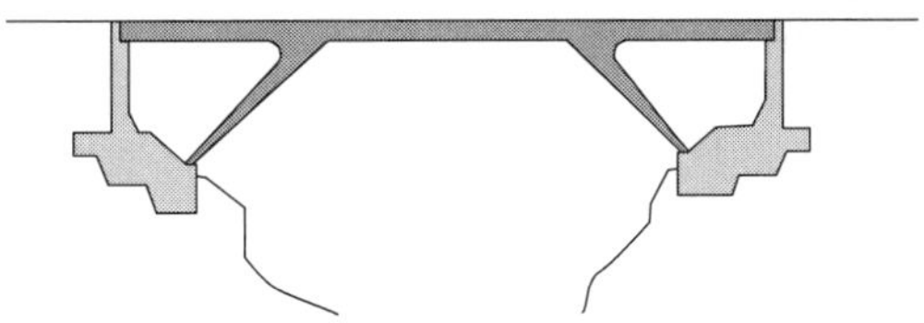

그림 5.33 ∏형 라멘교

5) 현수교(Suspension Bridge) - 교량의 양단에 주탑을 세우고 주탑사이에 케이블을 걸쳐 놓은 후 여기에 주 거더를 매다는 형식의 교량으로서 지간의 길이가 긴 장대교에 적합하다.

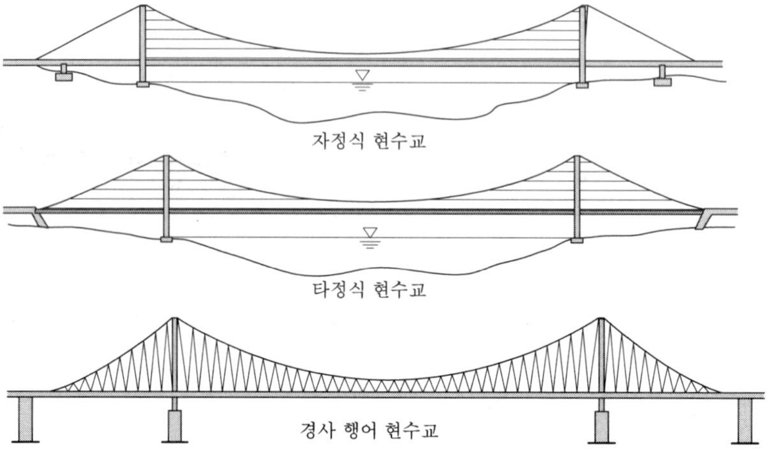


그림 5.34 현수교(Suspension Bridges)

6) 사장교(Cable-Stayed Bridge) - 연속 거더교의 중간 교각부에 주탑을 세우고 이를 이용하여 경사진 인장재로서 거더를 지지하는 형식의 교량이다.

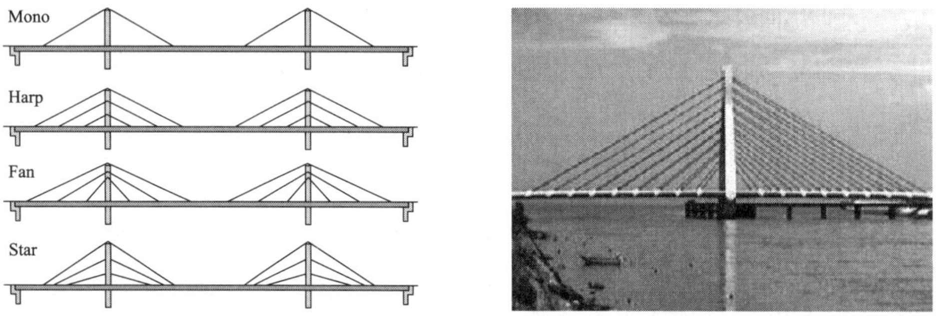


그림 5.35 사장교(Cable-Stayed Bridges)

## 5.5.2 교량의 하부구조

### (1) 교대

교대(Abutment)는 교량의 양 끝에서 상부구조의 하중을 지지하고 배면의 토압을 지지하는 하부구조물로서 사용재료 · 평면형상 · 구조형식 등에 따라 여러 가지로 분류된다.

자체의 중량에 의하여 안정을 유지하는 콘크리트 중력식 교대와 반중력식 교대, 역T형식 교대와 지지벽을 붙인 부벽식 교대 및 기초지반이 약한 경우나 교대가 높아서 토압이 크게 작용할 경우에 이용되는 라멘식 교대로 분류할 수 있다.

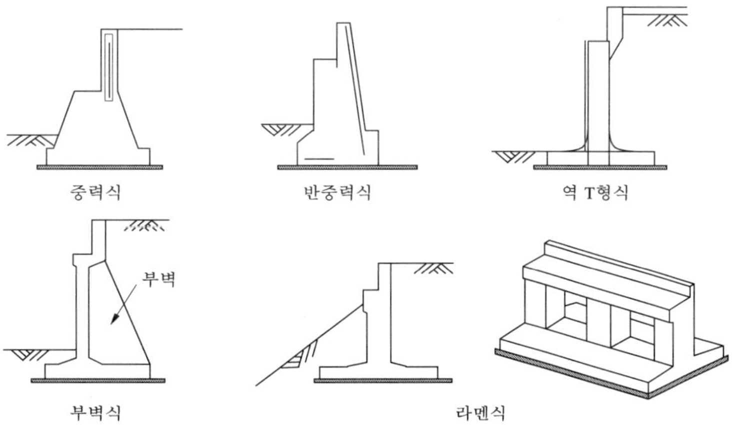


그림 5.36 교대의 형식

(2) 교각

교각(Pier)은 교량의 지간이 길어져 교대만으로 상부구조를 지지하지 못하는 경우 교량의 중간에 하나 이상의 교각을 세워 상부구조의 하중을 기초지반에 전달하는 역할을 한다. 하천을 횡단하는 교량에서 교각은 유수의 영향을 직접적으로 받게되며, 교각으로 인해 유수의 흐름에도 영향을 미치게 되므로 이러한 영향을 종합적으로 고려하여 형식을 선정하는 것이 중요하다.

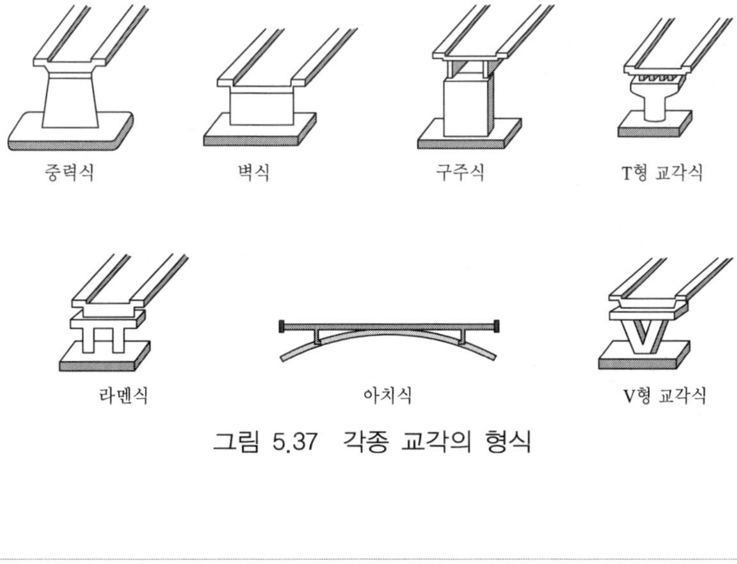


그림 5.37 각종 교각의 형식

### (3) 기초

교량의 기초는 교대 또는 교각의 하단에 설치되어 교량의 상부구조와 하부구조의 하중을 견고한 지반에 전달하는 역할을 하는 것으로서 일반적으로 직접기초, 말뚝기초, 케이슨기초로 분류할 수 있다. 기초의 형식선정시에는 지층의 구성상태, 기초의 근입깊이 등을 종합적으로 고려하여 가장 경제적이면서도 안전한 기초형식을 선정하는 것이 중요하다.

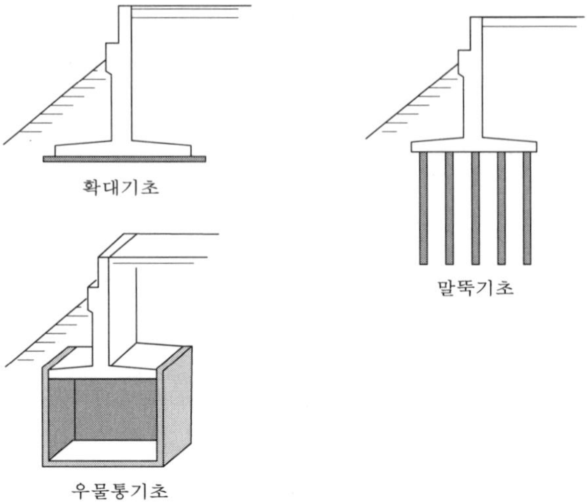


그림 5.38 교량의 기초형식

## 5.5.3 교량의 계획과 설계

### (1) 교량의 계획

교량의 계획이란 횡단하고자하는 하천이나 도로의 어디를 통과하는 교량을 건설할 것인가를 결정하고 하천의 유수 흐름이나 하부의 교통에 지장을 주지 않으면서 안전한 교량을 가설할 수 있도록 하는 최초의 작업이라 할 수 있다. 따라서 새로운 교량을 가설하기 위해서는 철저한 각종 조사·계획이 필요하다. 교량이 가설될 지역의 상황, 구조물의 규모, 중요성 등에 따라서 필요한 조사를 실시하여야 하며, 조사가 불충분한 경우 시공과정에서 별도의 추가조사가 이루어져야 한다. 주요 조사항목으로는 지형조사, 지질조사,

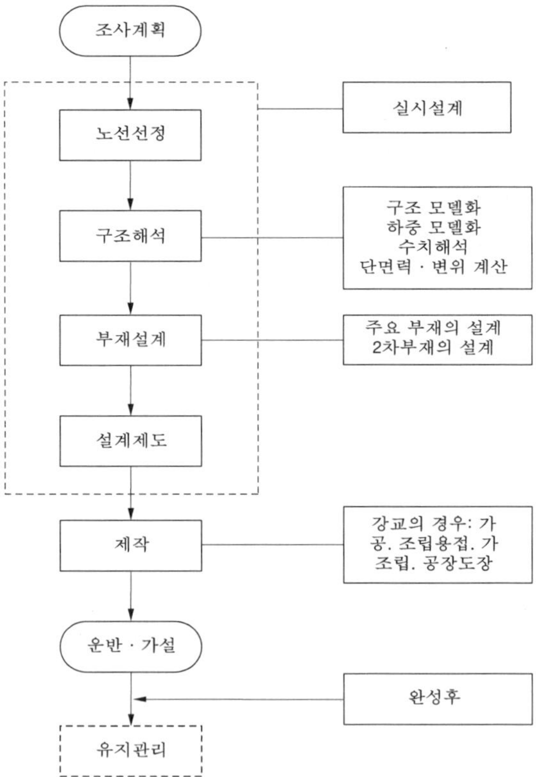


그림 5.39 교량의 설계 및 시공 흐름도

교차도로 등의 조사, 하천에 대한 조사 및 기상조사 등이 이루어져야 한다. 이러한 조사의 결과를 토대로 노선 선형, 교량의 형식과 종류를 선정하고, 경간분할, 기초구조의 형식선정, 가설방법 등의 사전계획이 이루어져야 한다.

### (2) 교량의 설계

교량의 설계는 각종 외력에 저항할 수 있도록 휨부재, 비틀림부재 및 전단부재 등을 적당히 배치하고 각 부재별 응력 및 변형을 정확히 계산하여 안전하면서도 경제적인 교량이 되도록하는 것이 목적이다. 설계 당시 작용하는 하중과 설계 후 공용수명동안 작용하게 될 하중을 예측하는 것은 합리적인 교량의 설계와 유지를 위해 필수적인 사항이다.

그림 5.10 타코마대교의 붕괴

교량에 작용하는 하중에는 교량의 자중(사하중), 자동차 하중 또는 열차하중(활하중), 보도의 통행하중, 활하중에 의한 진동으로 인한 충격하중, 바람에 의한 하중, 적설에 의한 하중, 지진에 의한 하중, 피로하중, 환경변화에 따른 환경하중 등이 있으며 이러한 하중을 설계과정에서 제대로 고려하지 못하는 경우 교량의 파괴로까지 이어져 대형참사를 야기할 소지가 있다. 실제로 영국의 철도 트러스교인 타이교가 초속 30m의 강풍 때문에 붕괴되어 열차가 강으로 추락한 사고가 있으며, 미국에서도 현수교인 타코마교가 초속 19m의 바람 때문에 붕괴되는 사고가 있었다.

교량의 설계과정은 이와 같은 하중조건을 검토하여 부재의 구성 및 치수를 결정하고, 주형의 간격과 높이 및 상판두께 등을 결정하는 각종 설계조건을 결정하는 시작되며 이를 모델링을 통해 구조해석과정을 거치면서 각종 설계변수에 대한 검토와 안전성을 검토하여 최종적인 구조설계를 마치게 되며 시공에 필요한 각종 도면을 생성하는 과정을 거치게 된다. 최근 전산구조해석의 발달로 거의 실제에 가까운 교량의 모델링과 해석이 가능해짐에 따라서 과거보다 훨씬 경제적인 설계가 가능해지고 있다.

## 5.5.4 교량의 가설

최근에 교량의 가설방법은 상당한 수준에 이르고 있다. 지간이 매우 짧은 단순교의 경우에는 현장에서 직접 거푸집과 철근조립과정을 거쳐 콘크리트를 타설하여 가설하는 방법도 이용할 수 있으나 오늘날 대부분의 교량은 강교와 철근콘크리트교량을 막론하고 대부분 교량을 일정한 크기로 제작장에서 만들어서 현장에 운반하여 가설하는 방식을 취하고 있다. 특히 장대교량의 경우에는 지간이 길고, 교량연장이 매우 길기 때문에 제작과 운송이 편리한 크기로 사전에 제작된 교량의 부재를 현장에서 조립하는 방법은 필수적이라 할 수 있다.

### (1) 동바리식 공법(Full Staging)

가장 오래된 교량가설방식으로 교량의 상부구조를 가설하기 위해 교량하부에 가설 동바리를 설치하여 가설중의 하중에 견디도록 하면서 시공하는 방법이다. 따라서 동바리식 공법으로 교량을 가설하기 위해서는 10~20m정도의 높이를 가진 교량으로서 교하공간에 지장물이 없고 단지간인 경우에 이용될 수 있다. 소교량의 가설에는 아직도 동바리식공법에 의한 가설방법이 많이 이용되고 있다.

### (2) 크레인식 공법

크레인식 교량가설공법은 사전에 제작된 교량 상부구조를 현장으로 운반하여 적절한 크레인을 사용하여 인상한 후 조립하여 시공하는 방법이다. 작업방법이 비교적 단순하고 품질관리가 용이한 장점이 있으나 형고가 높거나 크레인의 작업조건이 나쁜 곳에서는 이용할 수 없는 단점이 있다. 크레인에 의한 교량 가설공법은 주로 강교의 가설공법으로 이용된다.

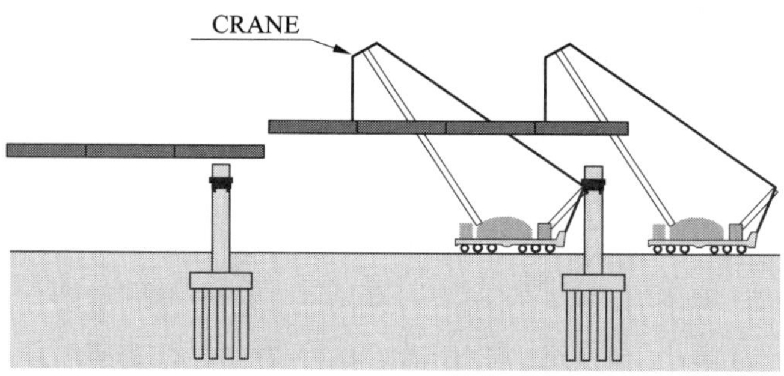

그림 5.41 크레인식 교량가설공법

### (3) 케이블식 공법

가설 동바리를 시공할 수 없는 대단히 큰 협곡이나 계곡, 하천 등을 횡단하는 교량을 가설하기 위하여 주로 사용되는 방법으로서 경제적인 방법이다. 주로 아치교나 현수교 등에서 이용하는 방법으로 교량 가설지역의 양단으로부터 교량을 가설하기 시작하여 가설된 부재나 별도의 지지구조를 만들어 여기에 와이어로프 등을 연결하여 가설될 부재를 인양하면서 교량을 만들어 가는 방법이다.

그림 5.42 케이블에 의한 아치교 가설

### (4) 캔틸레버 공법(Cantilever Method)

캔틸레버 공법이란 동바리나 크레인 등을 이용하지 않고 교각의 상부에 이동식 작업차(Form Traveller)를 설치하여 3-5m길이로 분할된 세그먼트를 순차적으로 현장콘크리트 타설로 만들어가거나 미리 제작된 세그먼트를 양중히여 교량의 상부구조를 완성해 나가는 교량가설공법이다. 교각의 좌우로 균형을 맞추면서 진행하는 Balanced Cantilever공법과 교량 양단에서 중앙방향으로 한쪽 방향으로 캔틸레버를 만들어가서 교량의 중앙부에서 폐합시키는 Free Cantilever공법이 있다.

그림 5.43 캔틸레버 공법에 의한 교량의 시공

### (5) 밀어내기식 공법(ILM: Incremental Launching Method)

이 공법은 교대 뒤쪽에 설치된 세그먼트 제작장에서 세그먼트를 연속적으로 만들어 가면서 양생된 세그먼트를 압출장치를 이용하여 교각쪽으로 밀어내면서 교량을 완성하는 방법이다. 제1세그먼트 선단에는 추진코를 연결하여 교각 선단에 걸치게 하면서 시공중에 발생하는 이상 모멘트를 감소시키면서 연속적으로 시공할 수 있으므로 시공기간을 단축할 수 있으나, 곡선교의 시공에는 많은 제약이 따른다.

### (7) PSM(Precast Segment Method) 공법

그림 5.44 PSM에 의한 교량가설

PSM공법은 프랑스 프레시네(Freyssinet)사에서 개발한 공법으로 교량 가설현장 인근에 Precast 세그먼트 제작장(Casting Yard)에서 만들어진 세그먼트를 특수차량으로 현장까지 운반하여 교량에 기 설치된 이동식 가설장비(Launching Girder)를 사용하여 설치하는 최신 교량 가설 공법이다. 세그먼트를 공장에서 제작하므로 기후에 영향을 받지 않아 공사기간을 단축할 수 있으며 세그먼트의 대량생산이 가능하므로 경간 수가 많은 교량에 적합하다. 교량시공 작업이 분업화되어 균일한 품질의 시공이 가능하지만, 넓은 제작장의 부지 확보가 선행되어야 하며, 초기 투자비가 많이 들고 시공관리가 어려운 단점이 있다.

## 5.5.4 교량의 유지관리

그림 5.45 성수대교 붕괴사고

1990년대 중반에 일어난 성수대교 붕괴사고, 삼풍백화점 붕괴사고 등 일련의 대형 건설사고를 계기로 유지관리에 관한 관심이 매우 높아지게 되었다. 모든 시설물은 최초 시공과정에서 부실한 시공이 되지 않도록 노력을 기울이는 것도 중요하지만 완성된 구조물을 사용하는 중에도 사용자의 안전에 지장을 주지 않도록 지속적으로 관리되어야 하는 유지관리의 중요성을 일깨워주는 중요한 교훈이 되고 있다. 유지관리란 시설물의 안전관리에 관한 특별법에서 "완공된 시설물의 기능을 보전하고 시설물 이용자의 편의와 안전을 높이기 위하여 시설물을 일상적으로 점검·정비하고 손상된 부분을 원상복구하며 경과시간에 따라 요구되는 시설물의 개량·보수·보강 등에 필요한 활동"으로 정의하고 있다. 즉, 교량의 유지관리란 사용중인 교량의 현재의 상태를 보전하면서 사용수준 및 안전수준을 확보하기 위한 모든 물적·인적 투자행위를 의미한다.

교량에 대해서 실시하는 정기적인 유지관리 활동의 목적은 다양하지만 그 중에서 가장 기본이 되는 것은 교량의 현상을 주기적으로 현장점검을 통해 파악하고, 교량의 안전성과 사용성에 악영향을 미칠 손상을 예방하거나 조기에 발견하여 적절한 조치를 취함으로써 사용자의 안전한 교량 이용을 보장하는 것이다. 교량 유지관리의 주요 업무는 정기점검, 정밀점검, 긴급점검 및 정밀안전진단 등을 실시하여 교량의 상태를 파악하는 데서 시작된다. 교량의 관리주체는 점검결과를 토대로 손상이 발생된 교량에 대하여 상태평가를 실시하여 그 결과에 따라서 통행의 제한, 개축 또는 보수·보강공사등의 조치를 실시하게 된다. 또한 구조물의 계측관리를 통하여 구조물의 안정성 확보여부를 지속적으로 관찰하고, 교량의 손상자료와 보수·보강공사 등의 이력자료들을 관리하여 보존하는 것을 주요 업무로 하고 있다.

그림 5.46 교량 교각부의 균열

교량의 유지관리를 위해서는 교량의 신설 당시부터 해당 교량의 이력자료가 체계적으로 관리되는 것이 중요하다. 교량의 기본적인 제원, 점검결과, 상태평가 결과, 준공시 도면, 유지관리공사의 시기와 규모 및 보수·보강된 부재 등 많은 양의 정보를 필요로 하기 때문에 최근에는 교량 유지관리시스템(BMS: Bridge Management System)이 개발되어 운영되고 있다. 교량 유지관리시스템이란 교량에 관한 다양한 정보관리와 보수·개축 우선순위 결정업무를 체계화시키고 신속한 현황파악과 예산 투자규모의 합리적 산출 및 관리를 가능케하여 교량 유지관리 업무를 효율화하고 현대화하기 위한 종합정보시스템으로서 현재, 고속도로의 교량 유지관리는 한국도로공사의 HBMS(Highway Bridge Management System)가 운영되고 있으며, 일반국도에서는 건설교통부의 도로관리통합시스템(Integrated Highway Management System)[28])에 BMS의 기능이 포함되어 운영 중에 있다.

28) 도로관리통합시스템(iHMS)은 도로와 관련된 각종 시스템을 연계하여 종합적으로 도로현황을 파악하고 효율적으로 도로관리 업무를 지원할 수 있도록 통합시스템으로 구축한 것으로서 세부기능별 시스템은 교량관리시스템, 포장관리시스템(PMS; Pavement Management System), 도로대장전산화(NAHMIS; National Highway Management Information System), 교통량 조사시스템(TMS; Traffic Monitoring System)등을 포함하고 있음

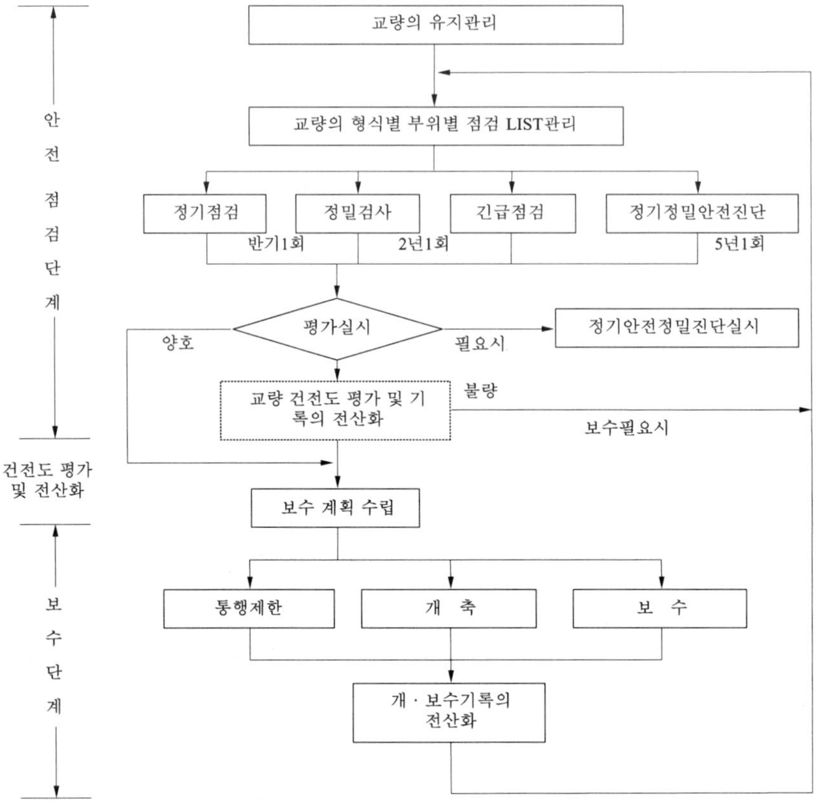


그림 5.47 교량의 유지관리 흐름도

교량 유지관리에서 무엇보다 중요한 점은 예방적 유지관리의 관점에서 공용중에 있는 교량에 대한 면밀한 점검과 시기 적절한 보수·보강활동을 지속적으로 실시하는 것이다.

그림 5.48 교량 유지관리시스템

즉, 손상이 발생한 후에 보수·보강공사를 실시하는 것도 중요하지만 원천적으로 교량에 손상이 발생하지 않도록 지속적으로 관리하는 것이 더 중요함을 의미한다. 일반적으로 교량은 설계시에 많은 안전율을 고려하여 안전하도록 설계되어 있으나, 과도한 중차량의 통행 또는 자연재해 등으로 큰 재난을 가져올 수 있는 국가 중요 시설물이다. 따라서 예기치 않은 재난이 발생하지 않도록 평상시에 철저한 유지관리 활동이 더욱 중요함을 인식할 필요가 있다.

## 연습문제

1. 역학의 정의 및 중요성에 관하여 서술하시오.

2. 하중의 정의 및 분류를 서술하고 각각의 하중에 대하여 건설공사와 관련하여 예를 드시오.

3. 응력과 변형률에 관하여 설명하시오.

4. 응력-변형률선도에 관하여 설명하고 각 구간의 특징에 관하여 서술하시오.

5. 보의 정의 및 지지방식에 따른 특징에 관하여 설명하시오.

6. 기둥의 정의 및 장주와 단주의 특징을 설명하고, 일상생활에서의 예를 들어보시오.

7. 구조설계에 사용되는 설계법의 종류 및 각각의 특징에 관하여 서술하시오.

8. 교량의 구성 및 각각의 부위에 관하여 설명하시오.

9. 상부구조형식에 따라 교량을 분류하고 한강의 교량형식에 관하여 조사하시오.

10. 교량의 가설방법에 관하여 분류하고 각각의 특징에 관하여 서술하시오.

11. 1990년대 중반에 일어난 성수대교 붕괴사고 이후 유지관리의 중요성이 부각되었다. 유지관리의 중요성에 관하여 서술하시오.

# 참고문헌

건설교통부(2000), '99 교량관리시스템(BMS) 운영 및 유지관리

건설교통부(1998), 도로관리시스템통합(기본설계), 최종보고서

건설교통부(2000), 교량조사기입지침서

건교부(2000), 건축물의 하중기준, 건교부 고시 제2000-153호, 2000. 6. 5

양창현(1990), 구조역학 매트릭스 구조해석 증보판, 청문각

양창현, 이억섭(1992), 공업역학 정역학 및 동역학, 청문각

이완호외 5인(1995), 일반물리학, (주)교문사, pp.5～8

이희현(1992), 교량의 설계 및 해석, 전산구조공학지, Vol.5 No.1, pp11～14

조효남(2003), 교량공학, 도서출판 구미서관

石川敦, 香坂文夫(2003), 繪とき應用力學, オーム社

林川俊郎(2000), 現代土木工學シリーズ(5); 橋梁工學, 東京; 朝倉書店, pp. 2～26

Bela I. Sandor(1989), 박철희 외 4인 공역, Engineeing Mechanics-Statics, 문운당

E.P. Popov(1990), 이완익 역, 재료역학, Mechanics of materials 2nd. ed., 희중당

Michael R. Lindeburg(2000), FE review manual rapid preparation for the general fundamentals of engineering exam, Professional Publications, Inc. pp1-1～3-2

Ryall, M. J.(2001), Bridge management, Oxford; Butterworth-Heinemann

## ▶▶ Website

인제대학교 기계공학부 M.A.P.(Mechanical element Analysis of Package) 홈페이지, <http://www.injemap.net/>

Chapter 6

Civil Engineering

# 콘크리트와 토목재료

# 6.1 개요

건설재료란 건설공사를 수행하는데 필요한 자재를 이루는 구성재료 또는 직·간접적으로 이용되는 모든 재료를 통틀어서 말한다. 건설공사에 이용되는 재료는 구조물의 안전과 직결되므로 공학적 성질, 내구성, 경제성 등을 종합적으로 고려하여 최적의 재료를 선정하여 이용하여야 한다. 재료의 부적절한 선택은 공사의 품질을 떨어뜨리고 구조물을 이루는 주요 구성부재인 경우 파괴 또는 치명적인 손상을 유발하는 원인이 된다. 그러므로 공학기술자는 재료의 기본적인 성질과 특성을 알고 목적에 합당한 재료의 선택에도 주의를 기울일 필요가 있다.

## 6.1.1 토목재료의 종류 및 필요요건

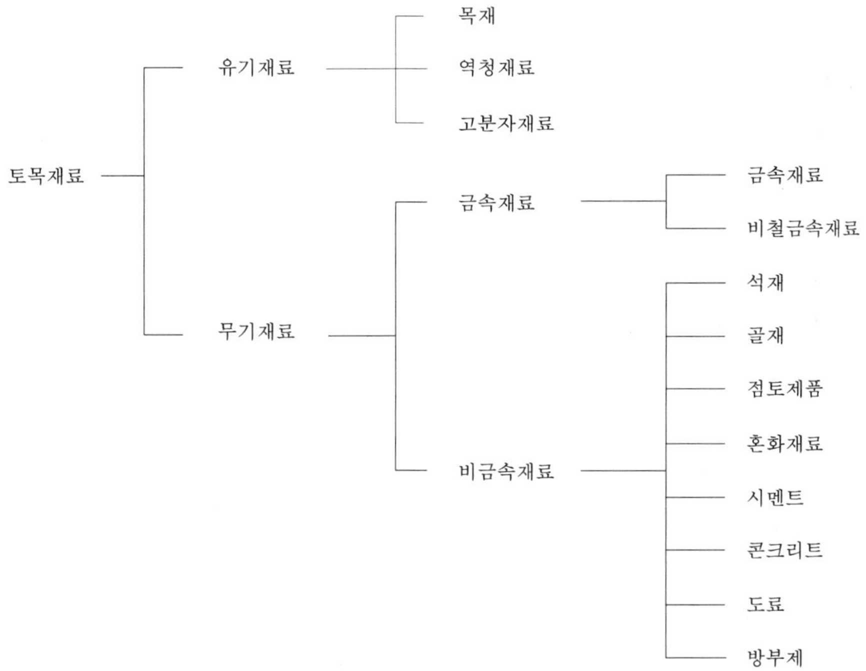


그림 6.1 토목재료의 분류

최근에 들어서면서 토목구조물의 종류도 다양화하고 공사의 규모도 대형화되면서 공사의 목적을 달성하기 위한 재료적인 요구조건도 매우 다양해지고 있으며, 이러한 요구조건을 만족시키기 위한 다양한 소재의 재료가 계속 발전되고 있다. 또한 대부분의 토목구조물은 옥외에서 기후의 영향을 많이 받고 다양한 하중과 수압 등에 안전하게 지지될 수 있어야 하므로 재료의 중요성도 더욱 커지고 있는 실정이다. 토목공사에 주로 이용되는 재료는 콘크리트와 철강재료가 가장 많이 이용되고 있다. 또한 아스팔트 등의 역청재료, 보강재료로 이용되는 토목섬유 및 합성수지, 목재, 석재 등 세부적으로는 그 종류를 헤아릴 수 없을 정도로 많은 재료가 있으며, 생산방법에 따라 천연재료와 인공재료로 구분하기도 하고 재료의 용도에 따라서 주재료와 부재료로 구분되기도 한다.

토목재료는 사용목적에 맞는 공학적인 성질을 지니고 있어야 하며, 재질이 고르고 강도가 크며, 내구성이 커야 한다. 또한 토목공사는 대부분 대형의 구조물이 축조되는 경우가 많고 도심이 아닌 산간, 해양 등에서 시행되는 경우가 많으므로 생산량이 많고 운반, 취급 및 가공이 용이해야 하며 가장 경제적인 재료이어야 한다. 보다 구체적으로는 다음과 같은 역학적 성질, 물리적 성질, 화학적 성질, 내구성 등에서 우수하여야 한다.

### (1) 역학적 성질

1) 응력 (Stress)

재료의 내부에 생기는 저항력으로서 수직응력, 압축응력, 인장응력, 전단응력, 휨응력, 비틀림 응력 등이 있다.

2) 탄성 (Elasticity)

외력을 주어 변형이 생겼을 때 외력을 제거하면 원형으로 돌아가는 성질(탄성체)이다.

3) 소성 (Plasticity)

외력을 주어 변형된 그대로 있는 성질 (소성체)이다.

4) 강도(Strength)

재료에 부하가 걸린 경우, 재료가 파괴되기까지의 변형저항을 그 재료의 강도라고 하며 인장강도, 압축강도, 굽힘강도, 비틀림강도, 정적강도, 충격강도, 피로강도 등이 있다.

5) 크리프(Creep)

재료에 오랫동안 하중이 작용하면, 시간이 지남에 따라 변형이 커지는 현상이다.

6) 릴랙세이션(Relaxation)

재료에 응력을 가한 상태에서 변형을 일정하게 유지하면 응력이 시간이 지남에 따라 감소하는 현상이다.

7) 경도(Hardness)

재료에 다른 물체에 의하여 생기는 변형에 저항하는 정도를 의미하며 긁기, 절단, 마모 등에 대한 저항성 등이 있다.

8) 강성(Rigidity)

재료가 외력을 받을 때 변형에 저항하는 성질이다.

9) 인성(Toughness)

파괴에 이를 때까지 큰 응력에 견디며 변형이 크게 일어나는 성질 (고무, 연강동)이다.

10) 취성(Brittleness)

재료가 작은 변형에도 파괴되는 성질(콘크리트, 주철 등)이다.

11) 연성(Ductility)

재료가 인장력 작용시 파괴되지 않고 잘 늘어나는 성질이다.

## (2) 물리적 성질

1) 비중

재료의 무게를 같은 부피 4℃물의 무게로 나눈 값(진 비중, 겉보기 비중 등)을 의미한다.

2) 단위무게

단위체적당의 무게를 의미한다.

3) 함수율

재료 속의 수분의 무게를 재료의 건조무게로 나눈 값을 의미한다.

4) 비열

무게 1g의 재료의 온도를 1℃올리는데 필요한 열량이다.

5) 열전도율

단위온도차의 단위두께의 재료를 단위시간에 전해지는 열량의 단위면적당의 값이다.

6) 열팽창계수

온도 상승 강하에 따른 팽창, 수축의 비이다.

### (3) 화학적 성질

1) 내구성

어떤 물질이 변질되거나 변형되지 않고 오래 견디는 성질이다.

2) 내후성

동결융해, 건습, 온도변화 등 풍화작용 등 대기 중에서 기후변화에 견디는 성질이다.

3) 내마모성

내마모성은 유수, 유사, 기계적 작용에 의한 마찰 등에 의해 닳아지는데 대하여 견디는 정도이다.

4) 내식성

철강의 녹이나 목재의 부식 등의 작용에 대하여 견디는 정도이다.

5) 내화학약품성

내화학약품성은 재료가 산, 알칼리, 염류 등의 화학약품에 대하여 저항하는 성질이다.

### 6.1.2 재료의 규격

토목공사에 사용되는 다양한 재료 중 상당부분은 광공업제품이거나 광공업제품을 조합하여 사용되는 재료이다. 국가에서는 공식적인 기관으로 하여금 광공업제품에 대한 성능, 배치, 방법 등에 대하여 표준화를 도모하고 상응하는 조건을 충족하는 경우 국가표준규격 조건에 합당함을 인증하고 있다. 표준규격은 제정하는 주체에 따라 국제표준, 지역표준, 국가표준, 단체표준 등으로 구분되며, 우리나라에서는 한국산업규격(KS: Korean Industrial Standards)을 부여하고 있으며, 건설재료도 마찬가지로 한국산업규격에 적합한 것을 사용하는 것을 원칙으로 한다. 한국산업규격은 산업표준화법에 의거한 국가표준으로서 약칭하여 KS로 표시되며 토목과 건축부문의 산업규격은 주로 KS F에 규정하고 있으며 시험, 분석, 검사 및 측정방법, 작업표준 등 방법규격을 규정하고 있다.

표 6.1 제정기관에 따른 표준의 분류

| 구 분 | 표 준 명(제정기관) |
|---|---|
| 국제표준 | ISO(국제표준화기구), IEC(국제전기기술위원회) |
| 지역표준 | EN(유럽표준화위원회), CEE(유럽전기기기통일안전위원회) |
| 국가표준 | KS(한국기술표준원), ANSI(미국표준협회), BS(영국BSI), CAN(캐나다 SCC), DIN(독일 DIN), GOST(러시아 GOST-R), NF(프랑스 AFNOR), GB(중국, AQSIQ), JIS(일본 JISC), AS(호주 SAI), KPS(북한 CSK) |
| 단체표준 | ASTM(미국재료시험학회), ACI(미국콘크리트협회), API(미국석유학회), UL(미국보험업자시험소), JPI(일본석유학회), VDE(독일안전기술자협회) |

표 6.2 한국산업규격(KS)의 부문별 분류

| 분류기호 | 부 문 | 분류기호 | 부 문 | 분류기호 | 부 문 |
|---|---|---|---|---|---|
| A | 기본부문 | F | 토목건축부문 | M | 화학부문 |
| B | 기계부문 | G | 일용품부문 | P | 의료부문 |
| C | 전기부문 | H | 식료품부문 | R | 수송기계부문 |
| D | 금속부문 | K | 섬유부문 | V | 조선부문 |
| E | 광산부문 | L | 요업부문 | W | 항공부문 |

## 6.2 콘크리트 재료

콘크리트는 많은 장점으로 가지고 있어 토목과 건축을 막론하고 건설공사에 없어서는 안 되는 필수적인 건설재료로 인식되고 있으며 가장 많이 사용되는 재료이다. 콘크리트는 시멘트가 물과 반응하여 굳어지는 수화반응(水和反應)을 이용하여 골재(骨材)를 시멘트풀로 둘러싸서 다져서 만들게 된다. 발현되는 강도에 비해 비용이 적게 들고 상온에서 쉽게 거푸집에 타설하여 원하는 형상을 쉽게 만들 수 있으며, 수밀성과 내화성 등에서도 상당히 우수한 재료이다. 그렇지만 콘크리트는 타설시 품질관리가 잘 되지 않으면 원하는 강도와 성능을 제대로 발현하지 못하는 경우가 많아서 주의할 필요가 있다.

콘크리트는 시멘트, 물, 잔골재(모래), 굵은 골재(자갈) 등의 주원료와 필요한 경우 특정한 목적을 위하여 혼화재료를 넣어 혼합한 것으로 시간이 지남에 따라 시멘트와 물의 수화반응에 의해 이들 재료가 일체화 된 것이다. 콘크리트는 경화된 이후에는 거의 반영구적인 구조체를 형성하기 때문에 오늘날 가장 널리 사용하고 있는 구조재료이다. 하지만 구조적으로 압축력에는 우수한 특성을 지니고 있으나 인장력에는 매우 약하기 때문에 인장력을 보강하기 위해 철근을 인장측에 보강한 철근콘크리트(Reinforced Concrete)가 일반적으로 많이 이용되고 있다. 골재의 포함여부에 따라 콘크리트, 모르타르, 시멘트 페이스트 등으로 구분되며, 쓰이는 용도가 각각 다르다.

- 시멘트 + 물 + 잔골재(모래) + 굵은골재(자갈) = 콘크리트(Concrete)
- 시멘트 + 물 + 잔골재(모래) = 모르타르(Mortar, 몰탈)
- 시멘트 + 물 = 시멘트 페이스트(Cement paste)

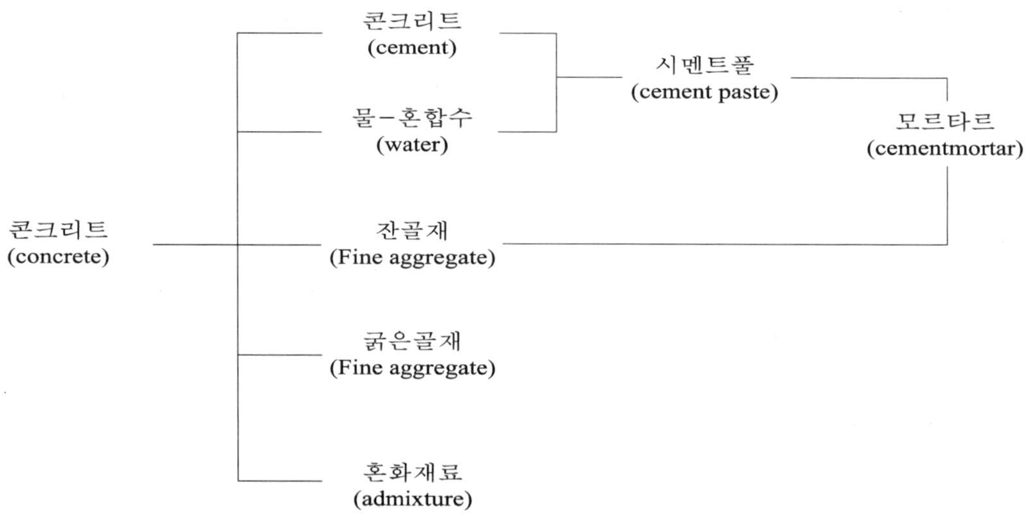


그림 6.2 콘크리트 재료의 조성에 따른 구분

콘크리트는 로마시대에 화산회(火山灰)와 석회석을 써서 만들어진 것이 그 시초라고 하나, 일반적으로는 19세기 초 포틀랜드 시멘트(Portland Cement)가 발명된 후 1867년 프랑스에서 철망으로 보강된 콘크리트가 만들어진 것이 최초이다. 그 후 독일을 중심으로 철근콘크리트의 개발이 계속되어 근년에는 댐이나 도로포장·교량 등의 토목공사나 건축용 구조재료의 중심이 되고 있다. 여기서는 콘크리트를 구성하는 주요 재료에 대해서 알아보기로 한다.

### 6.2.1 시멘트(Cement)

넓은 의미에서 시멘트는 물체의 표면에 부착하여 물체와 물체를 상호 결합시킬 수 있는 물질로 정의된다. 그렇지만 보통 건설재료로서의 시멘트의 정의는 물로 반죽되어 경화되는 무기질의 교착재료로서 고체를 서로 결합시켜 요구하는 형태로 만들어 일체화 되고, 그 자신도 구조의 주요한 구성체가 되어 기계적인 강도를 발휘하는 광물질의 풀로 정의된다[29]. 그 주성분은 규산($SiO_2$), 알루미나($Al_2O_3$), 산화철($Fe_2O_3$), 수산화칼슘(CaO)으로 구성되어 있다. 이집트의 피라미드 축조에 석회와 석고를 시멘트로 이용한 점으로 미루어 이미 고대로부터 자연상태의 시멘트를 각종 토목 및 건축공사에 사용한 것으로 추측된다. 현재 우리가 사용하고 있는 근대적 의미의 시멘트는 1824년에 영국의 벽돌공인 Joseph Aspdin에 의해 제조방법이 개발된 것으로서, 경화된 이후의 경화상태가 영국 포틀랜드 섬에서 산출되는 석재와 유사하여 포틀랜드 시멘트(Portland Cement)라는 이름이 붙여졌으며, 이후 연구가 계속되면서 현재와 같은 다양한 종류의 시멘트가 제조·사용되고 있다. 우리나라에 처음 시멘트 공장이 건설된 것은 일제 강점하인 1919년에 일본 오노다 시멘트가 평안남도 강동에 세운 것이 최초로 알려져 있다. 이는 일본이 제2차 세계대전 후에 만주 및 중국 시장에 진출할 수 있도록 하는 발판을 미리 마련하기 위해서 이루어졌다. 이후 우리 시멘트 업

그림 6.3 시멘트가 사용된 피라미드

29) 최계식(1990), 토목재료 시험법과 해설 및 응용, 형설출판사, pp99

계는 꾸준히 성장하여 주로 강원도 지역을 중심으로 시멘트 공장이 설립되어 있고 연간 생산량도 약 5,100만톤에 이를 정도로 큰 성장을 이루었다.

표 6.3 시멘트의 역사

| 년 대 | 역 사 |
|---|---|
| 기원전 | • 이집트의 피라미드에 석회와 소석고를 사용<br>• 로마 시대에 소석회와 모래를 혼합한 모르타르를 사용<br>• 여기에 화산재를 섞어 사용 |
| 1756 | 수경성 석회 발명, 에디스톤 등대에 사용 |
| 1796 | 로만 시멘트 제조 |
| 1818 | 석회석과 점토를 혼합, 소성하여 천연 시멘트를 제조 |
| 1824 | 포틀랜드 시멘트 발명 |
| 1825 | 영국에서 포틀랜드 시멘트 생산 |
| 1848 | 프랑스가 포틀랜드 시멘트 생산 |
| 1850 | 독일이 포틀랜드 시멘트 생산 |
| 1862 | 고로 슬래그 시멘트 제조 |
| 1867 | 철근 콘크리트 발명 |
| 1871 | 회전 소성 가마 등장 |
| 1871 | 미국이 포틀랜드 시멘트 생산 |
| 1875 | 일본에서 시멘트 제품을 생산 |
| 1897 | 클링커 광물 분류 |
| 1907 | 알루미나 시멘트 발명 |
| 1919 | 우리나라에서 처음으로 시멘트 공장 준공〈평양근교 승호리 공장, 6만톤/년〉 |
| 1924 | 조강 시멘트 발명 |
| 1936 | 팽창 시멘트 발명 |
| 1942 | 우리나라(남한)에 처음으로 시멘트 공장 준공〈동양 삼척 공장, 18만톤/년〉 |
| 1964 | 현대시멘트 단양공장 1호기 준공 |
| 1968 | 초속경 시멘트 발명 |

시멘트 제조하는 방법에는 건식법(Dry Process)과 습식법(Wet Process)가 있으며 시멘트의 원료인 석회석을 광산으로부터 채굴하여 여기에 소정의 화학재료를 첨가하여 혼합, 분쇄하고 소성로(Klin)에서 1,400～1,600℃로 소성하면 클링커(Clinker)를 얻을 수 있다. 이 클링커를 냉각하여 응결지연제로 석고를 첨가하여 미세하게 분쇄하면 포틀랜드 시멘트가 만들어지게 된다. 시중에 유통되는 시멘트는 레미콘에 주로 이용되는 벌크 시멘트(Bulk Cement)와 소형 포대에 담기는 시멘트(Packing Cement, 40kg/포대)로 구분되어

공급된다. 다음 그림은 시멘트의 제조공정을 나타낸다.

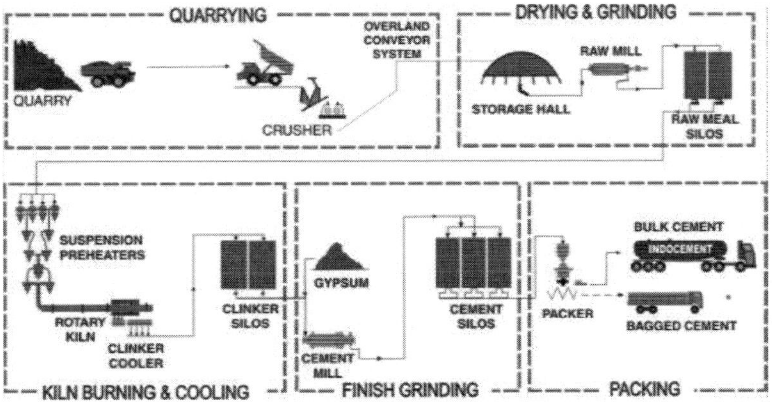


그림 6.4 시멘트 제조공정

시멘트는 공기중에서 경화하는 기경성시멘트(Non-Hydraulic Cement)와 수분에 의해서 경화하는 수경성시멘트(Hydraulic Cement)로 구분할 수 있으나, 보통 건설공사에서는 수경성시멘트를 대부분 이용한다. 시멘트는 조성화합물의 결합상태와 함유량에 따라 경화상태가 달라지고 그 성질과 용도가 다양하지만, 일반적으로 제1종 보통 포틀랜드 시멘트를 의미하며 적용성이 풍부하여 토목 및 건축용 시멘트로 가장 널리 사용되고 있다. 시멘트는 그 특성과 용도에 따라 많은 종류가 있으나 현재 토목과 건축에서 사용되는 시멘트는 우리나라 산업규격에서 표 6.4와 같이 구분하고 있다.

표 6.4 시멘트의 종류

| 구 분 | 종 류 |
|---|---|
| 포틀랜드 시멘트 | 보통 포틀랜드시멘트(제 1 종)<br>중용열 포틀랜드시멘트(제 2 종)<br>조강 포틀랜드시멘트(제 3 종)<br>저열 포틀랜드시멘트(제 4 종)<br>내황산염 포틀랜드시멘트(제 5 종) |
| 혼합 시멘트 | Slag 시멘트<br>Silica 시멘트<br>Fly Ash 시멘트 |
| 특수 시멘트 | 백색 포틀랜드 시멘트<br>시멘트계 고화재(固化材)<br>Alumina 시멘트<br>초속경(超速硬) 시멘트<br>Colloid 시멘트<br>유정(油井) 시멘트<br>지열정(地熱井) 시멘트<br>팽창 시멘트<br>전기발열 시멘트<br>전파차단·흡수 시멘트<br>기타 특수 시멘트 |

조강 및 초조강 포틀랜드 시멘트는 단기간에 높은 강도를 발현할 수 있는 시멘트로서 긴급공사용, 동절기 공사용, 콘크리트 제품용 등에 사용된다. 중용열(中庸熱) 포틀랜드 시멘

트는 수화열 발생을 작게하므로 매스콘크리트 공사용으로 적합하며 내유산염 포틀랜드 시멘트는 폐수 등 내약품성이 요구되는 콘크리트에 적합하다. 특수콘크리트는 특수한 콘크리트의 제조를 위해 사용되는 시멘트로서 백색 포틀랜드 시멘트는 각종 건축물의 표면 마감용 모르타르나 장식재료로 이용되고 안료를 혼합하여 컬러 시멘트를 만들 수도 있다. 팽창성 시멘트는 시멘트에 팽창재를 혼합하여 콘크리트의 건조수축을 작게 하는 특성이 있으며 알루미나 시멘트는 포틀랜드 시멘트계와 전혀 다른 종류의 시멘트로서 석회석과 보오크싸이트를 원료로 만들며 강도발현이 무척 빨라 배합후 6~12시간강도가 보통 포틀랜드 시멘트 재령 28일 강도와 비슷할 정도로 나타나며 내화성과 내산성에도 우수한 특성을 갖어 화학공장 등 내화학성이 요구되는 구조물에 이용된다.

### 6.2.2 골재(Aggregate)

골재란 모르타르(Mortar) 또는 콘크리트(Concrete)를 만들기 위하여 시멘트(Cement) 및 물과 함께 일체로 굳어지는 불활성의 입상재료 모래, 자갈, 쇄석[30] 등을 말한다. 즉 결합제(접착제)에 의하여 뭉쳐져서 한 덩어리를 이룰 수 있는 건설용 광물질 재료를 말한다.

콘크리트 중에서 골재가 차지하는 용적은 전체 콘크리트의 약 65~80%를 차지한다. 따라서 골재 품질의 양부는 콘크리트의 중요한 성질인 강도, 내구성, 수밀성, 워커빌리티[31](Workability)등에 큰 영향을 미치고 궁극적으로는 콘크리트의 품질을 좌우하는 요인이 되기도 한다.

건설공사의 대부분을 차지하는 철근콘크리트 구조는 다량의 골재를 사용하게 된다. 비교적 풍부하던 하상(河床)의 강모래와 강자갈이 산업화과정에서 고갈되어 더 이상 하천에서의 골재채취가 허용되지 않는 지경에 이르렀다. 그러나 골재는 건설공사에 없어서는 안될 필수적인 재료이므로 인공골재, 깬자갈, 바닷모래(海沙), 바닷자갈 등의 골재에 대한 연구가 활발해지고 있다.

콘크리트에 이용되는 골재는 크게 입자의 크기(粒經)에 따라서 굵은골재(Coarse Aggregate, 주로 자갈)와 잔골재(Fine Aggregate, 주로 모래)로 나뉘고 산출원별로 천연골

---

30) 쇄석(碎石, Crushed Stone)은 깬자갈, 부순돌, 자갈의 크기만큼 부순돌, 인공으로 암석 또는 슬래그를 깨뜨려 만든 골재, 보통 강의 자갈 대신 인공적으로 부순돌을 말함

31) 워커빌리티(Workability)란 굳지 않은 콘크리트의 시공성을 의미한다.

재와 인공골재로 구분되며 비중에 따라서 경량골재, 보통골재, 중량골재로 구분된다. 콘크리트를 타설할 때 굵은 골재와 잔골재를 굳이 섞어서 배합하는 이유는 골재 상호간의 인터록킹(Interlocking)효과를 얻고자 하는 것이며, 굵은 골재 사이의 공극에 잔골재가 골고루 채워져 마찰력이 크게 작용하고 또 여기에 시멘트 페이스트의 결합력이 작용할 때 콘크리트의 강도는 높아지게 된다. 일반적으로 골재의 강도 및 품질이 콘크리트의 품질과 작업성에 주는 영향이 매우 크기 때문에 골재를 선택하고 배합비를 결정하는데 신중해야 한다.

그림 6.5 레미콘 공장의 골재 야적장

콘크리트에 사용되는 골재는 보통 대기에 노출된 채 보관되므로 함수상태에 따라서 필요한 물이 양이 달라지게 되는 점에 유의하여야 한다. 좋은 골재로서 갖추어야 될 조건은 다음과 같다.

1) 골재는 강도가 강하고 내구적이며, 내화성이 있는 것으로서 콘크리트 중의 경화시멘트풀 이상의 강도를 나타낼 수 있어야 한다.
2) 골재는 표면이 거칠고 구형에 가까우며, 입도분포가 양호하여야 하고, 청정하여 유해물의 유해량(먼지, 흙, 유기불순물 등)을 포함하지 않아야 한다.
3) 운모가 함유되지 않고 마모에 대하여 저항성이 크면서도 물리적 및 화학적으로 안정한 것이어야 한다.
4) 온도・습도의 변화나 동결・융해작용 등의 기상작용 및 화학작용에 대한 안정성이 있어야 하는데 일반적으로 비중이 크고 흡수량이 적은 골재는 안정하다고 볼 수 있다.
5) 골재는 풍화 및 흡수성이 적고, 잘 깨어지지 않고, 물이 포화되었을 때 팽창하지 않아야 한다.

### 6.2.3 혼화재료

혼하재료(Admixture)는 시멘트, 물, 골재 이외의 재료로서 곤크리트의 혼합시 필요에 따라 모르타르나 콘크리트에 넣는 재료이며 굳지 않은 콘크리트, 경화한 콘크리트의 성질을 개선하거나 향상시킬 목적으로 사용되는 재료이다. 시멘트, 골재, 물만으로는 목적으로 하는 콘크리트를 얻기 어려운 경우에 혼화재를 첨가하여 양질의 콘크리트를 얻기 위해 사용하며 혼화재(混和材)와 혼화제(混和劑)로 구분한다.

1) 혼화재

혼화재료 중 사용량이 비교적 많아서(보통 시멘트 무게의 5%이상) 그 자체의 부피가 콘크리트의 배합설계에 반영되는 것이다. 콘크리트의 워커빌리티 향상, 수화열 감소, 수축저감, 알칼리성의 감소 등을 목적으로 혼합사용하는 재료로서 플라이애쉬(Fly-ash), 고로슬래그, 실리카흄(Silica Fume), 팽창재, 수축저감재 등을 들 수 있다.

혼화재이 포졸란으로 불리는 이유는 로마시대에 응회암계의 Pozzolana로 불리우는 분체를 콘크리트에 섞어서 사용한데서 비롯되었으며 이로 미루어 봐서 혼화재의 역사는 매우 오래되었음을 알 수 있다. 즉, 콘크리트에 다른 재료를 섞어서 품질이나 시공을 편리하게 하고자 하는 노력은 매우 오래된 역사를 갖고 있으며 주로 화산회, 규조토, 석회 등이 많이 사용되었다. 최근 많이 사용되고 있는 플라이 애쉬, 고로슬래그 미분말 등은 산업부산물에서 얻어지는 것이다. 앞으로는 자원의 절약 및 지구환경보존을 위하여 도시쓰레기, 각종 슬러지 등의 소각재를 콘크리트의 혼화재로 사용하기 위한 연구 또는 재활용 된 유리분말을 혼화재로 이용하는 연구 등 재활용관련 기술개발이 활발해지고 많은 기대가 되는 분야이다.

2) 혼화제

혼화제는 혼화재료 중 사용량이 비교적 적어서(보통 시멘트 무게의 1%이하) 그 자체의 부피가 콘크리트의 배합설계에서 무시되며 물리·화학적 작용에 의해 경화 전후의 콘크리트 성질을 개선할 목적으로 주로 사용한다. 혼화제는 작업성(Workability)의 확보 또는 내구성 향상을 목적으로 한 AE제의 사용이 시작되면서부터 발전하기 시작하였다. AE제 및 감수제는 1930년대에 미국에서 개발되었으며 최근에는 고성능 감수제와 유동화제를 개선시킨 단위수량 저감을 목적으로 한 혼화제가 사용되면서 콘크리트의 고강도화 및 고내구성화가 실현다. 철근콘크리트 구조에서는 콘크리트 속에 매입되는 철근의 부식을 억제하는 방청제와 방수제 등에 대한 연구개발도 활성화되고 있다. 주요 혼화제로는 공기연행제(AE제), 감수제 · AE감수제, 고성능 감수제, 유동화제, 응결 경화 조정제, 기포제, 방청제 등이 있다.

표 6.5 콘크리트의 제조시 혼화재료의 사용목적

| 목적 | 사용되는 혼화재료 | 비고 |
|---|---|---|
| 시공성 및 워커빌리티 | 감수제, AE제, 불활성 광물분, 포졸란 | 혼합과 타설시의 시공성 개선 |
| 응결속도의 조정 | 응결촉진제, 응결지연제 | 콘크리트 경화시간의 조정 |
| 강도의 증대 | 감수제, 포졸란, 폴리머 라텍스 | 콘크리트 강도의 증대 |
| 내구성의 증대 | AE제, 포졸란, 감수제, 부식방지제, 방수제 | 콘크리트의 내구성 확보 |
| 특수 콘크리트 | 폴리머 라텍스, 고로슬래그, 팽창재, 색소 | 특수 목적의 콘크리트 제조 |

혼화재료를 사용할 때는 콘크리트가 경화되는 속도를 조절하거나, 물의 사용량을 조정하는 등 첨가되는 혼화재료에 따라서 여러 가지 효과를 얻을 수 있다. 그러나 혼화재료는 각각 특성이 다르기 때문에 콘크리트의 품질개선, 경제적인 효과, 사용목적에 알맞는지 혹시 해로운 부작용은 없는지의 여부, 그리고 효과의 과신으로 시공, 양생 등의 관리를 소홀히 해서는 안된다. 그러므로 혼화재료 사용시에는 먼저 충분한 시험을 실시하거나 지금까지의 연구결과, 공사실적 등을 조사해서 적용하는 것이 바람직하다.

### 6.2.4 콘크리트(Concrete)의 성질

콘크리트는 시멘트, 골재, 물이 적당히 혼합되어 사용되는 복합재료의 하나로서 배합재료의 배합비와 재료의 상태에 따라서 많은 영향을 받게 된다. 콘크리트의 성질을 고려할 때에는 경화하기 이전에 유동성이 있는 상태인 굳지않은 콘크리트와 경화한 이후인 굳은 콘크리트로 구분하여 살펴볼 필요가 있다.

#### (1) 굳지 않은 콘크리트의 성질

굳지 않은 콘크리트란 배합 직후로부터 거푸집 내에 타설하여 소정의 강도를 발휘할 때까지의 콘크리트의 총칭으로서 몇 가지 중요한 성질을 만족시켜야 좋은 콘크리트라 고할 수 있다. 다음은 굳지 않은 콘크리트의 성질을 나타내는 주요 용어로서 반드시 알아두어야 할 사항이다.

1) 워커빌리티(Workability)

반죽질기 여하에 따르는 작업의 난이의 정도 및 재료의 분리에 저항하는 정도를 나타내는 굳지 않은 콘크리트의 성질로서 굳지 않은 모르타르 또는 콘크리트의 반죽질기 여하에 따르는 작업의 난이의 정도를 말한다. 워커빌리티는 콘크리트의 운반, 타설, 다짐, 마감 등의 작업성을 나타내는 척도가 된다.

2) 반죽질기(Consistency)

변형 또는 유동에 대한 저항성의 정도로 주로 수량의 많고 적음에 따라 콘크리트 반죽의 되고 진 정도를 의미한다. 경화되기 이전의 상태에서 시멘트 페이스트, 모르타르 또는 콘크리트의 유동성의 정도를 나타내며 슬럼프시험을 통해 알 수 있다.

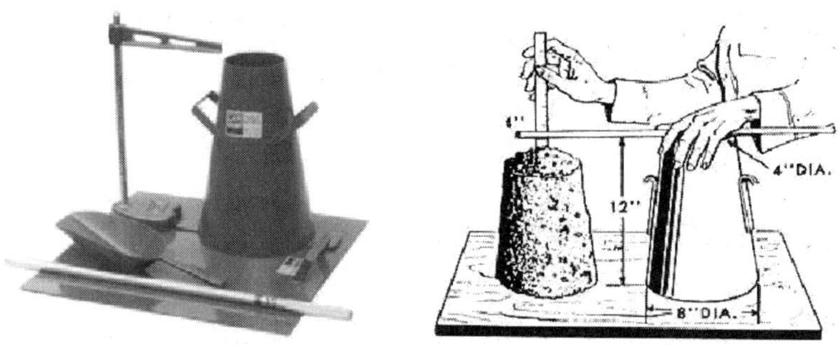


그림 6.6 슬럼프 시험도고와 시험방법

3) 플라스티시티(Plasticity)

거푸집에 쉽게 다져 넣을 수 있고, 거푸집을 제거하면 천천히 형상이 변하기는 하지만 허물어지거나 재료가 분리하거나 하는 일이 없는 굳지 않은 콘크리트의 성질을 말한다.

4) 피니셔빌리티(Finishability)

굵은 골재의 최대치수, 잔골재율, 잔골재의 입도, 반죽질기 등에 따르는 마무리하기 쉬운 정도를 나타내는 굳지 않은 콘크리트의 성질을 말한다.

## (2) 굳은 콘크리트의 성질

굳은 콘크리트의 성질에 대표적인 것으로는 강도를 들 수 있으나 이밖에도 변형, 체적변화, 균열, 수밀성, 열적성질과 내화성, 내구성, 중량 등을 들 수 있다. 또한 품질이 좋은 콘크리트란 요구되는 강도, 내구성 및 경제성을 지닌 것을 말한다.

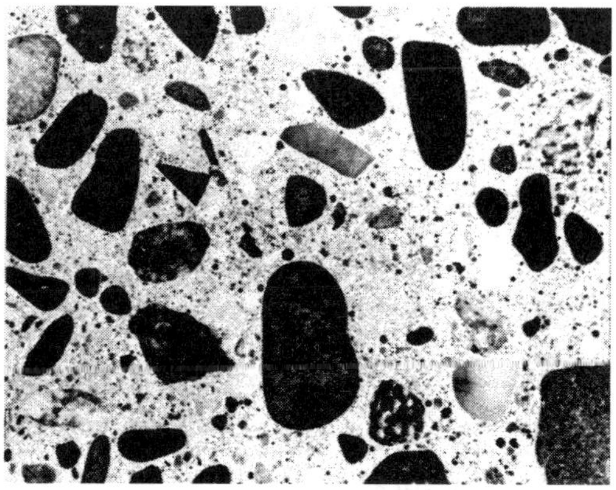

그림 6.7 경화된 콘크리트의 단면

1) 강도

콘크리트의 강도는 압축강도, 인장강도, 휨강도, 전단강도, 부착강도 등이 있으나 일반적으로 강도라 하면 압축강도(Compressive Strength)를 말한다. 이는 압축강도가 다른 강도에 비해 상당히 크고, 구조설계상 압축강도가 가장 기본적인 성질이 되기 때문이다. 따라서 압축강도는 콘크리트의 강도와 품질을 나타내는 기준으로서 가장 중요한 성질이 되고 있다.

콘크리트의 압축강도는 재령에 따라서 증가하는 것이 있지만, 일반적으로 구조물에서는 온도 20℃의 수중에서 표준양생한 공시체 재령 28일의 압축강도 이상으로 강도가 증가하지는 않으므로 콘크리트의 강도는 표준양생한 재령 28일의 압축강도를 기준으로 한다. 그러나 댐콘크리트에서는 장기간의 습윤양생이 가능하므로 재령 91일의 압축강도를 기준으로 하고, 압축강도보다는 휨강도가 중요한 포장콘크리트에서는 재령 28일의 휨강도를 기준으로 한다. 콘크리트의 강도는 시멘트풀(혼화재료와 공기도 포함)과 골재 등의 구성재료의 개개의 성질에 따라 좌우되는 것만이 아니고, 이들의 복합성상에 의해서도 영향을 받게 된다. 따라서 콘크리트의 강도에 영향을 미치는 요소는 구성재료의 성질과 배합비율, W/C비, 배합, 치기, 다짐, 양생방법, 주변환경, 재령 및 시험방법 등 매우 다양하다.

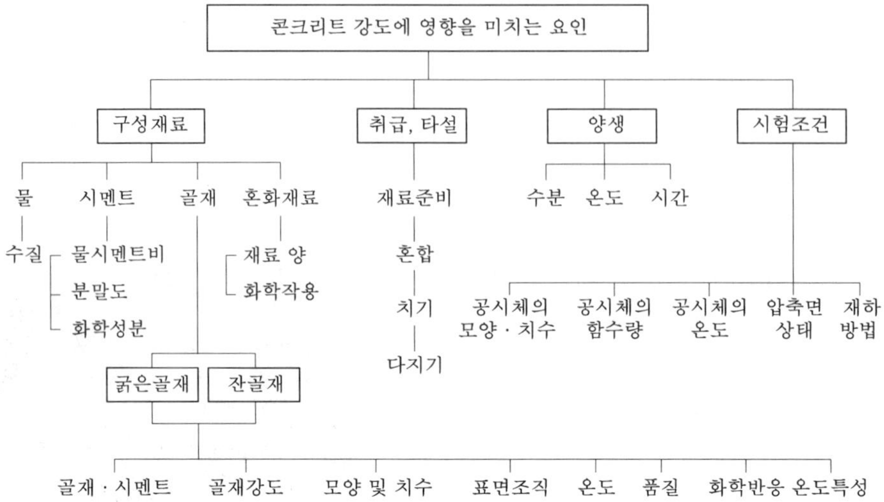


그림 6.8 콘크리트의 강도에 영향을 미치는 요인

2) 단위중량

콘크리트의 단위 중량은 주로 골재의 종류에 따라 달라지지만 굵은 골재의 최대치수, 공기량, 배합, 다짐방법 및 건조의 정도 등에 따라 달라진다. 콘크리트의 단위무게는 보통 2.3~2.5t/m³정도로서 이를 보통콘크리트라고하며, 인공경량골재를 사용하는 경량콘크리트는 1.5~2.0t/m³, 철광석이나 철 부스러기 등을 사용한 중량콘크리트는 3.3~5.0t/m³정도이다.

## 6.3 철근콘크리트

철근콘크리트(RC: Reinforced Concrete)란 콘크리트에 철근을 매입하여 경화시켜 압축력이 우수한 콘크리트와 인장력이 우수한 철근이 일체가 되어 외력에 저항할 수 있도록 한 구조체로서 시멘트와 골재 및 혼합수를 일정한 비율로 배합하여 콘크리트를 만들 때 그 속에 철근을 보강시켜 매입된 철근이 일정한 하중을 지지할 수 있도록 만든 구조를 말한다. 그러므로 콘크리트는 시멘트, 골재, 물 등으로 만들어지는 복합재료로서 비균등질이고 비탄성적인 성질을 가지고 하중이 지속해서 작용하면 변형이 증가하고, 건조 등에 의해 수축하는 성질을 가지고 있다.

콘크리트의 압축강도는 비교적 크지만, 인장강도는 압축강도에 비해 매우 작고 늘어나는 능력도 매우 작은 특성을 갖기 때문에 인장응력에 의하여 균열이 발생하기 쉽다. 철근은 탄성한도 이하의 응력에 대하여는 거의 완전한 탄성체이며, 또 파단할 때까지의 늘어나는 비율이 크다. 이처럼 이 두가지 재료가 갖는 역학적 성질이 매우 다르기 때문에 압축은 주로 콘크리트가 받고 인장은 철근이 받도록 합성하여 제작하여 두 재료간의 단점을 서로 보완할 수 있도록 하는 것이 철근콘크리트 구조이다[32]. 이 밖에 철근 대신 형강과 철근으로 콘크리트의 단점을 보강한 것을 철골철근콘크리트라고 하기도 한다.

철근콘크리트공학에서는 주로 콘크리트를 구성하는 각 재료의 특성을 연구하거나, 특수 목적의 콘크리트, 그리고 구축된 콘크리트 구조물에 대한 보수 및 보강방법에 관한 사항에 대하여 다루고 있다.

### 6.3.1 철근콘크리트의 개념과 발전배경

콘크리트의 인장강도는 압축강도의 1/9～1/13정도이고, 휨인장강도는 압축강도의 1/5～1/7정도로 작다. 그러므로 콘크리트만으로 구조물을 만들었을 경우 콘크리트의 휨압축강도가 그 능력을 발휘하기 전에 인장측에 균열이 발생하여 구조체로서의 구실을 다 하지 못한다. 그러므로 콘크리트의 인장응력이 발생하는 곳에 인장력에 강한 철근을 보강함으로써 철근으로 하여금 휨인장력에 저항하도록 하면 외력에 효과적으로 견딜 수 있는 구조체를 얻을 수 있다는 개념에서 출발한다.

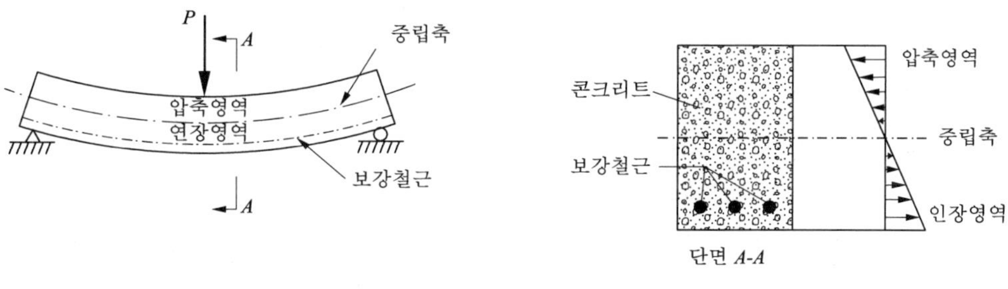


그림 6.9 철근 콘크리트의 개념

현대적인 시멘트의 발달과 함께 19세기부터 철근콘크리트 구조가 발전하기 시작하였

32) 변동균외(1989), 철근콘크리트, 동명사, pp.2~3

으며 19세기 중반에 들어서는 프리스트레스트 콘크리트(Prestressed Concrete)의 발달을 가져왔다. 특히 1890년대부터 1920년대까지 철근콘크리트 역학에 대한 지식이 급속히 발달하면서 휨에 대한 허용응력설계법이 개발되어 활용되었으나, 1960년대 후반부터는 강도설계법이 개발되어 현재까지 널리 사용되고 있다.

### 6.3.2 철근콘크리트의 성립의 이유 및 특성

철근콘크리트가 구조재로서 외력에 저항할 수 있는 것은 다음과 같은 몇 가지 이유 때문이다.

- 경화된 콘크리트와 철근과의 부착강도가 크기 때문에 철근의 미끄러짐을 방지하여 두 재료사이의 활동을 방지하여 일체로 작용한다.
- 콘크리트는 불투수성의 재료로서 외부로부터의 물의 침투를 방지하여 매입된 철근의 부식을 방지한다.
- 콘크리트와 강재는 열팽창계수가 거의 같기 때문에 상온에서 철근과 콘크리트 사이에 발생하는 온도응력은 무시할 수 있을 정도로 작다.

이러한 이유로 인해 철근콘크리트 구조는 경제성, 내구성, 조형성, 차음성능 등이 우수하며 재료의 확보가 용이한 점 등 많은 장점을 가지고 있다. 철근 콘크리트가 가지고 있는 장점은 다음과 같다.

- 구조물의 형상과 치수에 구애받지 않고 아치(Archs)구조나 쉘(Shells)구조 등 복잡한 형상의 구조물도 원하는 형상과 치수로 만들 수 있다.
- 철근콘크리트 구조물은 강성구조로서 처짐이 적고 진동 및 충격에 저항이 크며 일체적인 구조체를 만들 수 있다.
- 유지보수비가 상대적으로 적고 사용수명이 길으며, 재료의 구입이 용이하므로 구조물을 경제적으로 만들 수 있다.
- 다른 건설재료에 비해 높은 압축강도와 내구성 및 내화성이 좋다.
- 물에 대한 큰 내구성을 가지고 있어 수중 구조물에 적용하여도 매우 우수한 성능을 가진다.
- 진동이 적고 소음이 적게 난다.

반면에 철근콘크리트구조는 복합재료가 갖는 한계 및 품질관리 등에서 몇 가지 단점을 가지고 있다.

- 철근콘크리트구조는 강구조나 프리스트레스구조 등에 비해 중량이 비교적 크기 때문에 장경간의 교량이나 연약지반에서의 시공 등에는 불리하다.
- 건조수축, 크리프 등으로 인해 콘크리트에 발생하는 균열에 대한 관리가 어렵고 부분적인 파손이 발생하기 쉽다.
- 콘크리트가 경화할때까지 별도의 거푸집이 필요하며 개조 또는 보강이 어려운 단점을 가지고 있다.
- 콘크리트는 배합이나 혼합에 따라 특성이 매우 다를 수 있고, 특히 콘크리트의 배치나 양생이 구조용 강재나 합판과 같은 재료의 생신에 비해서 시공관리가 어렵다. 그러므로 콘크리트의 품질관리가 매우 까다롭다.

### 6.3.3 철근콘크리트의 설계

철근콘크리트는 설계법은 최초 철근콘크리트 이론이 창안된 이후로 몇 가지의 이론이 개발되어 이용되고 있다. 초기 철근콘크리트구조는 허용응력설계법에 의해 주로 설계되던 것이 80년대 이후부터는 강도설계법이 주로 적용되었으며, 최근에는 한계상태설계법을 적용하는 경우가 많아지고 있다.

#### (1) 허용응력 설계법(Working Stress Design)

허용응력 설계법은 철근 콘크리트 구조가 탄성거동을 한다는 가정하에 사용하중(Service Loads) 작용시 부재내에 발생하는 응력을 계산하고 이를 추천한 허용응력과 비교하여 구조물의 안전여부를 판별하는 설계방법이다. 이 설계방법은 부재내에 발생하는 응력을 제한함으로써 사용성의 한계는 잘 만족되지만 그 부재가 파괴상태에서 발휘하는 강도를 예측하기가 어렵다. 따라서 허용응력설계법에서는 구조물의 파괴에 대한 안전을 확보하기 위한 실제 안전율은 알 수 없지만 파괴하중과 사용하중의 비, 즉 설계기준강도와 허용응력의 비로 나타낸 안전율을 사용하여 안전을 확보한다. 허용응력설계법은 다음과 같은 가정하에서 적용된다.

- 콘크리트와 철근은 후크의 법칙(Hook's Law)에 따라, 응력과 변형률이 선형비례하며, 제하시 잔류변형이 생기지 않는다.
- 철근과 콘크리트의 부착은 완전하여 자중작용시 상대적인 미끄러짐이 생기지 않는다.
- 콘크리트와 철근에 생기는 응력은 규정된 허용응력 값을 초과하지 않는다.

허용응력설계법은 철근콘크리트 구조물 설계의 근간을 이루어 1950년대에 이르기까지 거의 모든 철근콘크리트 구조물이 이 방법에 따라 설계되었으나, 1960년대 들어 철근콘크리트 구조의 허용응력설계법이 다음과 같은 이유로 실용적이지 못하다는 것이 인식되어 많이 사용하고 있지 않다.

- 콘크리트는 시멘트, 골재, 물의 복합체로 균질하지 못하며, 크리프와 건조수축의 영향을 받으며 전체 구조재의 콘크리트를 동일하게 유지할 수 없다.
- 응력이 생기기 전에도 미세균열이 콘크리트 내에 존재하며, 하중작용시 응력-변형률 곡선을 실제로 선형이 아니다.
- 콘크리트와 철근의 부착은 완전하지 않으며, 부분적인 미끄러짐이 발생하기도 한다.

### (2) 극한강도 설계법(Ultimate Strength Design)

극한강도 설계법은 재료의 비탄성거동을 고려하여 산정한 부재단면의 극한내력에 강도저감계수를 곱한 설계용 극한내력의 값이 극한설계 하중에 의한 부재의 응력도 이상이 되도록 구조부재를 설계하는 방법을 말한다[33]. 강도설계법에서는 파괴상태 또는 파괴에 가까운 상태에 있는 부재의 강도를 극한강도(Ultimate Strength) 또는 공칭강도(Nominal Strength)로 규정하고, 이를 기준으로 설계를 수행한다.

극한강도설계에서는 다음과 같은 가정에 따라서 휨 및 축방향력을 받는 부재의 극한강도를 계산하도록 하고 있다.

- 철근 및 콘크리트의 변형률은 중립축으로부터의 거리에 비례한다.

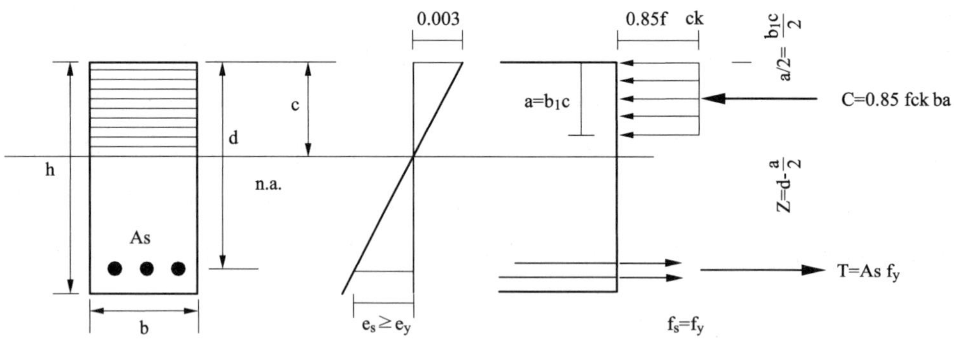


그림 6.10 극한강도설계법의 개념

33) 건설교통부(1992), 극한강도설계법에 의한 철근콘크리트 구조기준, 건설부고시 제1992-563호,

- 압축측의 연단에서 콘크리트의 최대변형률은 0.003으로 가정한다.
- 항복강도 이하에서 철근의 응력은 그 변형률의 배로 보며, 콘크리트의 인장강도는 휨 계산에서 무시한다.
- 콘크리트의 압축응력분포와 변형률관계는 직사각형, 사다리꼴, 포물선 또는 기타 어떤 형상으로든지 가능하지만 적절한 시험에 의해 그 강도를 미리 알아낼 수 있는 것이라야 한다.
- 콘크리트의 압축응력-변형률 관계는 등가 직사각형 응력분포(Equivalent Rectangular Stress Block)를 사용하며, 콘크리트의 압축응력분포는 압축연단에서 $a = \beta_1 c$ 만큼 떨어진 지점까지 크기가 $0.85 f_{ck}$인 등분포응력으로 가정한다.

### (3) 한계상태 설계법(Limit State Design)

한계상태 설계법은 구조물이 파괴될 확률(파괴확률) 또는 신뢰성이론(Reliability)에 의해 안전성을 구조물이 파괴되지 않을 확률(신뢰성)로 나타내는 설계법이다. 즉, 구조물 또는 부재가 파괴 또는 파괴에 가까운 상태로 되어 그 기능을 완전히 상실한 상태를 극한한계상태라 하고, 처짐, 균열, 진동 등이 과대하게 일어나서 정상적인 사용상태의 필요조건을 만족하지 않게 된 상태를 사용한계상태라 하는 데 한계상태 설계법은 이 한계상태가 되는 확률을 구조물의 모든 부재에 대하여 일정한 값이 되도록 하는 설계법이다. 즉 하중 및 재료의 강도를 확률량으로 취급하여 한계상태에 이르는 파괴확률을 산정하고 이에 대한 안전성(신뢰성 지수)을 평가하는 설계법으로서 하중과 재료강도에 대한 부분안전계수를 도입하고 있다.

## 6.3.4 철근콘크리트의 배합과 시공

앞서 설명한 바와 같이 철근콘크리트는 혼합재료로서 배합상태와 시공방법에 따라서 콘크리트 품질에 큰 영향을 받게 된다. 배합이란 시멘트, 골재, 물 및 각종 혼화재료를 적절히 섞는 과정으로서 원하는 품질의 콘크리트를 얻기 위한 중요한 과정이다. 배합에는 시방배합과 현장배합이 있으며 그 세부 사항은 다음과 같다.

### (1) 시방배합

시방배합이란 시방서 또는 책임기술자에 의해 지시된 배합이다. 시방배합에서의 골재는 표면건조 내부포화상태로서 세골재는 5mm체를 통과한 것과 굵은골재는 5mm체에 남는 것을 이용하며 콘크리트 $1m^3$ 당 중량으로 나타낸다.

### (2) 현장배합

현장의 재료 상태 및 계산방법에 따라 정해진 배합으로서 함수상태, 골재의 입도보정을 필요로 한다. 콘크리트 1 Batch당의 양으로 나타낸다. 현장에서는 골재를 사전에 충분히 흡수시켜 두고 실시한다.

한편, 대부분의 콘크리트의 시공시에는 레미콘(Ready Mixed Concrete)을 이용하여 타설하는 것이 대부분이다. 레미콘(Remicon)은 시멘트, 골재, 혼화재의 재료를 이용, KS F 4009에 규정된 제조방법, 품질검사 등에 준하여 전문적인 콘크리트 생산공장에서 제조한 후 트럭믹서(Truck Mixer) 또는 에지테이터트럭(Agitator Truck)을 이용하여 공사현장까지 운반되는 아직 굳지 않은 콘크리트를 의미한다. 1903년 독일에서 개발된 레미콘은 콘크리트 기술에 매우 큰 변화를 가져왔다. 레미콘의 개발로 대량 콘크리트의 생산 및 생산의 자동화, 간소화는 물론 압축강도의 변동계수도 10% 이내로 관리가 가능해져 콘크리트 품질의 향상을 가져올 수 있게 되었다.

그림 6.11 콘크리트 타설 작업

## 6.3.5 철근콘크리트 제품

과거에는 철근콘크리트를 현장에서 타설하여 각종 구조물을 만드는 것이 일반적이었으나 현장 타설콘크리트는 기상조건에 따라 영향을 받게 되어 균일한 품질의 구조물을 얻는데 많은 어려움이 있어 왔다. 배치플랜트가 일반화되어 레미콘을 이용하더라도 이러한 문제를 해결하는데는 한계가 있어, 최근에는 주로 정형화된 구조체를 중심으로 공장에서 사전에 제작한 제품을 현장에 운반하여 가설하는 방식을 많이 사용하고 있다. 건축재료의 경우에는 공장에서 제작하는 콘크리트 제품이 매우 다양하여 주로 내장재를 중심으로 많은 제품이 생산되고 있다. 토목재료의 경우에는 콘크리트 말뚝, 소파블록, 측구, 맨홀, 보도경계석, 보도 연석, 철로의 콘크리트 침목 등이 공장에서 생산되어 이용하는 것이 대표적이다.

그림 6.12 각종 콘크리트 제품

# 6.4 PS콘크리트(Prestressed Concrete)

## 6.4.1 PS콘크리트의 기본개념

콘크리트는 압축응력에 대해서는 강하나 인장응력에는 매우 약하다는 점은 앞에서도 논의되었다. 철근콘크리트 구조는 특성상 단면이 커질 수 밖에 없으며 인장응력에 대응하기 위해 철근을 보강하지만, 인장측 콘크리트에 발생하는 균열을 억제할 수 없으므로 발생된 균열을 통하여 물이 침투하여 결국 철근을 부식시키는 등의 문제가 발생한다. 그러므로 이러한 콘크리트의 단점을 보완하기 위하여 PS콘크리트는 고강도의 강선을 이용하여 콘크리트의 양 단부에서 긴장하여 미리 프리스트레스를 주게 되면 콘크리트 내부에 압축응력이 생기고 이 압축응력은 하중에 의해 생기는 인장응력을 상쇄시키므로 하중에 의한 균열을 방지할 수 있다는 개념에서 출발하였다. 그러므로 RC콘크리트에서는 인장측의 콘크리트는 무시되는데 반하여 PS콘크리트에서는 인장력에 대하여 전단면이 유효한 탄성체로 볼 수 있으며 일반적인 사용하중하에서는 균열이 발생하지 않는다.

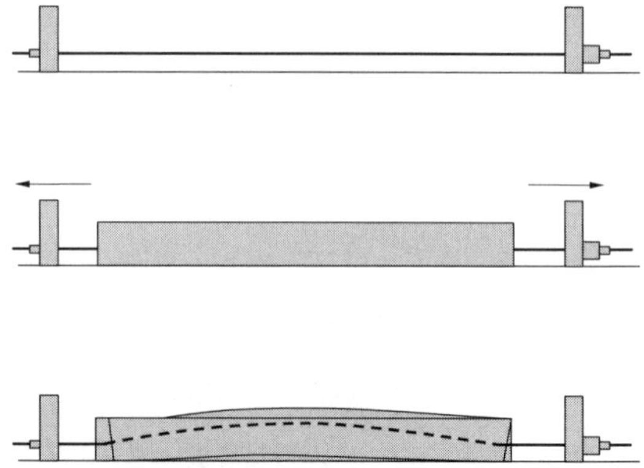

그림 6.13 PS 콘크리트의 개념

## 6.4.2 PS콘크리트의 특징

PS콘크리트는 철근콘크리트에 비하여 자중이 작은 구조물을 만들 수 있고 균열이 없는 구조체를 만들 수 있으며, 강재의 사용량이 적은 등 많은 장점이 있으나 공사비가 다소 비싸지는 등의 단점을 가지고 있다. PS콘크리트의 장점과 단점을 중심으로 한 특징을 정리하면 다음과 같다.

### (1) 장점

- PS콘크리트에서는 균열이 발생하지 않도록 설계하기 때문에 매입되는 강재의 부식위험이 없고, 전 콘크리트 단면을 유효하게 이용할 수 있다.
- PS콘크리트 부재에 과다한 하중으로 인한 일시적인 균열이 발생하더라도 하중이 제거되면 균열이 다시 봉합되므로 탄력성과 복원성이 강한 구조물이 된다.
- 고강도 재료를 사용하게 되면 부재의 단면을 크게 줄일 수 있어 동일한 설계하중에 대하여 철근콘크리트구조에서 보다 지간을 길게 할 수 있고, 구조물의 외관을 좋게 할 수 있다.
- PS콘크리트에서는 매입된 프리스트레싱 강재를 긴장시킬 때 최대응력이 발생하므로 이 때 안전하였다면 보통의 하중 하에서는 매우 안전한 구조물이 된다.
- PS콘크리트는 공장에서 제작하는 프리캐스트 방법이 많이 사용되므로 현장 시공이 용이하고 거푸집 및 동바리공이 불필요하다.

(2) 단점

- PS콘크리트 부재는 가볍고 복원성이 풍부하지만, 철근콘크리트에 비하여 변형이 크게 일어나고 진동하기가 쉽다.
- 고강도 강재는 고온에 접하면 갑자기 강도가 감소하므로 내화성이 약하다는 단점이 있다.
- PS콘크리트는 고강도의 재료를 사용하므로 같은 설계하중에 대하여 철근콘크리트보다 재료가 절약되지만 단가가 비싸고 쉬스관, 그라우팅, 정착장치와 긴장작업 등에 추가적인 비용이 들어가므로 철근콘크리트보다 공사비가 많이 든다.

### 6.4.3 Prestress의 도입 방법

PS콘크리트에 프리스트레싱을 도입하는 방법은 콘크리트 타설하기 전에 먼저 강재에 긴장력을 도입한 후, 여기에 콘크리트를 타설하는 프리텐션(Pre-Tension)방법과 콘크리트를 타설한 후 매입된 강재를 긴장하는 포스트텐션(Post-Tension)으로 구분할 수 있다.

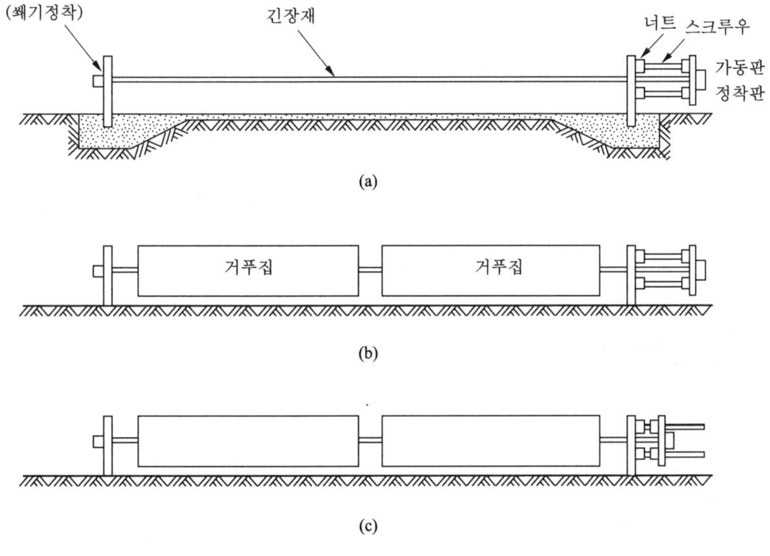


그림 6.14 프리텐션(Pre-Tension)에 의한 부재의 제작

프리텐션에 의한 프리스트레싱 도입방법은 하나의 인장대에서 여러개의 부재를 동시에 만들어내는 롱라인(Long-Line)공법과 하나의 부재만을 만들어내는 인디비듀얼 몰드

(Individual Mold)방식으로 구분된다. 롱라인 방식으로 제작하는 부재는 주로 길이가 짧은 PS콘크리트 침목 등을 제작할 때 이용하며, 인디비듀얼 몰드방식으로는 PS콘크리트 파일 또는 PSC 말뚝 등을 만들 때 이용하는 방법이다. 콘크리트를 치기 전에 강재를 인장대의 양쪽에서 인장시켜 고정한 후 여기에 콘크리트를 쳐서 양생시킨다. 콘크리트의 경화가 완전히 끝난 후 양 끝에 고정된 부분을 서서히 풀게되면 타설된 콘크리트에 프리스트레스가 도입된다.

반면 포스트텐션에 의한 프리스트레스 도입방법은 거푸집을 조립하고 쉬스를 배치한 후 이 속에 강재를 삽입하여 콘크리트를 타설한다. 콘크리트가 경화되어 소정의 강도에 도달하면 콘크리트 부재 양단에 유압잭을 설치하여 PSC강재를 인장한다. 인장작업으로 프리스트레싱이 도입되면 PSC강재를 정착장치를 이용하여 콘크리트 부재에 정착시키고 PSC강재가 녹스는 것을 방지하기 위하여 쉬스관에 그라우팅을 실시하여 프리스트레스 부재를 완성한다.

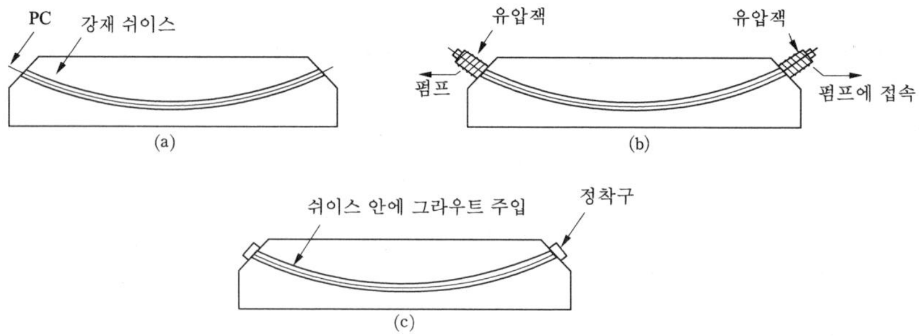


그림 6.15 포스트텐션(Post-Tension)에 의한 부재의 제작

## 6.5 특수 콘크리트

### (1) 매스(Mass) 콘크리트

콘크리트 댐의 구체[34]), 교각의 기초, 교대 등 비교적 체적이 큰 콘크리트를 말한다. 매스 콘크리트에서는 내부와 외부 표면사이에 큰 온도차가 발생하게 되어 내부구속응

34) 구체(構体)란 구조물의 기초를 제외한 주 몸체(Body)를 말함

력이 발생하게 되고 이로 인해 콘크리트에 균열이 발생할 우려가 크다. 구 콘크리트에 이어치기를 하는 경우 신 콘크리트와 구 콘크리트 사이에서도 온도차에 의해 외부 구속응력이 발생하고 마찬가지로 균열이 발생하게 된다. 따라서 매스 콘크리트를 타설하는 경우에는 콘크리트 내・외부의 온도차를 억제하기 위해 별도의 대책이 요구되며, 이어치기가 불가피하게 발생하게 될 경우에는 시공이음의 위치를 사전에 결정하여 대처할 필요가 있다. 단위시멘트량을 가능한 적게 사용하고 저발열 포트랜드시멘트를 사용하여 콘크리트의 온도상승을 방지하는 하는 것도 한 방법이 된다. 일반적으로 매스콘크리드 시공시 온도를 제어하기 위해시는 콘크리트 속에 사전에 냉각수를 흘려보낼 수 있는 파이프를 매설하여 이를 통해 냉각수를 계속적으로 공급하여 온도상승을 억제시키는 파이프쿨링(Pipe Cooling)과 콘크리트 배합 전에 살수 등의 방법으로 골재를 냉각시키는 프리쿨링(Precooling)이 가장 많이 사용되고 있다.

### (2) 한중콘크리트와 서중콘크리트

한중콘크리트란 콘크리트 타설시점의 일평균기온이 4℃이하일 때 타설하는 콘크리트를 말한다. 한중콘크리트는 경화시간이 길어지고 동결의 우려가 있으므로 시공시 적절한 대책이 필요하다. 콘크리트 재료를 더운 공기 등을 이용하여 가열하여 콘크리트 타설시 온도를 5~20℃정도로 유지하도록 하고, 상황에 따라 경화촉진제 등을 사용한다. 또한 단위수량을 가능한 적게 하고 양생시에는 보온양생방법을 사용하여 콘크리트를 5℃이상으로 유지시키면서 콘크리트의 급격한 온도변화를 방지하여야 한다.

서중콘크리트는 콘크리트 타설시점의 일 평균 기온이 25℃ 또는 일 최고온도가 30℃를 초과하는 경우에 타설하는 콘크리트를 말한다. 한중콘크리트와 반대로 급격한 수분의 증발로 건조수축균열이 크게 발생하고 경화시간이 빨라져 작업성이 좋지 못하고, 먼저 친 콘크리트와 나중에 치는 콘크리트 사이에 원하지 않는 콜드 조인트(Cold Joint)가 발생하기도 하므로 주의해서 시공하여야 한다.

### (3) 숏크리트(Shotcrete)

숏크리트는 뿜칠콘크리트라고도 하며 압축공기로 콘크리트나 모르타르를 분사시켜 터널의 막장을 안징화시키거나, 사면의 보호에 주로 이용한다. 숏크리드를 미리 배합된 콘크리트나 모르타르를 뿜어붙이는 습식공법과 시멘트, 골재의 혼합물과 물을 각각 다른 노즐을 통해 뿜어 붙이는 건식공법이 있다. 용수가 없는 비탈면 등에 숏크리트를 시공할 때에는 큰 위험이 없으나 풍화되기 쉬운 암 또는 용수가 많이 발생되는 곳에서의 시공에는 특히 배수에 유의해야 한다.

그림 6.16 숏크리트의 타설

숏크리트는 뿜칠하는 압력과 그때의 충격력에 의해 상당량의 콘크리트가 튕겨나오게 되는데 이것을 리바운드(Rebound)라 하며, 숏크리트 타설시에는 가급적 리바운드량이 적게 되도록 한다. 또한 숏크리트만으로 소정의 강성을 발휘하기 어려울 경우 와이어 메쉬(Wire Mesh)등을 보강재로 이용하여 숏크리트 타설 전에 뿜칠부에 설치하고 이 위에 숏크리트를 타설하는 경우가 많다.

### (4) 프리팩트 콘크리트(Prepacked Concrete)

프리팩트 콘크리트란 특정한 입도를 가진 조골재를 거푸집에 미리 채워 넣고 그 공극사이에 특수한 모르타르를 주입하여 만드는 콘크리트를 말한다. 프리팩트 콘크리트는 주로 수중에서 콘크리트를 타설할 때 많이 이용하는 방법으로서 골재를 먼저 넣으므로

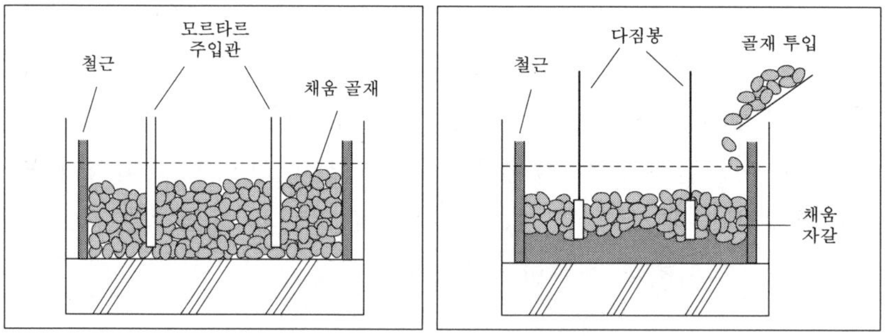


그림 6.17 프리팩트(Prepacked)
콘크리트와 포스트팩트(Postpacked) 콘크리트

중량콘크리트 시공을 할 수도 있다. 반면에 최근에는 포스트팩트(Postpacked) 콘크리트라고 하여 모르타를 등을 주입하면서 골재를 투입하여 콘크리트 부재를 만드는 방법도 이용되고 있다.

# 6.6 건설재료로서의 목재와 석재

목재와 석재는 자연에서 얻는 천연재료로서 재료로서 건설기술의 발전과 함께 지속적으로 이용되어 왔다. 강재와 콘크리트가 발명되기 전까지 각종 구조물을 만들기 위해서는 목재와 석재가 제일 많이 이용되어 왔으며, 그 사용 용도가 매우 다양하다. 목재는 주로 구조재와 마감재로 이용이 많으며, 석재는 최근 건물의 내외장 마감재로의 이용이 많다.

## 6.6.1 목재

목재는 강도와 비중이 크고 가공성이 좋아 범용적으로 많이 쓰이는 재료이다. 목재는 활엽수와 침엽수로 구분해 볼 수 있는데 토목이나 건축에서 구조용 재료로는 주로 침엽수가 사용된다. 반면에 활엽수는 단단하고 아름답기 때문에 구조용재료로 사용하기보다는 주로 가구용 재료 또는 실내장식용 재료로 널리 사용된다. 목재가 가지고 있는는 장점과 단점은 다음과 같다.

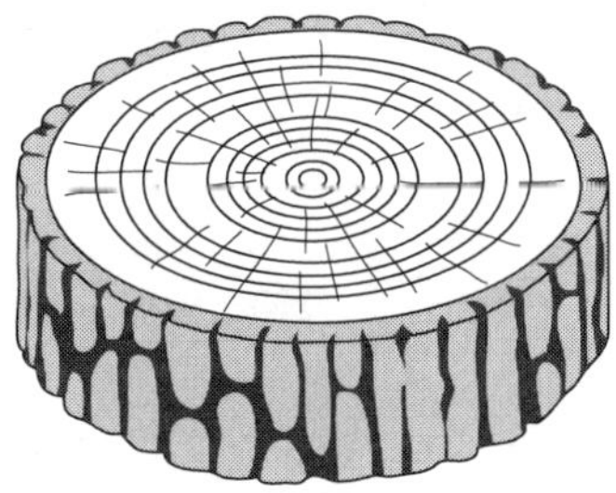

그림 6.18 목재의 단면

### (1) 장점

- 가볍고 취급과 가공이 쉬우며, 비중에 비하여 강도가 크다.
- 열, 음, 전기 등에 대해 부도체이고 열팽창계수가 작다.
- 온도에 대한 신축이 작고, 탄성과 인성이 크며 충격과 진동을 잘 흡수한다.
- 외관이 아름답고 재료의 입수가 쉬워 가격이 비교적 저렴하다.

### (2) 단점

- 부식과 충해를 받기 쉽고, 가연성이어서 화재에 취약하다.
- 함수율의 변화에 따라 변형과 팽창 및 수축이 크다.

- 재질과 강도가 균일하지 못하고 큰 단면의 재료를 확보하기 어렵다.

목재는 원목자체를 그대로 공사에 이용하는 경우도 있지만 대부분 원목을 용도에 맞게 적당한 형태로 가공하여 사용하는 것이 일반적이다. 토목과 건축공사에 이용하는 목질 제품에는 다음과 같은 것들이 있다.

### 1) 집성재

집성재란 목재를 일정한 크기의 판재 또는 각재로 만든 후 여러 개를 평행하게 맞대어 놓고 접착재를 발라 압착하여 만든 것으로서 필요로 하는 치수, 형태별로 용이하게 만들 수 있으며 비틀림과 변형이 거의 생기지 않는 재료이다.

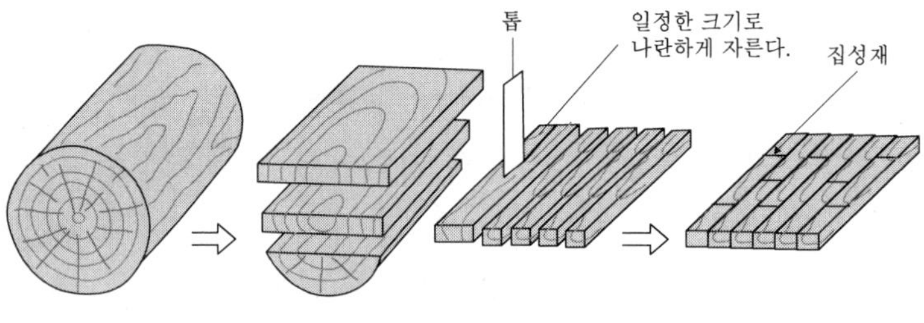


그림 6.19 집성재의 제조과정

### 2) 합판

합판(Plywood)이란 목재를 0.5mm～1.5mm정도의 두께로 얇게 잘라 단판(Veneer)으로 만들어 이들을 섬유방향으로 서로 직교하도록 홀수로 적층시켜 열을 가하면서 접착제로 압착시킨 판을 말한다. 합판은 함수율의 변화에 따른 팽창과 수축이 없고 뒤틀림이나 변형이 없는 비교적 큰 면적의 평면재료를 얻을 수 있다.

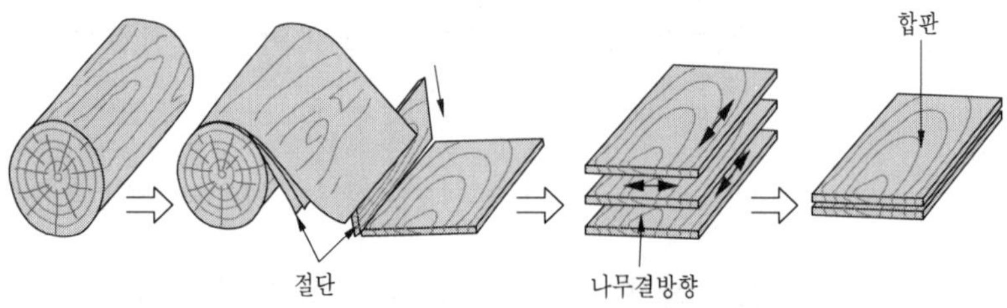


그림 6.20 합판의 제조과정

3) 파티클보드(Particle Board)

원목에서 목재를 만들고 남은 조각을 잘게 파쇄한 것과 톱밥 등을 섞어 여기에 합성수지 접착제를 뿌려 높은 온도와 압력으로 압착시킨 것을 말한다. 목재 가공과정에서 생산되는 부산물을 이용하므로 환경 친화적이고 경제적인 제품이며 소리를 잘 흡수하고 열전도율이 작기 때문에 사무실 칸막이 등에 많이 쓰인다.

그림 6.21 피디클보드의 단면

4) 플로어링(Flooring)

판자의 한 쪽에는 홈을 파고 다른 한쪽에는 촉을 만들어 끼워 맞춘 것이다. 재질이 단단하고 무늬가 아름다운 판재를 강당, 극장, 교회 등의 마루 바닥이나 벽면에 붙여 장식효과와 음향 효과를 얻을 때 많이 쓰인다. 플로어링보드는 두께 1.5~2cm, 너비 5~10cm, 길이 2~3cm로 표면은 대패질을 하고, 측면은 쪽매맞춤을 할 수 있게 되어 있다. 플로어링블록은 두께 1.5~2cm인 판 3~4매를 철물로 뒷면과 마구리를 쪽매한 장식용 판재로, 뒷면은 방부 또는 방수처리를 하고, 아스팔트 시멘트 또는 모르타르 등으로 바닥에 붙인다.

그림 6.22 플로어링의 시공상태

## 6.6.2 석재

석재는 목재와 더불어 인류 역사상 다른 어떤 재료보다도 오래 전부터 이용되어 왔다.

인류는 생활에 필요한 도구를 암석에서 쉽게 구 할 수 있었으며 문명이 발달함에 따라 도구로서의 용도 외에 신의 숭배, 조상에 대한 기억, 사건의 기념 등을 표시하기 위해 이용하게 되었다. 신석기시대에는 이미 거석문화가 발달하여 건축 유물인 Dolmen, Stone Henge 등이 만들어 졌으며 고대 이집트에서는 피라미드, 스핑크스 등 거대한 석조물이 세워졌다.

석재란 건설공사에 사용하기 위해 가공한 암석이나 자연상태의 암석을 총칭하는 것으로 불연성이고, 내구성과 내마모성이 풍부하며, 무엇보다 압축강도가 크고 외관이 좋기 때문에 내외장재료로 널리 사용되어 왔다. 토목공사에서는 주로 보차도의 경계석, 계단 및 교량의 교명주[35]에 많이 이용되고 있으나 콘크리트 제품이 일반화 되면서 차츰 그 사용도가 줄어들고 있다.

암석은 크게 분류하면 화성암, 퇴적암, 변성암으로 구분해 볼 수 있다. 화성암은 지구내부에 존재하는 마그마가 냉각되어 굳어진 것으로 서냉(徐冷)에 의한 조립질 결정질의 화강암 및 섬록암과 급냉(急冷)에 의한 현무암, 안산암과 같은 미립 결정질의 암석이 있다. 퇴적암은 화성암이 풍화작용에 의해 부식 및 침적하여 형성되거나 조개 껍데기이나 유기물이 퇴적하여 형성되며 응회암, 사암, 점판암 등이 있다. 변성암은 화성암과 퇴적암이 지각변동에 의해 계속적으로 열과 압력을 받아 본래의 암질과 다른 형태로 형성되며 대리석, 편암 등이 있다.

표 6.6 국내산 석재의 분류

<table>
<tr><th>구 분</th><th>소구분</th><th colspan="2">종 류</th></tr>
<tr><td rowspan="15">암 상</td><td rowspan="11">화성암</td><td rowspan="5">화강암류</td><td>대보화강암</td></tr>
<tr><td>불국사 화강암</td></tr>
<tr><td>석영반암, 장석반암</td></tr>
<tr><td>규장암(목문석)</td></tr>
<tr><td>화강반암(강화 애석)</td></tr>
<tr><td rowspan="3">섬록암류</td><td>섬록암, 화강섬록암, 석영섬록암, 몬조니암</td></tr>
<tr><td>반상화강섬록암</td></tr>
<tr><td>반려암, 섬장암, 각섬암</td></tr>
<tr><td rowspan="3">화산암류</td><td>안산암</td></tr>
<tr><td>유문암, 관입유문암</td></tr>
<tr><td>현무암</td></tr>
<tr><td rowspan="2">퇴적암</td><td>사암류</td><td>흑색 사암(오석), 세일(청석)</td></tr>
<tr><td>석회암,</td><td>석회질각력암류</td></tr>
<tr><td rowspan="2">변성암</td><td>편마암류</td><td>슬레이트, 편암, 편마암, 안구상편마암, 반상화강암질편마암</td></tr>
<tr><td>대리암류</td><td>백운암질대리암</td></tr>
</table>

35) 교량의 이름과 주요 제원 등이 적혀있는 교명판을 붙인 기둥

우리나라에서 생산되는 석재는 화강암, 대리석, 석회석, 사암, 현무암, 안산암, 점판암, 오석류 등 많은 종류가 있으나 우리나라에서는 주로 화강암이 이용되고 대리석은 일부가 건축재와 공예품으로 활용되고 있다. 한편 석재는 그 단단한 정도에 따라서 연암, 준경암, 경암으로 구분하고 있으며, 일반적으로 압축강도가 200kg/㎠이하인 것을 연암, 200～600kg/㎠정도의 것을 준경암, 600kg/㎠ 이상인 것을 경암으로 구분하고 있다.

석재는 압축강도와 풍화에 대한 저항성이 크고 내구성이 좋으며 매장량이 풍부하여 구입이 쉽고 불연성 재료로서 외관이 장엄하므로 외관을 중시하는 건물의 내장재와 구조재 등 다양한 용도로 사용할 수 있는 장점을 가졌다. 반면, 석재는 가공이 어렵고 비중이 커서 운반과 시공이 불편하고 전단강도에 대한 저항이 부족하며 석재의 종류에 따라 내화성이 약하다는 점을 들 수 있다. 따라서 석재를 선택할 때는 그 용도를 고려하여 적합한 석재를 선택하여야 한다.

그림 6.23 채석장과 채굴된 석재

표 6.7 석재의 선택 기준

| 특 성 | 선택시 주의 사항 |
|---|---|
| 암석의 구조 | ◦ 연약면, 편리, 균열 등이 없고 균질한 상태의 것 |
| 구성 광물 | ◦ 갈철광, 점토광물, 인회석 등 불안정 광물이 적을 것 |
| 가 공 성 | ◦ 가공이 용이할 것 |
| 조 직 | ◦ 석재용 암석은 대체로 균일한 크기의 입자로 되어 있으며 이 입자의 크기나 형태는 암석의 종류, 광상의 위치 등에 따라 다름.<br>◦ 보통 세립질, 중립질, 조립질로 분류하며 용도에 따라 신중하게 선택하여야 함. 특별한 경우를 제외하고는 입자들이 균질하게 분포된 것이 좋음 |
| 색 상 | ◦ 암석의 색상은 광물의 색 특히 유색 광물의 색상에 좌우되며 유색 계열의 색상은 장석류의 영향이 큼 |
| 압 축 강 도 | ◦ 용도에 따라 강도의 영향을 많이 받으며 특히 내구재로 사용할 때 중요 |
| 흡수율(공극율) | ◦ 흡수율이 높으면 물의 침투가 쉬워 석재의 표면이 오염될 수 있으며 대기중의 유해 물질에 의한 풍화가 쉽게 일어날 수 있으므로 낮을수록 좋음 |
| 기 타 | ◦ 용도에 맞게 비중, 인장강도, 충격강도, 열팽창 등을 시험하여 우수한 석재를 선택 |

# 6.7 금속재료와 철근

## 6.7.1 건설에서의 금속재료

금속은 크게 철금속과 비철금속 및 합금강으로 구분할 수 있다. 철광석으로부터 철분을 추출하여 강재를 만드는 과정을 제철 또는 제강이라 하는데 이 과정에서 소량의 탄소를 함유함에 따라 그 성질이 크게 변화되며 일반적으로 탄소함량에 따라서 순철, 탄소강, 주철 등으로 구분한다. 아연, 구리와 알미늄 같은 비철금속은 합금용 재료로 많이 사용되며, 구리는 전기저항이 작아서 전선, 전기기구의 부품 등에 많이 사용되고 있으며 알루미늄은 가볍고 전기 열전도도가 우수한 특성을 가지고 있다. 강의 성질을 개량할 목적으로 다시 다른 원소를 하나 이상 첨가해서 만든 합금강은 주로 특수강으로 많이 사용된다.

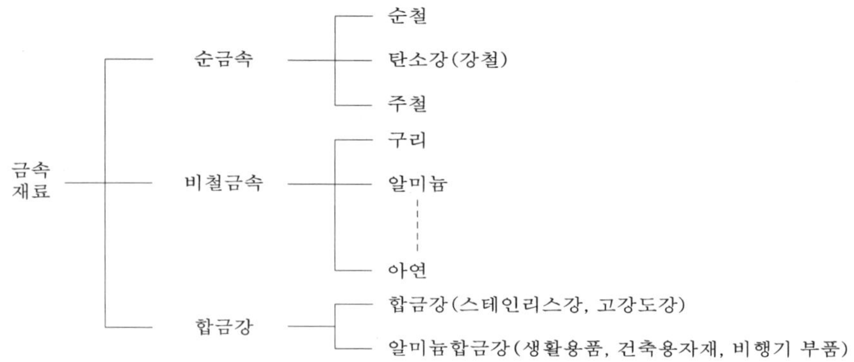


그림 6.24 금속재료의 분류

건설산업에서 주로 이용되는 금속재료는 철금속으로서 1970년대 초반 포항종합제철소가 완공되어 강재의 공급이 원활해지면서 교량과 철골조 빌딩은 물론 파이프라인, 탱크, 철탑, 굴뚝, 해양구조물 등 다양한 구조물에 강재의 활용이 증대되고 있다. 현재 국내에서 생산되고 있는 철강재 생산량의 약 50%가 건설업에 이용되고 있는 것으로 알려져 있다.

강재는 고강도의 재료로서 구조물의 자중을 감소시킬 수 있고 균질성이므로 시간에 따라 특성이 변하지 않으며, 연성을 가지고 있어 큰 변형에 저항하는 장점을 가지고 있다. 또한 연결과 조립이 용이하여 가설속도가 매우 빠르다는 점도 강구조물의 확대에 장점으로 작용하고 있다. 그러나 강재는 부식과 내화성이 부족하고 좌굴에 대한 저항성이 약하며, 교대하중에 따른 피로파괴 등이 문제점으로 작용하고 있다.

탄소 함유량에 따라 강을 구분할 때 순철은 철에 다른 원소의 불순물이 거의 포함되어 있지 않는 철을 말하고 탄소강은 철에 약간의 탄소(0.02～2.0%)가 포함되어 있은 강이며, 주철은 탄소강보다 탄소의 함유량이 (2.0～6.7%)이 훨씬 많은 강이다.

표 6.8 주요 금속재료의 용도

| 종 류 | 용 도 |
|---|---|
| 탄소강 | 기계부품, 공구, 교량, 기차의 레일 |
| 주철 | 기계의 몸체, 수도관, 맨홀 뚜껑 |
| 구리 | 전선, 전기기구 부품 |
| 알루미늄 | 공업용 재료, 합금용 재료 |
| 황동 | 일용품, 장식품, 메달, 악기 |
| 청동 | 농상, 밸드, 베어링, 펌프의 날개 |
| 알루미늄 합금 | 건축용 자재, 통신기기 등 |

표 6.9 탄소강의 분류

| 종별 | 탄소함유량 (%) | 인장강노 (kg/㎟) | 신상률 (%) | 강도 (HB) | 용 도 |
|---|---|---|---|---|---|
| 특별극연강 | 0.08이하 | 32～36 | 30～40 | 95～100 | 박판, 전신선 |
| 극 연 강 | 0.08～0.12 | 36～42 | 30～40 | 80～120 | 리벳, 용접관 |
| 연 강 | 0.12～0.20 | 38～48 | 24～36 | 100～130 | 철골, 철근, 보울트, 너트 |
| 반 연 강 | 0.20～0.30 | 44～55 | 22～32 | 120～145 | 교량, 보일러용관 |
| 반 경 강 | 0.30～0.40 | 50～60 | 17～30 | 140～170 | 보울트, 강널말뚝 |
| 경 강 | 0.40～0.50 | 58～70 | 14～26 | 160～200 | 레일, 자동차 클러치 |
| 최 경 강 | 0.50～0.80 | 65～100 | 11～20 | 180～235 | 레일, 나사, 축 |

용도와 재질에 따라서 강재를 구분하기도 하는데, 용도에 따라서는 봉강(棒鋼), 평강(平鋼), 압연형강(壓延形鋼), 강관(鋼管) 등으로 구분한다. KS에서는 구조용강재의 재질에 따라서 강재를 다음과 같이 구분하고 있다.

표 6.10 강재의 KS규격

| 규 격 | 명칭 및 종류 | 규격 | 명칭 및 종류 |
|---|---|---|---|
| KS D3503 | 일반구조용 압연강재 | KS D3530 | 일반 구조용 경량형강 |
| KS D3504 | 철근콘크리트용 봉강 | KS D3558 | 일반 구조용 용접경량 H형강 |
| KS D3505 | PC 강봉 | KS D3566 | 일반구조용 탄소강관 |
| KS D3515 | 용접 구조용 압연강재 | KS D3568 | 일반 구조용 각형 강관 |
| KS D3527 | 철근콘크리트용 재생봉강 | KS D4108 | 용접 구조용 원심력 주강관 |
| KS D3529 | 용접 구조용 내후성 열간 압연강재 | | |

또한 강재는 그 형상에 따라서 다음과 같이 몇 가지로 구분해 볼 수 있다.

표 6.11 형상에 따른 강재의 분류

| | | |
|---|---|---|
| 조강 | 봉강 | 환강, 각강, 육자강, 팔각강, 반원강, 이형환강, 트위스트바 |
| | 형강 | 산형, 구형, I형, H형, Z형, F형, 구산형, 구평형, 강실판, 경량형강 |
| | 궤조 | 중궤강, 경궤강 |
| | 선재 | 보통선재, 특수선재 |
| 강판 | 후판(두께 3mm 이상) | 후판, 중판, 크랏드강판 |
| | 박판(두께 3mm 이하) | 박판(열간압연, 냉간압연), 아연철판,<br>알루미늄도금강판, 전자강판, 특수피복강관 |
| 강관 | 이음매 없는 강관, 용접관(전봉관, UOE, 프레스강관, 스파이럴강관, 가스용접관),<br>콜게이트파이프, 각형관 | |

봉강은 압연해서 만드는 막대 모양의 강재로서 단면은 원형, 정방형, 육각형, 장방형 등의 제품이 생산되고 있다. 형강은 각종 단면형상을 가진 봉모양 압연재의 총칭인데, 주로 철골 구조용으로 사용된다. 단면형상에 따라 등변ㄱ형강, 부등변ㄱ형강, H형강, I형강, L형강, Z형강, T형강 등의 종류로 나누어진다. 인장강도는 일반 구조용 압연강재로서 약 40～60kg/㎟의 것이 사용된다. 시판되고 있는 것의 길이는 보통 3.5～12m정도이고 튼튼한 강도 내구성 견고성 때문에 건설현장에서 많이 사용한다.

그림 6.25 여러 가지 강재 제품

## 6.7.2 철근 및 강선

철근은 철근콘크리트 구조에서 인장력을 보강하기 위해 없어서는 안될 재료로서 거의 모든 건설공사에 쓰인다고 해도 과언이 아니다. 철근은 콘크리트 보강용으로 사용되는 봉강으로 KS D3504(철근콘크리트용 봉강)에 규정되어 있으며, 형태에 따라 원형철근과 이형철근으로 구분된다. 원형철근은 콘크리트와의 부착이 좋지 못하여 거의 사용되지 않고 있으며 대부분의 건설공사에서는 이형철근이 사용되고 있다. 이형철근은 콘크리트와의 부착성능을 높이기 위하여 리브와 마디를 두고 있다.

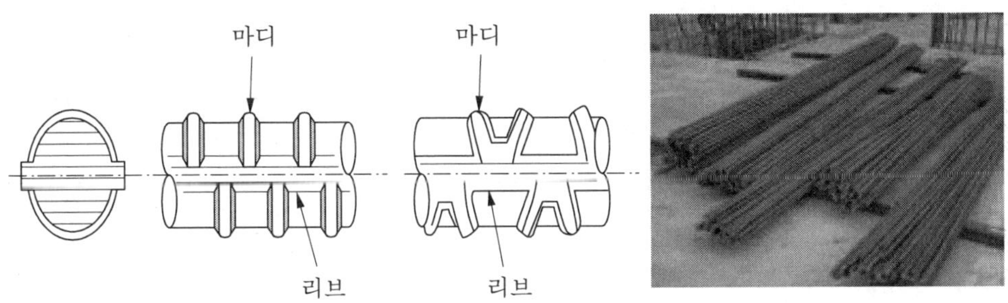


그림 6.26 이형철근의 형상

이형철근의 표시는 D10, D13, D19와 같이 나타내며 숫자는 지름의 근사값을 ㎜단위로 나타낸 것이다. 철근은 부식에 약하기 때문에 철근 표면을 부식에 강한 재료로 코팅처리한 철근을 사용하는 경우가 있으며, 인장력을 상당히 높힌 고강도 철근도 사용되고 있다.

프리스트레스트 콘크리트에서 프리스트레스의 도입에 이용되는 보강용 강재로는 PSC강선(Steel Wire), PSC강연선(Strand Wire) 및 PSC강봉(Steel Bar) 등이 이용되고 있다. PSC강선은 원형강선이며 주로 프리텐션 방식에 많이 쓰이고 있다. 이에 반해 PSC강연선은 여러 개의 강선을 꼬아서 만든 것으로 작은 지름의 PSC강연선은 프리텐션과 포스트텐션 양쪽 모두 사용되며, 큰

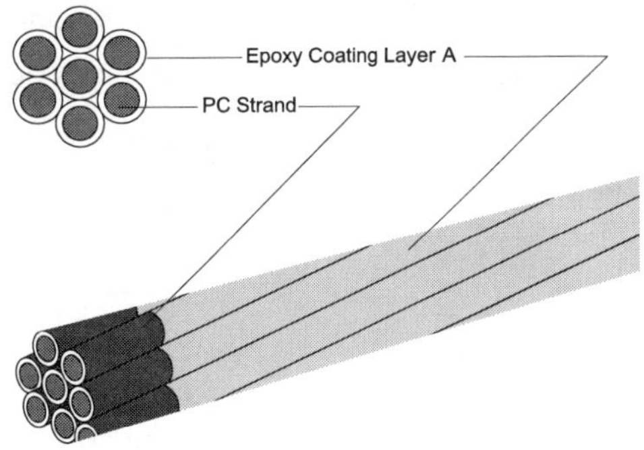


그림 6.27 에폭시 코팅 강연선

지름의 PSC강연선은 포스트텐션 방식에 주로 사용된다. PSC강연선은 주로 교량 상판용, 특수교량 케이블용, 교량 보수용 및 앵커재로 쓰이며, 건축용으로는 건물의 슬래브와 보의 시공, 원자력발전소의 돔과 LNG 콘크리트 탱크 보강재로 사용되며, 대형 경기장의 스탠드와 바닥 보강이나 지붕구조물에 사용되기도 한다.

표 6.12 PC강선의 종류 및 형상

| 제품명 | 호칭지름(mm) | 모양 |
|---|---|---|
| PC 강선 | 2.9 ~ 9.0 | 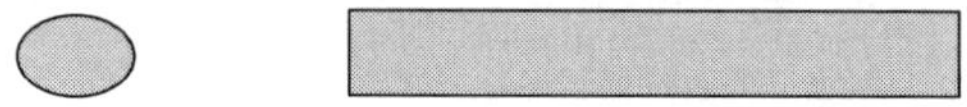 |
| PC 2연선 | 2.9 | 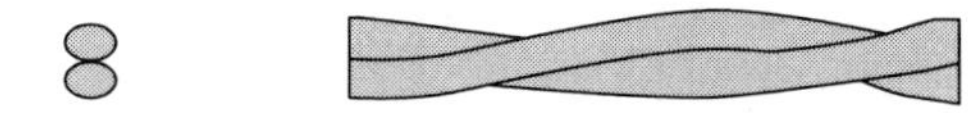 |
| PC 3연선 | 2.9 | 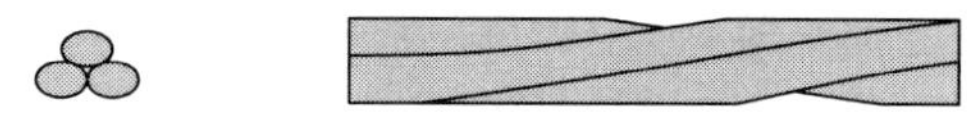 |
| PC 7연선 | 6.2 ~ 157 | 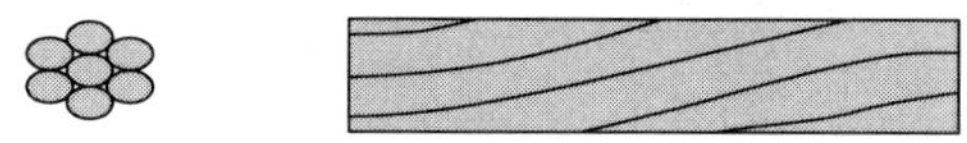 |

PSC강봉은 주로 포스트텐션 방식에 많이 쓰이며, PSC강선이나 PSC강연선보다 강도는 떨어지지만 끝부분을 가공하거나 나사처럼 만들어 쉽게 가공할 수 있으며, PSC강선이나 PSC강연선보다 릴랙세이션이 작은 장점이 있다. PC강봉도 마찬가지로 고강도의 것이 사용되며 일반적으로 10~33mm의 지름의 것이 주로 사용되고 있다.

PSC강재는 무엇보다도 인장강도가 높아야 한다. 일반적으로 PSC강연선은 고강도 철근의 인장강도보다 약 4배정도 크고, PSC강봉은 약 2배정도 크다. 초기 프리스트레스가 감소한 뒤에도 프리스트레스트 콘크리트의 개념을 성립하기 위해서는 소요의 유효 프리스트레스가 남아 있어야 하므로, PSC강재는 높은 인장력으로 긴장해 두어야 하므로 인장강도가 높은 것을 사용한다.

## 연습문제

1. 재료의 역학적 성질 중 취성 및 연성에 관하여 설명하고, 구체적인 예를 언급하시오.

2. 콘크리트란 무엇인가?

3. 콘크리트 강도에 영향을 미치는 요소들은 무엇인지 설명하시오.

4. 굳지 않은 콘크리트의 성실은 어떤 것들이 있는지 설명하시오.

5. 굳은 콘크리트의 성질은 어떤 것들이 있는지 설명하시오.

6. 철근 콘크리트의 개념에 관하여 설명하시오.

7. 철근 콘크리트의 장단점에 관하여 설명하시오.

8. 프리스트레스트 콘크리트의 개념에 관하여 설명하시오.

9. 프리스트레스트 콘크리트의 장단점에 관하여 설명하시오.

10. 건설산업에 사용되는 강재의 장단점에 관하여 설명하시오.

11. 원형철근과 이형철근을 비교 설명하시오.

12. 콘크리트 시공시 온도상승에 의한 영향을 설명하고, 온도상승을 억제하는 방법에 관하여 설명하시오.

# 참고문헌

건설교통부(1992), 극한강도설계법에 의한 철근콘크리트 구조기준, 건설부고시 제1992-563호, 1992. 10. 24.

권기태(1999), 토목시공학, 동명사, pp99-119

대한광업진흥공사(1997), 석재산업의 이해와 실태

박승범(1995), 신편 토목재료학, 문운당

변동균, 신현묵, 문제길(1989), 철근콘크리트, 동명사

김성수(1998), 최신 토목재료학, 도서출판 구미서관, pp58-165

김홍철(1996), 토목재료학, 서울산업대학교

최계식(1990), 토목재료 시험법과 해설 및 응용, 형설출판사, pp99

村田二郎, 長瀧重義, 菊川浩治(1993), 土木材料 コンクリート、東京; 共立出版株式會社

## ▶▶ Website

동국대학교 토목환경공학과 홈페이지, <http://civil.dongguk.ac.kr>

청주대학교 건축구조연구실, <http://cyber.chongju.ac.kr/~hskim/>

한라시멘트 홈페이지, 시멘트 제조공정, <http://www.lafargehalla.com>

현대시멘트(2000), 시멘트 기초상식, <www.hdcement.co.kr/kor/product/cement_home.htm>

Chapter 7

Civil Engineering

# 지반공학 및 암반공학

# 7.1 개요

토목공학에서 다루고 있는 모든 시설물은 지상, 지하, 해상에 구축되므로 지표면을 구성하고 있는 지반(地盤)[36]과 암반의 물리화학적 특성 및 역학적 특성을 잘 이해하는 것은 매우 중요한 일이다. 지반공학의 기초가 되는 토질역학은 지반을 구성하고 있는 흙에 대한 역학적인 문제를 다루는 것으로 각종 응력에 대한 흙의 거동을 다루는 역학의 한 분야로서 흙 속에서 물의 작용, 침투, 압축과 압밀, 전단강도, 토압 등 흙의 역학적인 문제를 다룬다. 한편, 흙과 암석을 구분하는 경계는 명확하지는 않으나 물에 넣었을 때 수중에서 연화되어 풀어지는 것을 흙이라 하고 그렇지 않은 것을 암반으로 구분한다. 암반공학에서는 암석을 대상으로 각종 역학적인 문제를 다루고 있다.

지반공학에서는 단순히 흙에 관한 역학적인 특성만을 가지고 모든 공학적 문제를 해결할 수는 없다. 흙은 토질역학적 관점에서 암석이 풍화작용을 받아 생성된 작은 입자로서 강재나 콘크리트와 같이 연속체로 볼 수도 있지만 엄밀히 말하자면 여러 가지 광물이 조합되어 있는 불연속체이다. 따라서 흙에 관한 다양한 실내실험과 토질조사 등을 통하여 각종 토질정수 등을 얻어야 한다. 이처럼 지반공학에서는 흙에 대한 재료적인 특성 조사 및 각종 지반조사, 기초 지반의 지지력, 옹벽이나 가시설에서의 토압, 축제 및 사면의 안정 등을 검토함은 물로 지하수위 침투 및 배수 문제, 연약지반의 처리문제, 각종 지반구조물의 설계와 시공 등 지반과 관련된 각종 제 문제에 대한 연구를 주요 내용으로 한다.

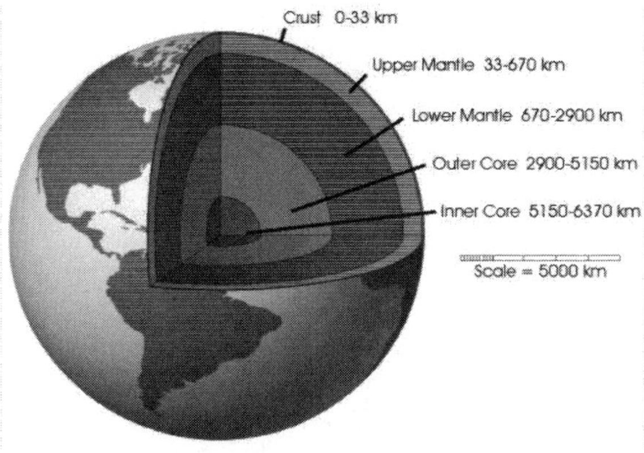


그림 7.1 지구의 구조와 지각

암반역학(Rock Engineering)은 암반이나 암석에 관한 설계 · 시공 · 채광 등의 작업을 위하여 암석과 암반의 역학적 거동에 대하여 연구하는 이론 및 응용과학으로서 학문적 체계는 비교적 최근인 1960년대에 성립하였다. 암반은 자연상태의 재료로서 일반 토사와는 현격히 다른 특징을 가지고 있으며 암반 위 또는 암반 내를 관통하여 시공되는

36) 지반이란 지구 표면을 구성하고 있는 지각 중에서도 지표면으로부터 약 100m 정도까지를 범위를 의미함

구조물은 암반의 특성을 정확히 파악하여야만 한다. 건설분야에서의 암반역학은 주로 암반에 가해지는 응력장에 대한 암석과 암반의 변형이나 파괴 등을 역학적으로 규명하여 지상구조물과 지하구조물 등의 안전한 설계와 시공 등을 목적으로 하고 있다.

표 7.1 지반공학의 제 분야

| 지반공학의 항목 | 지반과 관련된 성질 | 지반 공학적 문제 |
|---|---|---|
| • 흙의 일반적 성질 | 물리·화학적 성질 | 흙의 분류, 토층·지반 구분 |
| • 흙 속의 수리 | 투수성 | 침투, 배수, 모관성, 지하수 유출, 동상문제 |
| • 흙의 압축·압밀<br>지반의 응력과 변형 | 압축·압밀특성<br>응력·변형특성 | 지반, 성토, 구조물 등의 침하·경사·변형에 관한 문제 (지반의 부등침하, 측방유동, 융기) |
| • 흙의 전단강도, 토압,<br>사면안정, 지반의 지지력 | 강도특성 | 성토구조물, 사면활동, 기초 및 토압 (옹벽, 토류벽, 매설관 등) 등에 대한 안정문제 |
| • 흙의 다짐 | 다짐특성 | 다져진 흙의 성질, 토질안정 문제<br>(고속도로, 고속철도, 공항, 필댐) |
| • 지반진동 | 동적특성 | 액상화, 내진, 방진 문제 |
| • 지하공간<br>(암석 및 암반) | 암반의 강도특성<br>불연속면의 특성 | 지하굴착, 토압 및 암반사면<br>(터널, 지하철, 지하공간 등)의 문제 |
| • 기 초 | 지지력, 침하 | 직접 기초, 말뚝기초, 피어기초 및 케이슨기초 등의 지지력부족에 대한 침하 |
| • 지반환경 | 토질, 수질오염 | 폐기물처리, 환경오염문제<br>(폐기물매립, 준설, 지반개량 등) |
| • 연약지반<br>(지반주입, 보강) | 차수, 보강 | 연약지반처리 문제 |
| • 계측관리 | 응력, 변형, 간극수압 | 시공·유지관리, 역해석 |

## 7.2 흙의 구성과 분류

흙은 순수한 흙 입자 사이에 공극 그리고 이 공극 속에 들어있는 일정량의 물로 구성된 다공질(Porous Media)의 삼상(三相) 구조로 되어 있다. 이 세가지 성분의 구성비를 살펴보면 순수한 흙 입자가 대략 50%정도를 차지하고 수분과 공극이 각각 약 25%정도를 차지하고 있다. 그러나 흙의 종류와 환경에 따라서 이러한 구성비는 매우 달라서 흙 재료에 대한 각종 시험을 거쳐서 물리적인 특성을 정확히 파악하여야 한다. 흔히 흙을 공학적으로 분류할 때 입자가 굵은 조립토와 세립토는 강도와 역학적인 측면에서 매우 다른 성질을 보인다. 조립토는 흙 입자가 서로 접촉된 상태로 존재하는데 입도분포와 입자의 모양 및 입자간 마찰에 의해서 거동특성이 결정된다. 세립토는 흙 입자가 작고 흡착수가 입자 주변을 둘러싸고 있어 입자간에 서로 직접 접촉되어 있지 않고 일정한 간격으로 떨어져 있으므로 거동특성이 입자간의 마찰이 아닌 전기적인 힘에 의한 함수비에 따라 결정된다.

흙을 구성하고 있는 흙 입자(Soil Particle), 물(Water), 공기(Air)은 서로 다른 특성을 갖는 재료로서 고체인 흙 입자는 비압축성이고 입자간에 결속력을 가지지 못한다. 액체인 물은 비압축성인 대신에 유동성이 있으며 기체인 공기는 압축성이면서 유동성을 가지고 있으므로 매우 복잡한 거동특성을 보인다. 즉 흙에 외력이 작용하면 흙 입자는 압축되지 않지만 간극공기가 압축되거나 유출되고 이 속을 채우고 있던 물이 빠져나가면서 흙은 부피가 줄어들게 되고 흙 입자의 배열상태가 달라지면서 변형이 발생하게 되는 것이다.

### 7.2.1 흙의 기본적 성질

자연상태에서의 흙은 순수한 흙입자, 물, 공극으로 구성된 3상체로서 부분 포화토의 상태로 존재하며, 지하수위 아래에 있는 토사의 경우에는 공극이 전부 물로 채워져 완전 포화토의 상태이고, 반대로 건조로에서 완전히 건조시킨 경우에는 수분이 전혀없는 건조토의 상태 등으로 구분할 수 있다. 자연상태의 흙을 입자, 물, 공극의 순으로 주상도(柱狀圖)의 형태로 이상적으로 그려보면 다음 그림 7.2와 같이 나타낼 수 있다. 이 때 이 주상도에서 부피와 중량의 관계를 나타내면 다음과 같다.

먼저 흙의 총 부피는

$$V = V_s + V_w + V_a = V_s + V_v$$

여기서, $V_s$ : 순수 흙 입자의 부피

$V_w$ : 공극속에 들어있는 물의 부피

$V_a$ : 공극속에 들어있는 공기의 부피

$V_v$ : 순수한 흙 입자를 제외한 공극의 총 부피( $V_w + V_a$)

흙의 무게는

$W = W_s + W_w + W_a$에서 공기의 무게는 무시할 수 있으므로( $W_a \fallingdotseq 0$)

$W = W_s + W_w$

여기서, $W_s$ : 순수 흙 입자의 무게

$W_w$ : 공극속에 들어있는 물의 무게

$W_a$ : 공극속에 들어있는 공기의 무게( $W_a \fallingdotseq 0$)

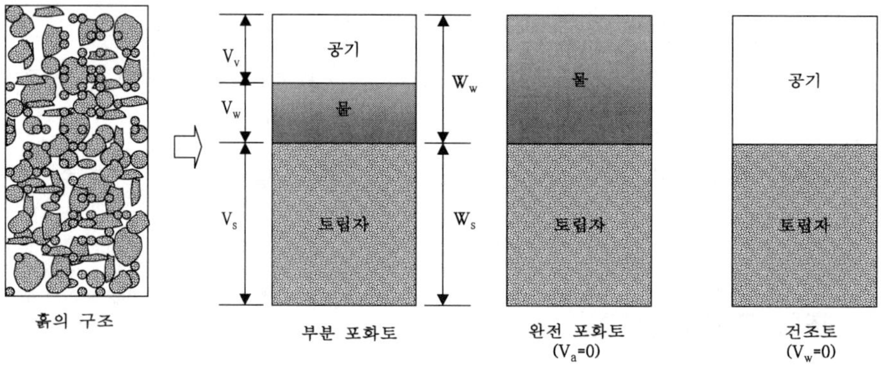


그림 7.2 흙의 구조와 3상

### (1) 흙의 체적과 관계된 성질

① 공극비(Void Ratio)

순수한 흙 입자인 고체부분의 체적과 공극체적의 비를 나타내며 무차원의 값

$$e = \frac{V_v}{V_s}$$

② 공극률(Porosity)

순수한 흙 입자의 고체부분의 체적을 제외한 공극이 전체 흙에서 차지하는 부피의 비를 백분율로 나타낸 것

$$n = \frac{V_v}{V} \times 100(\%)$$

③ 포화도(Degree of Saturation)

흙 속에 포함되어 있는 물의 부피를 공극의 부피에 대한 비로서 나타낸 것으로 지하수위 아래의 흙은 S=100%로 간주

$$S = \frac{V_w}{V_v} \times 100(\%)$$

### (2) 흙의 중량과 관계된 성질

① 함수비

흙 속에 포함되어 있는 물의 무게를 흙 입자에 대한 백분율로 나타낸 것

$$w = \frac{W_w}{W_s} \times 100(\%)$$

② 비중(Specific Gravity)

흙의 비중은 4℃물에 대한 단위중량의 비로서 일반적으로 세립토는 조립토보다 비중이 큰 특성을 보인다.

$$G_s = \frac{W_s}{W_s + (W_a - W_b)} \times G_w \quad (G_w : \text{물의 비중})$$

### (3) 흙의 단위중량

흙의 단위중량은 흙의 무게를 이에 대응하는 부피로서 나눈 값으로서 같은 체적의 흙이라도 흙의 상태에 따라서 달라진다. 같은 체적의 흙이라도 흙의 구조에 따라서 공극이 다르고 공극속에 포함된 물의 양이 달라지므로 단위중량이 달라지게 된다.

① 습윤 단위중량(Wet Unit Weight)

습윤 단위중량( $\gamma$)는 공극속의 일부에만 물을 함유하고 있는 자연상태의 흙의 무게

를 부피로 나눈 값이며, 별도의 설명이 없이 흙의 단위중량이라고 할 때는 습윤 단위중량을 의미한다. 대략 사질토의 경우 1.8~2.3t/㎥, 점질토의 경우 1.6~2.0t/$m^3$ 정도로 나타낸다.

$$\gamma_t = \frac{W}{V} = \frac{G_s + S\,e}{1+e}\gamma_w\,,\quad \gamma_t = \frac{1+w}{1+e}G_s\gamma_w$$

② 건조 단위중량(Dry unit weight)

흙 속의 물을 완전히 건조시켜 공극속에 물이 전혀없는 상태일 때 흙의 단위부피당 흙의 무게이다.

$$\gamma_d = \frac{W_s}{V} = \frac{G_s}{1+e}\gamma_w\,,\quad \gamma_d = \frac{\gamma_t}{1+w}$$

③ 포화 단위중량

수중에 있는 흙과 같이 공극이 완전히 물로 채워져 있을 때 흙의 단위부피당 흙의 무게이다.

$$\gamma_{sat} = \frac{W_{sat}}{V} = \frac{G_s + e}{1+e}\gamma_w$$

④ 수중 단위중량

흙이 지하수위보다 아래에 있는 경우에는 지하수의 부력을 받게되므로 부력만큼의 단위중량을 빼주어야 한다. 그러므로 수중 단위중량은 포화 단위중량에서 부력에 해당하는 물의 단위중량을 뺀 값이다

$$\gamma_{su} = \gamma_{sat} - \gamma_w = \frac{G_s - 1}{1+e}\gamma_w$$

### (4) 흙의 상대밀도(Relative Density)

사질토와 같이 입자와 입자사이의 마찰, 입도의 분포 등에 의해 토사의 거동특성이 결정되는 경우 입자와 입자가 얼마나 촘촘한가에 따라서 그 성질이 매우 달라진다. 이와 같이 흙의 조밀한 정도는 상대밀도를 이용하여 나타낸다.

$$D_r = \frac{e_m - e}{e_m - e_m} \times 100(\%)$$

## 7.2.2 흙의 분류

자연상태로 존재하는 흙을 그 역학적 거동이 유사한 것끼리 묶어서 분류하는 것을 흙의 분류(Soil Classification)이라 한다. 지반공학에서 흙을 분류하는 방법은 여러 가지가 있는데 크게 분류해 보면 다음과 같다.

1) 흙 입자의 크기에 의한 분류
2) 흙 입자의 형상에 의한 분류
3) 흙의 구성성분에 의한 분류
4) 흙의 소성특성에 의한 분류
5) 흙의 공학적 특성에 의한 분류

흙은 크고 작은 토립자가 모여서 이루어진 것으로서 흙 입자의 크기에 의한 분류방법은 흙의 입경[37]에 의해 구분하는 방법이다. 실트나 점토입자가 많은 흙을 세립토(細

| 세립분 | | 조립분 | | | | | | 석분 | |
|---|---|---|---|---|---|---|---|---|---|
| 점토 | 실트 | 모래 | | | 자갈 | | | 석재 | |
| | | 가는 모래 | 중 모래 | 굵은 모래 | 가는 자갈 | 중 자갈 | 굵은 자갈 | 조석 | 거석 |

입경(mm) 0.005 0.075 0.25 0.85 2.0 4.75 19 75 300

그림 7.3 흙의 입경에 따른 분류

粒土) 또는 점착력을 가졌기 때문에 점성토(粘性土)라 하고, 모래나 이보다 굵은 자갈입자가 많은 흙을 조립토(粗粒土)라 한다. 모래가 많은 경우에는 사질토(砂質土)라 하고 자갈이 많이 섞인 경우에는 역질토(礫質土)라고 한다. 삼각좌표 분류법(Triangular Soil Classification Chart System)은 흙의 입경에 의한 대표적인 분류방법이지만, 단순히 흙의 입자 크기만으로 지반을 분류하는 것은 공학적인 의미가 없기 때문에 지반공학에서는 잘 이용하지 않는다.

37) 입경(粒經) ; 흙 입자의 크기를 말함

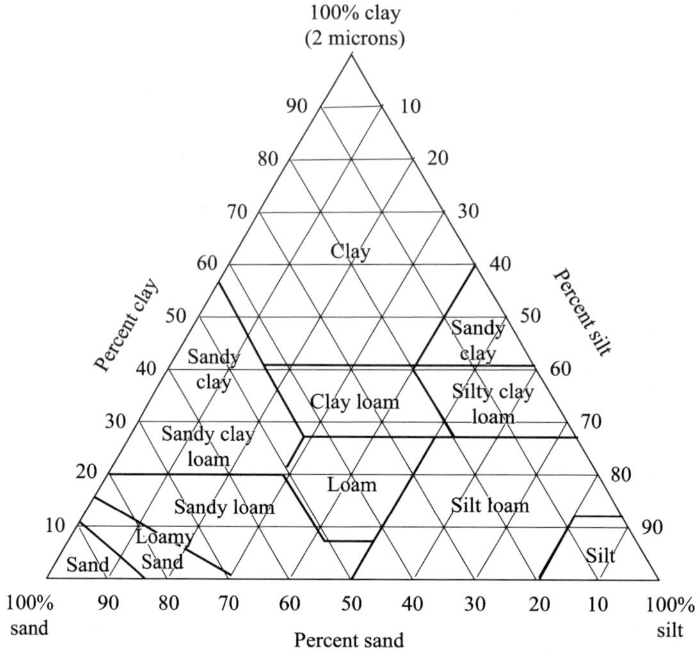


그림 7.4 흙의 삼각좌표 분류방법

지반공학에서는 주로 흙의 공학적 분류방법인 통일분류법(USCS: Unified Soil Classification System)이 주로 이용되고 있는데 통일분류법은 흙을 알파벳 2글자로 나타내는 것으로 첫 글자는 흙의 주된 입자의 크기를 나타내고, 둘째 글자는 흙의 공학적 성질인 입도분포나 소성특성 등을 나타내는 것이다. 도로공학에서는 미국의 도로협회(AASHTO: American Association of State Highway and Transportation Officials)에서 개발한 흙의 분류법인 AASHTO분류법을 주로 이용하고 있다. 이 분류법은 흙의 입도분포와 애터버그 한계[38]및 군지수를 이용하여 분류하는 방법이다.

38) Atterberg Limits ; 흙이 함수비의 변화에 따라 고체, 반고체, 소성, 액성상태로 변화되는 경계를 애터버그 한계라 함

표 7.2 통일분류법에 의한 흙의 분류

| 주 요 구 분 | | | 기호 | 대 표 적 인 흙 | 분 류 기 준 | | |
|---|---|---|---|---|---|---|---|
| 조립토 (Coarse Grained Soils) 시료의 50% 이상이 75$\mu$ m 체에 남는 흙 | 자갈 (Gravel) 조립토의 50% 이상이 4 mm 체에 남는 흙 | 세립분 거의 없는 깨끗한 자갈 | GW | 입도분포가 양호한 자갈, 자갈·모래의 혼합토, 세립분이 거의 없음 | 세립분의 함유율에 의한 분류 | Cu〉4, Cu = D60/D10 1〈Cc〈3, Cc = (D30)2/(D10 x D60) | |
| | | | GP | 입도분포가 불량한 자갈, 자갈·모래의 혼합토, 세립분이 거의 없음 | 200번체 통과율 5% 이하인 경우 GW, GP, SW, SP | Cu 및 Cc가 GW의 조건에 만족되지 않을때 | |
| | | 세립분 함유한 자갈 | GM | 실트질 자갈, 자갈·모래·실트 혼합토 | | Atterberg 한계가 A선 밑에 있거나 소성지수가 4이하 | 소성지수가 4~7 이면서 Atterberg 한계가 A선 위에 존재할 때는 2중기호로 표시 |
| | | | GC | 점토질 자갈, 자갈·모래·점토 혼합토 | 200번체 통과율 12% 이상인 경우 GM, GC, SM, SC | Atterberg 한계가 A선 위에 있거나 소성지수가 7이상 | |
| | 모래 (Sand) 조립토의 50% 이상이 4 mm 체를 통과하는 흙 | 세립분 거의 없는 모래 | SW | 입도분포가 양호한 모래, 자갈질 모래 | | Cu 〉 6 1 〈 Cc 〈 3 | |
| | | | SP | 입도분포가 불량한 모래, 자갈질 모래 | 200번체 통과율 5-12%인 경우 2중 기호로 표시 | Cu 및 Cc가 SW의 조건에 만족되지 않을 때 | |
| | | 세립분 상당량 함유한 모래 | SM | 실트질 모래 모래·실트 혼합토 | | Atterberg 한계가 A선 밑에 있거나 소성지수가 5이하 | 소성지수가 4~7이면서 Atterberg 한계가 A선위에 존재할 때는 2중 기호(CL-ML)로 표시 |
| | | | SC | 점토질 모래 모래·점토의 혼합토 | | Atterberg 한계가 A선 위에 있거나 소성지수가 7이상 | |
| 세립토 (Fine Grained Soils) 시료의 50% 이상이 75$\mu$ m 체를 통과하는 흙 | 저소성 실트 및 점토(Low Plastic Silt & Clay) 액성한계 50% 이하인 저소성의 흙 | | ML | 무기질 실트, 매우 가는 모래, 암분, 저 소성의 실트질 또는 점토질의 세립모래 | 다음 소성도(Plasticity Chart)는 조립토에 함유된 세립분이나 세립토를 자세하게 분류하기 위하여 사용되며 소성도의 검은 부분은 2중기호(CL-ML)로 표기해야 하는 부분이다. | | |
| | | | CL | 소성이 중간치 이하인 무기질 점토, 자갈질 점토, 모래질 점토, 실트질 점토, | | | |
| | | | OL | 소성이 작은 유기질 실트 및 유기질 실트, 점토 | | | |
| | 고소성 실트 및 점토 (High Plastic Silt & Clay) 액성한계 50% 이상인 고소성의 흙 | | MH | 무기질 실트, 운모질 또는 규소질의 세립모래 또는 실트질 흙, 탄성이 큰 실트 | | | |
| | | | CH | 소성이 큰 무기질 점토 소성이 큰 점토 | | | |
| | | | OH | 소성이 중간치 이상인 유기질 점토 | | | |
| 고 유기질 흙 | | | Pt | 이탄토(Peat) 유기질을 많이 함유한 흙 | | | |

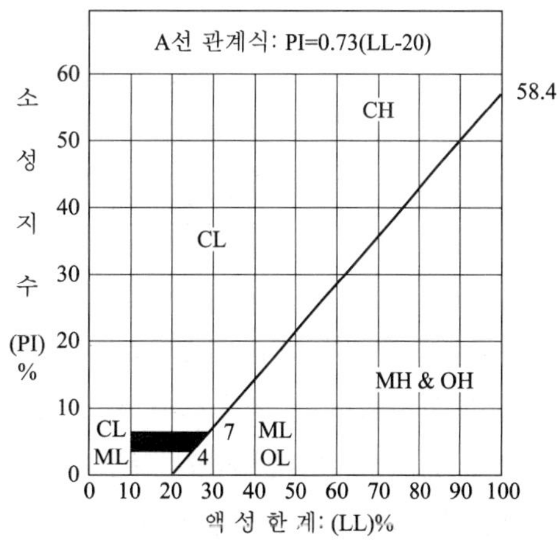

# 7.3 지반조사와 토질실험

지반조사는 건설공사가 이루어지게 될 대상지역에 대한 지층분포와 토질, 암석 및 암반 등 의 상태 등 지반의 공학적 성질을 명확하게 파악하여 구조물의 계획과 설계, 시공에 필요한 각종 지반정보를 얻기 위해 실시한다. 또한 대상지역의 토사 및 암반이 건설재료원으로서 적합한지의 여부를 파악하고 그 매장량을 사전에 추정하기 위해서 실시하는 것이다. 따라서 지반조사란 어느 특정지역의 지반정보를 얻기 위해 실시하는 수단이

**1. 사전조사**

- 현지 답사
- 정밀지형측량
- 항공사진촬영
- 지표지질조사
- 과거 공사기록 수집

→

**2. 예비조사**

- 용출수 유무 조사
- 지하수 상태 조사
- 하천수 상태 조사
- 지하구조물 현황조사

↓

**3. 본조사**

| · 지하탐사 | · 원위치 시험 | · 실내 시험 |
|---|---|---|
| – 탐침법 | – 보오링 | – 애터버그한계 시험 |
| – 시굴법(test pit) | – 사운딩 | – 체분석 |
| – 물리탐사법 | – 표준관입시험 | – 침강시험 |
| – 지하수위 측정 | – 들밀도시험 | – 역학적 강도시험 |
| | – 평판재하시험 | |
| | – 지지력시험 | |

↓

**4. 추가조사**

- 본 조사 후 필요한 경우에 추가로 조사
- 조사자료의 보완 및 보강을 목적으로 함

그림 7.5 지반조사의 순서 및 종류

라고 할 수 있으며, 보통 원위치시험과 실내실험으로 구분한다. 원위치시험은 현장에서 직접 실시하는 시험으로서 현장답사, 시험굴조사, 물리탐사, 사운딩(Sounding), 시추조사 등이 있으며, 실내실험인 토질실험은 대상지역의 흙에 대한 각종 토질정수를 얻기 위해 채취한 시료를 이용하여 실내에서 실시하는 각종 실험을 말한다. 지반조사는 그 종류에

따라서 각각의 목적이 있고 장단점이 있으므로 요구되는 정보의 종류와 정밀도 등에 따라서 가장 경제적인 수단을 선택하는 것이 중요하며, 다양한 수단별로 각기 장단점이 있으므로 요구되는 정보의 정밀도나 종류 등을 만족하는 범위에서 가장 경제적인 수단을 선택한다. 만약 지반조사를 소홀히 하는 경우 공사비 증가나 공기의 지연 등을 초래하므로 건설공사의 완벽성을 기하기 위하여서는 충실한 지반조사가 필수적으로 요구된다.

지반조사는 일반적으로 사전조사, 예비조사, 본 조사, 추가조사 등의 순서로 실시되지만, 공사의 규모에 따라서 조사단계의 일부가 생략될 수도 있고 추가될 수도 있다. 사전조사는 대상지역에 대한 광범위한 자료수집을 목적으로 하며, 인근 주변의 과거 조사자료가 있는 경우 매우 유용하게 참고할 수 있다. 예비조사는 사전조사보다 다소 상세한 조사를 통하여 개략적인 지반의 특성을 파악하기 위해서 수행한다. 지반조사단계에서 가장 중요한 본 조사는 주로 설계단계에서 시작하며 각종 물리탐사와 원위치시험 및 실내실험 등을 종합적으로 실시하여 정밀한 분석을 수행한다. 추가조사는 본 조사의 결과가 미흡한 항목에 대해서 보완을 목적으로 실시하는 것이며, 본 조사가 충실하게 되지 못한 경우에는 추가조사의 범위가 커질 수 있으므로 주의하여야 한다.

### 7.3.1 물리탐사

물리탐사는 지반의 물리적 성질의 차이를 이용하여 지질구조와 지층의 성질을 조사하는 방법으로서 지반조사뿐만 아니라 지하수나 광물자원, 석유 등 각종 지하자원의 탐사에 중요한 수단이 되고 있다. 초기에 지하구조의 조사를 목적으로 하던 물리탐사는 현장측정 기술의 발전과 해석기술의 발전으로 그 신뢰성이 점차 높아져 지반물성치의 추정에 적용하고 있으며 최근에는 재해예방과 환경분야에서도 일부 탐사법이 응용되고 있다.

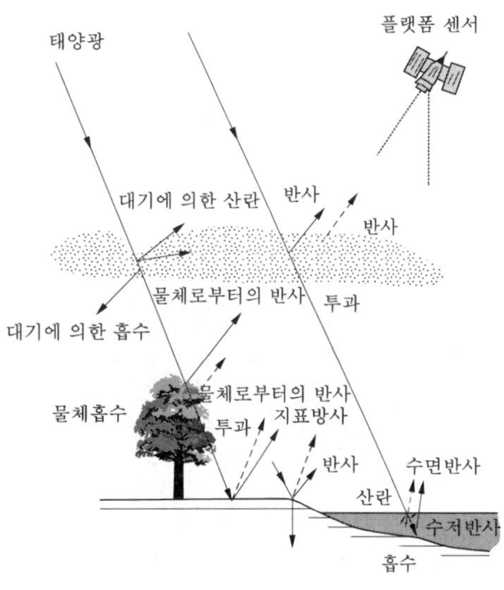

그림 7.6 리모트센싱(Remote Sensing)

물리탐사는 대부분 자료수집(Data Acquisition), 자료처리(Data Processing), 결과해석(Interpretation)의 과정을 거치며 무엇보다도 대상지반이 물리적인 성실 차이가 있어야만이 적용이 가능하며, 조사목적에 따라 탐사방법을 결정하여야 한다. 건설공사를 위한 지반조사에서 물리탐사의 응용방법으로는 중력탐사를 비롯하여 자력탐사, 전기탐사, 탄성파탐사 등이 이용되고 있으며 특히 굴절법 탄성파탐사와 전기비저항탐사가 많이 활용되고 있다.

표 7.3 물리탐사법의 종류

| 구 분 | 탐 사 법 | 주 용 도 |
|---|---|---|
| 해 상 탐 사 | 탄 성 파 탐 사 반 사 법 | • 석유자원탐사 |
| 공 중 탐 사 | 리 모 트 센 싱 | • 활단층, 산사태지역파악 |
| | 공 중 전 자 탐 사 | • 자원탐사(지하수, 지열, 온천) |
| 지 표 면 탐 사 | 탄 성 파 탐 사 굴 절 법 | • 암반분류, 자하구조의 파악 |
| | 탄 성 파 탐 사 반 사 법 | • 석유자원탐사 |
| | 비 저 항 전 기 탐 사 법 | • 단층, 지하수맥 검출등 지하구조 파악 |
| | 전 자 탐 사 법 | • 지하 비저항 구조 파악 |
| 보 오 링 탐 사 | P S 검 층 | • 대규모 암반공동의 파악 |
| | 지 오 토 모 그 래 피 | • 단층,변질대 검출, 지반개량효과 판정 |

탄성파 탐사는 지하매질로 전파하는 탄성파가 서로 다른 암석의 경계면에서 반사 또는 굴절을 일으키게 된다는 이론에 기초하는 것으로 지표부근에서 인공적으로 탄성파를 일으켜 이 탄성파가 지하 매질을 거쳐 되돌아오는 반사파와 굴절파를 수신하여 지하구조를 규명하는 방법이다. 탄성파는 압축파, 전단파 및 표면파로 나뉘어지는데 지질구조의 해석이나 지하수의 분포상태는 주로 압축파(P파)나 전단파(S파)의 전파속도를 이용한다. 터널의 암반분류나 암석의 굴착성(Ripperbility)을 파악하는데 유용한 방법이며, 저속도대의 분포에 따라 단층, 파쇄대 등의 탐사에도 이용된다.

그림 7.7 탄성파탐사를 이용한 지반조사

전기 비저항 탐사는 모든 물질은 고유한 전기저항을 지니고 있으며, 토층이나 암반에 포함되어 있는 수분이나 용해성 염분으로 인해 지반내에서는 전해현상이 일어나며, 이로 인해 지표에 설치한 전극과 전극사이에 전류가 흐를 수 있다는 원리를 이용하는 탐사방법이다. 전기 비저항 탐사는 전원, 전류계, 전압계, 전극봉 등이 주요 탐사장비를 구성하고 있으며 토취장 조사시 사질토와 점성토의 구별, 지층내 염수의 분포상태, 수질오염으로 인한 지하수의 수질변화 상태, 기반암의 분포심도 등을 조사할 수 있다.

이 밖에 최근에는 비행기나 인공위성을 이용하는 리모트센싱(Remote Sensing)이 점차 활용도가 높아지고 있다. 리모트센싱은 모든 물체는 종류 및 환경조건이 다르면 각기 다른 전자파의 반사 및 산란, 복사 등의 특성을 가진다는 전자스펙트럼의 특성을 이용하는 탐사방법으로서 산사태와 활단층의 파악 등이 용이한 장점이 있다.

### 7.3.2 원위치 시험

원위치 시험이란 조사대상 지역의 지반정보를 구하기 위해 현장에서 직접 원지반상태 그대로 각종 시험을 실시하는 것을 말한다. 원위치 시험에는 보링공(Boring)을 이용하는 시험법과 사운딩(Sounding) 및 지반의 지지력시험 등이 대표적이다. 원위치 시험은 지반의 강도와 변형계수, 지지력 등의 역학적인 정보를 얻기 위해 실시하는 것과 지하수정보나 지층의 구성상태 등 물리정보를 얻기 위해 실시하는 것으로 구분해 볼 수 있다.

그림 7.8 보오링 시험

보링공에 의한 지반조사는 지중에 보링기계를 이용하여 천공하여 토사의 채취, 관찰 및 지중의 토질분포, 흙의 층상 및 지층의 구성 등을 알 수 있으며, 표준관입시험과 베인시험 등과 같은 다른 지반 조사법과 병용하기도 한다. 사운딩이란 로드 선단에 부착한 저항체를 흙 속에 관입시켜 관입·회전·인발 등의 저항정도를 측정하여 지반의 상태를 파악하며, 보통 보링방법과 병행하여 실시한다. 사운딩에는 지반의 N값을 측정하는 표준관입시험(SPT: Standard Penetration Test)과 지반의 전단강도를 측정하는 베인시험(Vane Test) 및 콘(Cone) 시험, 스웨덴식 사운딩 그리고 인발시험 등이 있다.

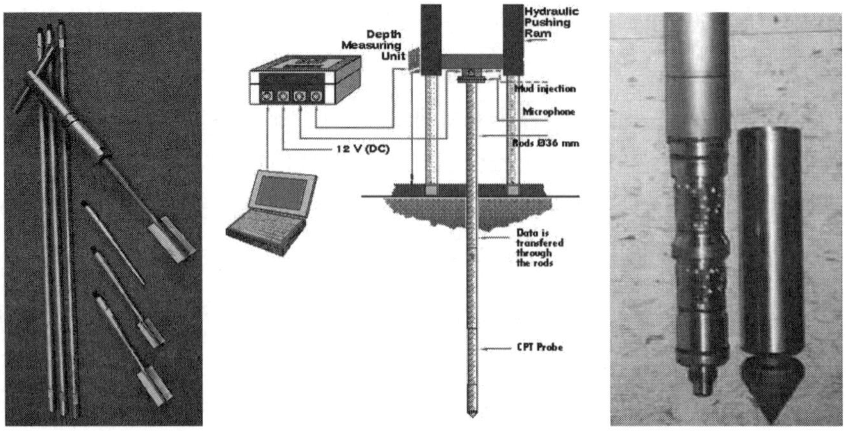


그림 7.9 베인시험기와 콘관입시험기

### 7.3.3 실내시험

실내시험은 현장에서 채취한 시료를 운반하여 실험실에서 각종 실험장비를 이용하여 실시하는 시험을 총칭하는 것이다. 시료의 채취과정에서 원지반의 상태와 다른 교란시료를 대상으로 하는 경우 오류가 많으나 시험이 간편하고 시험공정이 적기 때문에 지반에 대한 공학적인 특성을 파악하는데 큰 장점이 있다.

실내시험은 일반적으로 물리적 특성시험, 역학적 특성시험으로 구분되며, 물리적 특성시험은 흙 분류나 판별에 관한 기본적인 성질을 규명하기 위하여 실시하는 시험으로 흙의 입도, 비중, Consistency등과 같은 흙 분류 판별시험과, 함수량, 간극비, 밀도 등과 같이 흙의 물성을 알기 위한 시험으로 구분된다. 역학적 특성시험은 흙의 강도특성과 변형특성에 관한 시험이 있으며, 기초의 시공, 지하굴착, 절취 및 성토 등의 목적으로 지반의 거동하는데 필요한 정수를 결정하기 위해 실시한다. 실내시험의 방법은 한국공업규격(KS F)에 규정하고 있으며 규정되지 않은 시험을 실시할 때는 국제적으로 인정되는 방법에 의해 실시한다.

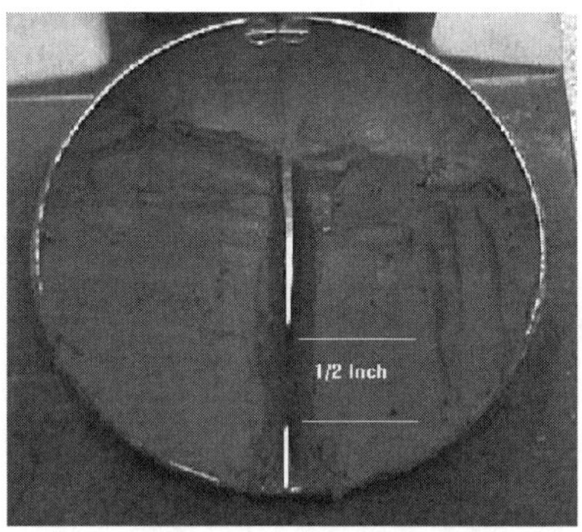


그림 7.10 액성한계시험

표 7.4 실내시험의 종류와 시험결과의 이용

<table>
<tr><th colspan="2">시험종류</th><th>시험방법</th><th>시료의 상태</th><th>시험결과치</th><th>시험결과의 이용</th></tr>
<tr><td colspan="2">입도시험<br>체분석<br>침강분석</td><td>KS F2302</td><td>교란시료</td><td>입경가적곡선<br>균등계수<br>곡율계수</td><td>흙의 분류, 점토의 압축성 판정, 사질토의 안정성 및 액상화 판정</td></tr>
<tr><td colspan="2">액성한계시험<br>소성한계시험<br>수축한계시험</td><td>KS F2303<br>KS F2304<br>KS F2305</td><td>교란시료</td><td>액·소성한계,<br>소성지수,<br>수축한계,<br>컨시스턴시지수,<br>수축비</td><td>흙의 분류, 자연상태 점토의안정성 판정, 흙재료의 판정, 노상노반토의 판정, 점착성의 판정</td></tr>
<tr><td colspan="2">함수비시험</td><td>KS F2306</td><td>자연함수량이<br>변하지 않은<br>시료</td><td>함 수 비</td><td>흙의 기본적 성질계산,<br>예민비판정</td></tr>
<tr><td colspan="2">비중시험</td><td>KS F2308</td><td>교란시료</td><td>흙입자의 비중</td><td>간극비, 포화도계산,<br>흙의 침강분석</td></tr>
<tr><td colspan="2">다짐시험</td><td>KS F2312</td><td>교란시료</td><td>최적함수비<br>최대건조밀도</td><td>노반 및 성토의 설계,<br>시공관리</td></tr>
<tr><td colspan="2">일축압축시험</td><td>KS F2314</td><td>불교란시료<br>다짐시료</td><td>일축압축강도<br>변형계수</td><td>점성토지반의 기초, 사면, 굴착면, 옹벽등의 안정계산</td></tr>
<tr><td colspan="2">압밀시험</td><td>KS F2316</td><td>불교란시료</td><td>압축지수,<br>압밀계수,<br>체적압축계수<br>압밀항복응력</td><td>점성토 지반의 압밀침하량 및 침하시간 계산</td></tr>
<tr><td colspan="2">지지력비 시험<br>(CBR)</td><td>KS F2320</td><td>불교란시료<br>다짐시료</td><td>교란토 및<br>불교란토의<br>지지력비</td><td>휨성포장두께의 판정</td></tr>
<tr><td colspan="2">투 수 시 험</td><td>KS F2322</td><td>불교란시료</td><td>흙의 투수계수</td><td>투수성지반의 설계</td></tr>
<tr><td colspan="2">직접전단시험</td><td>KS F2343</td><td>불교란시료<br>다짐시료</td><td>점착력,<br>내부마찰각</td><td>구조물기초, 사면, 굴착면, 옹벽등의 안정계산</td></tr>
<tr><td colspan="2">상대밀도시험</td><td>KS F2345</td><td>불교란시료</td><td>최대단위중량<br>최소단위중량</td><td>흙의 다짐도및 액상화 판정</td></tr>
<tr><td rowspan="3">삼축압축시험</td><td>비압밀<br>비배수<br>시험(UU)</td><td>KS F2346</td><td>불교란시료<br>다짐시료</td><td>점착력<br>내부마찰각</td><td>점성토 지반의 기초, 사면,굴착면, 옹벽등의 안정계산</td></tr>
<tr><td>압밀 비배수<br>시험(CU)</td><td>KS F2346</td><td>불교란시료<br>다짐시료</td><td>점착력<br>내부마찰각</td><td>유효응력에 의한 점성토지반의 안정계산</td></tr>
<tr><td>압밀 배수<br>시험(CD)</td><td>KS F2346</td><td>불교란시료<br>다짐시료</td><td>점착력<br>내부마찰각</td><td>유효응력에 의한 사질토 지반의 안정계산</td></tr>
</table>

## 7.4 토공

토공(Earth Work)이란 건설공사에서 흙을 깎거나 쌓는 작업, 흙을 운반하는 작업 등을 말하며 일반적으로 건설공사의 초반부에 토공사가 시작된다. 토공은 현장의 토사나 암을 주 대상으로 하므로 해당지역의 지반 특성과 밀접한 연관을 갖는다. 토공작업의 대부분은 보통 중장비라고 일컬어지는 건설기계를 이용하여 수행되고 있다. 토공에서 자주 사용되는 용어를 살펴보면 다음과 같다.

1) 절토 : 육상부 지반의 굴착작업
2) 성토 : 육상부에서 흙을 쌓아 올리는 작업
3) 축제 : 제방, 도로, 철도의 노반과 같이 일정한 길이방향으로 기준지면보다 높게 쌓는 작업
4) 정지 : 운동장 또는 택지개발 등 넓은 부지에서 절토와 성토를 통하여 편평하게 하는 만드는 작업

그림 7.11 토공작업

5) 준설 : 수중에서의 절토작업으로서 주로 준설선을 이용하여 작업

6) 매립 : 굴착한 곳을 되메우거나 어느 기준보다 낮은 지반을 기준면까지 쌓아 올리는 작업
7) 토취장과 토사장 : 성토에 필요한 흙을 채취하는 곳을 토취장이라하고 굴착한 토사가 남을 때 이를 가져다 버리는 곳을 토사장이라 함
8) 소단 : 사면보호 및 경사면의 유지관리나 유수의 낙하속도를 저하시키기 위하여 사면에 계단식으로 만들어 둔 턱
9) 다짐 : 성토한 흙을 다져서 견고한 지반으로 만드는 작업

토공작업은 대부분 절토한 흙을 운반장비에 적재하여 소정의 장소로 운반하여 포설(성토)한 후 이를 견고하게 다지는 작업을 한 싸이클로 진행된다. 이 때 자연상태의 흙을 굴착하게 되면 원래의 부피보다 증가한 상태가 되며, 굴착한 토사를 운반한 후 포설하여 다짐장비로 잘 다지게 되면 굴착토사의 부피는 원래 흙의 부피보다 다소 감소하게 된다. 이러한 단계를 토량변화라 하며 흙의 부피가 증가하는 변화율을 토량의 증가변화율(L), 흙의 부피가 감소하는 감소변화율(C)로 나타낸다. 그러므로 토공에서는 이러한 토량변화율을 잘 검토하여 토공량을 산정하여야 하며, 토량 변화율은 흙의 종별로 서로 다른 값을 갖는다.

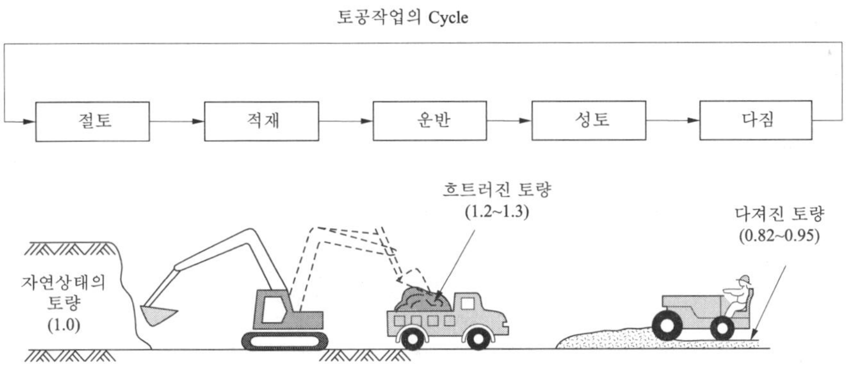


그림 7.12 토공작업의 싸이클과 토량변화율

토공작업에서는 토사의 하중과 건설기계의 통행 등으로 인해 침하나 붕괴가 일어나기 쉽다. 흔히 굴착공사를 진행하면서 인접지역에 대한 붕괴방지를 위한 흙막이공사를 소홀히하여 지반이 붕괴되는 사고가 종종 발생하고 있으며, 또한 산을 깎아서 도로를 만들 때 경사면의 기울기를 너무 급하게 하여 사면이 무너져 내리는 일이 많다. 흙을

쌓아올려 자연상태로 방치하면 차츰 붕괴되어 안정된 비탈을 형성하는데 이때 원지면과 비탈면 사이의 각을 안식각이라고 하는데 사면을 만들때는 경사면의 각도가 이 안식각보다 작게 만들어야 안전하다. 일반 토사의 경우 보통 안식각은 30~35도이다.

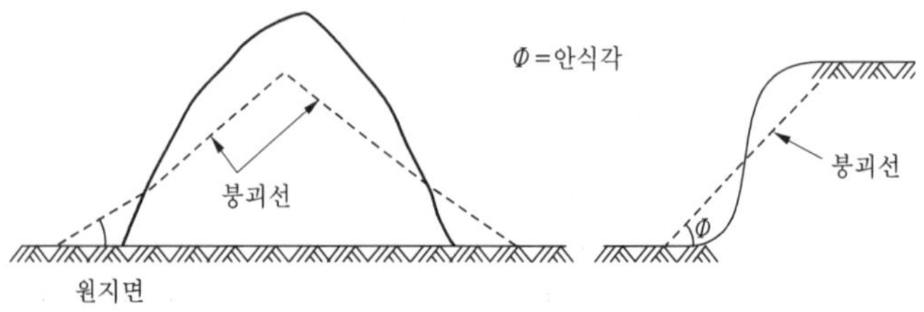


그림 7.13 흙의 안식각

표 7.5 토석의 종류별 토량 변화율

| 종 별 | L | C |
|---|---|---|
| 경암(硬岩)<br>보통암(普通岩)<br>연암(軟岩)<br>풍화암(風化岩) | 1.70~2.00<br>1.55~1.70<br>1.30~1.50<br>1.30~1.35 | 1.30~1.50<br>1.20~1.40<br>1.00~1.30<br>1.00~1.15 |
| 폐콘크리트 | 1.40~1.60 | 별도설계 |
| 호박돌(玉石) | 1.10~1.15 | 0.95~1.05 |
| 력(礫)<br>력질토(礫質土)<br>고결(固結)된 력질토(礫質土) | 1.10~1.20<br>1.15~1.20<br>1.25~1.45 | 1.05~1.10<br>0.90~1.00<br>1.10~1.30 |
| 모래(砂)<br>암괴(岩塊)나 호박돌이 섞인 모래 | 1.10~1.20<br>1.15~1.20 | 0.85~0.95<br>0.90~1.00 |
| 모래질흙<br>암괴(岩塊)나 호박돌이 섞인 모래질흙 | 1.20~1.30<br>1.40~1.45 | 0.85~0.90<br>0.90~0.95 |
| 점질토<br>력(礫)이 섞인 점질토(粘質土)<br>암괴(岩塊)나 호박돌이 섞인 점질토 | 1.25~1.35<br>1.35~1.40<br>1.40~1.45 | 0.85~0.95<br>0.90~1.00<br>0.90~0.95 |
| 점토(粘土)<br>력이 섞인 점질토<br>암괴(岩塊)나 호박돌이 섞인 점토 | 1.20~1.45<br>1.30~1.40<br>1.40~ · 1.45 | 0.85~0.95<br>0.90~0.95<br>0.90~0.95 |

# 7.5 지반개량과 사면안정

## 7.5.1 지반개량 공사

해안 매립지나 강, 호수가 인접한 곳, 늪지 등은 지반이 매우 연약하기 때문에 구조물을 축조할 때 지지력이 부족하여 침하가 발생하기 쉽다. 이와 같이 함수비가 높고 압축성이 높아 지반의 지지력이 매우 작은 지반을 연약지반이라 한다. 연약지반에서는 일반적으로 지하수위가 높고 제체 및 구조물의 안정성과 침하문제가 일어나기 쉬우며 일축압축강도가 작은 점토, 실트 및 유기질토, 느슨하게 쌓인 사질토 등을 말한다. 공학적으로 연약지반을 판단할 때는 일반적으로 표준관입시험에서 얻어지는 N값을 가지고 판단하는데, 점성토에서는 대략 N값이 4보다 적은($N \leq 4$)연약지반, 사질토에서는 N값이 10 이하($N \leq 10$)로서 지진시에 액상화[39]할 우려가 있는 지반을 말한다.

연약지반에 구조물을 축조하기 위해서는 연약지반이 가진 나쁜 성질을 공학적으로 개선시켜 지지력을 증대시킴으로써 공사 중 또는 완료 후의 예상가능한 문제에 대처할 수 있도록 여러 가지 대책공법을 시행할 필요가 있다. 연약지반에 대하여 지지력의 증대, 지반의 변형억제, 지반침하의 방지, 수압과 투수성의 감소 등을 목적으로 시행되는 여러 가지 대책공법을 연약지반 개량공법이라 한다. 연약지반 개량공법은 주어진 기초지반의 흙의 공학적 특성을 적극적으로 개선하여 본래 연약지반이 갖는 기초공학적 한계를 극복하고 원하는 구조물을 구축할 수 있는 방법으로서 현장의 지반조건에 따라 적용할 수 있는 공법이 달라진다. 연약지반이 점성토지반인 경우에는 주로 지반내의 물을 배제시키거나 고결시켜 압밀침하를 촉진시키는 방법이 주로 이용되며, 사질토지반인 경우에는 진동과 다짐에너지를 이용하여 단단한 지반으로 만드는 방법을 주로 이용한다.

그림 7.14 부등침하에 의한 건물의 붕괴

39) 액상화 : 포화된 모래가 진동이나 지진 등의 충격력을 받을 때 토립자들이 재배열되어 수축되며 과잉간극수압이 유발되어 유효응력과 전단강도가 크게 감소됨으로써 모래가 유체처럼 흐르는 현상

표 7.6 지반개량공법과 적용원리

<table>
<tr><th>구분</th><th>개량원리</th><th colspan="2">주요공법</th><th>개량목적</th><th>적용지반</th></tr>
<tr><td rowspan="6">하중<br>조절</td><td>경량화</td><td colspan="2">경량자재</td><td rowspan="6">지반의 지지력 향상<br>지반의 전단변형 억제<br>지반의 침하억제<br>활동파괴의 방지<br>시공기계의<br>Trafficability확보</td><td rowspan="2">점성토</td></tr>
<tr><td>하중균형</td><td colspan="2">압성토공법</td></tr>
<tr><td rowspan="4">하중분산</td><td colspan="2">침상공법</td><td rowspan="3">유기질토</td></tr>
<tr><td colspan="2">Sheet, Net 공법</td></tr>
<tr><td colspan="2">Sand Mat 공법</td></tr>
<tr><td colspan="2">표층혼합처리공법</td><td>점성토, 유기질토</td></tr>
<tr><td rowspan="22">지<br>반<br>개<br>량</td><td rowspan="2">치환</td><td colspan="2">굴착치환공법</td><td rowspan="2">활동파괴의 방지<br>침하의 감소<br>지반전단변형의 억제</td><td rowspan="2">점성토<br>유기질토</td></tr>
<tr><td colspan="2">강제치환공법</td></tr>
<tr><td rowspan="8">탈수</td><td colspan="2">Preloading 공법</td><td rowspan="8">압밀침하촉진<br>지반의 강도증가 촉진<br>활동파괴의 방지</td><td rowspan="5">점성토<br>유기질토</td></tr>
<tr><td rowspan="4">연직<br>드레인 공법</td><td>Sand drain 공법</td></tr>
<tr><td>Pack drain 공법</td></tr>
<tr><td>Paper drain 공법</td></tr>
<tr><td>Plastic drain 공법</td></tr>
<tr><td rowspan="2">지하수위<br>저하공법</td><td>Well point 공법</td><td>사질토</td></tr>
<tr><td>Deep well 공법</td><td rowspan="2">점성토</td></tr>
<tr><td colspan="2">생석회 Pile 공법</td></tr>
<tr><td rowspan="5">다짐</td><td colspan="2">Sand Compaction Pile 공법</td><td rowspan="5">침하의 감소<br>액상화 방지<br>활동파괴의 방지</td><td>점성토,<br>사질토,유기질토</td></tr>
<tr><td colspan="2">Vibroflotation 공법</td><td rowspan="2">사질토</td></tr>
<tr><td colspan="2">Vibrotamper 공법</td></tr>
<tr><td colspan="2">쇄석 Pile 공법</td><td>점성토, 사질토</td></tr>
<tr><td colspan="2">동압밀공법</td><td>사질토</td></tr>
<tr><td rowspan="4">고결</td><td colspan="2">석회석 심층혼합처리 공법</td><td rowspan="4">활동파괴의 방지<br>침하의 감소<br>지반 전단변형의 방지<br>지반의 Piping방지</td><td rowspan="3">점성토</td></tr>
<tr><td colspan="2">시멘트계 심층혼합처리 공법</td></tr>
<tr><td colspan="2">분산교반공법</td></tr>
<tr><td colspan="2">동결공법</td><td>점성토, 사질토</td></tr>
<tr><td rowspan="3">지수</td><td colspan="2">약액주입공법</td><td rowspan="3">지반토 측방유동방지<br>차수</td><td>사질토</td></tr>
<tr><td colspan="2">분사주입공법</td><td>점성토, 사질토</td></tr>
<tr><td colspan="2">지수널말뚝공법</td><td>사질토, 유기질토</td></tr>
<tr><td rowspan="2">지중<br>구조</td><td rowspan="2">골격형성</td><td colspan="2">체절성토공법</td><td rowspan="2">활동파괴의 방지<br>측방유동방지</td><td>점성토, 사질토</td></tr>
<tr><td colspan="2">Pile Cap, Pile Slab 공법</td><td>유기질토</td></tr>
</table>

치환공법은 연약한 점성토층이 비교적 얇게 분포한 경우 굴착하거나, 양질의 토사를 재하중으로 이용하여 지반을 개량하는 방법이다. 선행재하공법(Preloading)은 압밀에 의

한 침하가 촉진될 수 있도록 무거운 하중을 연약지반 상부에 쌓아 올려 구조물의 잔류 침하를 남지 않도록 하는 방법으로서 보통 다짐모래말뚝(Sand Compaction Pile)공법이나 샌드매트(Sand Mat)공법과 병용하여 사용한다.

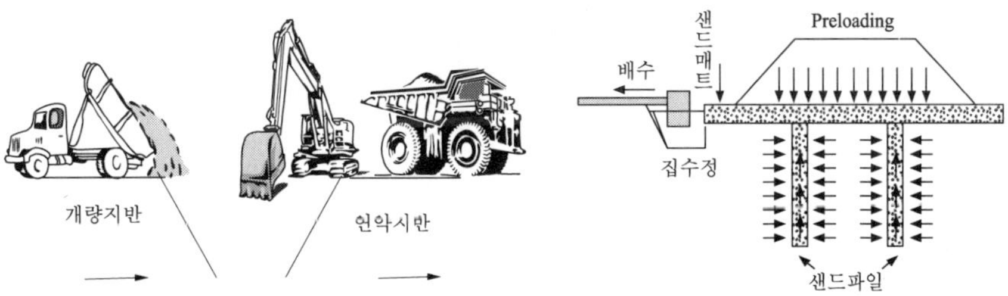

(a) 굴착 치환공법 (b) 프리로딩과 다짐모래말뚝공법

그림 7.15 치환공법과 프리로딩공법

연약한 점성토 지반에서 연직으로 배수통로를 인공으로 조성하여 탈수를 촉진시키기 위해 연직배수공법(Vertical Drain)을 많이 사용한다. 가장 널리 쓰이는 방법으로는 샌드 드레인(Sand Drain), 페이퍼 드레인(Paper Drain), 팩 드레인(Pack Drain) 등이 주로 이용되며 지하 40～50m까지 배수통로를 형성할 수 있다. 그 밖에 연약한 점성토지반에 강제로 쇄석말뚝을 형성시키는 방법이나, 생석회 등 주변의 수분을 흡수하면서 고결되어 부피가 팽창되는 특성을 이용하는 고결공법 등이 이용된다.

그림 7.16 페이퍼 드레인

사질지반에서는 지반에 진동이나 다짐에너지를 가함으로써 지반의 강도를 증가시키는 방법을 주로 이용하고 있는데, 대표적인 방법으로 바이브로플로테이션, 동다짐공법 등을 들 수 있다. 바이브로플로테이션공법은 수평방향으로 진동을 하는 바이브로 플로트를 워터제트(Water Jet)로 지반에 관입시켜 이 때 생기는 빈틈에 모래나 자갈을 채워 사질토를 균일하게 다지는 공법이다. 통상 바이브로플로트를 실시한 구역의 반경 2～3m정도가 균일하게 다져지게되며 이를 촘촘히

하여 지지력을 증대시키고 투수계수를 감소시킬 수 있다.

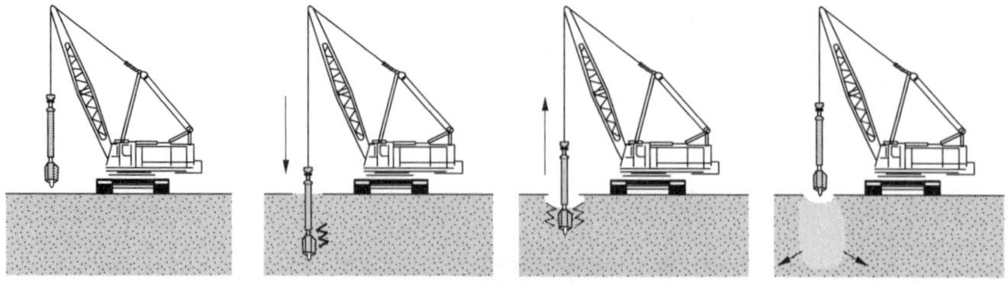

(a) 바이브로플로테이션공법

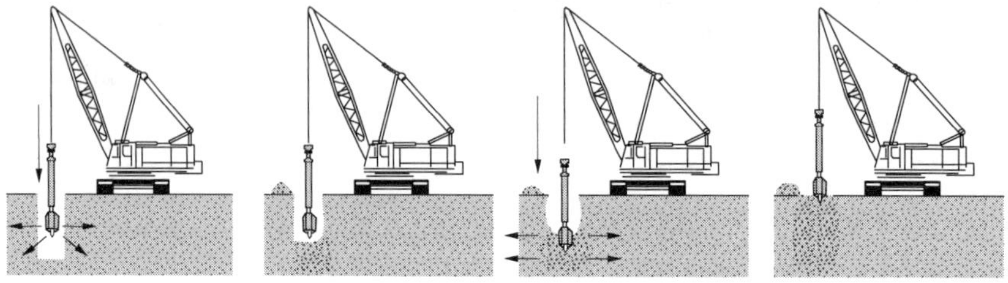

(b) 쇄석말뚝공법

그림 7.17 바이브로플로테이션과 쇄석말뚝 공법

또한, 사질지반을 개량할 때 가장 간단하면서도 큰 보강효과를 얻을 수 있는 방법으로서 동다짐공법(Dynamic Compaction)을 들 수 있다. 이 방법은 대형 크레인에 무거운 추(8-40t)를 매달아 자유낙하(7-30m)시켜 지표면에 충격을 줌으로서 발생되는 충격에너지를 이용하는 방법으로서 지반에 큰 에너지를 줄 수 있으므로 지반개량효과가 확실하다. 그러나 추의 낙하에 따른 진동과 충격 및 분진 등이 크기 때문에 도심지에서의 사용에는 어려움이 있으며, 비행장이나 폐기물 매립지 등 넓은 지역의 지반개량에 적용하고 있다.

그림 7.18 동다짐공법

## 7.5.2 사면안정 공사

사면(斜面: Slope)이란 지반이 수평면에 대하여 비스듬하게 있는 상태를 말하며 사면의 생성원인에 따라 자연사면과 인공사면으로 구분할 수 있고, 사면을 구성하고 있는 토석의 종류에 따라서 토사사면과 암반사면으로 구분할 수 있다. 자연사면이란 산, 구릉 등과 같이 자연 그대로의 상태로 사면을 형성하고 있는 것을 말하고 인공사면은 절토나 성토 등 인위적인 행위에 의해 발생된 것이다. 일반적으로 자연사면에서 발생된 사면의 붕괴현상을 산사태라하고 인공사면에서는 사면파괴라 한다. 사면이 붕괴되는 자연적인 원인으로는 토질 및 지질구조 자체의 불안정, 집중호우와 융설작용, 풍화작용, 동결융해, 하천에 의한 침식, 지하수위의 상승 등을 들 수 있으며, 인공적인 원인으로는 사면구배의 설계 부적정, 사면 주변부에서의 과도한 충격이나 진동, 다짐불량 및 배수의 불량, 법면처리의 불량, 성토재료의 부적정 등을 들 수 있다. 이와 같은 이유로 인해 사면에 갑작스러운 붕괴가 발생하게 되면 예기치 못한 큰 재앙을 가져오게 된다. 따라서 사면붕괴의 우려가 있는 곳에서는 적절한 대책공법을 사용하여 사면의 안정을 유도해야 하는데 이를 사면안정공법이라 한다.

토사사면에 대한 사면안정공법은 크게 안전율유지법과 안전율증가법으로 구분해 볼 수 있다. 안전율유지법은 원래 사면이 가지고 있는 안전율을 계속 유지시킬 수 있는 방법을 강구하여 사면을 보강하는 것이고 안전율증가법은 대상 사면이 안전율이 현저하게 부족하다고 판정된 경우에 안전율을 증가시킬 목적으로 시행된다.

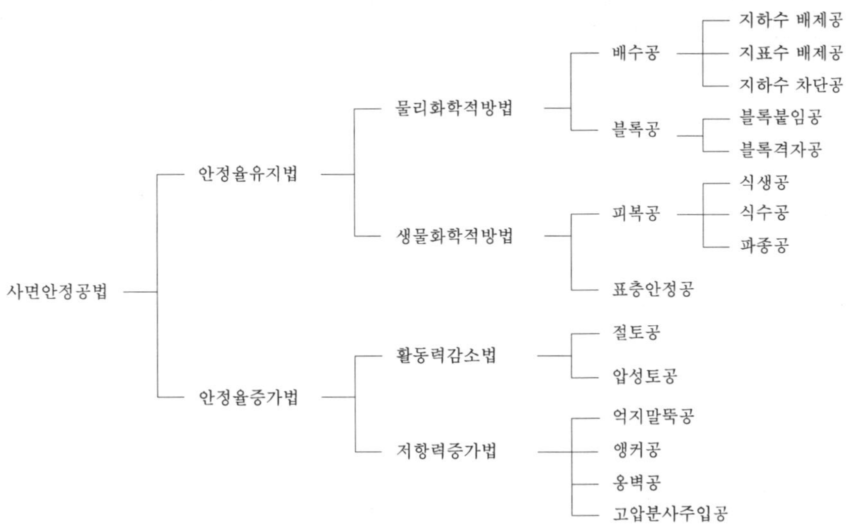


그림 7.19 사면안정공법의 종류

사면의 안정에 있어서 지표수와 지하수의 처리는 매우 중요하다. 물은 지반의 강도를 저하시키게 되므로 지표수가 사면속으로 침투하지 못하도록 수로를 확보하고 지하수는 신속히 배출할 수 있는 대책을 강구하는 것이 사면안정을 위한 배수공의 역할이다. 블록공은 사면을 블록이나 격자모양의 블록으로 덮어서 사면안정을 도모하는 공법으로 주로 인공사면에서 많이 적용하고 있다.

그림 7.20 PC 블록에 의한 블록 격자공

토사사면에서 가장 많이 사용되는 공법으로 사면을 각종 식생과 식수, 숏크리트(Shotcrete) 등으로 피복하여 강수가 침투하는 것을 방지하고 경사면을 보호하는 방법을 사용하고 있다. 특히 식생에 의한 사면안정공법은 토사사면의 안정을 위한 가장 원칙적인 보강방법이며, 환경친화적이기 때문에 선호되고 있다. 파종공(Seed Spray)은 식재성이 우수한 씨앗과 비료, 물 등을 적절히 혼합하여 사면에 뿜어붙이는 방법으로 떼붙임공을 대용하여 대규모 사면에 많이 이용되고 있다. 숏크리트는 용수가 없는 비탈면이나 큰 위험이 없으나 풍화되기 쉬운 암, 토사등에서 식생이 곤란한 경우에 시멘트 모르타르, 시멘트 콘크리트, 아스팔트 콘크리트 등을 압력으로 뿜어 붙이는 방법이다. 그러나 숏크리트는 배수가 되지 않으면 갑작스러운 붕괴를 유발하므로 특히 배수처리에 유의하여야 한다.

(a) Shotcrete 사면

(b) Seed Spray공법

그림 7.21 사면 피복에 의한 사면안정공법

사면이 가지고 있는 안전율을 증가시키기 위해서는 사면의 활동력에 저항하기 위한 저항력을 증가시는 방법과 사면의 활동력을 감소시키는 방법을 생각할 수 있다. 저항력을 증가시키는 방법은 말뚝, 앵커, 옹벽, 흙 등을 사용하여 이들 재료의 전단, 휨, 인장, 압축 등의 역학적 저항특성을 이용하는 방법이고 활동력을 감소시키는 방법은 사면상부의 흙을 제거시키는 절토공과 사면의 경사를 보다 완만하게 변경시키는 사면구배 변경법을 들 수 있다.

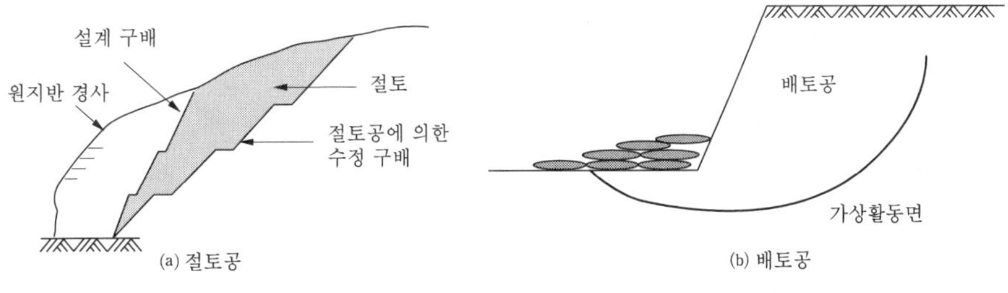


그림 7.22 활동력 감소에 의한 사면안정공법

이 밖에 말뚝을 이용하여 활동이 예상되는 토괴의 하중을 부동지반에 전달시켜 활동을 억제하는 억지말뚝공이나 고강도의 강재를 앵커로 이용하여 지반에 정착시키는 어스앵커(Earth Anchor)공법과 소일네일링(Soil Nailing)공법 등이 있으며, 자연사면의 하단부에 옹벽을 축조하여 활동을 억제하는 옹벽공 등이 이용된다.

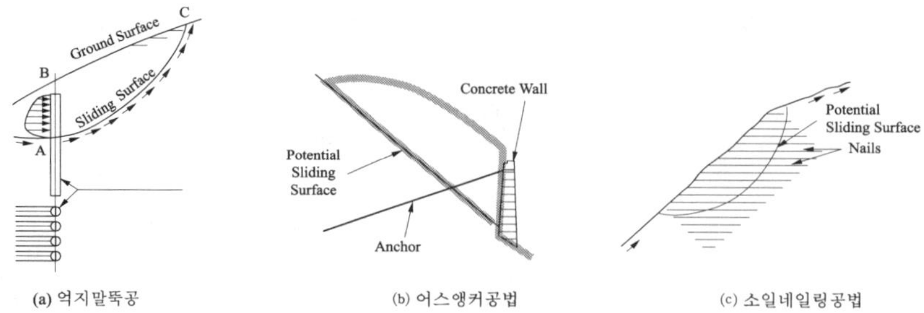


그림 7.23 저항력 증가에 의한 사면안정공법

## 7.6 옹벽과 기초구조물

### 7.6.1 옹벽

옹벽(Retaining Wall)이란 토압에 저항하여 흙이 무너지지 못하게 만든 벽체를 말한다. 옹벽은 주로 자연사면 하단부에 도로를 축조하거나 주택단지를 조성할 경우 사면의 경사가 가파를 때 사면의 붕괴에 저항할 수 있도록 만드는 구조물로서 형식과 종류가 매우 다양하다. 집중호우가 발생하거나 봄철 융설기에 옹벽이나 석축의 붕괴사고가 잦은 이유는 배면 지반의 간극수압과 밀접한 관계가 있다. 빗물의 침투하거나 지하수위가 높아질 때 배면의 간극수압이 소산될 수 있도록 옹벽에 설치된 배수 파이프가 제 기능을 발휘하지 못하게 되면 간극수압이 일정수준 이상으로 높아지게 되어 급작스러운 파괴를 일으키므로 옹벽구조물에서는 배수기능 확보에 유의하여야 한다. 옹벽의 형식을 선정할 때에는 경제성, 지형, 지질조건 등을 종합적으로 고려하여 옹벽의 안전성, 시공성, 유지관리성 및 경관조건에 가장 적합한 형식을 결정하여야 한다.

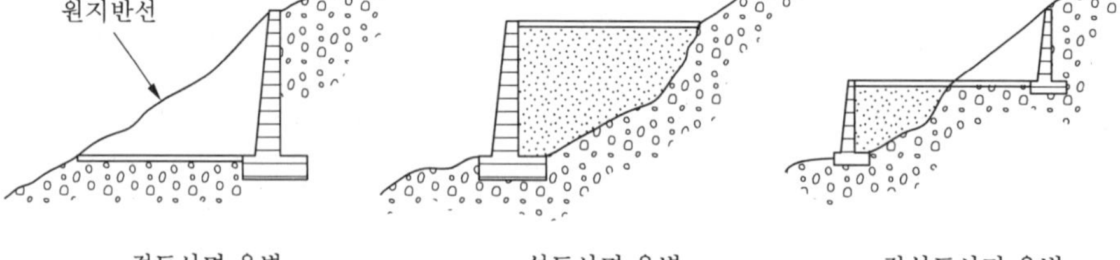


그림 7.24 옹벽의 기능

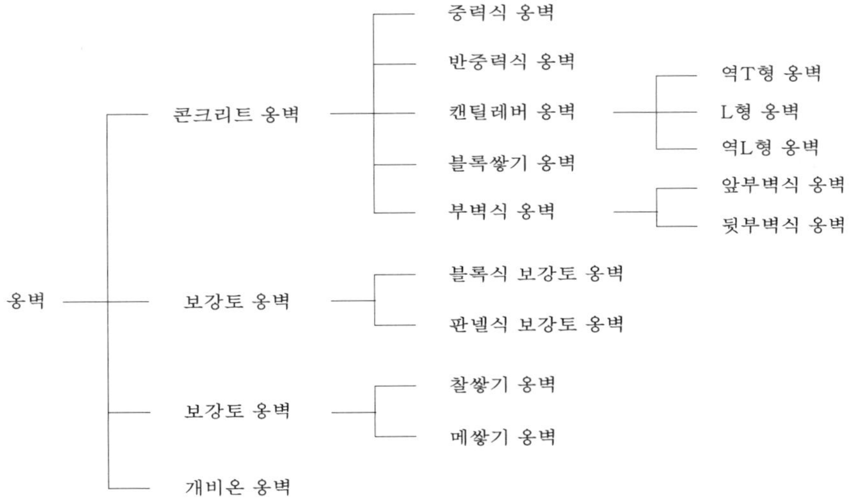


그림 7.25 옹벽의 형식 및 종류

중력식 옹벽은 자중에 의해 배면의 토압을 지지하는 형식으로서 주로 무근콘크리트 구조로 설계된다. 따라서 벽체와 저판사이에 발생하는 인장응력을 철근이 없이 콘크리트의 허용인장응력으로 저항하기 때문에 토압이 큰 사면에는 적합하지 않다. 콘크리트 옹벽 가운데 시공이 가장 편리하지만, 가장 경제적인 높이가 3～4m 정도로서 옹벽의 높이가 낮고 기초지반이 양호한 경우에 한해서 적용할 수 있다. 반중력식 옹벽은 중력식 옹벽에서 벽체와 저판사이에 발생하는 인장응력을 철근으로 보강한 형식으로서 중력식 옹벽보다 단면을 작게 할 수 있기 때문에 지반의 지지력이 다소 적은 곳에서도 적용이 가능하다.

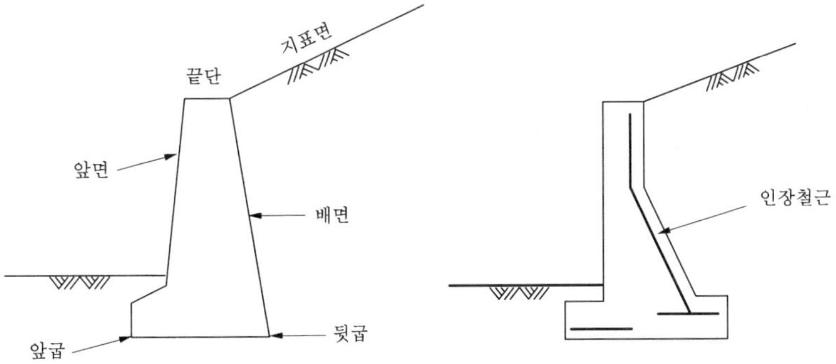


(a) 중력식 옹벽　(b) 반중력식 옹벽

그림 7.26 중력식 옹벽과 반중력식 옹벽

캔틸레버식 옹벽은 벽체와 가상배면 사이의 토사를 자중으로 이용하는 옹벽으로서 다른 형식에 비해 경제적이며, 가장 많이 사용되고 있는 형식이다. 역T형 옹벽, L형 옹벽, 역L형 옹벽 등이 있으며 높이가 4~6m정도에서 많이 사용한다. L형 옹벽은 옹벽의 벽체면에 용지의 경계가 접해 있어서 앞판을 설치할 수 없을 때 유용하지만 연직벽의 하단에 큰 토압이 작용하게 되어 안전상 역T형 옹벽에 비해 불리하고 비경제적이다.

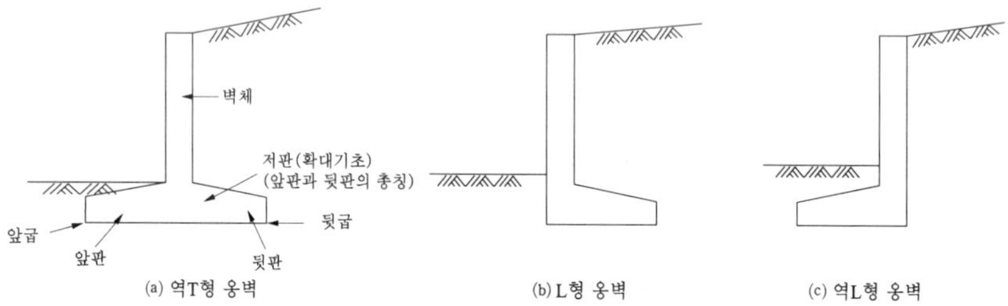


그림 7.27 캔틸레버 옹벽

옹벽의 높이가 6~10m 이상으로 높아지게 되면 토압이 커져서 캔틸레버식 옹벽으로 시공할 경우 단면이 매우 커져서 비경제적이 된다. 따라서 벽체의 전면 또는 후면에 부벽을 설치하여 연직벽 및 저판의 단면을 줄이는 형식을 부벽식 옹벽이라 한다. 블록쌓기 옹벽은 콘크리트 블록이나 돌을 겹쳐 쌓은 옹벽으로 원지반 또는 뒷채움 흙에 의지하고 있어 안정한 구조이다.

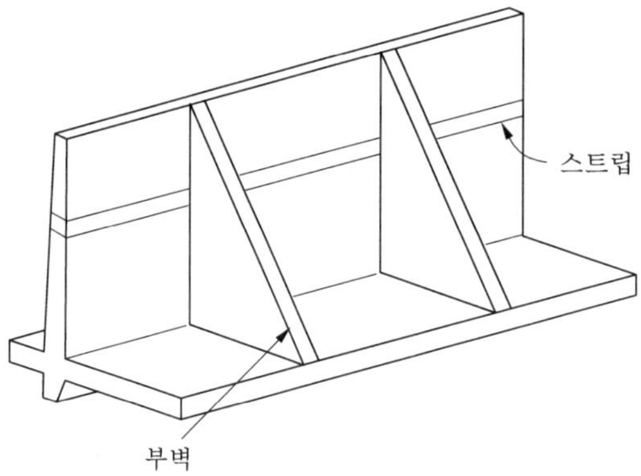


그림 7.28 부벽식 옹벽

보강토 옹벽은 여러 가지 장점으로 인해 최근 많이 사용되고 있다. 보강토 옹벽은 흙과 그 속에 매설한 인장강도가 큰 보강재를 마찰력에 의해 일체화시킴으로서 자중이나 외력에 대하여 강화된 성토체를 할 수 있는 옹벽이다. 보강토 옹벽에 사용되는 주요 자재는 공장에서 제작된 제품을 조립하므로 시공속도가 빠르고 일반 옹벽이 7~10m이하에서 적용이 가능한 반면 보강토 옹벽은 20m 이상의 옹벽도 가능하다. 또한 기존 옹벽에 비해 자중이 매우 적어 옹벽저면의 지지력을 감소시킬 수 있으므로 지반조건에 유연하게 대처할 수 있으며 전면판의 무늬, 색깔 등을 다양하게 하여 미관측면에서도 매우 우수한 옹벽으로 평가되고 있다.

(a) 블록식 보강토옹벽 (b) 판넬식 보강토옹벽

그림 7.29 보강토옹벽의 구조

옹벽을 설계할 때 고려하는 하중은 자중, 상재하중, 토압, 지진하중, 수압 및 양압력이며 이외에도 설하중, 풍하중, 충돌하중 등을 고려한다. 이중 토압은 옹벽의 벽체에 미치는 흙의 압력을 말하며 옹벽의 변위에 따라서 주동토압, 수동토압, 정지토압 등이 있는데 정확한 토압을 계산하는 것이 옹벽의 안정을 위해 중요하다. 주동토압은 벽체가 전방으로 이동하고 그에 따라 옹벽의 배면토사가 붕괴할 때의 토압을 주동토압이라 한다. 수동토압은 벽체가 배면 토체를 압축했을 때 토체가 위쪽으로 밀어올려지는 상태로 파괴될 때의 토압이며, 정지토압은 벽체의 변위가 전혀 발생하지 않고 있을 때 벽체에 작용하는 토압을 말한다.

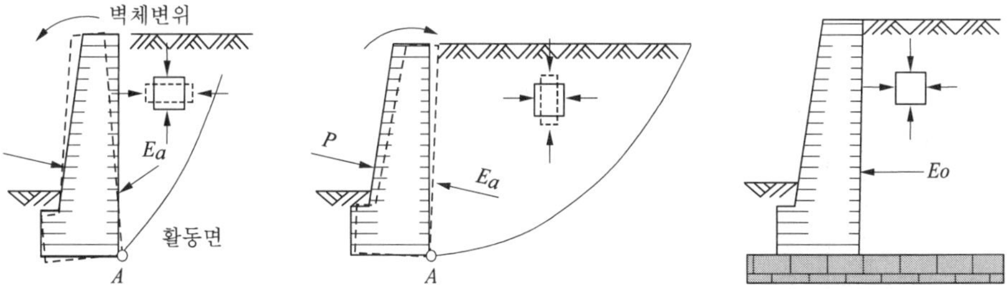


(a) 주동토압 (b) 수동토압 (c) 정지토압

그림 7.30 옹벽에 작용하는 토압

옹벽은 배면의 토압을 지탱하기 위한 구조물이므로 이와 같은 토압조건에 대해서 안정하여야 한다. 옹벽을 시공할 때는 일반적으로 주동토압이나 수동토압에 의해서 옹벽이 수평방향으로 움직이는 것에 대하여 검토하는 활동에 대한 안정검토와 전도에 대한 안정검토 및 자중에 의한 침하에 대한 안정성을 검토하여야 한다. 이 안정성검토에는 적정한 안전율(Safety Factor)을 고려하여 형식과 규모 등을 결정하는 것이 중요하다.

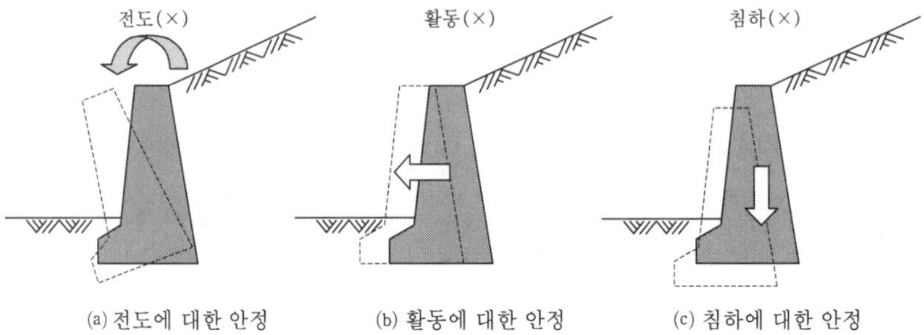


그림 7.31 옹벽의 안정조건

## 7.6.2 기초

기초(Foundation)란 구조물의 하중을 지반에 전달시키는 구조부분으로서 상부구조의 하중에 대한 지지력이 비교적 얕은 경우에 상부구조의 하중이 직접 지반에 전달되도록 하는 얕은 기초와 기초아래 지지층이 연약하여 상부구조물 하중을 직접 지지하지 못할 경우 단단한 지층까지 하중을 전달하기 위한 깊은 기초로 구분할 수 있다.

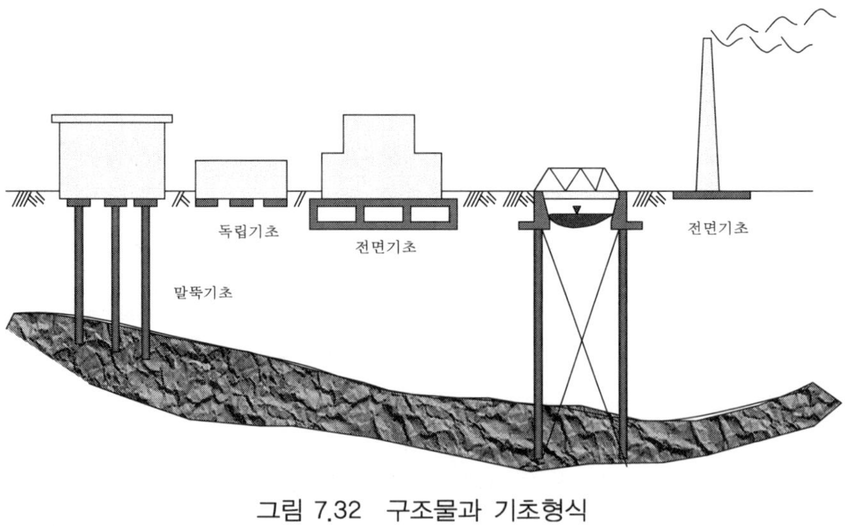


그림 7.32 구조물과 기초형식

얕은기초(Footing)는 상부구조의 하중이 작고 지표면에서 대략 5m내외에 견고한 암반이나 사력층이 있어서 상부하중을 지지층에 전달하기 양호한 경우에 주로 이용되는 기초이다. 독립기초란 상부구조의 하중을 1개의 기초판이 지지하는 구조이고 복합기초는 2개 이상의 기둥으로부터 전달되는 하중을 한 개의 기초판이 부담하는 구조이다. 연속기초란 벽과 같이 좁고 길게 전달되어오는 하중을 띠 모양으로 지지하는 기초이며, 전면기초는 지반의 지지력이 충분하지 못할 때 전체의 기둥하중을 한 개의 기초판으로 받치게 한 것이다.

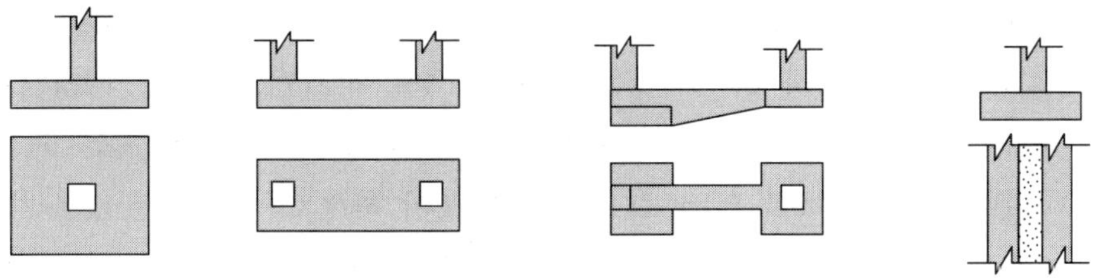

(a) 독립푸팅　(b) 복합푸팅　(c) 켄틸레버 푸팅　(d) 연속푸팅

그림 7.33 얕은기초의 형식

그림 7.34 기초의 형식분류

깊은 기초는 상부구조의 하중을 지지할 수 있는 지지층이 매우 깊어 하중을 전달하기 위한 수단으로서 말뚝(Pile)이나 케이슨(Cassion)을 이용하는 방법을 말한다. 일반적으로 말뚝기초는 상부구조의 하중이 비교적 작은 경우에 사용하고 케이슨기초는 교각의 기초 등 상부의 하중이 매우 큰 경우에 이용한다. 말뚝기초는 다시 지지방법, 재료, 기능, 사용목적 및 말뚝을 형성하는 방법 등 다양하게 구분할 수 있다.

대부분의 말뚝은 말뚝 선단이 견고한 지반에 관입되어 지지하는 선단지지말뚝(End Bearing Pile)이지만, 지지층이 매우 깊어 도저히 견고한 지반까지 말뚝을 박을 수 없을 경우에는 말뚝 주면에 발생하는 마찰력만으로 상부구조의 하중을 지지하는 마찰말뚝(Friction Pile)을 이용하는 경우도 있으며, 또는 두 방식을 조합하는 하부지반 지지말뚝도 있다. 말뚝은 하중을 지지하는 것을 주 목적으로 하지만, 경우에 따라서는 다른 목적으로도 이용할 수 있는데, 말뚝을 지반에 관입시킴으로서 말뚝 주변의 다짐효과를 얻기 위한 다짐말뚝(Compaction Pile), 비탈면에서 흙이 하부로 이동하는 것을 방지하기 위한 일종의 흙막이 말뚝으로서 이용되는 억류말뚝(Stabilizing Pile), 안벽이나 돌핀 등에서 횡방향 하중에 저항하기 위한 부재로서 이용하는 수평저항말뚝(Lateral Resistance Pile), 큰 휨모멘트를 받는 기초의 인장측이나 말뚝의 재하시험 때 하중재하말뚝과 같이 인발력에 저항하기 위한 인장말뚝(Tensile Pile)으로도 이용된다.

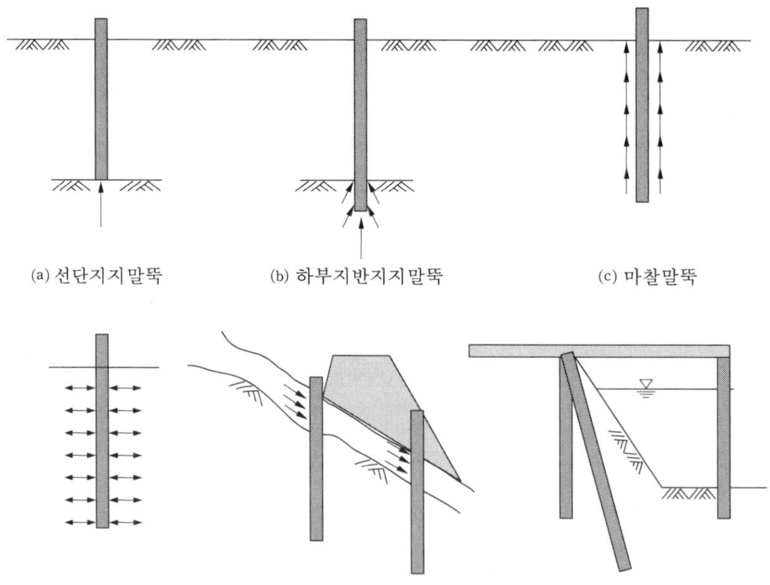

(a) 선단지지말뚝 (b) 하부지반지지말뚝 (c) 마찰말뚝

(d) 다짐말뚝 (e) 억류말뚝 (f) 수평저항말뚝

그림 7.35 말뚝의 지지방식과 사용목적에 따른 분류

말뚝은 대부분 공장에서 만들어진 콘크리트 말뚝이나 강관말뚝을 항타기를 이용하여 지반에 관입시키는 것이 일반적인 방법이었으나, 도심지 등에서는 타입시의 소음과 진동문제로 인하여 민원을 야기시키는 단점이 있고, 말뚝 구경이 작기 때문에 말뚝 1본당 지지할 수 있는 지지력에도 한계가 있어 왔다. 따라서 최근에는 현장에서 직접 콘크리트를 타설하여 말뚝체를 형성시키는 현장타설콘크리트 말뚝의 사용이 증가하고 있다. 현장타설 콘크리트말뚝은 대구경의 말뚝체를 만들 수 있는 장점이 있기 때문에 주로 큰 구조물의 기초나 지하연속벽기초 등에 많이 사용되고 있는 방법으로서 지반을 굴착한 후 철근을 조립하여 삽입시킨 후 콘크리트를 타설하는 과정으로 만들어진다. 대표적인 방법으로서 어스드릴말뚝, 베노토말뚝, 리버스서큐레이션말뚝 등이 있다.

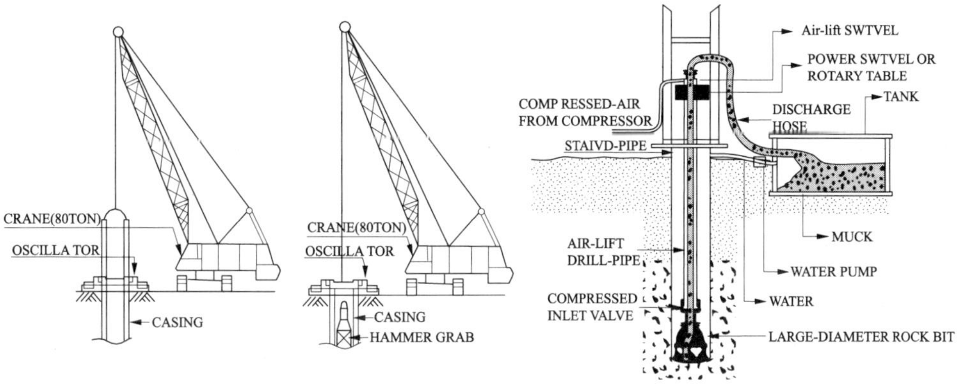


그림 7.36 현장타설 콘크리트말뚝의 시공법

케이슨(Caisson)은 육상이나 수상에서 제작한 속이 빈 콘크리트 구조물을 자중 또는 인위적으로 하중을 가하여 지지층까지 침하시킨 후 모래, 자갈 또는 콘크리트 등으로 속채움하는 기초이다. 흔히 우물통기초라고도 불리는 오픈 케이슨(Open Caisson)은 주로 교각의 기초로 많이 이용되는데, 매우 깊은 곳까지 시공 가능하고 다른 케이슨에 비해 비용이 상대적으로 저렴하다. 박스 케이슨 (Box Caisson)은 하부가 폐쇄되어 있는 케이슨으로 주로 육상에서 케이슨 함체를 만들어서 거치장소로 운반하여 내부에 모래, 자갈(Ballast), 물, 혹은 콘크리트를 채움으로

그림 7.37 박스 케이슨

써 케이슨을 점차 침강시킨다. 공기 케이슨은 케이슨 하단부에 굴착을 위한 작업공간을 만들고 압축공기를 불어넣어 물의 침투를 억제시키면서 이 속에 작업자가 들어가서 직접 굴착작업을 함으로서 케이슨을 침하시킨다. 공기케이슨의 경우 침하를 위한 정밀도가 좋지만 압축공기를 사용하기 때문에 작업원의 안전에 매우 주의하여야 하는 단점이 있다.

## 7.7 암반공학

암반(岩盤)이란 암석으로 이루어진 지반을 의미하며 지구의 표면인 지각은 암석과 그 부산물인 지반으로 이루어져 있으므로 건설공사는 암석과 흙의 영향을 많이 받을 수밖에 없다. 암석공학은 지질학적인 측면에서 개개의 암석에 관한 물리·화학적인 특성을 규명하는데 비해 토목공학에서의 다루어지는 암반공학(Rock Engineering)은 다양한 암석역학의 이론을 배경으로 암반을 기초로 하는 지상구조물이나 지표면의 굴착 및 지하굴착과 같은 공학적인 문제를 해결하기 위한 공학이다. 건설공사를 수행할 때는 암석 자체의 강도가 아무리 높다고 하더라도 암석과 암석사이에 불연속면이 있을 경우에는 암석의 강도만으로 안전성을 평가할 수 없고 전체적인 지반 즉, 암반으로서의 평가가 필요하다. 암반공학에서는 암반을 이상적으로 연속된 등방균질한 선형 탄성체로 가정하지만 엄밀히 말하자만 공극이나 할렬(Fracture)을 가지고 있어 완전한 연속체는 아니다. 공학적인 재료로서의 암반은 이러한 여러 가지 문제점을 포함하고 있지만 적절한 시험, 해석, 조사 등을 통하여 공학적인 판단을 내릴 수 있도록 다양한 분야를 연구하고 있다.

토목기술의 발전과 도시화에 따라 지하 심부의 이용이 날로 확대되어 가고 있다. 지하공간에 대규모의 공간을 만들어 지하 양수 발전소를 건설하거나 원유 또는 LNG가스의 저장을 목적으로 하는 에너지 비축기지의 건설, 원자력 발전소에서 나오는 핵폐기물을 처리하는 시설 등 그 용도가 확대되고 있다. 이에 따라서 암반공학적인 이론을 배경으로 암반의 굴삭방법, 대규모 암반공동의 해석과 안정, 대단면 산악터널 굴착기술 등의 지속적인 발전이 요구되고 있다.

### 7.7.1 암반의 분류

암석은 그 생성원인에 따라서 퇴적암, 화성암, 변성암으로 분류 있다. 퇴적암

(Sedimentary Rocks)은 풍화작용에 의하여 분해된 다른 암석이 유수, 바람, 빙하 등에 의하여 이동 및 퇴적되어 만들어진 암석이다. 화성암(Igneous Rocks)은 지하심부의 마그마가 지하 또는 지표에서 냉각 · 고결되어 만들어진 암석으로서 분출암과 관입암 등으로 구분하기도 한다. 변성암(Metamorphic Rocks)은 암석이 생성 당시의 조건과 다른 환경인 고온·고압하에 놓이게 되어 광물성분이 변화하여 만들어진 암석을 말한다.

이와 같이 자연상태에서 존재하는 암석은 그 광물적인 특성에 의해서도 많은 특성을 달리하지만, 건설공사의 수행을 위해서 특히 암반의 굴착을 위해서는 몇 가지 지반정수를 이용하여 풍화암, 연암, 보통암, 경암, 극경암 등으로 구분하고 있다. 이 때 구분에 사용되는 지반정수는 주로 지구물리탐사의 결과로부터 얻을 수 있는 탄성파속도를 이용하지만, 실제 시공시 암판정이 잘못된 결과도 상당히 있으므로 신중을 기해야 한다. 풍화암이나 보통암 등은 굴삭기에 유압식 브레이커를 장착한 장비 또는 암석 전용의 립퍼(Ripper)를 이용하여 굴착하는 것이 가능하지만 일반적으로 탄성파속도가 4km/sec이상 되는 암은 중장비로 굴착하는데 효율이 매우 떨어지므로 주로 화약을 이용하여 발파하여 암석을 굴삭하는 방식을 이용한다.

표 7.7 건설 표준품셈에서의 암판정 기준

| 구 분 | 개 요 | 탄성파속도 | | 내압강도 |
|---|---|---|---|---|
| | | 자연상태 | 암 편 | |
| | | v(km/sec) | vc(km/sec) | kg/cm$^2$ |
| 풍화암<br>(연암 I) | 암질이 부식되고 균열이 1~10cm 정도로서 굴착에는 약간의 화약을 사용해야 할 암질로서, 일부는 곡괭이를 사용할 수도 있는 암질 | A 0.7~1.2<br>B 1.0~1.8 | A 2.0~2.7<br>B 2.5~3.0 | A 300~700<br>B 100~200 |
| 연 암<br>(연암 II) | 혈암, 사암 등으로 균열이 10~30cm 정도로서 굴착 또는 절취에는 화약을 사용해야 하나 석축용으로는 부적합한 암질 | A 1.2~1.9<br>(0.7~2.8)<br>B 1.8~2.8 | A 2.7~3.7<br>B 3.0~4.3 | A 700~1,000<br>B 200~500 |
| 보통암<br>(중경암) | 풍화상태를 엿볼수 있으나 굴삭 또는 절취에는 화약을 사용해야 하며 균열이 30~50cm 정도의 암질(석회석, 다공질 안산암 등) | A 1.9~2.9<br>(2.0~4.0)<br>B 2.8~4.1 | A 3.7~4.7<br>B 4.3~5.7 | A 1,000~1,300<br>B 500~800 |
| 경 암<br>(경암 I) | 화강암, 안산암 등으로 굴착에는 화약을 사용해야 하며, 균열상태가 1m 이내로서 석축용으로 쓸수 있는 암질 | A 2.9~4.2<br>(3.0 이상)<br>B 4.1 이상 | A 4.7~5.8<br>B 5.7 이상 | A 1,300~1,600<br>B 800 이상 |
| 극경암<br>(경암 II) | 암질이 대단히 밀착된 단단한 암질<br>(규암, 각석 등 석연질이 풍부한 경암) | A 4.2 이상 | A 5.8 이상 | A 1,600 이상 |

한편, 공학적인 측면에서 암반속에 포함되어 있는 불연속면의 위치와 크기, 방향 등에 따라서 더욱 큰 영향을 받게 된다. 그러므로 공학적으로 암반을 분류하는 방법으로서 RMR(Rock Mass Rating)분류법 또는 Q-시스템과 같은 정량적인 분류방법이 이용되고 있다. RMR 분류법은 70년대 초반에 Z. T. Bieniawski에 의해 제안된 방법으로서 되었으며 암석의 일축 압축강도, 암질지수(RQD: Rock Quality Designation), 평균 불연속면의 간격, 불연속면의 상태, 지하수의 상태 등을 종합적으로 평가하여 암반의 성질을 결정하는 것으로 이전의 분류방법에 비해 정량적이고 암반의 변형계수, 암반의 점착력과 내부마찰각 등 암반의 물리적 성질의 값도 경험식을 이용하여 유도할 수 있는 등의 장점이 있다.

표 7.8 RMR 분류법

| | 변수 | | 평점 범위 | | | | |
|---|---|---|---|---|---|---|---|
| 1 | 무결암의 강도 | 점하중강도 지수 | 〉10MPa | 4–10MPa | 2–4MPa | 1–2MPa | 이 범위에서는 일축압축강도 시험이 필요함 |
| | | 일축압축 강도 | 〉250MPa | 100–250MPa | 50–100MPa | 20–50MPa | 5–25 MPa / 1–5 MPa / 〈1 MPa |
| | 평점 | | 15 | 12 | 7 | 4 | 2 / 1 / 0 |
| 2 | RQD | | 90–100% | 75–90% | 50–75% | 25–50% | 〈25% |
| | 평점 | | 20 | 17 | 13 | 8 | 3 |
| 3 | 절리간격 | | 〉2m | 0.6–2m | 200–600mm | 60–200mm | 〈60mm |
| | 평점 | | 20 | 15 | 10 | 8 | 5 |
| 4 | 절리상태 | | 매우거침 연속성이없음 벌어짐이없음 절리면이 풍화되지 않음 | 약간거침 분리틈새 〈1mm 절리면이 약간 풍화 | 약간 거침 분리 틈새 〈1mm 절리면이 심하게 풍화 | 매끄러운면 또는 충전물 〈5mm 두께 또는 분리틈새 1–5mm 연속적인 절리면 | 연약한 충전물〉5mm두께 또는 분리틈새〉5mm 연속적인 절리면 |
| | 평점 | | 30 | 25 | 20 | 10 | 0 |
| 5 | 지하수 | 터널길이 10m당출수량 | 없음 | 〈10 리터/분 | 10–25리터/분 | 25–125리터/분 | 〉125 |
| | | 절리수압/최대주응력 | 또는 0 | 0.0–0.1 | 0.1–0.2 | 0.2–0.5 | 〉0.5 |
| | | 일반상태 | 또는 완전건조 | 습기 | 젖은 상태 | 물방울 떨어짐 | 흘러내림 |
| | 평점 | | 15 | 10 | 7 | 4 | 0 |

## 7.7.2 암반의 구조와 파괴

암반은 지각을 형성하는 암석의 집합체로서 지각변동에 의한 압축 및 인장, 기상작용에 의한 퇴적 및 침식, 지열에 의한 가열팽창 및 냉각수축 등을 지속적으로 받게 되어 그 내부에 수많은 불연속면(Plan of Discontinuity)을 가지고 있다. 이 불연속면은 특정방향으로 응력을 집중시키는 역할을 하게 되어 공학적으로 매우 취약한 성질을 나타내게 되며 절리(Joint), 층리, 단층(Fault), 습곡(Fold) 등이 대표적인 불연속면이고 대부분의 파괴는 이 불연속면에서 발생하게 된다.

따라서 암반사면의 안정성 해석에는 현장 암석의 물리적인 성질, 변질 정도 등의 특성을 아는 것이 중요할 뿐만 아니라 이와 같은 불연속면의 조건 (기하학적 특성, 물리적 성질, 충진물질 등), 지하수 조건(투수성, 지하수위) 등에 대한 충분한 조사와 자료의 분석이 필요하다. 현지 암반의 역학적, 기하학적 특성을 파악하기 위해 제안된 현장 조사 방법들은 고가의 첨단 장비를 이용한 정량적인 현장 시험 방법 등에서부터 기술자의 경험적이고 다소는 주관적인 육안 판별에 이르기까지 매우 다양하지만 주로 불연속면에 대한 방향성 조사, 슈미트 해머에 의한 반발경도의 측정, 절리면의 거칠기, 절리의 간격조사 등을 수행한다.

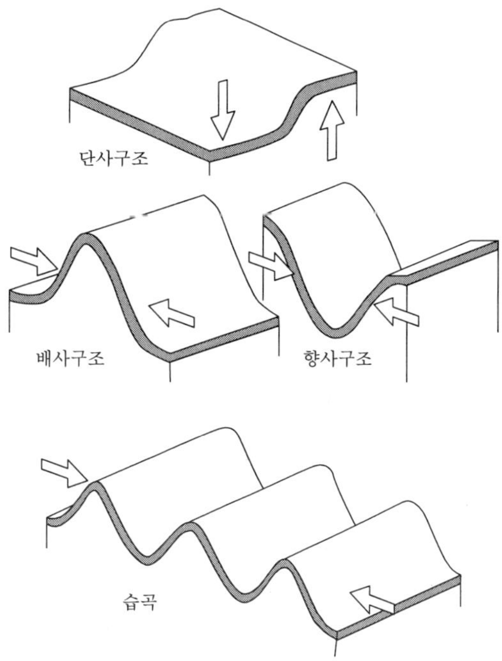

그림 7.38 습곡의 구조

암반사면의 파괴형태는 사면에 발달하고 있는 불연속면의 발달상태에 따라서 원형파괴, 평면파괴, 쐐기파괴, 전도파괴의 형태로 나타나고, 사면이 안정한가에 대한 검토는 암석의 강도뿐만이 아니라 불연속면의 발달상태를 조사하여 판단하여야 한다. 원형파괴(Circular Failure)는 주로 불연속면이 불규칙하게 발달한 사면에서 주로 발생한다. 암반사면의 파괴형태 중에서 가장 빈번하게 나타나는 파괴는 쐐기파괴(Wedge Failure)로서 불연속면이 두 방향으로 발달하여 서로 교차되는 사면에서 발생한다. 이 밖에 평면파괴(Plane Failure)는 불연속면이 한 방향으로만 발달된 사면에서 발생히며, 전도파괴(Toppling Failure)는 절개면의 경사면과 불연속면의 경사방향이 정반대로 나타난 사면에서 발생한다.

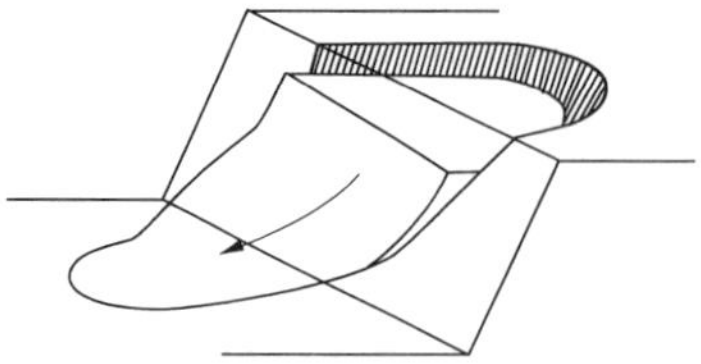

(a) 원형파괴

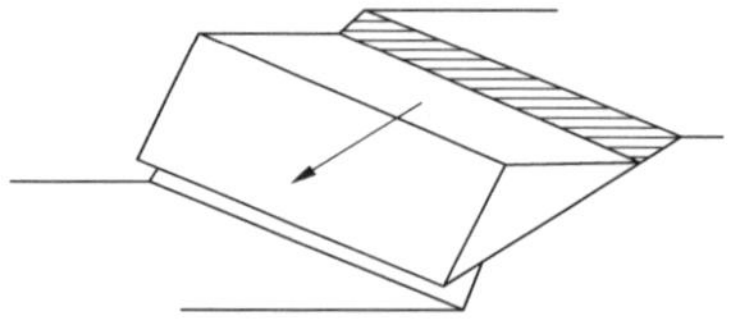

(b) 평면파괴

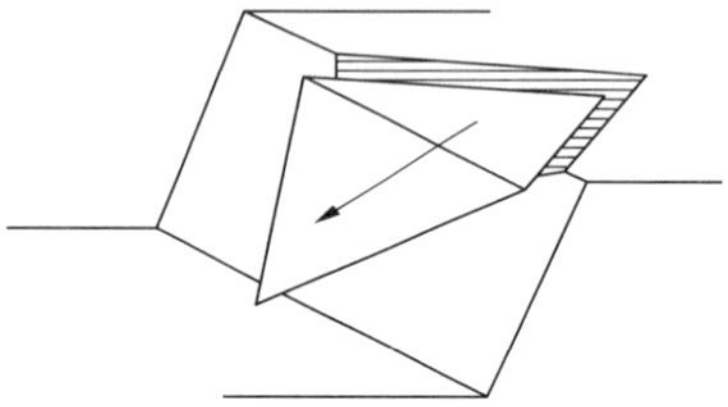

(c) 쐐기파괴

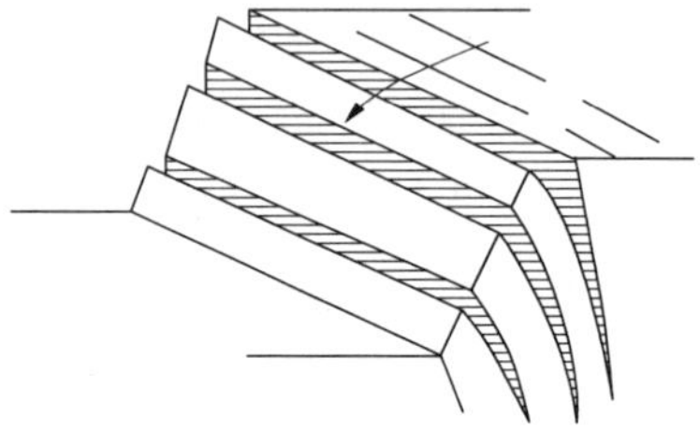

(d) 전도파괴

그림 7.39 암반사면의 파괴형태

암반사면이 파괴되어 피해를 줄 우려가 있을 경우에는 사면의 구배를 조정하는 적극적인 방법을 취하는 것이 좋지만, 여의치 않을 경우에는 보강공법을 시행하여 안전을 도모하여야 한다. 암반사면의 보강공법을 선정할 때에는 주변의 여건을 고려하여 보강목적에 부합되는 가장 경제적이고 시공성이 있는 공법을 선택하여야 한다. 주로 사용되는 공법으로는 록앵커(Rock Anchor) 또는 록볼트(Rock Bolt)를 이용하여 낙석의 우려가 있는 암반을 견고한 심층부 암반에 강제로 고정시키는 방법이 이용된다. 산발적인 낙석이 예상되고 넓은 범위에 걸쳐 작은 낙석이 자주 발생하는 경우에는 철책(Steel Fence)이나 낙석방지망 등을 설치하여 사면의 하부를 통행하는 사람이나 차량을 낙석으로 보호하는 조치가 많이 사용되고 있다.

## 7.8 터널

터널이란 일반적으로 지중에 어떤 목적이나 용도를 가지고 만들어지는 단면적이 2㎡

이상이되는 구조물을 말하며, 보통 위치에 따라서 산악터널, 지하터널, 해저터널, 하저터널 등으로 구분되고 용도에 따라서 도로터널, 철도터널, 수로터널, 지하저장고 등으로 구분할 수 있다.

인간이 터널을 만들기 시작한 것은 기원전 약 4,000여년전부터 지하수를 유도하기 위해 지하에 수로를 만들기 시작한 때이며, 이후 광석을 채굴하기 위하여 갱도를 굴착하기 시작하면서 발전하기 시작하였다. 오늘날과 같이 자동차나 철도 등을 통과시키기 위하여 터널이 건설되기 시작한 것은 17세기경부터이다. 초기에 만들어진 터널은 대부분 인력이나 화약에 의해 지중에 공동을 만들어가면서 공동이 무너지지 않도록 지보공을 설치하는 방식으로 구축되었으나, 점차 터널굴착기술이 발전하고 굴착기계가 발전하기 시작하면서 NATM(New Austrian Tunneling Method)터널이나 TBM(Tunnel Boring Machine)터널 등으로 발전해오고 있다.

그림 7.40 대단면 터널

터널은 지중에 건설되기 때문에 지형과 지질에 영향을 매우 많이 받으므로 터널의 굴착시에는 지역여건, 지형상태, 토지이용현황, 지반조건에 대한 면밀한 분석이 필요하다. 터널의 굴착에 따른 조사는 터널의 위치 선정, 설계와 시공 및 완성 후의 유지관리에 중대한 영향을 미치게 되므로 충분한 기초자료를 획득할 수 있도록 실시하고, 사용목적에 적합하고 안전성과 경제성이 확보될 수 있도록 실시하여야 한다.

### 7.8.1 터널의 종류

터널은 용도와 위치에 따라서도 구분을 하지만 일반적으로 토목공학에서는 터널 굴착공법을 중심으로 구분한다. 근대적인 방식으로 터널이 굴착되기 시작할 때는 주로 터널 주변의 지반전체가 하중으로 가해지는 것으로 보고 이 하중전체를 지보공을 이용하여 지지하는 방식으로 구축되던 재래식 터널공법(ASSM: American Steel Supported Method)이 주류를 이루어 왔으나 최근에는 이러한 방법보다는 NATM터널, 실드터널, 침매터널, 케이슨터널 등 보다 간편하고 고정밀도를 가진 터널굴착방식이 이용되고 있다.

### (1) 용도에 의한 분류

1) 도로터널 : 고속도로, 국도, 지방도 등의 도로에 설치하는 터널
2) 철도터널 : 철도 노선상에 설치하는 터널로서 국내 터널 중 역사가 가장 길다
3) 수로터널 : 농업용수, 발전용 수로, 운하 등에 설치하는 터널

### (2) 위치에 의한 분류

1) 산악터널 : 도로의 노선이 산악지역을 통과할 때 설치하는 터널
2) 지하터널 : 도시를 지하로 통과하는 지하철 또는 도시철도 터널
3) 해저터널 : 섬과 섬사이, 섬과 육지사이를 해저로 통과하는 터널
4) 하저터널 : 하천의 저부를 통과하는 터널

### (3) 터널공법에 의한 분류

1) 개착식 터널 : 오픈컷 방식으로 굴착 후, 터널 구조체를 만들고 되메움하여 만든 터널
2) NATM터널 : 발파와 지보공을 되풀이하며 굴착하는 방식의 터널
3) 실드터널 : 실드 머신을 사용하여 굴착한 터널
4) TBM터널 : Tunnel Boring Machine을 사용하여 굴착한 터널
5) 침매 터널 : 육상에서 구조체를 분절하여 만들고 이를 수중으로 인양하여 조립하는 터널
6) 파이프루프 터널 : 기설 노선의 하부에 파이프를 관통시켜 만드는 터널

## 7.8.2 NATM터널

NATM(New Austrian Tunneling Method)터널이란 원지반의 본래 강도를 유지시켜서 지반자체를 주 지보재로 이용하는 원리로서 지반변화에 대한 적응성이 좋고 적용단면의 범위가 넓어 일반적 조건하에서 경제성이 가장 좋은 공법이다. NATM에서는 주로 터널 주변의 지반이 하중을 지지하는 구조체가 되며 숏크리트 및 록볼트와 같은 지보재를

이용하여 지반자체를 좀 더 안정화시켜 지반과 지보재가 일체가 되어 아치효과를 증대시킬 수 있는 보조역할을 하도록 하여 지반자체의 지보능력을 최대한 증가시킴으로서 터널을 영구적으로 안정화시키는 역할을 하게 된다. NATM터널에서는 터널의 벽면이 암질에 따라 일정한 양만큼 내부로 변위되는 것이 허용되어 지반에 작용하는 큰 토압을 감소시키고 지보공에 사용되는 부재를 절감하여 경제적인 시공이 가능하게 된다.

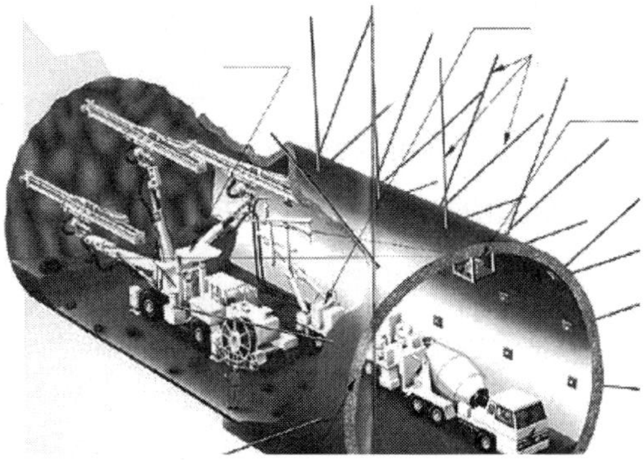

그림 7.41 NATM터널의 보강

NATM터널을 굴착할 때는 막장의 자립성, 원지반의 지보능력, 지표면 침하의 허용값 등을 충분히 조사한 후, 시공성과 경제성을 고려하여 굴착방법을 결정하여야 한다. 굴착방법에는 터널의 전단면을 동시에 굴착해 나가는 전단면 굴착방식, 상하부의 반단면씩 교대로 굴착해 진행하는 반단면 굴착방법과 벤치형태로 굴착하는 벤치컷 굴착방법, 터널을 수 개의 부분으로 구분하여 굴착해 나가는 부분단면 굴착방법 등으로 구분해 볼 수 있다.

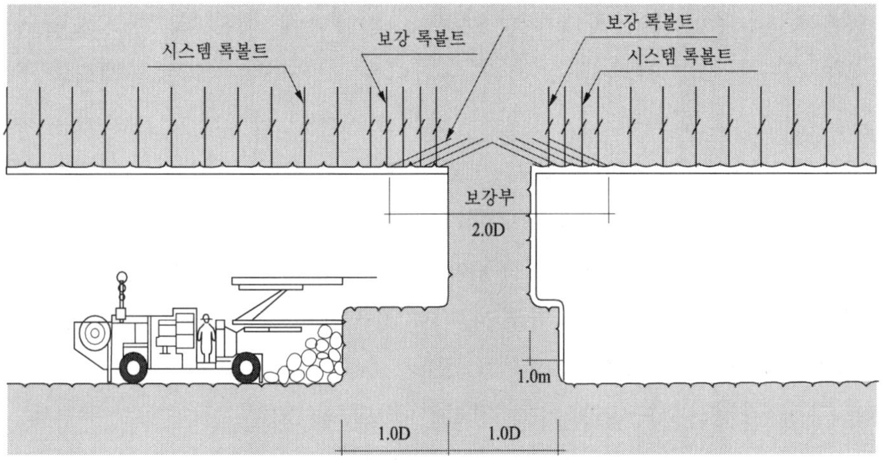


그림 7.42 NATM터널의 보강과 천공

NATM터널에서는 일반적으로 폭약을 이용하여 원지반을 굴착하고 록볼트 등으로 이완이 예상되는 암석을 견고하게 고정시킨 후 강재 리브 등을 이용하여 지반하중을 터널의 전단면에 골고루 분산시키고, 여기에 숏크리트를 타설하여 일체구조물로 작용하도록 보강을 실시한다. 이 숏크리트면에 보통 두께 30cm정도의 현장타설 콘크리트로 라이닝을 실시하여 마감하는 구조로 되어 있다.

NATM터널은 무엇보다 터널 자체가 터널의 주 지보재라는 것이 큰 특징이며, 숏크리트, 록볼트, 강재 지보공 등을 보조수단으로 사용한다. 연약지반에서 극경암까지 지반에 대한 적용성이 우수하고 재래식 공법에 비해 지반의 변형이 적다. 또한 계측을 통해 시공시 그 안정성을 보장할 수 있고, 재래식 공법에 비해 경제적인 시공이 가능한 특징을 가지고 있다.

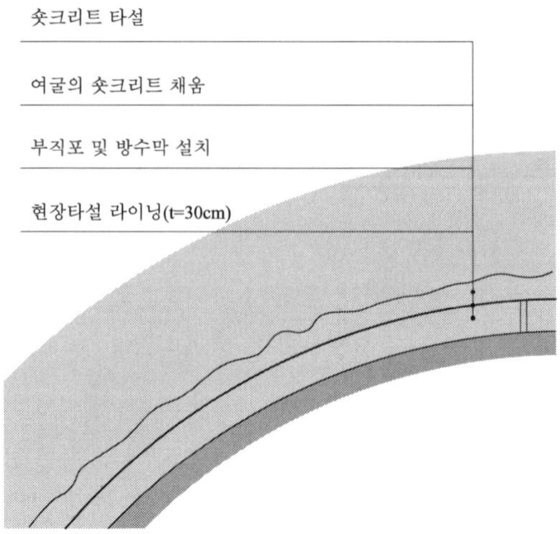


그림 7.43 NATM터널의 복공구조

## 7.8.3 TBM터널

TBM(Tunnel Boring Machine)이란 터널의 전단면 또는 대부분의 단면을 동시에 굴착할 수 있는 터널 전용의 굴착기계를 말하며, 1985년에 처음 국내에 도입되었다. TBM 전면의 컷터헤드를 회전시키면서, 전진 실린더를 이용하여 이 컷터헤드를 터널의 막장면에 밀착시키면 그 회전궤도를 따라서 암석을 압쇄·절삭하여 매끄러운 원형의 터널면을 얻을 수 있다. 이는 역학적으로 가장 안전한 단면인 동시에 여굴량과 강재 지보공의 양을 크게 절감할 수 있게 된다. TBM은 원래 경암에 적용되는 것이 일반적이었으나, 컷터헤드를 지반에 따라 달리 사용함으로서 지반의 적용성을 향상시켜 나가고 있다. 재래식 발파에 의한 터널굴착방법에 비해 주변지반의 진동과 이완을 최소화시킬 수 있으며, 굴진속도가 빠른 장점을 가지고 있다.

TBM의 구성은 컷터헤드부와 이를 원지반에 밀착시키는 실린더로 구성된 본체, 굴진에 따라 본체를 굴진방향으로 이동시키는 주행장치, 본체의 구동에 필요한 동력전달장비 및 유압·집진설비 등의 간접적으로 굴진에 필요한 후속장비, 파쇄된 버력을 외부로 반출시키기 위한 버력장치로 구성된 것이 일반적이다. 이와 같은 네 가지 주요장비는 현장의 지반조건에 따라서 사전에 조립되어 터널 굴진이 완료될 때까지 계속 사용되며, 한번의 셋팅이 완료된 후에는 변경하기 다소 까다로운 단점이 있으므로 주의를 요한다.

그림 7.44 Tunnel Boring Machine

TBM터널은 굴착방법에 따라 전단면 굴착방법과 확대 굴착방법이 있다. 전단면 굴착방법의 경우에는 계획단면에 맞는 TBM을 제작하여 전단면을 기계로 굴착하는 방법이고, 확대 굴착방법은 소구경의 TBM을 이용하여 Pilot터널을 굴착한 후 소요의 단면까지 확대시켜 터널을 완성해 나아가는 방법이다.

TBM터널은 기계를 이용하여 중단없이 굴착을 진행시킬 수 있으므로 작업속도가 빠르고, 폭약의 발파와 같은 소음·진동이 없다. 또한 매끄러운 터널단면을 얻을 수 있어 지보재를 절감할 수 있으며, 원형단면이므로 구조적으로 안정한 터널을 얻을 수 있으나, 터널 굴착전용기계인 TBM을 구입 또는 임차하기 위한 초기투자비가 크고, 굴착 중 지반의 변화가 심할 경우에 대응이 어려우며, 기계의 조작에 전문인력이 필요한 단점도 가지고 있다.

### 7.8.4 실드터널

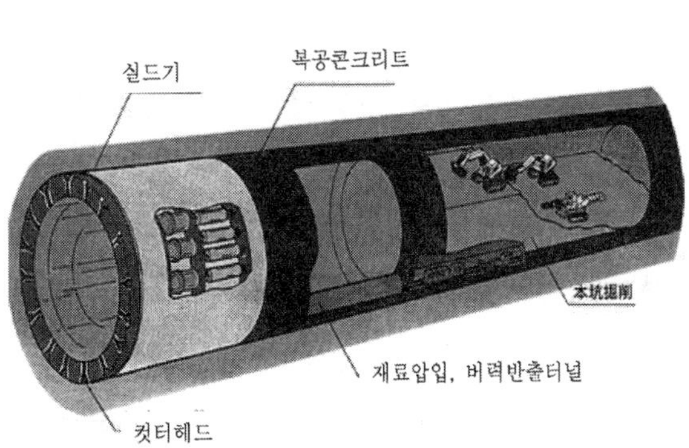


그림 7.45 실드터널의 구조

실드(Shield)터널이란 실드라 불리는 강재 원통굴착기를 지중에 밀어넣고 그 내부에서 토사의 붕괴 또는 유동을 방지하면서 안전하게 굴착작업과 복공작업을 하여 터널을 구축하는 공법으로 개착공법(Open cut)을 대신할 수 있는 도시터널의 시공수단으로서 지하철, 상하수도, 전기통신시설 등에 널리 이용되고 있다. 실드터널은 원래 연약지반을 대상으로 고안된 공법으로서 터널의 외경보다 약간 큰 내경을 가진 견고한 강재의 통(Shield)을 지층속에 밀어넣고 그 던단력으로 굴착하고 그 후방부에서 복공을 세그먼트 형식으로 연속적으로 설치하여 터널의 구조체를 완성시키는 공법이다.

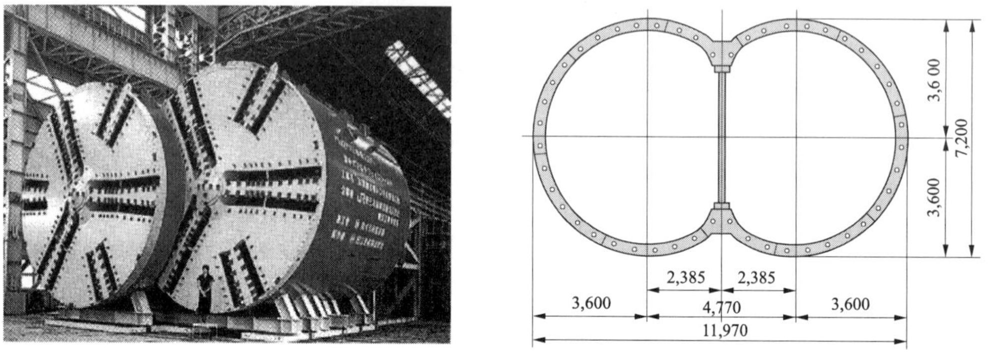


그림 7.46 실드 머신과 굴착단면의 형상

실드공법은 지중에서 실드기의 압입과 굴착이 반복되면서 공사가 진행되므로 공사중에 지상에 거의 영향을 주지 않으며, 지하 깊은 곳에서의 시공이 가능하다. 특히 도심지의 경우 교통 소통에 지장을 주지 않고, 소음과 진동이 적다. 그러나 토피가 얕은 터널의 시공이 다소 곤란하고 급곡선부의 시공이 어려우며, 장소에 따라서는 압기를 이용하는 등의 안전대책이 필요한 경우가 있다.

## 7.8.5 침매터널

침매터널(Immersed Tunnel)이란 지상 또는 수면상에서 미리 제작한 함체를 물에 뛰워 원하는 위치까지 이동시켜 준설선으로 미리 수중에 굴착한 해저면의 제 위치에 침설시킨 후 수중에서 함체를 연결하고 그 위에 토사 등으로 되메우기를 시행하여 수중에 터널을 굴착하는 것을 말한다. 보통 얕은 해저면이나 하저에 터널을 축조하는 방법으로서 주로 미국에서는 강재 침매터널을 많이 구축하고 유럽에서는 콘크리트 박스를 터널의 구조체로 많이 이용하고 있다.

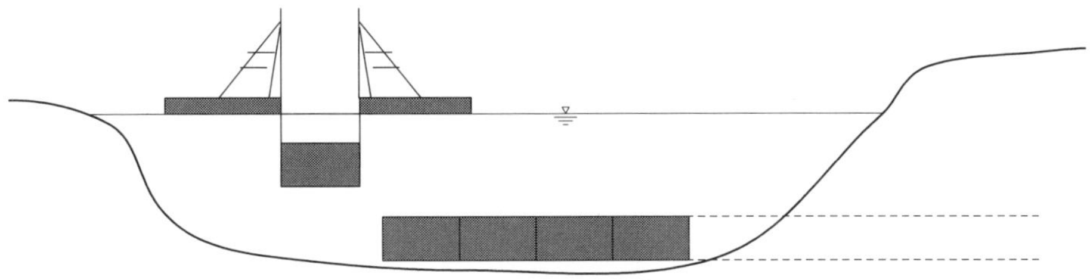

그림 7.47 침매터널의 구축방법

침매터널은 비교적 형상이 자유롭고 큰 단면으로 시공이 가능하며 깊은 수심에서도 시공이 가능하다. 육상에서 제작하므로 터널 본체의 품질관리가 용이하며, 연약지반에서도 시공이 가능하고 공기를 단축시킬 수 있는 등의 장점이 있다. 그러나 유속이 빠르거나 협소한 장소의 수로, 항해 선박에 많은 곳에서는 공사에 지장이 있으며, 침매함의 예인을 위해서는 최소의 수심이 확보되어야 한다.

## 연습문제

1. 지반공학 및 암반공학에서 다루는 내용에 관하여 설명하시오.

2. 흙과 암석을 구분하는 일반적인 방법은 무엇인지 설명하시오.

3. 흙을 분류하는 방법에는 어떤 것들이 있는지 설명하시오.

4. 흙의 함수비 측정 실험을 하였다. 15g의 용기에 시료를 채운 무게가 50g 이고, 그 상태로 건조를 시켰더니 무게가 40g이 되었다. 흙의 함수비를 계산하시오.

5. 토질 실내시험에서 교란시료를 사용하는 시험의 종류를 언급하시오.

6. 토공작업 Cycle에 관하여 설명하시오.

7. 연약지반이란 무엇이며, 연약지반을 개량하는 목적은 무엇인지 설명하시오.

8. 사면이란 무엇이며, 사면이 붕괴되는 자연적인 원인은 무엇인지 설명하시오.

9. 기초란 무엇이며, 기초의 구분에 관하여 설명하시오.

10. 암반사면의 파괴형태 4가지에 관하여 설명하시오.

11. 터널공법에는 어떤 것들이 있으며 주요 특징을 간단히 설명하시오.

# 참고문헌

건설교통부(1996), 터널표준시방서, 도서출판 구미서관

서울특별시(1996), 지반조사 편람

이상덕(1999), 토질역학, 도서출판 새론

천병식(2002), 지반공학-이론과 실제, 도서출판 구미서관

한국시설안전기술공단(2003), 옹벽 안전점검 및 정밀안전진단 세부지침

한국터널공학회(2004), 터널의 이론과 실무, 도서출판 구미서관

安川郁夫, 琴書淸志, 立石義孝(2002), 繪とき土質力學, 東京; オーム社

Braja, M. Das저, 신은철 역(2002), 토질역학, 도서출판 구미서관

# Chapter 8

# 도로공학

# 8.1 개요

도로는 사람이나 화물을 운반하는 통로로서 산업의 생산활동을 지원하고 국민의 일상생활을 편리하게 하는 역할을 한다. 도로는 국가 또는 지역의 유통과 물류의 동맥으로서 경제와 사회발전에 큰 기여를 하는 주요 기간시설이며 교통시설이다. 인간이 공동체 생활을 하기 시작한 이래 도로는 인간 상호간의 교류는 물론 문명, 문화의 전파 경로가 되어 왔고, 주요 국방시설로 개발되어 왔으며 근대 이후 자동차 문명의 발달로 산업활동 및 일상생활과 분리될 수 없는 중요한 사회간접자본이 되었다.

자료 : 건설교통부 제1회 아름다운 도로사진전 수상작

그림 8.1 신공항 고속도로

도로(Highway, Road)는 보행자 및 차량을 위한 공공통로로서 철도와 같이 육상교통을 분담하는 중요한 교통시설이다[40]. 현재 우리나라의 도로는 고속도로와 국도를 중심으로 많은 투자가 이루어져 과거와 비교할 수 없을 정도로 발전되고는 있으나 자동차의 증가 및 고속화·대형화가 계속될 것으로 예상되어 지속적인 도로의 확충이 필요한 분야이다.

## 8.1.1 도로의 역사

인간 생활에 필요한 물자의 수송 및 외적으로부터의 보호를 위해서 도로는 필수적인 사항이며 인류의 역사와 더불어 발전해 왔다고 할 수 있다. 도로는 인간의 출현과 함께 사람이 왕래하고 물건을 이거나 지고 운반하는데 통로로 이용되었고, 차츰 문명이 발전하면서 썰매나 수레가 개발되고, 가축을 이용한 이동이 잦아지면서 그 역할도 증대되었다. 무엇보다도 자동차의 개발로 인하여 도로교통에 큰 변화를 가져왔고 오늘날에는 도로의 발달정도가 한 나라의 발전정도를 가늠케 하는 척도로 이용되는 상황에 이르렀다.

도로의 역사는 매우 오래되었을 것으로 추정되지만 정확히 언제부터 만들어지기 시

40) 권진동 외(1992), 도로공학, 기문당, pp.11~12

작하였는지 분명치는 않다. 역사의 기록에 의하면 기원전 2,000년경 유프라테스강 하류의 바빌론(Babylon)의 포장도 기록을 찾을 수 있다. 이 도로는 폭이 넓고 구배가 완만한 벽돌 포장으로 줄 눈에는 아스팔트를 사용했다고 한다. 이집트의 피라밋 축조과정에서도 돌로 포장된 도로의 축조기록이 있고, 중국, 인도, 앗시리아, 페르시아 등지에서도 인공적인 도로가 있었다는 것을 유적으로부터 추측하고 있다[41).

이후 로마제국에서 영토의 통치와 치안을 확보하기 위해 로마도로(Rome Road)를 축적하였는데 그 흔적의 일부가 아직까지 일부 현존하고 있다. 이후 약 1,000여년간 뚜렷한 도로건설의 자료가 남아있지 않다. 근대에 들어서 17세기 후반에 프랑스의 트레사게(Treasaguet)가 쇄석도로의 축조방법을 발명하여 파리(Paris) 인근에 도로를 건설하였고, 이후 나폴레옹은 이를 확장개량하여 군사용 도로로 이용하였다. 그러나 자동차가 등장하면서 먼지의 비산과 포장의 평탄성 등의 문제로 인하여 쇄석도로가 점차 쇠퇴하고 쇄석 위에 역청재료를 덧씌우는 포장이 나타나게 되었다. 오늘날의 도로는 빈번한 차량의 통행과 고속운행이 가능하면서도 환경오염과 통행하는 차량의 안전을 도모하기 위한 다양한 형태의 도로가 만들어지고 있다.

그림 8.2 로마제국의 쇄석도

우리나라의 도로는 조선시대 이전까지는 사람이나, 우마차 또는 가마 정도가 통과하는 좁은 길이었으나 구 한말 김옥균의 치도론(治道論)이 대두되면서 큰 혁신이 일기 시작하였다. 치도론은 “나라를 부강시키려면 산업을 개발해야 하고 산업을 개발하려면 치도(治道)를 먼저 해야 한다”는 주장이었다. 한일합병으로 인한 일제 강점하에서 일본은 본국과의 교통 편의를 위한 도로개수사업에 착수하였고 1906년경부터 일본의 관리하에

자료 : 건설교통부 도로국 도로의 발자취

그림 8.3 근대의 우리나라의 도로

41) 대한토목학회(1983), 토목공학핸드북, 제13편 도로, pp.13-15, 발췌정리

"신작로"가 개설되었다. 신작로는 근대적인 도로의 효시가 되었으나 착취물자의 수송과 대륙침략을 목적으로 건설되어 국가경제발전이나 국민생활편의와는 거리가 먼 도로개발이었다.

해방을 맞이할 당시 우리나라의 도로는 국도 5,263km, 지방도 9,997km, 시군도 8,771km로서 총연장이 24,031km였고 그 밖에 군사전용도로 1,700km가 전부였다. 이는 국민 1인당 1.5m, 국토 $1km^2$당 110m에 불과한 것이었으며 그나마도 대부분이 자갈길(砂利道)이었고, 포장율은 겨우 0.0026%로서 세계 최하위 수준이었다.

표 8.1 1945년 해방시점에서의 도로상황

(단위 : km)

| 구분 | 국도 | 지방도 | 시군도 |
|---|---|---|---|
| 포장도 | 746.4 | 81.4 | 239.0 |
| 자갈길 | 4,195.4 | 9,231.3 | 6,878.3 |
| 미개수 | 321.2 | 684.3 | 1,653.5 |
| 계 | 5,263.0 | 9,997.0 | 8,770.8 |

미 군정시절에 도로사업은 태평양전쟁으로 피폐해진 국토를 개수하고, 실업자를 구제하기 위한 방편으로 실시되었으며, 서울~부산간 국도 포장사업이 처음 시작되었다. 이 시절의 도로기술자와 기능공은 도로포장에 대한 지식이 거의 없어 대부분 미군이 포장기술을 직접 지도하면서 공사를 수행하였고, 포장에 이용되는 각종 장비에 대한 조작법도 전수되기 시작하였다. 6.25전쟁시에 미군의 작전을 위한 군사도로의 개설이 일부 있었으나 미미하였고, 전후 우리정부는 미군의 원조자금으로 도로기술자 양성을 위한 해외파견을 실시하는 등 적극적인 노력이 시작되었다.

현대적인 도로의 개발은 1962년 "제1차 경제개발 5개년 계획"의 수립과 함께 시작되었다. 이 때부터 본격적으로 주요 도로의 포장, 도로의 개수, 산업도로의 개발, 도로의 유지보수 등 사업이 추진되었다. 70년대에 들어서면서는 산업화의 진전으로 더 많은 도로의 수요가 발생되었고 산업도로를 포함하여 지역의 균형발전을 꾀하기 위한 많은 도로가 만들어지기 시작하였다. 한편 고속도로의 건설사업도 70년대에 활발히 이루어지면서 경인고속도로를 시작으로 우리 국토의 대동맥이라 할 수 있는 경부고속도로의 건설이 완료되면서 고속도로 건설사업도 박차를 가하게 되었다. 90년대에는 장기간선도로망계획[42]이 수립되어 2019년까지 전국에 7×9 격자형 간선망을 형성할 계획이며 도로건설

42) 건설교통부(1999), 국가기간교통망계획(2000~2019)

사업에 대한 투자재원이 대폭 확충되면서 서해안선, 서울외곽순환선, 중앙선, 대전-통영간 고속도로건설사업이 착수 또는 완공되었다. 국도에서는 2차선 중심이던 국도를 4차선으로 확장하는 공사를 중심으로 기간 일반국도에 대한 대대적인 확충과 정비가 이루어지고 있다.

표 8.2 산업화 과정에서의 주요 도로정책기조

| 구 분 | 주 안 점 | | |
|---|---|---|---|
| 1960년대 | 주요 간선국도의 포장 | ➡ | 고도 경제성장의 기반 도로망 구축 |
| 1970년대 | 국도 포장 본격화 및 고속도로 건설 | ➡ | 지방균형개발에 중점 |
| 1980년대 | 주요 국도 및 지방도 포장 완료 | ➡ | 국민생활환경 개선에 중점 |
| 1990년대 | 고속도로망 2배 확충 및 국도 확장 추진 | ➡ | 장래 국가기간망 확충과 교통애로 해소 |

## 8.1.2 우리나라의 도로현황

우리나라 도로망은 전국의 주요 도시를 연결하는 고속국도 및 일반국도가 주축을 이루고 있으며 각 도내의 지역 생활권을 연결하는 지방도 및 군도, 시가지도 등이 상호 연계되어 전국 도로망을 형성하고 있다. 이들 각 도로는 종횡으로 연결되고 있으나 동고서저의 국토 지형 조건 때문에 고속국도와 일반 국도의 경우에는 동서 방향보다는 남북 방향이 비교적 잘 발달되고 교통량도 많은 편이다.

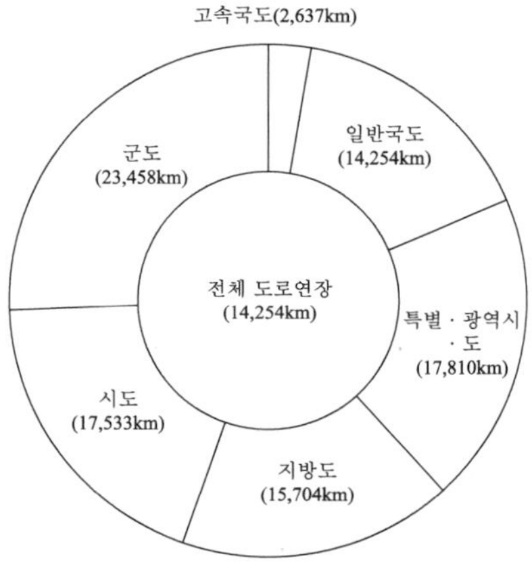


그림 8.4 국내 도로 현황('01년 현재)

2001년말을 기준으로 본 우리나라의 총 도로연장은 91,396km, 여객수송량의 91%, 화물수송량의 93%를 분담함으로서 약 30년간 괄목할만한 성장을 보이고 있으나 아직은 선진국의 약 1/4수준에 머무르고 있으며 간선도로의 76.8%가 2차선 도로로서 양적·질적으로 취약한 실정이다[43].

43) 노관섭(2003), "한국의 도로, 그 장래", 토목 제51권 제1호 2003.1, pp.50~56

표 8.3 우리나라의 도로현황 및 수송분담률

| 구분 | '97 | | '01 | | 증가 |
|---|---|---|---|---|---|
| 계(연장, 포장율) | 84,968km | 74.0% | 91,396km | 76.7% | 6,401 |
| 고속도로 | 1,889 | 100 | 2,637 | 100 | 748 |
| 국도 | 12,459 | 97.9 | 14,254 | 96.5 | 1,795 |
| 특별·광역시도 | 17,243 | 90.9 | 17,810 | 93.5 | 567 |
| 지방도 | 17,089 | 74.5 | 15,704 | 78.5 | -1,385 |
| 시도 | 14,546 | 76.4 | 17,533 | 74.4 | 2,987 |
| 군도 | 21,742 | 42.6 | 23,458 | 49.9 | 1,716 |
| 구도 | | | | | |
| 구분 | 여객('01) | | 화물('01) | | |
| | 수송인원(천인) | 부담율(%) | 수송량(천톤) | 부담율(%) | |
| 계 | 40,179,220 | 100 | 2,715,058 | 100 | |
| 도로 | 36,708,821 | 91.4 | 2,518,961 | 93.1 | |
| 철도 | 3,439,248 | 8.6 | 45,122 | 1.7 | |
| 공항 | 21,811 | 0.05 | 431 | 0.02 | |
| 항만 | 9,340 | 0.02 | 140,544 | 5.18 | |

도로시설의 확충을 위해서 '97년부터 '01년간 도로투자의 규모가 1.6배정도 증가되어 도로의 수송능력은 약 1.36배 증대되는 효과를 보였다. 동 기간동안 우리나라의 자동차 증가대수가 1.24배 증가하였음에도 전체 도로의 교통량은 19,455대/일에서 17,586대/일로 -2.4%정도 감소하여 각 도로의 이용교통량이 90%수준으로 감소되었다. 그러나 우리나라의 도로현황은 선진외국에 비해 아직까지 낮은 수준을 보이고 있다.

표 8.4 국가별 도로연장 비교

| 구 분 | 한국 | 일본 | 미국 | 영국 |
|---|---|---|---|---|
| 국토계수당 연장(km/√국토면적·인구) | 1.33(1) | 5.28(4.0) | 3.93(3.0) | 3.10(2.3) |
| 국토면적당 도로연장(km/km$^2$) | 0.92(1) | 3.06(3.3) | 0.68(0.7) | 1.52(1.7) |
| 인구당 도로연장(m/명) | 1.90(1) | 9.13(4.8) | 22.81(12.0) | 6.32(3.3) |

도로연장의 부족과 함께 도로의 수준도 고속도로 및 국도 등 간선도로의 60%가 2차로로 구성되어 있어 정체와 지체구간이 많은 교통장애를 낳고 있으며 이 때문에 매년 많은 물류비 손실을 가져오고 있고, GDP대비 물류비가 16.5%로 일본, 미국 등 선진외국의 5~10%에 비해서 매우 높아 산업경쟁력의 약화요인으로 작용하고 있다.

표 8.5 차선별 도로현황

(단위 : km)

| 구분 | 총연장 | 2차선 | 4차선 | 6차선 | 8차선 | 미포장<br>미개통 |
|---|---|---|---|---|---|---|
| 계 | 16,891 | 9,626 | 5,676 | 852 | 242 | 495 |
| 고속도로 | 2,637 | 225 | 1,940 | 230 | 242 | – |
| 일반국도 | 14,254 | 9,401 | 3,736 | 622 | – | 495 |

이와 같은 도로현황에 비추어볼 때 우리나라의 도로는 지난 수십년간 폭발적인 양적 증가와 성장을 거듭해왔다. 전국적으로 주요 지방을 연결하는 간선도로가 잘 정비되었고 지방소도시 지역까지의 도로망도 어느 정도 정비가 되었으나, 아직까지도 개발과 확충이 필요한 노선이 많이 있고, 교통선진국 수준의 도로가 되기 위해서는 보다 많은 노력이 필요하다고 할 수 있다.

최근 정부에서는 도로부분에서 활발한 민자유치사업을 추진하고 있다. 민자유치에 의한 도로의 건설은 한정된 정부예산을 감안하여 교통수요와 수익성이 있는 간선도로망을 조기에 확충하기 위한 방편으로 특히 수도권 노선을 중심으로 추진되어 심각한 수도권 교통문제의 해결과 주5일근무제 등에 대비하고 있다.

## 8.2. 도로의 구분

도로의 구분은 그 관점에 따라서 약간 다를 수 있으나, 공학적인 관점에서 도로라 함은 일반적으로 교통의 통행에 이용되는 길로서 「도로법 제11조」에 규정하고 있다. 도로법에서는 도로의 범위를 터널, 교량, 도선장(道船場), 도로용 엘리베이터 및 도로와 일체가 되어 그 효용을 다하게 하는 시설 또는 그 공작물로 규정하고 있다. 또 다른 구분으로서 도로의 계획이나 설계시에는 도로의 기하구조 설계의 기준이 되는「도로의 구조/시설 기준에 관한 규칙」에서 구분하는 기준이 도로구분과 기타 다른 법규에서 구분하는 것을 기준으로 하고 있다.

이 밖에도 「도시계획시설기준에 관한 규칙」에 의한 구분, 표층재료에 의한 구분, 도로의 이용목적에 따라서도 구분되고 있다.

## 8.2.1 도로법에 의한 분류

### (1) 고속국도

2002년 12월말 현재 우리나라의 고속도로는 총 25개 노선이 완공 또는 건설 중에 있다. 고속도로는 자동차 전용도로로서 대량의 교통을 가장 빠른 시간 내에 안선하고, 효율적으로 이동시키기 위하여 출입제한의 기능을 갖추면서 가장 설계기준이 높게 규정된 도로이다. 일반적으로 고속도로는 4차로 이상을 원칙으로 하지만 2차선으로 건설된 후 4차선으로 확장되는 경우도 있다.

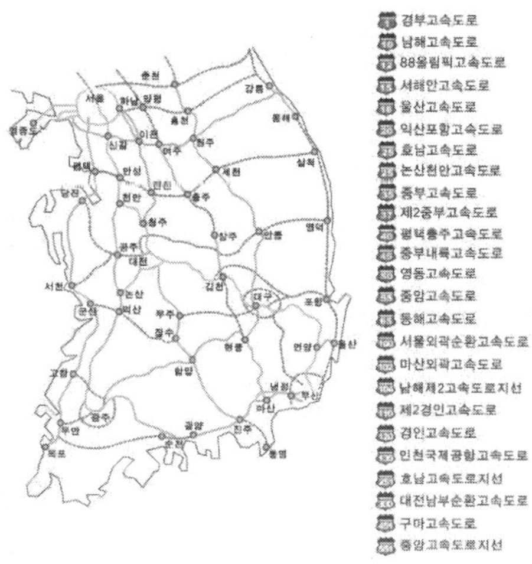


자료 : 한국도로공사 건설현황

그림 8.5 전국 고속도로노선현황

### (2) 일반국도

일반국도는 고속국도와 함께 주요 도시 및 지역간의 장거리 대용량 교통수요를 처리하는 간선도로로서의 기능을 수행한다. 중요도시, 국가 공단, 지정 항만, 중요한 비행장 및 관광지 등을 연결하는 도로이다. 일반국도는 건설교통부장관이 노선을 지정 관리하며, 시 구역 내의 일반국도는 관할 시장이 관리한다.

2002년 말 현재 우리나라에는 총 56개 노선, 총 연장 14,254km가 전국을 종횡으로 연결하고 있으며, 13,788km가 포장되어 96.9% 포장율을 나타내고 있다. 국도의 경우 홀수 노선은 남북을 연결하고 짝수노선은 동시를 연결하는 노선을 나타내고 있다.

### (3) 특별시도/광역시도

2002년 말 현재 특별·광역시도의 총 연장은 18,224km이며, 서울특별시와 인구 1백만 명 이상의 대도시인 부산, 대구, 인천, 광주, 대전, 울산 등의 광역시 내의 도로로서 자동차전용도로, 간선 또는 보조간선기능 등을 수행하는 도로, 도시내 주요지역간이나·인근 도시 및 주요지방간을 연결하는 도로 및 도시기능유지를 위하여 특히 중요한 도로이다.

표 8.6 도로의 종류와 표지 및 관리주체

| 도로의 종류 | 도로의 기능 | 표지판 모양 | 관리기관 | 설계속도 |
|---|---|---|---|---|
| 고속도로 | 주간선 |  | 한국도로공사<br>(건설교통부 장관을 대행) | 100km/h 이상 |
| 일반국도 | 주간선 |  | 국도유지건설사무소<br>(시구역: 관할 시장) | 80km/h 이상 |
| 특별광역시도 | 간선, 집산 |  | 특별광역시도<br>(시구역: 관할 시장) | – |
| 지방도 | 간선, 집산 |  | 도지사 | 60km/h 이상 |
| 시/군/구도 | 집산, 국지 | <br> | 시장, 군수, 구청장 | 40~50km/h 이상 |

### (4) 지방도

지방도는 도청 소재지로부터 시·군청 소재지에 이르는 도로, 시·군청 소재지 상호간을 연결하는 도로 및 도내의 주요 시설로부터 상급의 도로에 연결하는 도로 등 지방의 간선 도로망을 이루는 도로를 말한다.

### (5) 시도/군도/구도

시도는 일반시의 시내 도로로서 해당시장이 노선을 인정, 건설 및 관리한다. 2002년

말 현재 시도는 20,017km이다.

광역시는 1995년에 직할시의 구역을 확장하여 광역시라는 명칭으로 변경되었으며, 이에 따라 도로의명칭 또한 광역시도로 변경되었다. 군도는 군청 소재지로부터 읍·면사무소 소재지에 이르는 도로와 읍·면사무소 소재지 상호간을 연결하는 군내의 도로이다.

## 8.2.2 도시계획 시설기준에 의한 도로의 분류

### (1) 도로의 사용 및 형태별 구분

일반도로, 자동차 전용도로, 보행자 전용도로, 자전거 전용도로, 고가도로, 지하도로 등으로 구분한다.

### (2) 도로의 규모별 구분

도로의 규모에 따라서 광로, 대로, 중로, 소로로 구분하고 이를 다시 폭원에 따라서 1류, 2류, 3류로 구분한다.

표 8.7 도로의 규모에 따른 분류

| 구 분 | 세분류 | 폭원(m) |
|---|---|---|
| 광 로 | 1 류 | 70이상 |
| | 2 류 | 50~70 |
| | 3 류 | 40~50 |
| 대 로 | 1 류 | 35~40 |
| | 2 류 | 30~35 |
| | 3 류 | 25~30 |
| 중 로 | 1 류 | 20~25 |
| | 2 류 | 15~20 |
| | 3 류 | 12~15 |
| 소 로 | 1 류 | 10~12 |
| | 2 류 | 8~10 |
| | 3 류 | 8m미만 |

### (3) 도로의 기능에 따른 구분

1) 주간선도로

전국 도로망의 골격을 형성하는 도로로서 지역 상호간을 연결하는 주 도로로서 인구 5만명 이상의 도시를 연결하거나, 때로는 인구 2만5천명 이상의 도시를 연결하는 도로도 일부 해당된다. 지역간 이동 골격을 형성하는 도로로서 통행길이가 비교적 길고 통행 밀도가 비교적 높은 도로이며, 지역간 통과교통을 위주로 하며 궁극적으로 4차로 이상의 도로확장이 요구되는 도로이다. 일반 국도의 대부분이 주간선도로에 해당된다.

2) 보조간선도로

지역도로망의 골격을 형성하는 도로로서 주간선도로를 보완하며 주간선도로에 비해 비교적 통행거리가 짧고 광역간선기능이 약한 도로이다. 군 상호간의 주요지점을 연결하는 도로로서 일반국도의 일부분과 지방도가 이에 해당된다.

3) 집산도로

지역내의 통행을 담당하는 도로로서 광역기능을 갖지 않는 도로이며, 군 상호간의 광역 기능을 갖는 도로를 보완하는 기능을 갖는 군 내부의 주요도로를 연결하는 도로이다. 군 내부의 주거단위에서 발생하는 교통을 흡수하여 간선도로에 연계시키거나, 보조 간선도로에서 유입되는 교통을 주거 단위로 배분하는 기능을 갖는다. 군도는 대부분이 집산도로에 해당한다.

4) 국지도로

군도의 일부 및 농어촌 도로 등 기타 도로가 해당되며 군내의 주거단지에 접근하기 위한 도로를 말한다. 가장 통행거리가 짧고, 기능상 최하위 도로이다.

5) 도시고속도로

도시내 교통을 쾌적하고 신속하게 처리하기 위하여 도시의 평면적 가로망을 보강하여 장거리 교통을 짧은 시간에 많이 처리할 수 있도록 한 도로로서 도심과 부도심 및 대량 교통유발시설 상호간을 연결하고 불필요한 도심의 통과 교통을 우회 처리하는 기능을 가진다.

6) 특수도로

보행자전용도로, 자전거전용도로 등 자동차 이외의 교통에 전용되는 도로를 말한다.

### 8.2.3 도로 포장의 표층재료에 의한 구분

도로의 노면에 사용하는 표층재료에 의해서 구분하는 것으로 과거에는 자연상태의 흙이나 흙의 입도를 조정하여 개량한 토사도(Earthen Road)와 여기에 자갈을 덧씌운 자갈도(Gravel Road)가 대표적이었다. 그러나 현대적인 도로에서는 대부분 아스팔트 콘크리트 포장도로(Asphalt Concrete Pavement) 또는 시멘트 콘크리트 포장도로(Cement Concrete Pavement)가 주종을 이루고 있으며 특수한 목적에 의해 블록포장도로(Block Pavement)가 있다. 오늘날 도로에서 포장(Pavement)은 대부분 다음과 같은 두 종류의 포장을 의미한다.

도로의 포장
- 아스팔트 콘크리트 포장(가요성 포장, Flexible)
- 시멘트 콘크리트 포장(강성포장, Rigid)

그림 8.6 도로 포장의 종류

아스팔트 콘크리트 포장과 시멘트 콘크리트 포장은 단순히 포장재료의 차이만이 아니라 교통하중을 지반으로 전달하는 메커니즘 자체가 다르다. 아스팔트 콘크리트 포장은 교통하중을 포장의 최상부에서는 점하중으로 받지만 하부층으로 갈수록 점점 넓게 분산시켜 발생한 수직응력과 전단응력을 노상이 지지하도록 한 구조이다. 그러므로 노상의 강도가 커야하며, 각 층간 탄성계수를 조화시킬 수 있도록 포장재료와 층 구성을 고려해야 한다. 시멘트 콘크리트 포장에서는 교통하중을 표층인 콘크리트 판이 부담하며 판하중에 대한 콘크리트 판의 강성이 중요하다. 노상의 강도가 그리 중요하지 않으나 시멘트 콘크리트가 취성재료이므로 하부층이 균질해야 한다.

## 8.3 도로의 계획

우리가 일상생활에서 통행하고 모든 도로는 단순히 노면상에 보이는 것 뿐만 아니라 교량, 터널, 진출입시설, 휴게소 등 도로의 평탄성과 연속성 및 이용의 편의를 위한 각종 시설물을 갖추고 있다. 그러므로 도로의 계획은 상당히 복잡하고도 고도의 지식을 요하는 일이 된다. 도로가 필요한 지역에서 어떠한 도로를 어떤 형식으로 구체화하는가는 엔지니어의 지식과 경험이 필요하며, 이 과정에서는 투자의 타당성분석과 같은 경제적인 개념도 고려되어야 한다.

도로의 건설은 도로가 필요한 지역을 잇는 해당 노선을 결정하고, 현지의 지형과 도로의 기능 등을 종합적으로 고려한 설계과정을 기치고, 도로의 건설에 필요한 용지 등을 매수한 후 공사에 착수한다. 공사의 완공으로 도로가 개설된 이후에도 차량의 통행과 노후화 등으로 지속적인 유지관리활동이 이루어져야 한다. 즉, 도로사업은 상위계획 검토, 타당성조사, 기본설계, 실시설계, 용지매수, 건설, 도로의 사용 및 유지관리 등의 일련의 과정을 거쳐 이루어지는 것이다.

도로의 계획은 각종 상위 개발계획에서 세워진 중장기 도로망계획을 토대로 사업노선을 결정한 후 해당 노선의 타당성조사를 거쳐 최적의 노선을 결정하고 계획된 도로의 주요시설에 대한 위치나 형식을 선정하는 기본설계까지의 설계업무를 다루는 도로건설을 위한 사전 의사결정 과정이다.

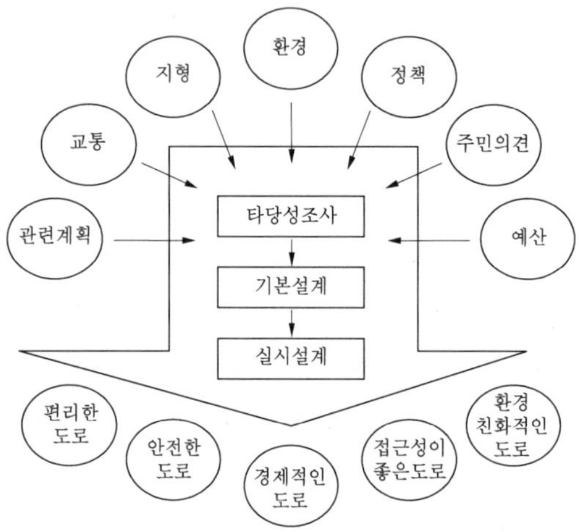


그림 8.7 도로설계의 기본개념

도로를 계획하기 위해서는 우선 도로의 시점과 종점을 연결하기 위한 평면선형을 구체화 한 후 운전자가 편안하고, 안전하고 편리하게 주행할 수 있도록 도로의 기하 구조를 연속적(Continuity)이고 일관성(Consistancy)있게 계획하는 것이 중요하다. 가급적 동일 노선에서는 차로폭이나 종·횡단선형의 급격한 변화를 피하고, 인접구간과의 연관을 염두에 두고 설계속도 등을 고려하여야 한다. 곡선부에서는 진행방향의 인식도를 높이는 선형계획이 필요하며, 교차로의 기하 구조도 같은 노선 안에서는 출구의 예측과 인식이 쉽도록 일관성 있게 계획하여야 한다. 또한 통행량에 합당한 도로의 폭원과 차선수 등을 결정하는 것은 물론 주행성과 유지관리 등 여러 가지 조건을 검토하여 포장설계(Pavement Design)를 실시하여야 한다. 도로의 계획과 설계과정에서 이루어지는 주요 행위는 다음과 같다.

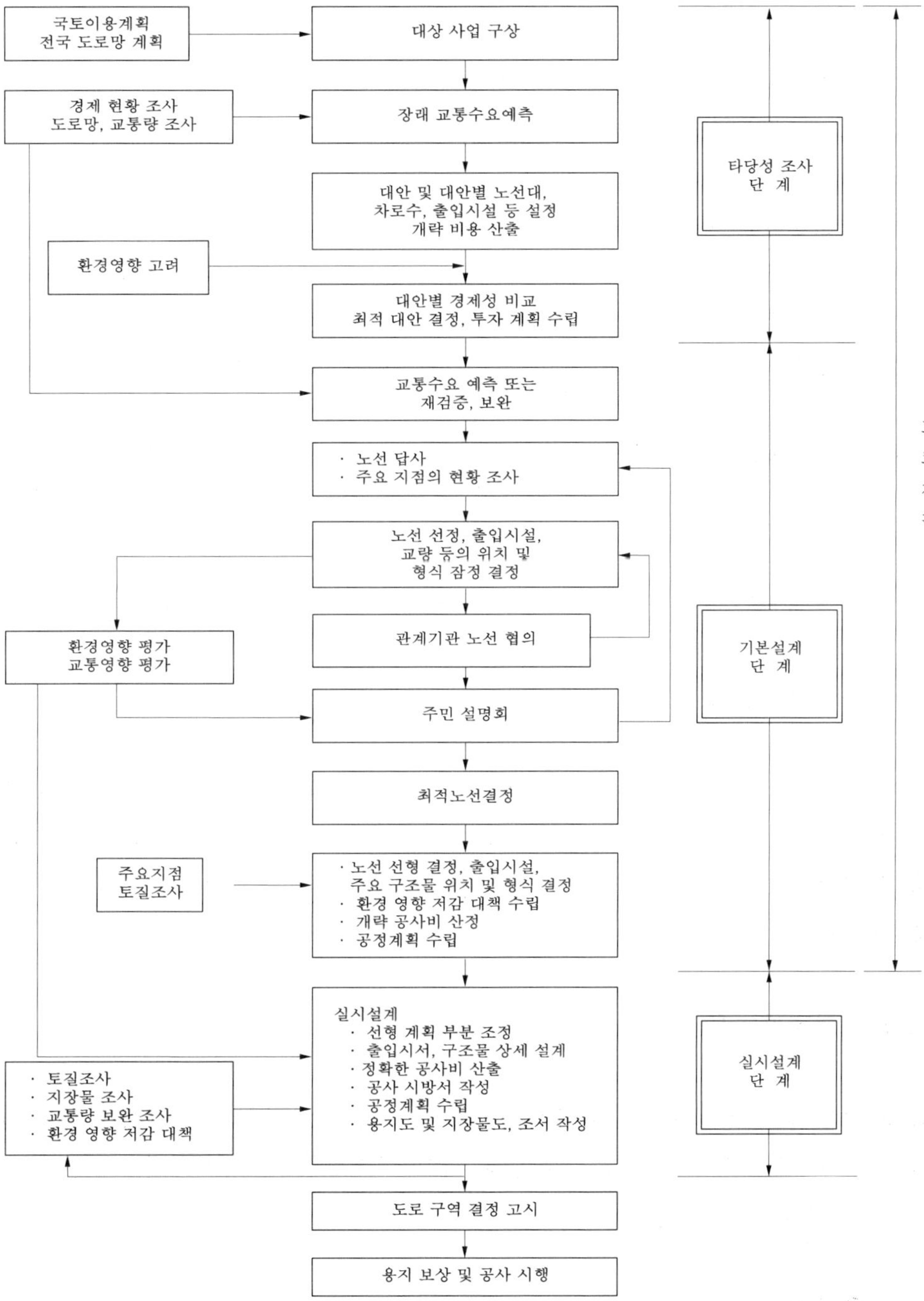


그림 8.8 도로의 계획과 설계의 절차

### (1) 교통수요예측

현재의 인구, 경제, 토지이용과 관련하여 교통체계를 조사·분석하고 이를 바탕으로 장래의 인구, 경제, 토지이용 변화를 예측하여 이에 따른 교통수요의 변화를 예측하는 과정이다.

### (2) 도로용량분석

도로시설이 주어진 조건하에서 처리할 수 있는 최대 교통량(용량)을 산정하여 도로교통수요에 따른 서비스수준을 분석하거나 장래 도로시설의 규모를 결정하는 작업이다.

### (3) 경제성분석

평가 대상이 되는 사업이나 비교 대안에 대한 사회적 편익과 사회적 비용을 비교하여, 투자여부를 판단하고 정책결정자의 의사 결정을 돕는 작업이다.

### (4) 교통영향평가

대량의 교통수요를 유발하거나 유발할 우려가 있는 사업을 시행하거나 시설을 설치할 경우, 발생교통이 주변지역 교통환경과 마찰을 일으켜 생길 수 있는 제반 교통 문제점을 분석하고 그 악영향을 제거하거나 최소화할 수 있는 대책을 마련하여 교통여건을 개선하는 작업이다.

### (5) 환경영향평가

대상 사업의 사업계획을 수립함에 있어 해당 사업의 시행으로 인하여 환경에 미치는 영향을 미리 예측하고 분석하여 환경에 대한 악영향을 저감시킬 수 있는 방안을 강구하는 작업이다.

### (6) 타당성조사

사업의 기본 구상을 토대로 사업의 목표와 이를 위한 수단을 설정하여 경제적 타당성, 기술적 타당성, 사회 및 환경적 타당성을 종합적으로 검토함으로써 사업시행의 타당성을 판단한다. 아울러 도로 노선대의 여러 대안을 비교·검토하여 최적 노선대를 계획하고, 그에 대한 사업의 주요계획을 작성하며, 다음 단계 설계용역에 기본이 되는 기술자료를 작성하는 단계이다. 이 단계에서는 최적 노선대와 노선의 설계속도, 출입시설이나 교차로의 설치 여부, 차로수, 표준 횡단면 등 도로의 기능을 개략적으로 결정하고 계획 노선의 경제적 타당성을 평가한다.

#### (7) 기본설계

기본설계 단계에서는 타당성조사를 토대로 결정된 최적노선대에서 최적노선을 결정한다. 주요 구조물의 규모, 배치, 형태, 공사방법 및 기간, 소요비 등에 대해 일반적인 조사 및 분석, 비교·검토를 실시하여 최적안을 계획하고 주요 시설물에 대해서 예비설계를 수행한다. 즉, 기본설계는 타당성조사에서 제시된 도로 기능과 경제성 지표를 재검증하고 제안된 노선대에서 최적 노선을 결정하며, 교차로, 출입시설, 주요 교량, 터널 등 주요 시설의 위치 및 형식에 대해 일반적인 조사와 대안의 비교 분석을 통하여 최적안을 계획하는 것이다.

#### (8) 실시설계

실시설계는 기본설계에서 결정된 모든 시설물의 위치, 형식, 규격, 재료 등에 대한 상세한 설계를 시행하는 것이다. 이 단계에서는 기본설계에서 제시된 최적노선에 대한 재검토와 교량, 터널, 교차로와 출입시설, 휴게소, 정류장, 포장, 배수시설 등 모든 시설에 대한 재검토를 실시한 후에 공사 시행에 필요한 모든 설계도서를 작성한다.

## 8.4 도로의 구조 및 포장

### 8.4.1 도로의 횡단구성

도로의 횡단면이란 도로 진행방향을 수직으로 절단했을 때 얻어지는 절단면을 말한다. 횡단을 구성하는 요소는 차도 및 차로, 중앙분리대, 길어깨, 정차대, 자전거도로, 보도, 측도[44], 식수대[45], 환경시설대[46] 등이다.

### (1) 차도 및 차로

차도는 자동차의 통행을 위해 설치된 도로의 부분으로서 직진차로, 회전차로, 변속차로, 오르막차로, 양보차로 등이 있다. 차로폭은 도로의 구분과 설계속도 등에 따라 다르지만 국도와 고속도로의 경우 3.6m이상이 된다.

### (2) 중앙분리대

중앙분리대는 왕복의 교통을 분리함으로써 중앙선 침범에 의한 치명적인 정면충돌사고를 방지하고 동시에 도로 중심선의 교통마찰을 감소시켜 교통용량을 증대시키고자 설치한다. 보통 중앙분리대는 콘크리트방호벽, 가드레일, 녹지대, 콘크리트 연석 등으로 도로의 중심선을 따라 설치한다.

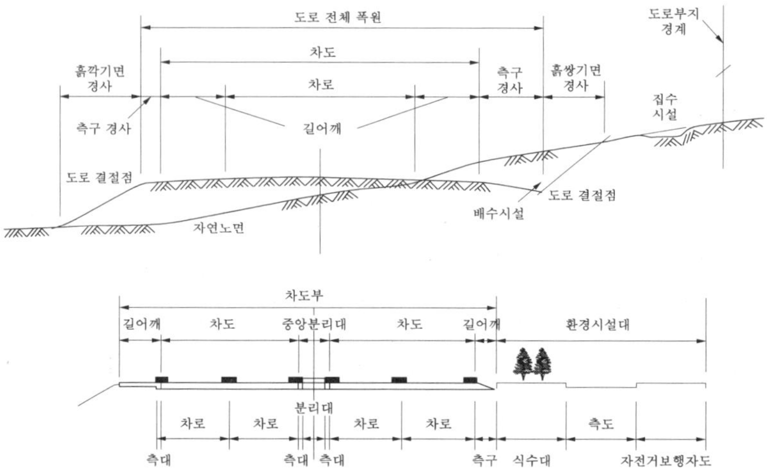


그림 8.9 도로의 횡단 구성요소

44) 도로의 본선과 인접도로와의 고저차가 있어 자동차의 출입이 불가능한 경우, 인접한 도로와의 원활한 출입을 위해 본선과 나란하게 설치하는 도로

45) 도로와 나란히 가로수 등을 심은 폭1.0~3.0m(표준은 1.5m)의 식수구역으로서 양호한 도로교통환경과 생활환경 확보를 위하여 설치한다

46) 교통량이 많은 도로 주변의 주거지역, 정숙을 요하는 시설이나 공공시설 등이 위치한 지역 및 환경의 보존을 위하여 도로의 바깥쪽에 설치되는 방음벽 또는 식수대 등의 설치구역

### (3) 길어깨

길어깨란 차도, 보도, 자전차도 또는 보행자도에 접속하여 설치되는 띠 모양의 도로 부분을 말한다. 길어깨는 고장차가 발생하였을 때 본선차도로부터 대피할 수 있어 사고 시 교통의 혼잡을 방지하는 역할을 하며, 측방의 여유폭을 확보하여 도로의 안전성과 쾌적성을 높이며, 도로의 미관을 높이는 역할을 한다.

### (4) 주·정차대

주정차대란 차량의 주차 또는 정차에 사용하기 위하여 도로에 접속하여 설치되는 부분을 말한다. 도시지역의 일반도로의 경우에 폭 2.5m이상으로 하되 소형자동차만을 대상으로 할 때는 2.0m이상으로 하도록 규정되어 있으며, 고속도로와 간선도로에 설치하는 버스 정류장은 차도와 분리하여 별도 설치하여 교통안전과 교통용량을 증진시키도록 하고 있다.

### (5) 환경시설대

교통량이 많은 도로에서 도로연변에 미치는 소음 등의 피해를 감소시키거나 공공시설 등의 환경보존을 위하여 도로 외측에 식수대, 둑, 방음벽 등의 시설을 말하며 환경시설대에는 길어깨, 식수대, 측도, 방음벽, 보도 등이 포함된다.

## 8.4.2 도로의 선형

도로의 선형은 도로 중심선이 입체적으로 그리는 연속된 형상으로서 도로를 평면적으로 보았을 때 도로의 중심선이 그리는 평면선형, 도로의 진행방향으로 절단하여 종단면으로 본 종단선형이 있다. 도로의 선형 설계는 안전성, 효율성을 기준으로 운전자, 자동차, 교통 및 도로환경 등을 고려하여 최적 수준의 설계안이 확보되도록 하여야 한다. 공사비가 최소화되도록 선형설계를 실시하기 위해서는 지형적인 형상에 따라 자연스럽게 설계하는 것이 좋지만, 자동차의 안전 주행을 위해서는 시거를 포함하여 설계속도에 따른 최소 설계기준을 만족시켜야 하므로 지형을 그대로 따르는 것은 현실적으로 어렵다. 그러므로 도로의 선형 설계는 도로의 기능성, 안전성, 효율성, 환경성 및 경제성 등이 종합적으로 고려될 수 있도록 설계되어야 한다.

### (1) 시거(視距)

시거란 운전자가 주행 중에 전방을 볼 수 있는 거리이다. 전방을 보는 능력은 도로상에서 자동차의 안전하고 효율적인 운행을 위해 가장 중요하다. 최소한의 정지시거는 자동차 주행시 갑작스러운 장애물과의 충돌을 피하기 위해 매우 중요한 사항이다. 시거가 많이 확보되면 운전자는 좋겠지만 예산상의 제약 등으로 무한정 길게만 할 수는 없으며, 도로를 설계할 때 평균적인 운전기술을 가진 운전자가 안전하게 정지할 수 있는 최소한의 거리를 설계 요소로 하고 있다.

시거에는 도로의 설계속도에 따라 안전상 필요한 길이를 전구간에 걸쳐서 확보해야 하는 정지시거와 양방향 2차로 도로에서 효율적인 도로운영을 위해 앞지르기를 허용하는 구간을 둘 때 고려하는 앞지르기시거, 도로시설의 정보 인식을 도모하기 위한 판단시거, 교차로에서 확보되어야 하는 교차로시거가 있다.

### (2) 평면선형과 경사

평면선형은 지형 및 토지이용과의 조화를 고려하고 선형의 연속성, 종단선형과의 조화 및 시공, 유지관리, 경제성, 교통운용상의 손실 등을 검토하여 결정하며 직선, 원호곡선, 완화곡선[47]으로 구성된다. 이 세가지 요소는 적절한 길이 및 크기로 연속적이며 일관성 있는 흐름을 갖도록 해야한다.

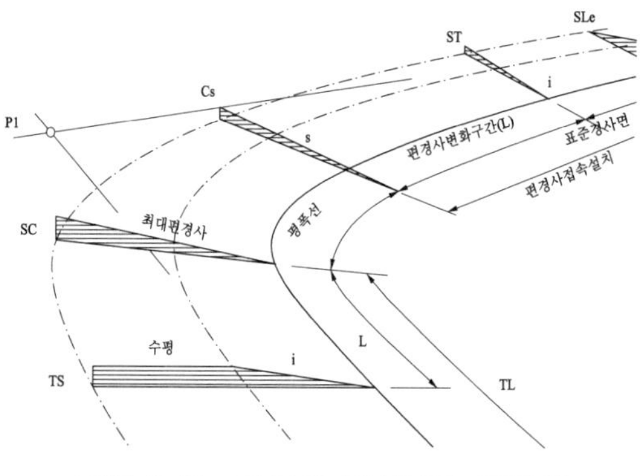

그림 8.10 도로의 곡선부와 편경사

노면의 횡단경사는 도로 중심선에서부터 노면 끝단까지의 횡단면 경사로서, 노면 위의 빗물을 측구 등으로 배수시키기 위해 필요하다. 그 횡단경사는 노면 배수에 충분하며 자동차의 주행에 안전하고 지장이 없어야 한다. 한편, 편경사는 곡선부의 원심력에 대하여 운전자가 불쾌감을 느끼지 않고 안전하게 주행하도록 하기 위하여 설계속도와 평면 곡선반경에 따라 설치하는 것이다.

---

47) 곡선과 직선부 또는 곡선반경이 현저하게 서로 다른 인접한 곡선사이에 설치되는 것으로 원심력의 증감을 적절히 조절하고 급격한 핸들의 조작을 피하기 위해서 설치된다.

## 8.4.3 교차

교차(Intersection)란 둘 이상의 도로가 교차, 접속되는 공간 및 그 내부의 교통시설물로서 정상적인 교통의 진행뿐만 아니라 횡단, 회전 등이 발생하므로 도로의 다른 부분보다 복잡한 운행으로 사고 및 교통정체가 일어나기 쉽다. 그러므로 교통류를 안전하고 원활하게 처리하기 위하여는 교차로를 어떻게 적절히 계획, 설계, 운영할 것인가 하는 것이 매우 중요한 과제이다. 일반적으로 교차로는 교차, 접속되는 공간과 시설에 따라 평면교차(At-grade Intersections)와 입체교차(Grade Separations & Interchanges)로 구분되며, 평면교차로는 교차하는 도로의 수, 교차각 및 교차위치에 따라서 다음과 같이 분류할 수 있다.

평면 교차로에서는 2개 이상의 도로를 통행하는 교통류 상호간의 상충 및 보행자와의 상충이 발생하므로 교차로 설계시에는 교차로를 이용하는 모든 교통류(자동차, 보행자, 자전거 등)의 잠재적인 상충을 최소화하여 시설을 편리하고 안전하게 이용토록 계획하여야 한다.

표 8.8 평면교차로의 분류

| 구분 | | | | |
|---|---|---|---|---|
| 세 갈래 교차로 | T형 | 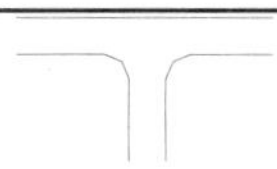 미확폭 교차로 | 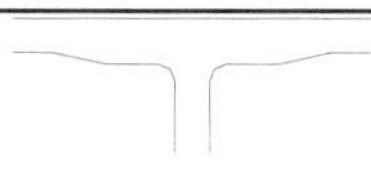 확폭 교차로 |  단순 유출입(단순 접속) |
| | Y형 | 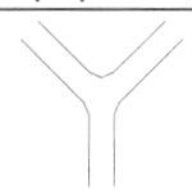 미확폭 교차로 | 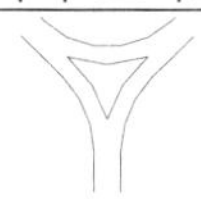 확폭 교차로 | 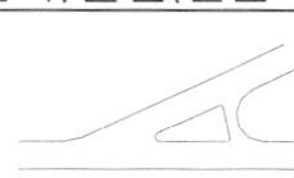 도류화 |
| 네 갈래 교차로 | 직각 | 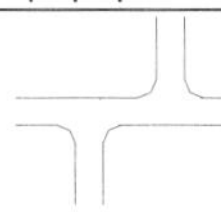 엇갈림 | 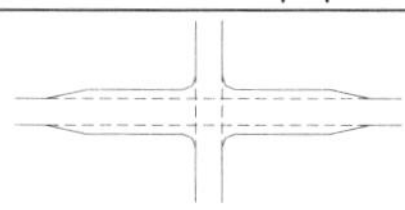 확폭 교차로 | 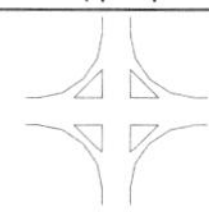 도류화 |
| | 사각 | 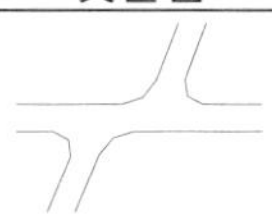 엇갈림 | 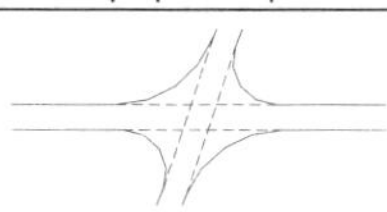 확폭 교차로 | 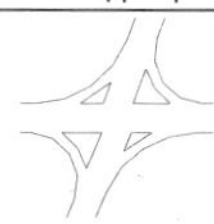 도류화 |
| 기 타 | | 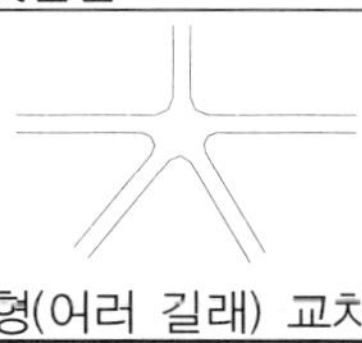 기형(어러 길래) 교차로 | |  로 터 리 |

한편, 평면 교차로에서는 도류화(Channelization)를 통해서 자동차와 보행자를 안전하고 질서 있게 이동시키는 방법을 많이 사용하는데 교통섬, 노면표시 등을 이용하여 상충하는 교통류를 분리시키거나 규제하여 명확한 통행경로를 지시해주는 것을 도류화라 말한다. 적절한 도류화는 용량을 증대시키며, 안전성을 제고하고, 쾌적성을 제공하여 운전자에게 확신을 심어준다. 그러나 부적절한 도류화는 이와 반대되는 효과를 나타내므로 그것을 설치하지 아니함만도 못할 경우도 있으며, 지나친 도류화는 혼동을 일으키기가 쉽고 운영상태가 나빠지므로 주의한다.

입체교차 시설은 구조물을 설치하여 2개 이상의 도로간 교통류 흐름을 각기 다른 층에서 교차시켜 원활한 소통을 위해 설치하는 도로의 시설물이다. 입체교차 시설은 연결로를 통하여 교차도로 상호간의 차량 통행이 이루어지는 인터체인지와 연결로가 없이 고가구조물 또는 지하차도 형식으로 교차되는 단순 입체교차 시설로 나뉘어진다. 인터체인지는 자동차 전용도로 상호간을 연결하는 분기점 인터체인지(JCT: Junction) 및 일반도로와의 진출입을 위한 일반 인터체인지(IC: Interchange)로 구분된다. 인터체인지는 교차 접속하는 도로의 기능, 설계속도, 교통량 뿐만 아니라 주변의 지형, 토지이용, 장래계획과 경제성을 종합하여 검토하며, 그 대표적인 형식은 다음과 같다.

- 인터체인지
  - 완전입체교차
    - 크로바형
    - 직결형
    - 트럼펫형(3지교차)
    - 2중 트럼펫형(4지교차)
  - 불완전입체교차
    - 다이아몬드형
    - 불완전 크로바형
    - 트럼펫형(4지교차)
    - 준직결형
    - 로타리형
    - 교차점 입체교차

그림 8.11 인터체인지의 형식

## 8.4.4 도로포장

일반적으로 자동차 도로의 포장은 가요성포장(Flexible Pavement)인 아스팔트포장과 강성포장(Rigid Pavement)인 콘크리트 포장으로 구분된다. 이 두 종류의 포장은 사용된 포장재와 포장층 구성의 차이에 의해 분류되며 또한 설계시 포장구조에 가해지는 차량의 윤하중(輪荷重)을 노상에 전달하는 방식에 따라서 구별된다. 우리나라에서는 두 포장법 모두 미국 AASHO(American Association of State Highway and Transportation Officials)설계법의 적용을 원칙으로 하고 있다.

우리나라의 포장은 산업화과정에서 주로 아스팔트 포장이 이루어졌으나, 콘크리트 포장의 우수성이 알려지면서 차츰 콘크리트 포장으로 시공되는 사례가 많아졌다. 아스팔트와 콘크리트 포장 모두 어느것이 우수하다고 단언할 수 없지만, 도로의 기능과 통행량 그리고 장기적인 관점에서 유지관리의 필요성 등을 종합적으로 고려하여 선정하고 있다.

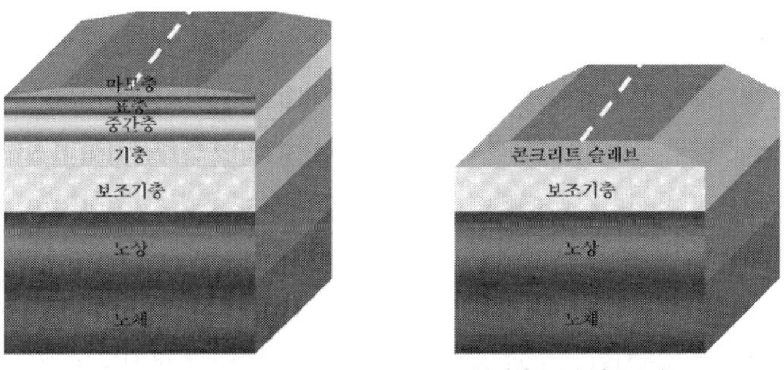

(a)아스팔트 콘크리트 포장 (b)시멘트 콘크리트 포장

그림 8.12 아스팔트 포장과 콘크리트 포장의 구조

가요성 포장의 경우 표층에 가해진 윤하중을 중간층, 기층, 보조기층, 노상의 순으로 하중을 순차적으로 전달하면서 하중을 각 층으로 분담시킨다는 기본개념 하에 설계가 시작된다. 아스팔트 포장은 골재를 역청재료로 결합시켜서 만든 표층이 있는 포장으로 일반적으로 마모층, 표층, 중간층, 기층 및 보조기층으로 이루어진다. 아스팔트 포장은 상부층으로 갈수록 탄성계수가 큰 재료를 사용하여 교통하중 작용시 상부층으로부터 전달되는 사중을 점점 넓게 분산시켜 발생한 수직응력과 전단응력을 노상이 지지하도록 한 구조이다.

강성포장은 윤하중의 대부분을 표층을 이루는 콘크리트판의 강성이 담당한다는 전제하에 설계가 시작된다. 콘크리트 포장은 콘크리트 슬래브 자체가 빔(Beam)과 같이 거동하여 교통하중에 의해 발생되는 응력을 휨저항으로 지지하는 포장형식이다. 콘크리트 포장은 일반적으로 표층 및 보조기층으로 구성되어 있고, 표층은 시멘트 콘크리트층이지만 경우에 따라서는 그 위에 아스팔트 콘크리트 마모층을 둘 수 있다. 보조기층의 역할은 슬래브에 균등한 지지력을 주고, 투수층으로 동상현상을 방지하고 시멘트 콘크리트 슬래브를 치기위한 안전한 작업기반을 조성하는데 있다.

포장형식에 따른 시공성의 차이는 일반적으로 콘크리트 포장이 줄눈설치 및 콘크리트 양생 등으로 아스팔트포장에 비해 다소 불리하며, 또한 품질관리에 숙련이 필요하다. 반면 아스팔트 포장은 시공속도가 빠르고, 간편성측면에서 유리하며 단계 시공도 유리하다. 경제적 측면을 고려하면 콘크리트 포장은 유지관리가 저렴한 반면 제설용 염화물에 의한 철근 부식우려가 있고 초기 투자비가 다소 고가이다. 아스팔트 포장은 초기 공사비는 다소 저렴하나 잦은 보수로 교통소통에 지장을 초래하며 부분적인 보수가 용이하나 전체적인 유지보수비가 많이 들게 되는 단점이 있다.

표 8.9 아스팔트포장과 콘크리트포장의 비교

| 공법 / 구분 | 아스팔트 포장 | 콘크리트 포장 |
|---|---|---|
| 시공성 | • 시공경험 풍부하고 시공관리에 유리 | • 콘크리트의 양생과 품질관리가 까다로움 |
| 경제성 | • 초기공사비만의 단순비교로는 경제적 | • 대체적으로 초기공사비는 많이 들어가나 장기적인 유지관리에 양호 |
| 내윤하중 및 내구성 | • 대형차량 및 과적차량에 의해 수명이 많이 단축됨<br>• 매5~10년마다 덧씌우기 필요함 | • 중차량의 통행에 대해 비교적 유리하고 포장의 수명이 약20~40년 정도로 비교적 장기간 |
| 유지보수 | • 유지보수비가 상대적으로 많이 듬<br>• 국부적인 파손에 보수가 용이<br>• 잦은 보수로 교통통행에 지장 | • 유지보수비가 상대적으로 저감<br>• 국부적인 파손에 대한 보수가 곤란 |
| 토질의 영향 | • 적응성이 좋음 | • 불균질토에 불리 |
| 평탄성 및 승차감 | • 양호 | • 불량 |
| 양생기간 | • 즉시 교통개방 가능 | • 약 2주간의 양생이 필요 |
| 소음 | • 상대적으로 적음 | • 줄눈과 그루빙에 의한 소음 과다 |
| 장비의 대소 | • 타설장비가 소규모 | • 타설장비가 대형이고 고가 |

## 8.5 도로의 시공과 유지관리

### 8.5.1 도로 토공

원지반에 도로를 놓을때는 토공의 균형을 맞추기 위해서 시공기면을 중심으로 절성토가 발생하는 것이 일반적이지만, 경우에 따라서는 순성토와 순절토구간만이 발생할 수도 있다. 그림 8.13과 같이 절성토가 있는 도로를 시공할 때는 우선, 설계에 따라서 규준틀을 세워 포장체의 각 층간의 레벨을 확인하면서 시공한다.

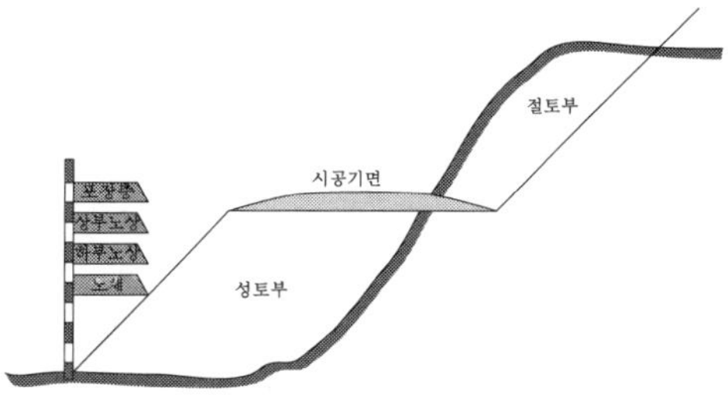


그림 8.13 절성토가 있는 도로의 시공

성토의 방법에는 그 목적과 용도에 따라서 수평층 쌓기, 전방층 쌓기, 비계층 쌓기 등의 방법으로 시공할 수 있지만 차량의 통행을 위한 도로를 만들때에는 수평층쌓기의 방법을 주로 이용한다. 도로공사에 이용되는 수평층 쌓기의 방법은 한 번 포설시 20cm이하로 성토재를 포설하고 다짐장비를 이용한 다짐시공을 반복하면서 노체를 완성하여 가는 방법으로서 물의 투수를 방지하고 성토체가 완성된 후 침하가 작으므로 이용되는 방법이다. 전방층 쌓기의 방법은 공사용 가설도로를 만들거나, 중요하지 않은 임시 성토체를 만들 때 이용하는 방법으로 완성후 침하가 크기 때문에 중요한 구조물에는 제한이 따르는 방법이다.

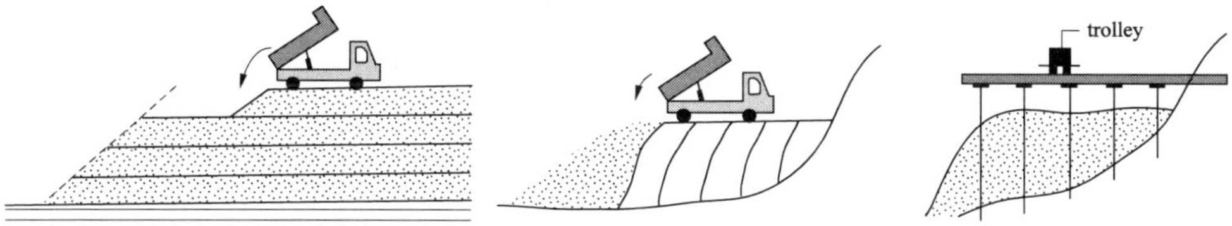


(a) 수평층 쌓기 (b) 전방층 쌓기 (c) 비계층 쌓기

그림 8.14 성토시공법

절토는 지형이나 지질, 비탈면의 높이에 따라서 그 방법과 구배가 달라진다. 급경사면의 원지반을 굴착할 때는 위에서부터 조심스럽게 굴착하여 자연낙하식으로 흙을 낙하시키는 방법을 취하고, 완경사 지반이나 수평지반에서는 계단식으로 깍아내는 방법이 이용된다. 산사태가 발생하기 쉬운 연약지반에서는 정상부터 깍기 시작하여 순차적으로 아래로 깍아 넓히는 방법이 안전하고, 시공 중 발생하는 용수 등이 신속히 배출되도록 하는 것에 주의하여야 한다.

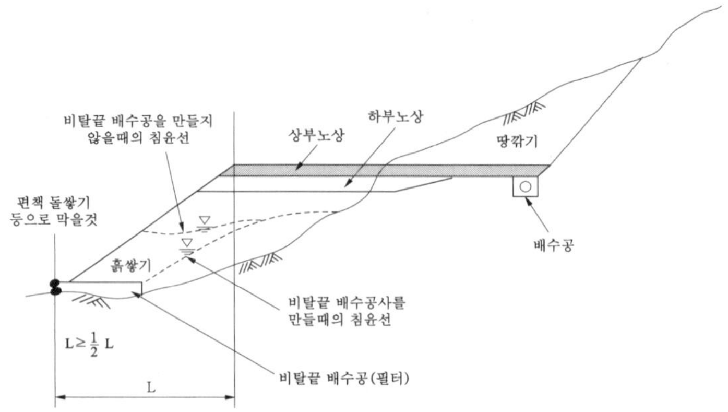


그림 8.15 절성토 구간에서의 배수층 설치

아스팔트 포장은 기본적으로 표층→기층→보조기층→노상으로 하중을 분산시켜 하중을 절감하는 방식을 취하고 있으며 콘크리트 포장은 교통하중을 슬래브가 지지하는 형식을 취하고 있다. 그러므로 도로의 상부 포장면 하부의 노체를 구성하는 형식과 두께도 다소 상이하지만 일반적으로 각 층별 역할은 다음과 같다.

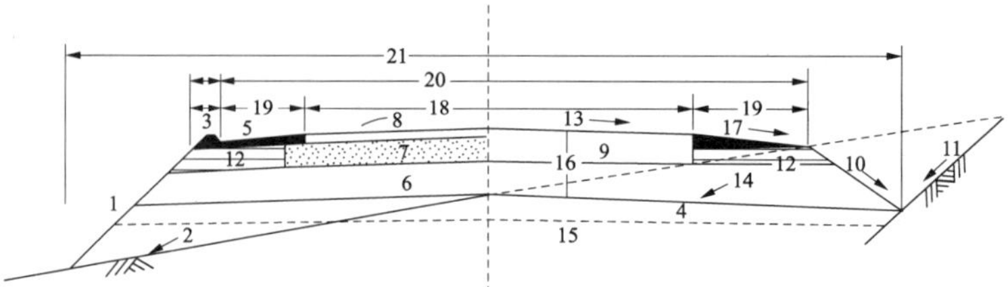

(a) 아스팔트 포장 (b) 콘크리트 포장

| 번호 | 명칭 | 번호 | 명칭 |
|---|---|---|---|
| 1 | 성토 사면 | 12 | 길어깨 기층 |
| 2 | 원지반 경사 | 13 | 노면 경사 |
| 3 | 연석 | 14 | 노상 |
| 4 | 동상방지층 또는 필터층 | 15 | 노체 흙 |
| 5 | 길어깨 표면 | 16 | 포장 구조체 |
| 6 | 보조기층 | 17 | 길어깨 경사 |
| 7 | 기층 | 18 | 주행 차로 |
| 8 | 표층 | 19 | 길어깨 |
| 9 | 포장 슬래브 | 20 | 차도 |
| 10 | 성토면 경사 | 21 | 도로 부지 |
| 11 | 절토면 경사 | | |

그림 8.16 아스팔트 포장과 콘크리트 포장의 포장단면도

(1) 표층

아스팔트 포장에서는 교통하중을 일부 지지하며 하부층으로 교통하중을 전달하는 역할과 표면수의 침투를 방지하여 하부층을 보호하는 역할을 한다. 콘크리트 포장에서는 슬래브 자체가 빔과 같이 거동하여 교통하중에 의해 발생되는 응력을 휨저항으로 지지하는 역할을 한다.

(2) 기층

아스팔트 포장의 경우 전달된 교통하중의 일부를 지지하고 하부층으로 넓게 전달하는 기능을 한다.

(3) 보조기층

아스팔트 포장에서는 기층에서 전달된 하중을 노상으로 넓게 분포시키며 포장층내 배수기능을 담당하고 있다. 콘크리트 포장의 경우 표층에 대한 균일한 지지력을 확보함과 동시에 줄눈부 및 균열부근의 우수 침투 및 펌핑현상을 방지한다.

### 8.5.2 아스팔트 포장의 시공

아스팔트 포장은 교통하중에 의해서 발생하는 응력이 포장을 구성하는 각 층에 골고루 분포되어 하층으로 갈수록 넓은 면적에 분산되도록 하여 각 층의 구성과 두께는 역학적 균형을 유지하고 교통하중에 충분히 견딜 수 있어야 한다.

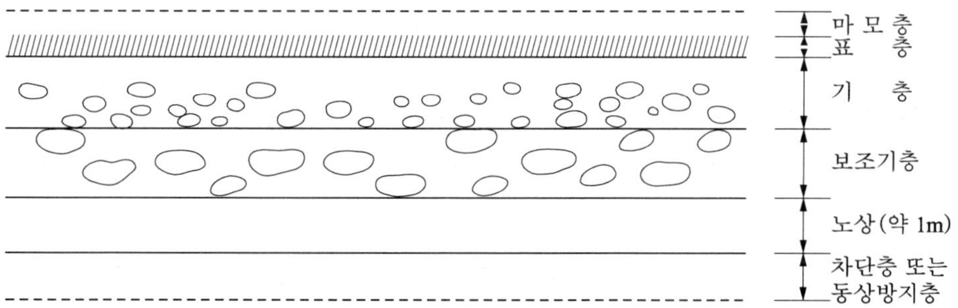


그림 8.17 아스팔트 포장의 구조도

아스팔트 포장은 시공이 신속하고 포장 후 즉시 교통을 개방할 수 있다는 장점을 가지고 있으며, 차량의 통행시 주행성이 좋고 평탄성이 우수한 장점을 가지고 있다. 또한 하자가 발생되었을 경우 부분적인 보수가 용이하고 보수공사가 간편한 장점을 가지고 있다. 그러나, 장기적인 내구성이 낮아 유지관리에 상대적으로 많은 비용이 들어가고 잦은 보수로 인하여 교통소통에 지장을 주는 경우가 많다.

아스팔트 포장의 재료로는 크게 역청재료, 골재, 석분 등이 혼합되어 이용되며, 역청재료에는 도로 포장용 아스팔트 유화, 유화 아스팔트, 커트백 아스팔트, 포장 타르 등이 이용된다. 역청재료는 점성, 내구성, 골재와의 부착성 등이 중요하므로 포장의 종류, 시공방법, 교통량, 기상조건 등에 따라서 적합한 것을 이용하며, 굵은 골재는 보통 입자의 지름이 2.5mm이상인 부순돌이나 자갈, 슬래그 등이 이용되다. 석분은 굵은 골재의 틈을 메워주는 채움재로서의 역할을 하면서 아스팔트의 품질을 개선시키는 보강재로서의 역할을 한다.

아스팔트 포장시에는 보통 중앙의 혼합 플랜트에서 재료를 혼합하여 포설현장으로 운반하여 시공하는 것이 일반적이다. 혼합 플랜트는 재료의 계량방법에 따라서 배치식(Batch Type)과 연속식(Continuous Type)이 있는데, 우리나라에서는 주로 배치식을 이용한다. 보통 혼합시의 온도는 150℃정도에서 1 배치당 40초～60초 정도로 혼합하여 덤프트럭을 이용하여 현장에 운반한다.

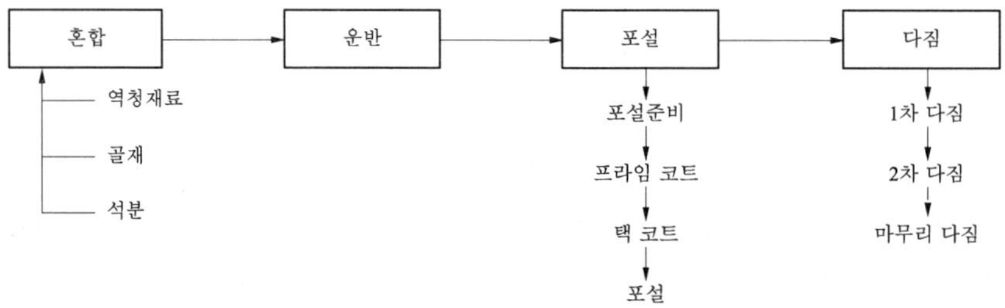


그림 8.18 아스팔트 포장의 시공 흐름도

아스팔트를 현장에 포설할 때는 혼합 직후의 온도보다 10℃이상 재료의 온도가 떨어지지 않도록 주의하여야 한다. 프라임 코트(Prime Coat)는 토질계 기층 위에 아스팔트 혼합물을 부설하기 전에 컷 백 아스팔트를 뿌리는 작업으로서 방수성을 높이고 접착을 증진시키는 역할을 한다. 택 코트(Tack Coat)는 기 포설된 아스팔트 혼합물과 그 위에 포설하는 아스팔트의 혼합물과의 부착을 좋게 하기 위하여 시행하는 것으로서 택 코트

종료 후 곧바로 아스팔트 혼합물을 포설한다. 아스팔트 포설시에는 아스팔트 피니셔를 이용하여 연속적으로 포설하고, 다짐장비를 이용하여 곧바로 다짐하는 것으로 포장이 완성된다.

포장재료를 포설한 후에는 일반적으로 머캐덤 로울러를 이용하여 2회정도 다짐을 실시하여 밀실한 아스팔트 포장체를 형성한 후, 타이어 로울러를 이용하여 1차 다짐시에 발생한 미세한 균열이나 골재 상호간의 맞물림 효과(Interlocking)를 얻을 수 있도록 충분히 다지고, 텐덤 로울러를 이용하여 마무리 다짐을 실시하여 요철의 수정이나 로울러 자국을 없애는 것으로 마무리하게 된다.

(a) 아스팔트 피니셔 (b) 타이어 로울러

그림 8.19 아스팔트 포장의 시공

## 8.5.3 콘크리트 포장의 시공

콘크리트 포장은 포장판의 휨저항이 교통하중에 저항하는 구조로서 콘크리트 슬래브에는 필연적으로 균열이 발생하게 되며 이 균열을 줄눈과 보강재를 이용하여 인위적으로 조절한다. 횡방향 줄눈과 보강철근의 유무에 따라 콘크리트 포장을 세부적으로 구분해 보면 다시 몇 가지로 구분된다. 무근 콘크리트 포장(JCP: Jointed Concrete Pavement)은 다웰바나 타이바를 제외하고는 일체의 철근보강이 없는 형태로서 줄눈부 이외에서는 균열발생을 일체 허용하지 않는다. 유지관리

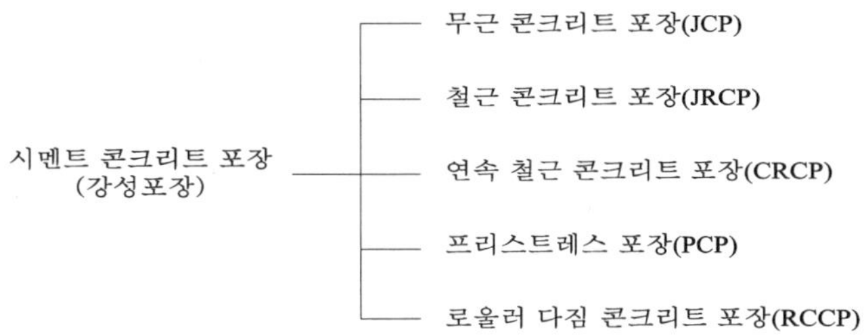


그림 8.20 콘크리트 포장의 종류

가 용이한 반면에 슬래브에 발생하는 불규칙한 균열을 방지하기 위해서 횡방향 줄눈이 많이 발생되어 소음과 승차감이 불량한 단점이 있다. 철근 콘크리크 포장(JRCP: Jointed Reinforced Concrete Pavement)은 많은 줄눈을 줄이도록 철근을 보강하여 줄눈이외의 부분에서 발생하는 균열을 보강하는 역할을 하도록 한 것이다. 무근 콘크리트 포장에 비해 줄눈이 줄어들지만 줄눈부에서 많은 하자가 발생하는 단점이 있다. 연속 철근콘크리트 포장(CRCP: Continuously Reinforced Concrete Pavement)은 횡방향 줄눈을 완전히 제거하고 균열 발생을 허용하면서 종방향 철근을 사용하여 균열틈의 벌어짐을 억제하는 포장구조이다. 승차감과 포장수명이 좋지만 콘크리트의 품질관리 등 숙련된 기술이 필요하다. 그 외 프리스트레스 포장(PCP: Prestressed Concrete Pavement) 로울러 다짐 콘크리트 포장(RCCP: Roller Compacted Concrete Pavement)도 있으나 아직 실용화되고 있지는 못하다. 특히 프리스트레스 포장(PCP)은 상당한 시공기술을 요구하므로 외국에서도 공항의 활주로 등 일부에서만 사용되고 있는 실정이다.

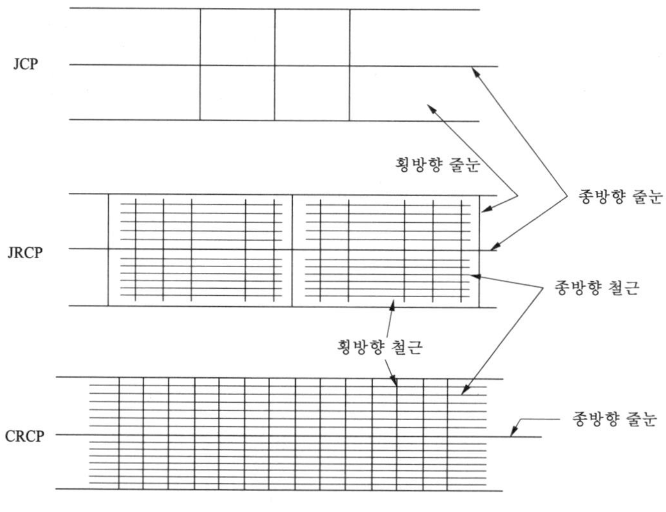


그림 8.21 콘크리트 포장의 형식

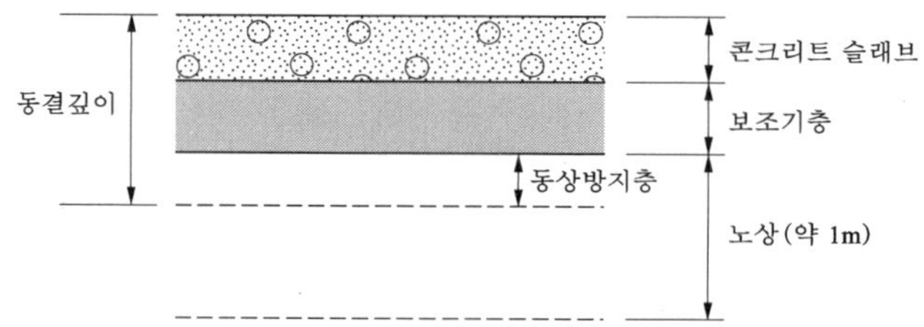


그림 8.22 콘크리트 포장의 구조

콘크리트 포장은 콘크리트 슬래브, 보조기층, 노상으로 이루어져 있으며 콘크리트 슬래브와 보조기층을 합한 총 두께가 동결깊이보다 작은 경우에는 부족한 만큼 노상층의 상부에 동상방지층을 설치한다. 콘크리트 포장은 아스팔트 포장에 비하여 장기적인 내구성이 크고 미끄럼 저항성, 포장 수명, 유지보수에 대한 경제성 측면에서 유리한 장점을 지니고 있으나, 초기 시공비가 높고 주행성이 나쁜 단점이 있다.

콘크리트 포장에 사용되는 시멘트는 일반적으로 보통 포틀랜드 시멘트 또는 중용열 포틀랜드 시멘트를 사용하며, 조기강도를 필요로 하거나 동결의 우려가 있는 경우에는 조강 포틀랜드 시멘트를 사용하기도 한다. 시멘트 콘크리트를 생산하는 방법은 일반적으로 콘크리트 시방서에 따라 보통 콘크리트를 생산하는 방법과 동일하다.

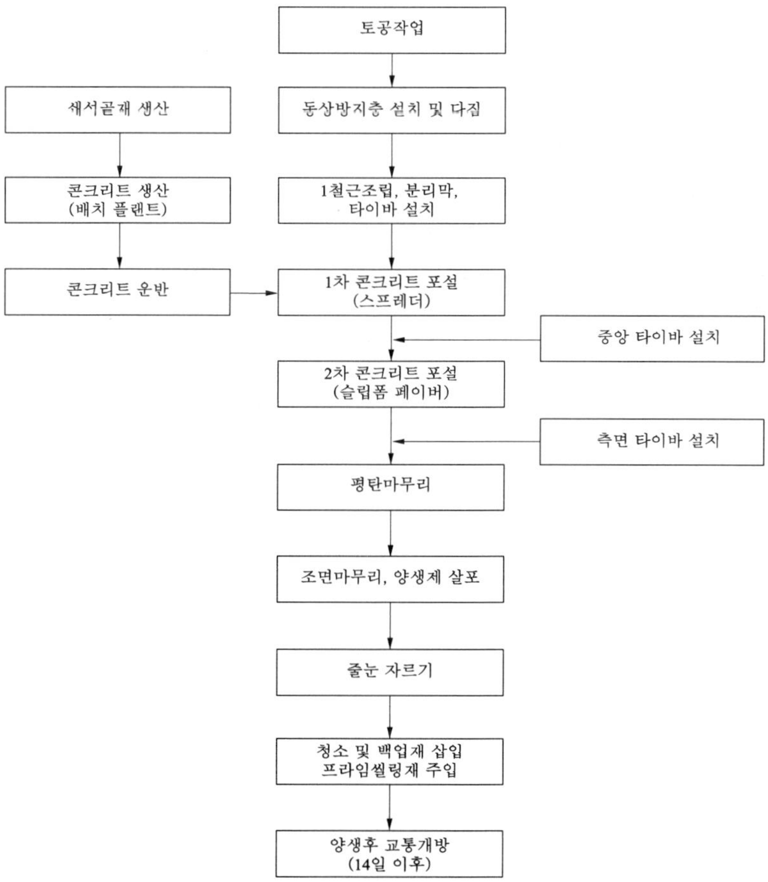


그림 8.23 콘크리트 포장의 시공 흐름도

재료의 혼합방식은 중앙혼합방식, 트럭믹서방식, 현장혼합방식 등이 있으나 중앙혼합방식이 주로 많이 이용되며, 된비빔의 콘크리트를 강제믹서에서는 60초이상, 가경식믹서에서는 90초이상 균질하게 잘 비벼야 한다. 콘크리트를 운반할 때에는 재료의 분리가 발생하지 않도록 주의하면서 혼합 후 1시간 이내에 타설될 수 있도록 계획하여야 한다. 콘크리트를 포설할 때에는 장비의 조합에 따라서 포설능력, 작업방법 등이 달라지므로 장비조합을 설정하며 일반적으로 스프레더와 슬립폼 페이버 및 양생제 살포기로 구성된다. 포설현장까지 운반된 콘크리트를 스프레더를 이용하여 보조기층 또는 중간층면에 1차 포설한 후 슬립폼 페이버로 그 위에 2차 포설하고, 초벌마무리, 평탄마무리, 거친면 마무리순으로 마무리작업을 실시하고 양생하여 포장 슬래브를 형성한다.

그림 8.24 콘크리트 포장의 시공

## 연습문제

1. 도로법에 의한 도로의 분류에 관하여 설명하시오.

2. 도시계획에 의한 도로의 분류에 관하여 설명하시오.

3. 도로사업의 절차에 관하여 설명하시오.

4. 도로의 선형에 관하여 설명하시오.

5. 아스팔트 포장과 콘크리트 포장의 구조에 관하여 설명하고 차이점을 비교하시오.

6. 아스팔트 포장의 시공절차에 관하여 설명하시오.

7. 콘크리트 포장의 시공절차에 관하여 설명하시오.

8. 도로의 평명선형을 구성하는 요소는 무엇인가?

9. 도로의 시거를 결정하는 기준은 무엇인가?

10. 최근의 국내 도로현황에 관하여 조사를 실시하시오.

# 참고문헌

건설교통부(1999), 국가기간교통망계획(2000～2019)

건설교통부(1999), 도로의 구조·시설 기준에 관한 규칙

건설교통부(2000), 도로설계편람

건설교통부(2003), 건설교통백서, pp.381～422

권기태(1999), 토목시공학, 동명사

권진동 외(1992), 도로공학, 기문당

남상욱(2000), 토목시공학, 청운문화사

남영국(1986), 아스팔트포장과 콘크리트포장의 비교, 대한토목학회지, 제34권 제5호, pp.29～35

노관섭(2003), "한국의 도로, 그 장래", 토목 제51권 제1호 2003.1, pp.50～56

대한토목학회(1983), 토목공학핸드북, 제13편 도로

대한토목학회(2001), 한국토목사, "제3편 도로 및 공항", pp.379～485

## ▶▶ Website

건설교통부 도로국 홈페이지, <http://www.moct.go.kr>

Civil Engineering

# Chapter 9

# 수공학

## 9.1 개요

물은 생물의 생존에 없어서는 안 되는 더 없이 중요한 물질이면서 지구에서 가장 풍부한 자원이다. 우주에서 바라본 지구가 푸른 빛을 띠는 것도 물 때문이며 지구를 물의 행성이라고도 한다. 지구상에 존재하는 물은 대략 13억 8천5백만㎦정도로 추정되며, 이 중 바닷물이 약 97.2%, 육수가 2.8%정도이며, 다시 이 육수는 빙하 2.14%, 지하수 0.61%, 지표수 0.009%, 토양수 0.005%로 구성되어 있는 것으로 추정된다.

토목공학에서는 예로부터 물 문제를 치수(治水) 또는 이수(利水)문제로 여겨 왔다. 치수란 홍수, 강우에 의한 배수와 유출 등에 의한 문제, 하수도시설, 댐이나 암거 등 주로 물에 의한 재해를 방지하는 분야에 관한 연구를 수행하며 이수는 급수, 수력발전, 수운(水運) 등 물을 인간생활에 유용하게 이용하기 위한 분야를 연구하는 것이다. 이처럼 이수와 치수를 위한 학문은 하천공학, 해안공학, 항만공학, 상하수도공학, 발전공학 등 전문 분야에서 심도있게 다루고 있으나 기본적으로 이러한 물과 관계된 공학은 유체역학, 수리학과 수문학, 수자원공학, 등이 기초적인 학문이 되고 있다.

지구상의 모든 물체를 고체와 유체로 나누어 볼 때 유체는 기체와 액체로 구별할 수 있으며, 유체역학(Fluid Mechanics)은 이 연속체인 유체에 대하여 물리학, 역학의 기초원리를 적용하여 각종 운동학적, 역학적 특징을 규명하는 응용이론과학이며, 특히 물에 관한 역학적인 문제를 다루는 분야를 수리학(Hydraulics)이라 한다. 수문학(Hydrology)은 물의 성질, 시간적 및 공간적 분포와 그의 순환을 다루는 과학으로서, 지표상의 물이나 혹은 암석층내의 물 및 대기 중에 있는 물에 대한 연구를 수행한다. 수자원공학(Water Resources Engineering)은 유체역학 및 수리학, 수문학 등을 기초로 하여 치수(治水)와 이수(利水)를 위한 구체적 수단인 각종 수리 구조물을 설계·시공하고 관리하는데 필요한 각종 이론과 원리 등을 다루는 종합적이고 응용적인 학문이라 할 수 있다. 해안 및 항만공학(Costal and Harbour Engineering)은 연안역에서의 파의 움직임에 관하여 연구를 수행하고 항만시설물의 설계 및 시공을 위한 기술에 관하여 연구하는 분야이다.

## 9.2 수리학

수리학은 물의 성질과 역학적인 문제를 다루는 분야로 크게 정지하여 있는 물의 관한 성질과 역학을 다루는 정수역학(Hydrostatics) 분야와 움직이는 물의 성질과 역학을 다루는 동수역학(Hydro-Dynamics) 분야로 나뉘어 진다. 수리학은 각종 물과 관련이 있는 구조물의 설계 및 시공에 관련이 되는 기초분야이다.

### 9.2.1 물의 기본성질

#### (1) 밀도

밀도는 물질의 단위체적당 질량의 크기를 의미하며 다음의 식으로 나타낼 수 있다.

$$\rho = \frac{m}{V}$$

여기서, $\rho$ : 밀도, m : 질량, 그리고 V : 체적

물의 체적은 온도, 기압, 순수도 등에 의하여 팽창하거나 수축하게 된다. 일반적으로 물은 표준기압 하에서 온도가 4℃인 경우 밀도가 최대가 되는 것으로 알려져 있으며, 이때의 무게를 기준으로 하여 측정한 다른 물질의 무게와의 비를 비중이라고 한다. 수리학에서는 물의 단위무게에 관하여 다음과 같은 기준을 사용한다.

담수 경우 $\omega_0$= 1,000 kg/m$^3$ = 1 kg/ℓ = 62.4 lb/ft$^3$

해수 경우 $\omega$ = 1,025 kg/m$^3$ = 1.025 kg/ℓ = 64 lb/ft$^3$

#### (2) 압축성

물체가 외력을 받으면 변형을 일으키고 외력이 제거되면 원래의 상태로 돌아온다. 이러한 성질을 탄성이라고 하며, 탄성을 가지고 있는 물체를 탄성체라고 한다. 물도 마찬가지로 압력을 받으면 체적이 감소하고 압력이 제거되면 원래의 상태로 되돌아오는데 이러한 성질을 압축성이라고 한다.

일반적으로 물의 압축성이 매우 작아서 비압축성으로 간주해도 되지만, 고압관내에서 물의 움직임에 급격한 변화를 초래하는 경우에는 압축성을 고려해야만 한다. 물의 압축율(Modulus of Compressibility)은 온도, 압력 등에 영향을 받지만 10℃에서 1기압의 압력을 받을 때마다 압축되는 체적은 4/100,000 ~ 5/100,000정도이다.

체적 V인 물에 작용하는 압력을 P라 하고, 물에 작용하는 압력을 dP만큼 증가시켰을 때 감소되는 체적이 dV라고 한다면 체적의 변화에 대한 압력의 변화량의 비율인 압축률은 다음과 같다.

$$C = \frac{\frac{dV}{V}}{dP} = \frac{1}{E}$$

여기서, E는 체적탄성계수(Bulk Modulus of Elasticity)라고 한다.

### (3) 점성

물이 흐르는 경우에 한 단면에서의 각층 유속이 다른 경우에 물의 입자들이 상대운동을 하게 되며, 이 상대운동에 저항하여 물의 흐름을 균일한 속도로 만들려는 내부 마찰력이 발생하게 된다. 이러한 마찰저항을 발생시키는 물의 성질을 점성(Viscosity)이라고 한다. 단위면적에 작용하는 마찰력의 크기는 다음과 같이 표현된다.

$$\tau = -\mu \frac{dv}{dy}$$

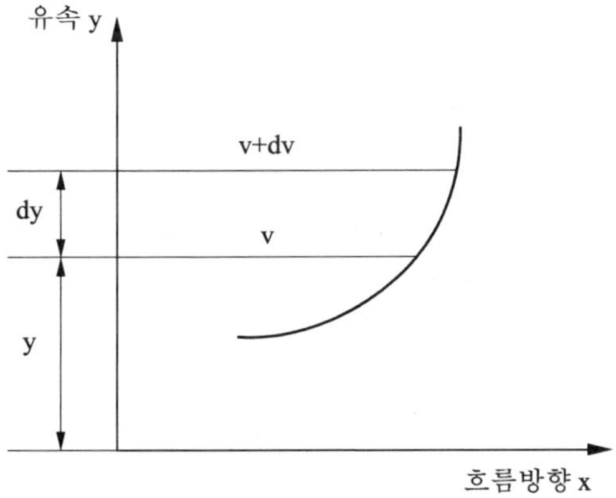


그림 9.1 유속 분포도

여기서, $\mu$는 점성계수(Coefficient of Viscosity)를 의미한다.

### (4) 표면장력

인접하고 있는 물의 분자가 서로 잡아당기는 응집력에 의하여 표면적을 최소화하려는 작용을 하게 되는데 이러한 힘을 표면장력이라고 한다. 표면장력에 의하여 물입자는 공기중에서 구형에 가까운 모양을 이루게 되는 것이다.

### (5) 모세현상

종류가 서로 다른 분자 사이에 작용하는 힘을 부착력이라고 한다. 모세현상은 응집력과 부착력에 의하여 발생하는 것으로 물 속에 가는 관을 연직으로 세우면 물이 관을 따라서 상승 또는 하강하는 현상을 말한다.

## 9.2.2 정수역학

유체내 유체입자의 상대적인 운동이 없는 경우나 정지상태인 경우에 있는 물에 관한 역학적인 관계를 다루는 분야를 정수역학(Hydrostatics)이라고 한다. 정지상태의 유체 속에서는 마찰력이 작용하지 않으므로 유체의 점성은 아무런 영향을 미치지 못한다. 일반적으로 정수상태의 물에 작용하는 힘은 압력만이 작용하는 것으로 본다.

### (1) 정수압

정지상태인 물속에 작용하는 힘을 정수압이라고 한다. 정수 중에서는 마찰력이 작용하지 않으므로 물 자체 무게에 의한 수압만 작용한다. 정수압의 작용방향은 그림 9.2와 같이 임의의 면에 대하여 직각으로 작용한다. 그리고 정수압의 강도는 단위면적당 작용하는 압력의 크기로 나타낸다. 만약 임의의 단면적을 A라고 하고, 해당 면적에 작용하는 전수압의 강도를 P라고 하면 정수압의 강도는 다음식과 같다.

$$p = \frac{P}{A} \quad (\text{kg/cm}^2,\ \text{t/m}^2,\ \text{또는 lb/ft}^2)$$

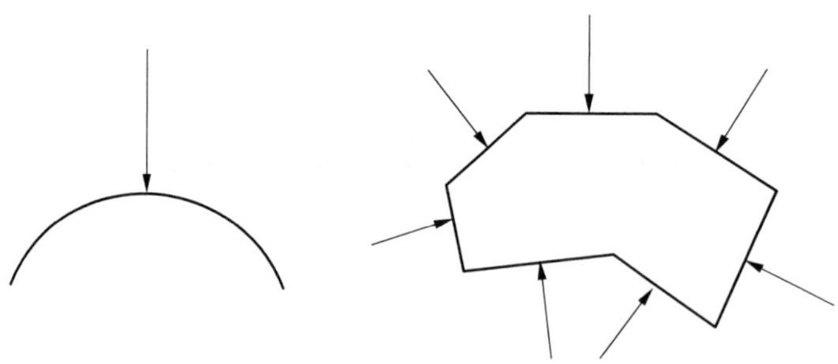

그림 9.2 정수압의 작용방향

정수 중의 임의의 점에 대한 수압의 강도는 수심에 비례하며, 작용하는 정수압의 방향에 상관없이 동일한 강도를 갖는다.

### (2) 파스칼의 원리

정수 중에 있는 임의의 물체에 작용하는 정수압은 물체표면에 수직한 방향으로 작용을 한다. 그리고 정수 중의 임의의 한점에 압력을 가하면 그 압력은 물 속의 모든 곳으로 동일하게 전달이 되는 현상을 파스칼(Pascal)의 원리라고 한다. 그림 9.3에서와 같이 물이 가득찬 병을 마개로 막고 마개의 단면적이 a라고 하고 병과 마개 사이의 마찰력을 무시한다면 마개의 밑면 A지점에 작용하는 수압($p_A$)은 다음과 같다.

$$p_A = \frac{P}{a}$$

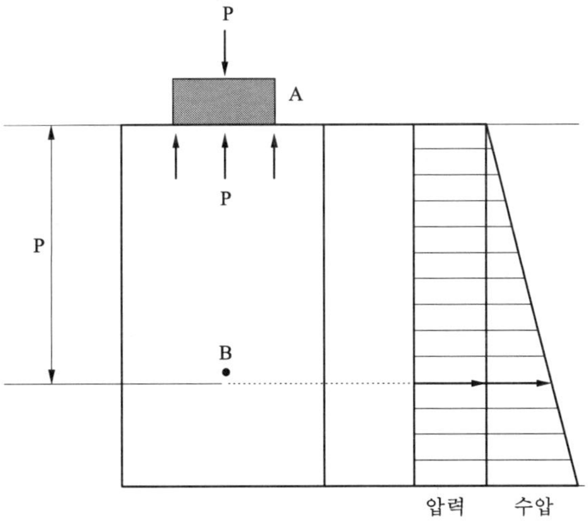


그림 9.3 물이 가득찬 밀폐된 병 속의 압력

그리고 병속의 임의의 점인 B에 작용하는 압력($p_B$)은 마개에 작용하는 압력과 B 지점에서의 수압의 합과 같다.

$$p_B = \frac{P}{a} + wh,\ (\text{여기서 } w\text{는 물의 단위중량})$$

상기의 그림과 식은 밀폐된 용기에 가해지 압력은 병속의 임의의 점에 대하여 동일함을 나타내고 있다.

### (3) 평면에 작용하는 정수압

정수 중에 위치한 평면에 작용하는 수압은 그림 9.4와 같이 평면에 수직한 방향으로 작용하며 그 강도는 수심에 비례한다. 전수압의 크기와 수압에 작용하는 위치를 파악해야만 해당 수공구조물의 단면설계 및 재료에 관한 의사결정을 할 수 있다.

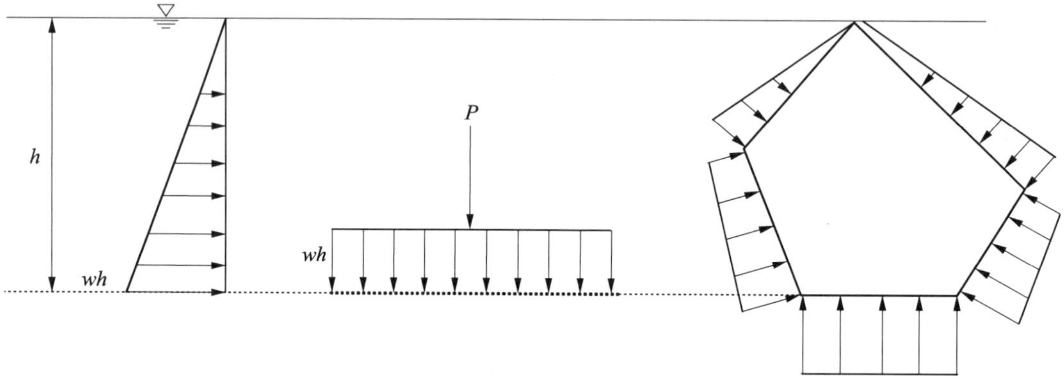


그림 9.4 평면에 작용하는 정수압의 분포

평면이 수면과 연직방향을 이룰 때는 수압분포는 삼각형이 되며, 평면이 수면과 평행한 경우에는 평면을 바닥으로 하는 기둥의 물의 무게와 같은 압력이 작용하게 된다. 그리고 평면이 수면과 접하지 않으면서 수면과 경사를 이루는 경우에는 수압이 사다리꼴 분포를 이루게 된다.

### (4) 곡면에 작용하는 정수압

곡면에 작용하는 전수압을 하나의 합력으로 구하는 것은 불가능하나, 수평 및 연직의 압력으로 나누어 전수압을 분력형태로 표시할 수 있다.

그림 9.5와 같이 곡면에 작용하는 정수압은 다음과 같이 구한다.[48)]

① 곡면에 작용하는 수압의 수평분력($P_h$)은 연직 투영면상(A'B')에 작용하는 수압과 같고, 그 작용선도 같다.

---

48) 함능수, 최신 수리학, 동명사, 1996

② 곡면에 작용하는 수압의 연직분력(Pv)은 곡면을 저면으로 하는 연직 물기둥 (ABCD부분)의 무게와 같으며, 그 작용선은 물기둥의 중심을 지나는 연직선과 같다.

③ 수평이나 연직 투영면이 중복되는 부분이 있는 경우에는 중복되는 부분을 제외한다.

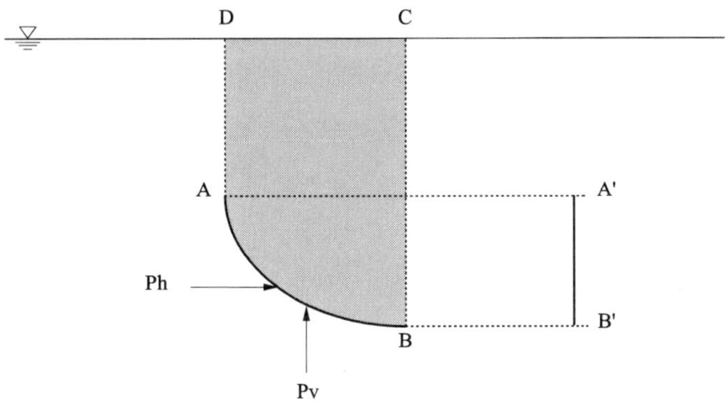


그림 9.5 곡면에 작용하는 정수압 (함능수, 1996)

### (5) 부력

그림 9.6과 같이 수중에 있는 물체는 각 방향으로부터 수압을 받는다. 정수상태에서 물체에 작용하는 수압 중에서 수평압은 곡면에 작용하는 정수압에서 서술한 바와같이 연직 투영면에 작용하는 힘으로 크기는 같지만 방향이 반대이므로 전체적인 수평압은 고려되지 않고 오직 연직압만 고려 대상이 된다.

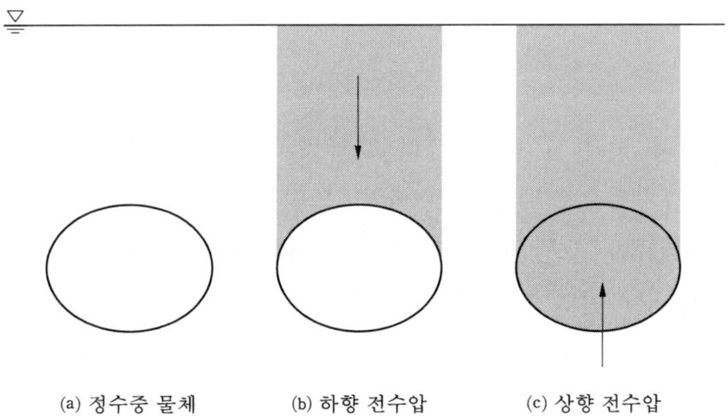


그림 9.6 부력

정수중 물체의 상단면에 작용하는 하향 전수압의 크기는 그림 (b)에서와 같은 물기둥의 무게와 같으며, 물체의 하단면에 작용하는 상향 전수압의 크기는 그림 (c)에서와 같은 물기둥의 무게와 같다. 따라서 상향으로 작용하게 되는 수압의 크기는 그림 (c)의 물기둥의 무게에서 그림(b)의 물기둥의 무게를 뺀 값과 같으며 이것을 부력(Buoyant Force, Bouyancy)이라고 한다. 그리고 부력의 작용선은 부체가 배제한 용적의 중심을 지나며, 이것을 부심(Center of Bouyancy)이라고 한다.

기원전 250년경 아르키메데스(Archimedes)는 수중에 있는 물체의 무게는 그 물체에 의하여 배제된 물의 무게만큼 가벼워진다는 사실을 발견하였다. 이것을 아르키메데스 원리라고 한다.

### 9.2.3 동수역학

운동하고 있는 물에 관한 역학적인 문제를 다루는 분야가 동수역학이다. 정수역학에서는 물체에 압력만이 작용하고 있는 것으로 해석한다. 그런데 유체가 운동하는 경우라면 정수압 상태에서 작용하는 압력뿐만 아니라 점성에 의한 내부 마찰력도 작용하게 된다. 실제로 존재하지는 않으나 간단히 역학문제를 해석하기 위하여 압력만 작용하고 내부 마찰을 무시할 수 있는 유체를 완전유체(Perfect Fluid)라고 한다. 일반적으로 물을 완전유체로 취급하는 경우가 많이 있다. 이렇게 물을 완전유체로 가정하여 해석을 수행하는 경우에는 실제의 값과는 차이를 나타내기 때문에 보정계수를 곱하여 보정을 실시한다.

#### (1) 흐름

물은 높은 곳에서 낮은 곳으로, 그리고 압력이 높은 곳에서 낮은 곳으로 이동을 한다. 물의 입자가 연속적으로 운동하는 것을 물의 흐름(Flow)라고 하며, 단위시간에 물이 이동한 거리를 나타내는 흐름의 속도를 유속(Velocity of Flow)이라고 한다. 유속은 유체 내의 각 지점에서 달라지며 일반적으로 전체의 평균값인 평균유속을 수리해석에 사용한다. 흐름의 직각 횡단면적을 유적(Cross Sectional Area of Flow)이라고 하며, 유량(Discharge)은 단위시간에 유적을 통과한 물의 용적을 의미한다.

$$\text{유량 } Q = AV$$

여기서, $A$는 유적이고 $V$는 유속이다.

그림 9.7에서와 같이 유체가 흐르고 있을 때 임의 순간에 각 유체입자의 속도벡터가 접하는 1개의 곡선을 유선(Stream Line)이라고 한다. 그리고 특정 한 유체입자의 이동경로를 유적선(Path Line)이라고 한다. 임의의 단면을 통과하는 물이 시간에 따라서 속도, 압력, 밀도 등의 흐름특성에 변화가 없는 흐름을 정류(Steady Flow)라고 하며 정류에서는 유선과 유적선이 일치한다. 시간에 따라서 흐름특성이 변화하는 흐름을 부정류(Unsteady Flow)라고 하며 부정류에서는 유선과 유적선이 일치하지 않는다.

정류 중에서 어느 단면에서나 유적과 유속이 같은 흐름을 등류(Uniform Flow)라고 하며, 유속과 유적이 단면에 따라 변화하는 흐름을 부등류(Ununiform Flow)라고 한다. 그리고 물분자가 전후좌우 상하위치의 관계를 유지하며 층상으로 흐름방향으로만 정연히 흐를 때의 흐름을 층류(Laminar Flow)라고 하며, 물분자가 전후좌우 상하방향으로 흐트러져 흐르는 흐름을 난류(Turbulent Flow)라고 한다.

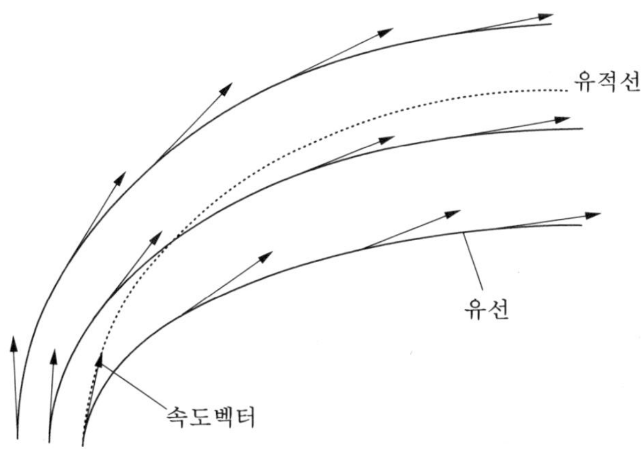


그림 9.7 유선과 유적선[49)]

### (2) 물의 연속 방정식

유관(Stream Tube)속의 정류에 대하여 질량보존의 법칙과 질량불변의 법칙을 적용하여 연속 방정식을 얻을 수 있다.

49) 송재우, 수리학, 구미서관, 2004.

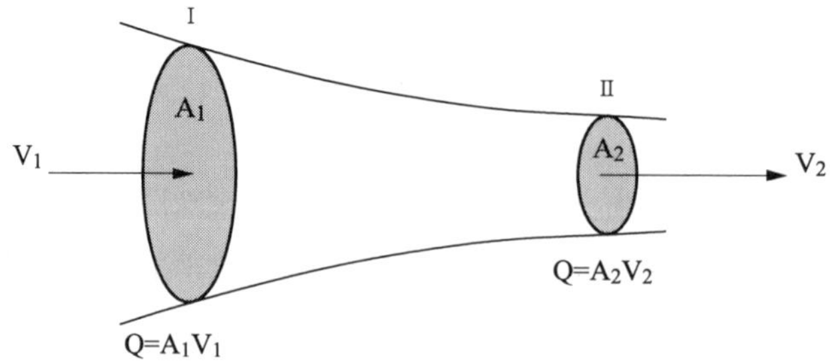


그림 9.8 연속 방정식의 유동관계

그림 9.8에서와 같이 유관속을 흐르는 정류를 생각하여 단면 I 과 II 에서의 단면적과 유속을 각각 $A_1$, $V_1$ 및 $A_2$, $V_2$라고 하면, 단위시간당 통과하는 유량은 단면 I 에서는 $A_1V_1$이 되고 단면 II 에서는 $A_2V_2$이 된다. 연속되어 흐르는 정류에서는 단위시간당 각 단면을 통과하는 유량이 동일해야 하므로 다음과 같은 식이 성립된다. 이것은 각 단면의 유속은 유적에 반비례하여 일정한 유량을 유지하고 있는 것을 나타내며 수류 연속성의 법칙(Law of Continuity)이라고 한다.

$$Q = A_1 V_1 = A_2 V_2 = Constant$$

즉, 유관속을 흐르는 정류는 관의 단면이 변화해도 그 흐름의 양은 일정하다.

### (3) 에너지와 수두

물의 상태를 역학적으로 설명하는데 위치, 압력 및 속도 등의 3요소가 필요하다. 물은 위치, 압력 및 속도 등으로 일을 할 수 있는 에너지를 가지고 있다. 이러한 에너지를 표현하기 위하여 수두(Head)라는 개념을 사용하는데 수두는 어떤 크기의 에너지가 밀어 올릴 수 있는 물기둥의 높이를 의미한다. 하나의 임의 유선상의 어떤 점에서나 위치수두(Potential Head), 압력수두(Pressure Head), 및 속도수두(Velocity Head)의 합은 항상 일정하다. 즉, 에너지 보존 법칙에 의하여 물의 위치, 압력 및 속도에너지는 다른 것으로 변화될 수는 있지만 소멸되지 않는다는 것이다. 이것을 Bernoulli 정리라고 부르며, 다음식과 같이 표현될 수 있다.

$$Z + \frac{P}{w} + \frac{V^2}{2g} = Constant$$

여기서, Z는 위치수두, $\frac{P}{w}$는 압력수두, 그리고 $\frac{V^2}{2g}$는 속도수두를 의미한다.

### (4) 운동량 방정식

Newton의 제2법칙에 의하면 질량 m인 물체에 가속도 a를 생기게 하려면 힘 $F$가 필요하다. 처음 물체의 속도가 $V_1$, 힘 $F$가 $dt$ 시간동안 작용을 하여 속도가 $V_2$ 되었다면 다음식이 성립한다.

$$F = ma = m\left(\frac{V_2 - V_1}{dt}\right)$$

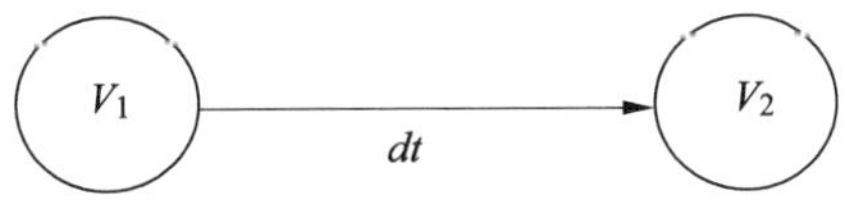


그림 9.9 단위시간내의 속도변화

$$Fdt = m(V_2 - V_1)$$

상기의 식을 운동량 방정식이라고 부르며, 좌변의 $Fdt$를 역적(Impulse)이라고 하고, 우변을 운동량(Momentum)이라고 한다. 즉, 운동량의 변화는 충격력과 같다는 것이다.

## 9.3 수문학

인간생활과 물의 사용은 불가분의 관계에 있다. 매년 세계인구의 증가와 더불어 물의 사용량도 증가하고 있으며, 현재 세계인구의 40%정도가 물부족 현상을 격고 있다. 이러한 상황에 직면하여 각국 정부에서는 물관리의 중요성을 인식하고 수원을 확보하기 위한 노력을 기울이고 있다. 수문학은 물의 순환에 관하여 연구하는 분야로 이수, 치수, 방재 및 수자원 개발을 위한 수공관련 구조물의 설계 및 시공을 위하여 필수적인 수문자료의 측정 및 분석과 분석결과의 이용에 관한 지식을 제공한다.

### 9.3.1 수문학의 정의 및 학문의 영역

수문학이란 지구상에 존재하는 수자원이 대기권을 통해 지표면에 공급되고, 또한 지하로 침투하여 지하수를 형성하는 물의 순환과정에 있어서의 제반 문제점을 취급하는 과학의 한 분야이다. 김영삼 외(2003)는 "수문학은 지구상에 존재하는 물의 생성, 순환, 분포와 물의 물리적, 화학적 성질 및 물의 환경, 생물군과의 상호관계를 취급하는 과학으로서 지구상의 물의 순환에 따른 시간적, 공간적 분포와 그 영향을 연구하는 학문이다."라고 정의하고 있다.[50)]

수문학기상학(Hydro-Meteorology)에서는 대기권내에서의 강우 또는 다른 형태의 강수의 기원과 그 생성과정, 강우의 크기 및 강우분포, 강우량의 변화를 취급하며 증발, 승화, 증산에 의해 물이 대기중으로 복귀하는 전과정에 관련된 제반 문제를 취급한다. 지표수를 주 대상으로 하는 지표수문학(Surface Hydrology)에서는 하천의 유출과 그의 시간적 및 공간적 변화, 호수, 연못 및 저수지에서의 저수, 호수 및 하천 수계의 물리적 특성, 그리고 지표수의 기원과 생태 등에 관하여 광범위하게 다루는 반면에 지하수문학(Subsurface Hydrology)에서는 지하수의 기원과 성질, 생성과정, 그의 지하로의 침투 그리고 지하수층으로부터 지표면 하천으로의 유출 등에 관한 제반 수문학적 문제를 다룬다.

### 9.3.2 물의 순환

지구상에 존재하는 물은 강수, 차단, 증산, 증발, 침투, 침루, 저유, 유출 등과 같은 여러 과정을 통하여 그림 9.10과 같이 지속적으로 순환하고 있는데, 이러한 순환을 물의 순환이라고 한다. 물은 강수로 지표, 바다 및 호소에 공급된다. 지표에 도달한 물은 지표를 따라서 호소나 바다에 이르거나 지면으로 침투하여 흙의 공극사이나 암반의 균열사이를 채우게 되고 일부는 복류수 유출이 되거나 지하수 층으로 유입된다. 그리고 지표에 도달한 물의 일부는 호소나 바다에 이르기 전에 증발하기도 하며, 식물에 의하여 차단되기도 한다. 물이 지표나 바다로부터 증발되어 구름을 형성하며 구름은 강수로 다시 변하게 된다.

---

50) 김영삼 외 4인, 수문학, 구미서관, 2003.

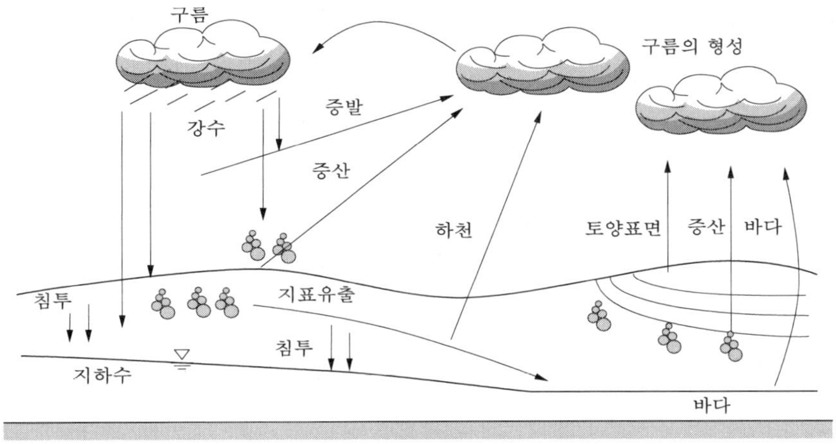


그림 9.10 물의 순환과정[51)]

## 9.3.3 강수

### (1) 강수의 정의 및 조건

강수는 구름입자가 응축되어 지상으로 떨어지는 모든 형태의 수분을 의미하며, 비, 눈, 진눈개비, 부슬비, 이슬, 우박, 안개, 서리 등의 형태가 포함된다. 강수가 형성되어 지상으로 도달하기 위해서는 충분한 정도의 수분이 공급될 것, 공기가 이슬점까지 냉각될 것, 수분이 결합될 수 있도록 응결핵이 존재할 것, 그리고 수분분자의 크기가 증대할 것과 같은 조건을 만족해야만 한다.

### (2) 강수의 종류

조건에 따라서 다음과 같은 여러 형태의 강수가 발생하게 된다.

① 비(Rain) : 직경이 0.5mm 이상인 물방울로 형성된다. 한계크기는 0.64mm로 본다.
② 부슬비(Drizzle) : 직경이 0.1~0.5mm의 물방울로 형성된다.
③ 눈(Snow) : 승화현상에 의해 수증기가 얼음으로 변한 결정체이다.

---

51) 선우중호, 수리학, 동명사, 1992.

④ 진눈개비(Sleet) : 빗방울이 강하하다 얼어 버린 것을 말한다.

⑤ 우박(Hail) : 직경이 5～125mm의 얼음 조각으로 공기의 흐름이 상하로 심하게 움직일 때 얼고 녹는 과정 속에서 형성된다.

⑥ 우수(Glaze) : 비 또는 부슬비가 강하하여 지상의 찬 것과 접촉하자마자 얼어붙은 것을 말한다.

⑦ 이슬(Dew) : 대기의 농축된 수분이 차가운 표면 위에서 형성된 작은 물방울을 말한다.

⑧ 서리(Frost) : 이슬 또는 수증기가 얼어서 물체의 표면에 부착된 얇은 얼음을 말한다.

⑨ 안개(Fog) : 대기의 수증기 농축에 의하여 생성된 얇은 구름을 말한다.

### (3) 강수형의 분류

강수형은 대류형, 산악형 및 전선형으로 분류한다.

① 대류형 : 따뜻하고 가벼운 공기가 대류현상에 의하여 상승기류를 형성할 때 생기는 강수를 의미한다.

② 산악형 : 습한 기단을 운반하는 기류가 산맥과 부딪혀 기류가 상승하는 경우 발생하는 강수를 의미한다. 기류가 부딪히는 방향의 사면은 강우 발생하지만 반대편 사면은 건조하게 된다.

③ 전선형 : 온도 및 수분함량이 다른 기단이 만나서 난기류가 냉기류 위로 상승하면서 냉각되며 발생하는 강수이다.

### (4) 강수의 측정

강수의 관측은 매일 1회 오전 9시부터 다음날 오전 9시까지 측정한 우량을 일우량이라고 하며, 만약 일우량이 0.1mm 이하이면 무우량으로 취급한다. 강우량은 우량계를 사용하여 측정하며 우량계는 보통우량계, 자기우량계, 부자형 우량계, 저장형 우량계 등이 있다. 강우량의 크기는 다음과 같이 구한다.

강우량(mm) = (일정한 지역위에 내린 총 강우량)÷(그 지역의 면적)

### (5) 평균 강우량 측정방법

강우량은 시간과 장소에 따라 달라지기 때문에 정확히 측정한다는 것은 불가능하다. 측정된 강우량 자료는 어느 지점의 점우량을 나타내며 이것을 근거로 하여 해당 지역에 대한 강우량의 근사치를 구하게 된다. 다음과 같이 몇 가지 면적에 대한 강우량을 구하는 방법이 제시되어 있다.

① 산술평균법 (ArithmetIc Mean Method)

강우분포가 비교적 균일한 평탄한 지역에 사용되며 강우의 측정위치가 측정대상 지역내에 고르게 분포되어 있는 경우에 사용한다. 유역면적이 500㎢ 미만인 지역에 사용한다.

$$P_m = \frac{1}{n}\sum_{i=1}^{n} P_i$$

여기서, $P_m$은 평균 강우량이며, $P_i$는 $i$지점에서의 강우량이다.

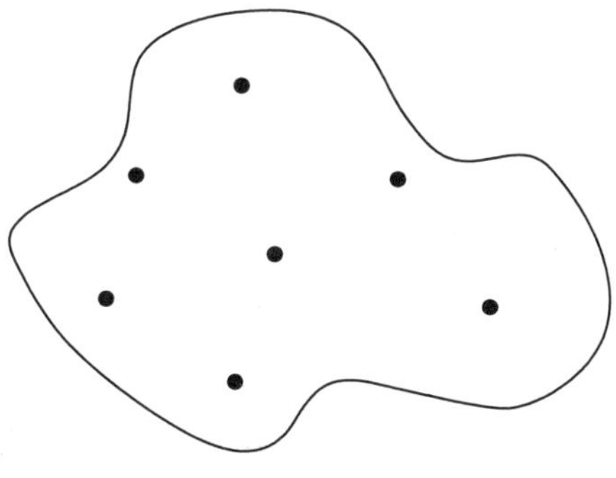

그림 9.11 산술평균법

② 티이젠법 (Thiessen method)

강우의 측정위치가 측정대상 지역내에 불균등하게 분포되어 있는 경우에 가중평균치를 이용하여 강우량을 구하는 방식으로 실제로 많이 이용한다. 티이젠법은 산악의 영향이 적고 유역면적이 500～5,000㎢인 지역에 사용한다. 각 측정위치가 차지하는 지배면적을 전체 측정대상 유역의 면적으로 나누어 가중치를 구하여 강우량을 구한다. 지배면적은 각 측점위치를 삼각형으로 연결한 후 삼각형의 각 변을 수직 이등분하는 선을 이어서 형성된 다각형의 면적을 측점의 지배면적으로 한다.

$$P_m = \frac{\sum_{i=1}^{n} A_i P_i}{\sum_{i=1}^{n} A_i}$$

여기서, $P_m$은 평균 강우량이며, $P_i$는 $i$지점에서의 강우량이고, $A_i$는 $i$ 지점에서의 지배면적이다.

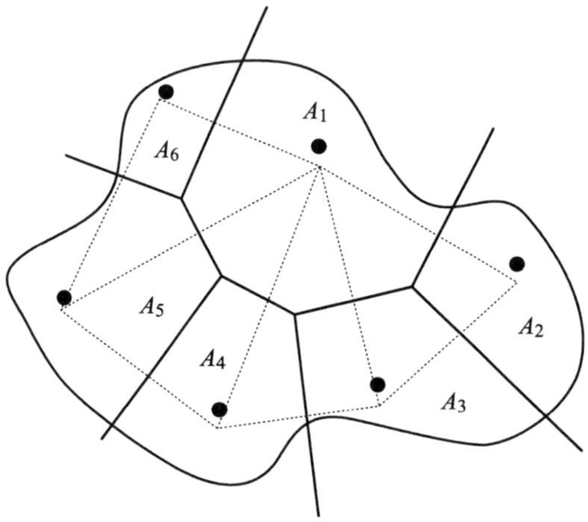


그림 9.12 Thiessen 법

③ 등우선법 (Isohyetal Method)

산악지역에서의 강우량을 측정하는 경우에 사용된다. 측정위치와 강우량을 표시한 다음에 등우선을 그리고 각 등우선간의 면적을 구한 후 측정대상 전유역의 면적에 대한 비를 해당 등우선간의 평균우량을 곱하여 전체를 합산하여 평균강우량을 구한다. 유역면적이 5,000㎢ 이상인 지역에 사용한다.

$$P_m = \frac{\sum_{i=1}^{n} A_i P_{im}}{\sum_{i=1}^{n} A_i}$$

여기서, $P_m$은 평균 강우량이며, $P_{im}$은 인접한 2개의 등우선의 면적에 대한 평균강우량이고, $A_i$는 등우선간 면적이다.

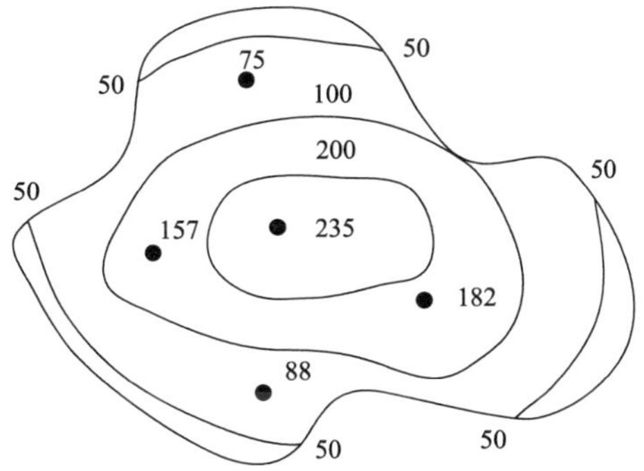


그림 9.13 등우선법

## 9.3.4 증발산과 침투

### (1) 정의

증발은 물분자가 태양에너지를 받아서 기체상태로 변하는 것을 의미하며, 증산은 식물의 표면에서 일어나는 증발이라고 한다. 일반적으로 증발과 증산을 총칭하여 증발산이라고 한다. 그리고 침투는 물분자가 표면을 통하여 토양속으로 스며드는 현상을 의미하며, 스면든 물분자가 중력의 영향으로 지하수위 면까지 하강하여 지하수에 포함되는 것을 침루라고 한다.

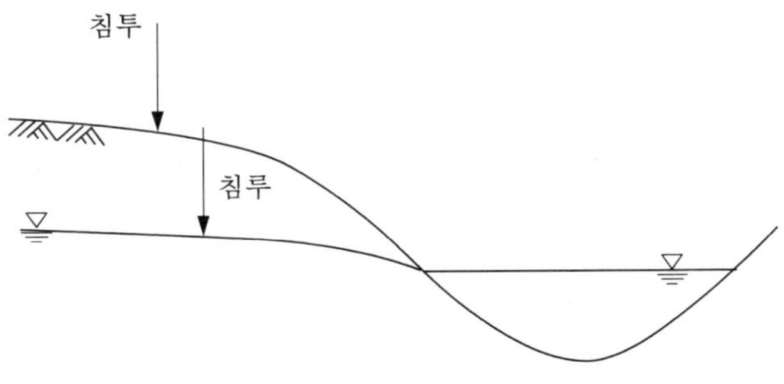


그림 9.14 침투와 침루

### (2) 증발에 영향을 주는 요인

증발에 영향을 주는 요인은 태양복사열, 바람, 상태습도, 기압, 수질, 증발면의 성질 등이 있다. 증발량은 태양복사열을 직접적으로 받을 때 커지며, 주위의 상대습도가 낮을 수록 물분자를 흡수할 수 있는 능력이 커지므로 커지게 된다. 바람은 포화증기압을 감소시켜 증발률을 증대 시킨다. 그리고 대기압이 낮을수록 수면으로부터 물분자가 쉽게 이탈하며 물속에 불순물이 적을수록 증발률이 증가된다. 동일한 조건하에서 증발면이 볼록한 경우가 증발량이 크다.

### (3) 증산에 영향을 주는 요인

증산량은 식물의 종류, 밀도, 크기, 색, 잎크기 등과 같은 생물학적 요인에 영향을 받으며, 태양복사열, 온도, 바람, 토양과 같은 환경적인 요인에 의해서도 영향을 받는다. 일반적으로 잎면이 태양에 노출되는 정도가 클수록, 온도가 높을수록, 태양복사열의 흡수가 커질수록 증산량이 증가한다. 그리고 바람에 의해 습한 공기가 식물의 주위에 위치할수록 증산량이 많아진다.

### (4) 침투에 영향을 주는 요인

침투는 흙의 종류, 흙의 함유수분정도, 흙의 다짐정도, 식생피복의 여부, 지면 보유수의 깊이와 포화층의 두께, 그리고 흙의 동결 등에 따라서 영향을 받는다. 침투의 정도는 흙의 공극정도에 영향을 받는데 사질토(모래질)가 점질토(점토)에 비하여 투수율이 양호하다. 또한 기존의 흙이 건조할수록 침투가 양호하고 흙의 다짐정도가 작을수록 흙의 공극이 커서 침투가 잘 된다. 포화층의 두께가 증가할수록 물분자의 침투에 대하여 마찰력을 발생시키므로 침투가 감소하게 된다. 식생이 많을수록 식생의 뿌리에 의하여 흙속에 공극이 많이 생기며 결과적으로 침투가 수월하게 되며, 흙이 동결되는 경우에는 침투가 감소하게 된다.

### (5) 증발산량의 산정

증발산량은 증발산계(Evapotranspirometer)에 식물을 심어서 식생피복을 형성하고 일정기간동안 공급된 수량과 배수된 수량을 측정하여 증발산량으로 환산하는 측정에 의한 방법, 에너지보존 법칙에 근거하여 만들어진 경험공식에 의하여 산정하는 방법, 그리고 기후인자를 고려하여 식물의 소비수량을 계산하는 방법 등을 사용하여 산정한다.

### (6) 침루량의 산정

침투량은 실험구역 내에서 침투계를 사용하여 측정하는 방법, 실측자료에 근거하여 만들어진 경험공식에 의하여 산정하는 방법, 침투지수(Infiltration Index)[52)]를 사용하는 방법, 그리고 수문곡선의 해석에 의한 방법 등으로 산정한다.

## 9.3.5 지하수와 유출

### (1) 정의

강수가 지표 아래로 침투하여 흙이나 암반의 공극에 존재하는 물을 총칭하여 지하수(Ground Water)라고 부른다. 흙의 공극속에 존재하는 지하수를 토양수(Soil Water)라고 하고 암반의 균열사이에 존재하는 지하수를 암석수(Connate Water)라고 한다. 지하수는 물을 통과시키지 않는 암반이나 점토층 위에 물을 통과 시키는 모래나 자갈층이 물로 포화되어 있거나 물이 유동하는 경우에 발생한다.

강수의 일부분이 지표에 도달하여 수로를 통하여 하천수를 형성하는 것을 유출(Runoff)이라고 한다. 유출의 구성은 다음 그림 9.15와 같다. 유수의 구분은 강우가 지표면의 수로를 따라서 하천에 이르는 지표면 유출과, 지표를 침투하여 표층의 가까운 위치에서 흐름을 형성하여 하천으로 흐르는 중간유출과, 지표를 침투한 물이 침루하여 지하수를 형성하여 하천으로 흐르는 지하수 유출로 구분할 수 있다.

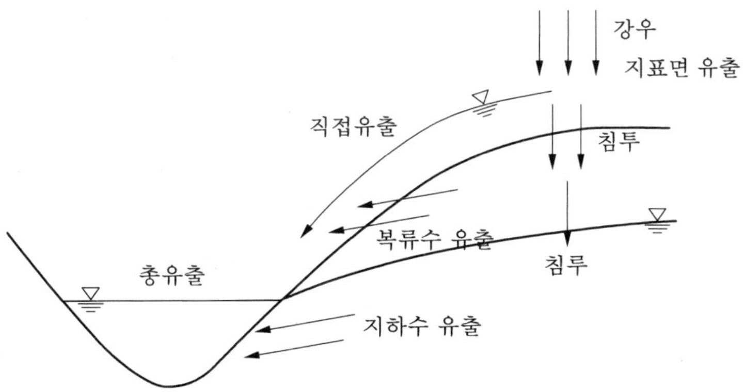


그림 9.15 유출의 구성 (선우중호, 1992)

52) 강우기간 동안 총침투량을 강우의 지속기간으로 나눈 평균침투율

### (2) 유출에 영향을 주는 요인

유출에 영향을 미치는 요인들로는 유역의 면적, 경사, 형상, 고도, 방향성과 같은 유역특성과 하천수로의 크기, 모양, 경사, 조도 등의 통수능과 저유능과 같은 유로의 특성 등이 있다. 또한 강수의 종류, 강수강도, 지속시간, 빈도, 이동방향과 같은 강수에 관한 인자, 차단 및 증발산량과 같은 인자도 유출에 영향을 미친다.

### (3) 하천유량의 산정

하천의 유량은 물의 연속방정식에 의하여 유적과 평균유속을 곱하여 구할 수 있다. 하지만 실제의 하천은 각 위치마다 유속이 달라지므로 횡단측량을 실시하여 세부단면을 설정하고 각 단면별 유속을 구하여 합치면 총유량이 된다. 세부단면은 총유량의 10% 이내가 되도록 분할하는 것이 좋으며, 통상적으로 20-30개 세부구간으로 나누는 경우가 많다.[53)]

## 9.4 해안 및 항만공학

지중해 연안, 에게해와 아트리아해 연안에 발달한 고대국가는 항구를 중심으로 발달하였으며, B.C 2500년경 시돈(레바논)에서 최초로 인공항을 건설하였다. 중세에는 이탈리아의 베네치아, 제노바 등이 항구무역을 통하여 번성하였고 북유럽에서는 함부르크, 브레멘, 뤼베크 등의 한자동맹의 도시가 번영하였다. 우리나라는 3면이 바다와 접하고 있어서 삼국시대부터 항구가 발달하였고 2~3세기부터 해로를 통하여 중국, 일본 등과 교류를 시작하였다. 과거에는 주로 자연항을 이용하였으나 선박의 대형화와 수중공사 기술의 발달과 더불어 인공항의 건설이 늘어나게 되었다.

항만(Port and Harbour)은 파랑으로부터 선박을 안전하게 보호하고 수륙교통의 연계기능을 갖는 것으로 정의할 수 있다. 항만공사는 선박의 안전한 출입 및 정박, 그리고 사람과 화물의 원활한 운송을 위한 항만시설물을 건설하는 것을 의미하며 자연적, 사회적, 경제

53) 김영묵, 수리·수문학, 성안당, 1992.

적인 조건을 고려하여 수행된다. 항만공사는 해상작업이 주를 이루며, 이것은 일반적으로 육상작업에 비하여 시공조건의 변화가 많고, 기상 및 해상의 상황에 따라서 항만시설물의 품질이나, 작업능률 및 공정에 큰 영향을 미친다. 해안 및 항만공학에서는 시간에 따라 변하는 파랑, 조류, 및 조위를 해석하여 항만구조물에 미치는 영향을 분석하고, 이에 근거하여 안전하고 경제적인 항만구조물을 설계하는 방법을 다루는 학문분야이다.

### 9.4.1 항만기능 및 종류

항만의 기능을 구분하면 다음과 같다.[54)]

#### (1) 박지기능

항만의 기본기능으로 선박을 폭풍이나 파랑으로부터 보호하고 안전하게 정박시키는 기능이다.

#### (2) 터미널기능

수륙교통의 연결을 담당하는 것으로 여객의 운송이나 화물의 하역, 보관, 운송, 및 상거래, 그리고 선박의 수리 및 연료보급 등의 부가가치를 창출하는 기능이다.

#### (3) 생산기능

공급받은 원료를 가공하여 제품을 생산하고 반출하는 기능이다. 항만에 제조시설이 통합되어 생산과 유통이 통합된 형태를 이루게 된다.

#### (4) 지역개발기능

항만의 고유기능뿐만 아니라 해양성 레크리에이션 및 관광기능을 부여함으로써 지역

---

54) 최영박 외 2인, 해안과 항만공학, 문운당, 2004.

개발을 유발하는 기능이다.

### (5) 기타 기능

항만 배후지역의 도시시설의 충족기능, 에너지 비축 및 공급기능, 국제적인 교류창구 기능 등이 있다.

항만을 그 사용목적에 따라서 분류하면 다음과 같이 분류할 수 있다.55)

### (1) 상항 (Commercial Harbour)

여객 및 일반화물을 수송하는 상선의 입출항을 담당하는 항이다. 국내에서는 부산항과 인천항이 대표적인 상항이다.

### (2) 공업항 (Industrial Harbour)

임해공업지에 위치한 공장에 필요한 원자재나 공업제품을 취급하는 항만으로 국내에서는 울산항, 포항항, 온산항 등이 대표적인 공업항이다.

### (3) 어항 (Fishery Harbour)

어선의 입출항과 어획물의 처리, 가공 및 수송을 위한 시설을 갖춘 항만이다. 국내에서는 동해안에 어항이 많이 존재하며 부산항도 일부 어항의 기능을 가지고 있다.

### (4) 군항 (Military Harbour)

군함의 입출항을 담당하며 각종 군사시설물이 설치되어 있는 항만으로 국내에서는 진해항이 대표적인 항만이다.

---

55) 안수한, 강관원, 항만공학, 동명사, 2004

(5) 피난항 (Refuge Harbour)

악천후시 연안을 항행하는 선박의 대피를 위한 항만으로 화물의 하역과 여객의 승강 시설은 없다.

(5) 마리나(Marina) 또는 요트항 (Yacht Harbour)

각종 오락용 보트류를 위한 계류시설, 수역시설, 및 관련 서비스 시설 (호텔, 레스토랑, 쇼핑시설 등)을 갖춘 항만을 의미한다. 그리고 요트항은 수역 및 육상의 보관시설과 최소한의 서비스 시설만을 갖춘 요트의 단순한 계류보관을 위한 항을 의미한다.

## 9.4.2 기상 및 해상의 특성

항만공사는 기상 및 해상조건에 충분한 주의를 기울이지 않으면 공사의 진행이나 공사 완성 후에 문제를 발생시킬 수 있다. 따라서 항만시설물의 설계나 시공에 앞서서 기상 및 해상에 관하여 충분히 조사를 실시해야 한다.

(1) 바람과 태풍

바람은 속도와 방향을 가진 공기의 흐름을 의미하며 항만계획 및 시공에 직적 관계가 있는 것은 항풍(Prevailing Wind), 계절풍(Monsoon Wind) 및 태풍(Typhoon) 등이 있으며 해면상 10m 바람을 표준으로 한다. 항만공사의 계획과 시공은 풍속의 영향을 받으므로 풍도(Wind Diagram)을 이용하여 풍향, 풍속 및 바람의 취송범위를 기록하여 분석하는 것이 필요하다.

- 항풍 – 어느 지점에 있어서 가장 많이 부는 바람
- 계절풍 – 계절의 기압배치의 특성 때문에 부는 바람으로 우리나라 서해안에서는 북서쪽에서 불어오는 동기 계절풍을 예로 들 수 있다.
- 태풍 – 적도 부근에서 발생하는 열대성 저기압의 일종으로 중심 최대풍속이 17m/sec 이상인 것을 의미한다.

### (2) 조석

조석은 해면이 태양과 달 등의 천체의 인력, 지구공전의 원심력, 기압의 변동 및 수면의 진동 등에 의하여 규칙적으로 승강하는 것을 의미한다. 해면이 가장 높아질 때를 고조(Storm Surge)라고 하고, 해면이 가장 낮아질 때를 저조(Low Tide)라고 한다. 저조에서 고조로 해면이 상승하는 기간을 상조(Flood Tide)라고 하고 고조에서 저조로 해면이 강하는 기간을 낙조(Ebb Tide)라고 한다. 그리고 고조 때의 해면과 간조 때의 해면의 차이를 조차(Tidal Range)라고 한다.

조석력을 일으키는 주된 힘은 천체의 인력이고, 그 중에서 특히 태양과 달의 인력이 영향을 많이 미친다. 따라서 조석력은 각 천체와 지구상의 각 지점과의 상대적인 위치의 변화에 따라서 주기적으로 변화하게 된다. 그림 9.16에서와 같이 지구, 달, 태양이 일직선상에 있는 경우에는 만월과 신월이 되며, 달과 태양의 인력이 겹쳐서 조석력이 커지게 되어 조차가 커진다. 이때의 조석력을 대조(SprinG Tide)라고 한다. 그리고 지구에서 보아서 태양과 달이 직각으로 만나는 경우에는 하현과 상현이 되고 태양과 달의 인력이 서로 상쇄되어 조차는 작아지며 이때의 조석력을 소조(Need Tide)라고 한다.

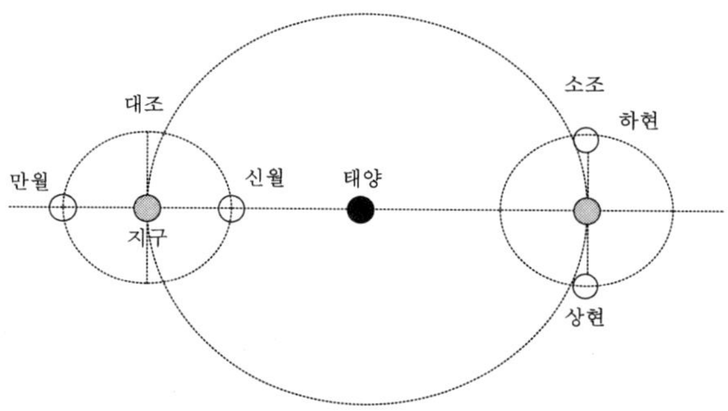


그림 9.16 조석력의 개념도

### (3) 해면

평균해면(Mean Sea Level)은 매시의 조위의 평균치를 의미하며 매일의 평균해면은 기압, 바람, 해수의 비중, 해류 등에 의하여 변화한다. 원칙적으로 평균해면은 1년 단위로 연평균해면을 채용한다. 우리나라는 인천항의 중등조위가 인천항의 연평균 해면이다. 하지만 임의의 항만의 연평균 해면은 그 항만 부근에 설치된 수준점 표고의 영점과는 반드시 일치하지는 않는다.

항만을 계획하고 시공할 때 기준이 되는 해수면을 기준수준면이라고 한다. 기준수준면은 평균해면 이하의 최저조위에 해당하며 해면이 기준수준면 이하로 내려가는 경우는 극히 드물다. 지정항만 구역 내에서 공사용 기준면은 반드시 기본수준면을 사용해야만 한다.

(4) 파랑

파랑은 바람의 힘에 의하여 생성되는 주기와 파장이 짧은 수면파를 의미하는 것으로 조석력, 해일, 고조 등에 의하여 발생하는 파와는 구별된다. 주기가 짧은 파는 물의 점성이나 역풍 등의 저항으로 에너지가 소진되지만 주기가 긴 파는 에너지가 소진되지 않고 수천 Km까지 전달이 되는 경우도 있다.

그림 9.17에서 보는바와 같이 일반적으로 파도는 사인파(Sine Wave)로 가정하며, 수면이 가장 높은 지점을 파봉(Crest) 또는 마루라고 하고, 수면이 가장 낮은 지점을 파곡(Trough) 또는 골이라고 한다. 파봉과 파곡의 차이를 파고라고 하며 파의 진행방향을 파향이라고 한다. 임의의 지점에서 한 파봉이 지나가고 다음 파봉이 올 때까지의 시간을 주기(Period)라고 한다.

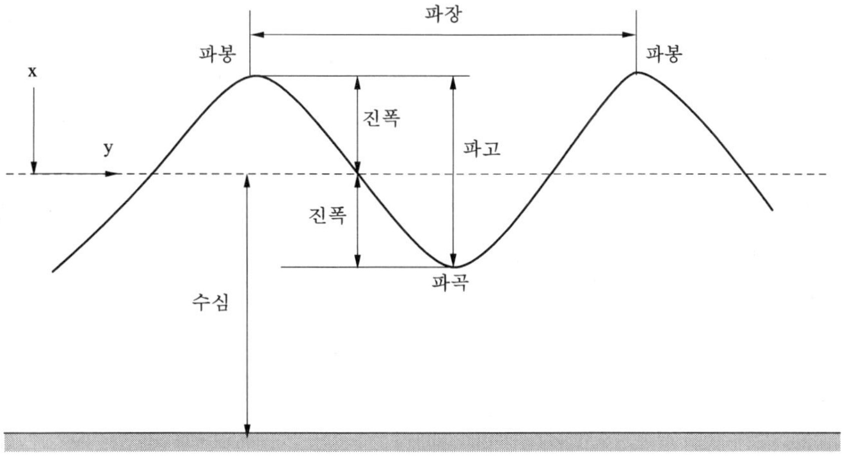


그림 9.17 파랑의 구조

## 9.4.3 항만시설물

항만법에 의하면 항만시설은 기본시설, 기능시설, 지원시설, 그리고 항만친수시설 등으로 구분하고 있다. 항만에 출입하는 선박의 종류와 톤수, 출입화물의 종류와 수량, 배후지의 경제 및 교통상황, 배후지와의 원료 및 제품의 수요관계 등에 의하여 합리적으로 항만시설물의 종류와 규모가 결정이 되며, 항만시설물의 배치는 수심, 조위, 파랑, 바람, 표사 등과 같은 자연적인 조건과 해역 및 육역부분의 용지확보 정도, 배후지의 교통망 관계 등의 요인에 의하여 결정이 된다.

### (1) 기본시설

① 항로, 정박지, 선류장, 선회장 등의 수역시설
② 방파제, 방사제, 방조제, 도류제, 갑문, 호안 등의 외곽시설
③ 도로, 교량, 철도, 궤도, 운하 등의 임항교통시설
④ 안벽, 물양장, 잔교, 돌핀, 선착장 등의 계류시설

### (2) 기능시설

① 선박의 입출항을 위한 항로표지, 신호, 조명, 항무통신시설 등의 항행보조시설
② 고정식 또는 이동식 하역장비, 화물이송시설, 배관시설 등의 하역시설
③ 대합실, 여객승강용시설, 소하물취급소 등의 여객이용시설
④ 창고, 야적장, 컨테이너 장치장 및 컨테이너 조작장, 사일로, 저유시설, 화물터미날 등의 화물의 유통·판매시설
⑤ 선박을 위한 급유·급수시설 및 얼음의 생산공급시설 등의 선박보급시설
⑥ 항만의 관제, 홍보, 보안시설
⑦ 방음벽, 방진망, 수림대 등의 공해방지시설

### (3) 지원시설

① 보관창고, 집배송장, 복합화물터미널, 정비고 등의 배후유통시설
② 선박기자재, 선용품 등의 보관, 판매, 전시 등을 위한 시설
③ 화물의 조립, 가공, 포장 등을 위한 시설
④ 공공서비스, 시설관리 등의 항만관련 업무용 시설

⑤ 항만시설을 사용자, 여객 등 항만을 이용하는 자 및 항만종사자의 휴게소, 숙박소, 진료소, 위락시설, 연수장, 주차장, 차량통관장 등 후생복지 및 편의제공시설

⑥ 항만관련 산업의 기술개발, 벤처지원 등 연구시설

⑦ 그 밖에 해양수산부령이 정하는 항만기능의 지원을 위한 시설

### (4) 항만친수시설

① 낚시터, 유람선, 낚시어선, 모터보트, 요트 및 윈드서핑 등의 수용을 위한 해양레저용 기반시설

② 해양박물관, 어촌민속관, 해양유적지, 공연장, 학습장, 갯벌체험장 등 해양문화·교육시설

③ 해양진밍대, 산책로, 해인녹지, 조경시설 등 해양공원시설

④ 인공해변, 인공습지 등 준설토를 재활용하여 조성한 인공시설

## 연습문제

1. 치수(治水)와 이수(利水)에 관하여 설명하고 관련된 학문의 분야를 언급하시오.

2. 가느다란 물체가 가라앉지 않고 물위에 떠 있었다면, 그 이유는 무엇 때문인가?

3. 모세현상의 원인이 되는 것은 무엇인가?

4. 100m 깊이의 해수 중에는 몇 기압의 압력이 작용하는가? (단, 해수의 단위중량은 1,025kg/$m^3$, 대기압은 1기압이고, 1기압은 10.33t/$m^2$이다.)

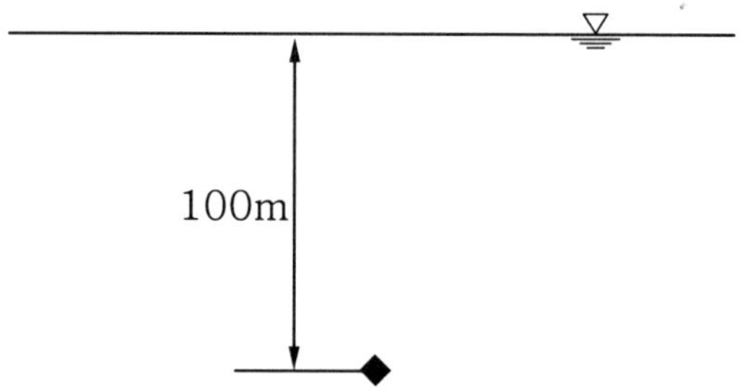


5. 파스칼의 원리에 관하여 설명하시오.

6. 다음 용어를 설명하시오.
   1) 흐름 2) 유속 3) 유적 4) 유량 5) 유선 6) 유적선 7) 정류 및 부정류
   8) 등류 및 부등류 9) 층류 및 난류

7. 수류 연속성의 법칙에 관하여 설명하고 연속방정식을 사용할 수 있는 경우는 어떤 흐름일 때인가?

8. 물의 순환과정에 관하여 설명하시오.

9. 강수가 내릴 수 있는 조건은 무엇인가?

10. 평야지대에서 강우분포가 불균일하고 유역면적이 3,000km$^2$ 정도되는 유역에 강우가 발생했다면 가장 적당한 유역평균강우량 산정법은 무엇인가?

11. 지하수 유출에 영향을 주는 요인은 무엇인가?

12. 항만의 기능에 관하여 설명하시오.

13. 항만계획과 시공에 직접 관계가 있는 기상 및 해상특성은 무엇인가?

14. 평균해면에 관하여 설명하시오.

# 참고문헌

김영묵(1992), 수리・수문학, 성안당

김영삼 외(2003), 수문학, 도서출판 구미서관

대한토목학회(1983), 토목공학핸드북, 대한토목학회

박찬원, 심홍섭, 윤선주, 윤인환(1995), 유체역학, 신광문화사

선우중호(1992), 수리학, 동명사

송재우(2004), 수리학, 도서출판 구미서관

안수한, 강관원(2004), 항만공학, 동명사

이길영, 이문옥, 허재영, 최한기, 김기흥, 윤종성(2002), 수리학, 형설출판사

정 만, 박영기(2003), 기초해안공학, 도서출판 구미서관

조용철, 채재우, 김광용(1990), 유체역학, 청문각

차영기, 이종석, 이대철, 김진규, 맹봉재, 김이현(2003), 항만공학, 도서출판 새론

최영박 외(2004), 해안과 항만공학, 문운당

함능수(1996), 최신 수리학, 동명사

Chapter

# 10

Civil Engineering

# 건설관리

# 10.1 개요

건설 프로젝트(Construction Project) 또는 건설사업은 주어진 기간동안 제한된 자원과 비용과 한시적으로 구성된 조직으로 건축물 및 토목 구조물을 완성하기 위한 일련 행위의 집합을 말한다. 그리고 건설관리(Construction Management: CM)는 건설사업 조달 및 계약방식, 건설사업의 관리기능 및 활동, 그리고 건설경영관리 이론의 3가지 관점에서 해석될 수 있다. 일반적으로 건설기술 및 관리적 측면에서의 CM은 "정해진 예산과 사업기간 범위 내에서 최선의 품질을 달성할 수 있도록 과학적이고 체계적인 경영기법을 적용하는 관리활동"으로 정의할 수 있다. CM은 미국에서 2차 세계대전 직후 건설산업의 부흥과 함께 건설시공 부분의 체계적인 지식교육을 위하여 만든 것이 시초로 알려져 있다. 초기에는 주로 견적, 계약, 장비관리 등이 주를 이루었으나 산업공학, 경영학, 경제학 등의 주변 학문의 발전으로부터 영향을 받아서 원가관리, 품질관리, 인적자원관리, 노무관리, 프로젝트 조직관리 등의 지식이 체계화 되었다[56].

## 10.1.1 건설관리의 개념적 정의

건설관리(CM)의 3가지 측면에 관하여 기술하면 다음과 같다.

### (1) 건설사업 조달 및 계약방식 측면

건설 프로젝트는 발주자를 중심으로 설계자, 시공자 등 여러 주체가 참여하여 수행하는 것이 일반적으로, 프로젝트의 특성과 발주자의 요구 및 주변환경에 따라서 계약유형이 달라진다. 계약유형을 설계·시공 분리방식 (Design-Bid Build), 설계·시공 일괄방식 (Desing-Build, Turn-Key), 그리고 CM 방식 등의 3가지로 분류할 수 있다.

첫 번째 방식은 설계와 시공을 분리하여 발주하여 계약을 하고 설계자에 의하여 설계도면이 완성된 이후에 시공자가 프로젝트에 참여하게 되는 방식이다. 지금까지 널리 사용되어온 방식으로 공공 발주자와 건설업체에 익숙한 체계이다. 공사계약 이전에 공사비 산출이 가능하고 경쟁입찰을 통하여 원가를 절감할 수 있다. 그리고 문제가 발생

56) 한국건설산업연구원, 건설관리 및 경영, 보성각, 1997, pp. 24

하였을 경우에 과거의 법적 판례 및 계약 사례들이 다양하게 존재한다. 하지만 순차적인 계약으로 인하여 프로젝트 기간이 길어지고 사업 주체들 간의 이해관계 상충으로 인하여 적대적 관계가 형성되는 단점이 있다. 또한 설계 및 시공단계가 분리되어 있어 유기적인 연계가 불가능하게 되어 기술혁신의 기회 줄어들고, 과다 수주경쟁시 부실공사의 위험이 있다.

두 번째 방식은 설계와 시공을 일괄하여 한 업체와 계약을 맺는 방식이다. 업체가 프로젝트를 진행하기 위한 충분한 지식과 기술을 갖고 있는 경우에 유용한 방법으로 설계와 시공의 병행으로 프로젝트 기간의 단축이 가능하고, 설계단계에 시공지식을 적절히 반영할 수 있으며 시공성 향상으로 공사비 절감이 가능하다. 하지만 발주자의 프로젝트에 대한 참여 및 조정기능의 약화와 프로젝트가 어느 정도 진행되기 전까지는 총비용을 산출할 수 없다는 단점을 갖고 있다.

세 번째 방식은 발주자가 대리인(CM회사)을 고용하여 설계, 구매 및 시공 등의 과정에서 업무에 대한 기획과 계획, 조직과 조정, 계획 대비 실적 분석 및 필요한 조치 등을 지시하는 고도의 서비스를 제공받는 계약방식이다[57]. 즉, 대리인이 신뢰를 바탕으로 발주자의 참모, 조언자, 자문 역할을 수행하는 것으로 전반적인 프로젝트 기획 및 조정능력이 향상되어 공사비 및 공기를 단축할 수 있고 공사의 품질을 향상 시킬 수 있다. 하지만 기획 및 조정능력이 없는 대리인과 계약을 하였을 경우에는 프로젝트가 실패로 끝날 가능성이 높아진다.

### (2) 건설사업의 관리기능 및 활동 측면

미국 프로젝트 관리 협회 (Project Management Institute: PMI)는 사업범위, 사업기간, 사업비, 품질 등에 대한 프로젝트 관계자들의 요구를 만족시킬 수 있도록, 프로젝트를 구성하는 제작업의 진행과정에 체계적인 관리지식, 기술, 도구, 기법 등을 적용하는 것으로 정의하고 있다. 프로젝트를 성공적으로 수행하기 위하여 프로젝트 기간, 비용, 품질 등에 관한 목표를 효과적으로 달성할 수 있도록, 프로젝트를 구성하는 일련작업의 진행과정에 체계적인 관리지식, 기술, 도구, 기법을 적용하는 관리행위에 중점을 두는 것이다.

57) 한국건설기술연구원, 건설사업관리 발주체계 및 조달시스템 개발 연구보고서, 건설교통부, 2000.9

### (3) 건설경영관리 이론 측면

경영관리이론을 접목하여 건설전반의 관리수법으로 체계화하는 종합적인 학문·기술 영역 또는 이론의 관점에서 CM을 바라보는 시각[58]으로, CM의 학문적 기원은 미국 토목학회 (American Society of Civil Engineers: ASCE)와 미국 교육위원회의 활동에 기인하는 것으로 알려져 있으며. 구체적으로 CM이 언급되기 시작한 것은 2차 세계대전 후 미국 대학교육으로부터 파생된 것으로 보는 시각이 일반적이다.

이상과 같이 CM을 바라보는 3가지 측면이 존재하는데, 중요한 것은 어떤 관점에서 해석을 하느냐에 상관없이 "건설관리(CM)은 프로젝트 관계자들의 요구를 만족시키면서 주어진 공기 및 공비로 요구되는 품질의 공사를 수행하는 것에 목적"이라는 것을 인지하는 것이다. 그리고 3가지 관점들은 독립적이라기 보다는 상호보완적인 개념으로 이해하여야 할 것이다.

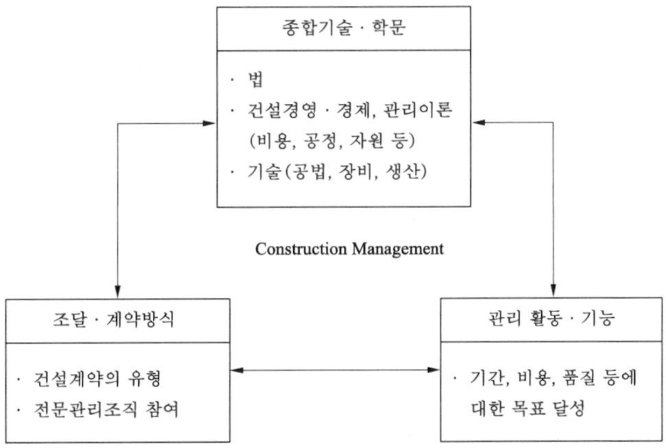


그림 10.1 CM을 바라보는 관점[58]

## 10.1.2 건설관리 주요 요소기능[59]

미국 프로젝트 관리 협회 (PMI)에서 발행한 사업관리지식체계[60]에서 CM의 요소기능

58) 미 토목학회(ASCE)에서는 '83년 3월 시공분야를 다루는 저널의 명칭을 Construction Div.에서 Construction Engineering & Management Div.로 개칭하여 종래 건설시공 중심에서 건설관리로 학술적 체계를 구축

59) 한국건설기술연구원, 건설사업관리 적용방안 연구 보고서, 한국수자원공사, 2001.5

60) Project Management Institute, A Guide to the Project Management Body of Knowledge, PMI, 2000.

에 관하여 다음과 같이 정의하고 있다.

### (1) 프로젝트 관리 일반

건설 프로젝트의 여러 요소 및 목적 사이의 적절한 조정 기능과 프로젝트 계획의 수립, 계획의 실천, 이행결과, 및 변경사항 등을 종합하여 조정·관리하는 기능

### (2) 역무범위 관리

건설 프로젝트의 범위 및 프로젝트와 관련하여 수행되어야 할 역무들을 체계화하고 수행되어야 할 역무들이 제대로 이행되고 있는지를 확인하며 변경사항을 관리하는 기능

### (3) 공정관리

건설 프로젝트의 세부 단위공정의 선후행 관계를 설정하고 소요기간을 예측하여 프로젝트 완료 이르는 공정계획을 수립하고 목표로 하는 프로젝트 기간내에 완료가 될 수 있도록 관리하는 기능

### (4) 원가관리

건설 프로젝트에 투입되는 인력, 자재, 장비 등 자원의 종류 및 소요량 등에 대한 예측을 바탕으로 사업비 및 공사비 등을 추정하고 목표 금액 범위내에서 건설 프로젝트가 완료될 수 있도록 관리하는 기능

### (5) 품질관리

설계나 시공 등의 성과품에 대한 품질수준 및 관리계획을 수립하고 목표로 하는 품질을 확보할 수 있도록 점검하며 품질기준에 부합되는 성과를 거둘 수 있도록 관리하는 기능

### (6) 조직 및 인력 관리

건설 프로젝트 관리 수행을 위한 조직구조와 업무 및 책임, 상호관계 등을 규정하여 적절한 건설 프로젝트 관리팀을 조직하고, 건설 프로젝트 관리팀의 업무역량을 최대한 발휘할 수 있도록 관리하는 기능

### (7) 정보관리

건설 프로젝트에서 발생하는 각종 기록, 문서, 정보 등을 수집 및 축적하고 적시에 발주자나 설계자, 시공자 등 건설사업 참여자가 필요한 사업관련 기록과 정보를 얻을 수 있도록 관리하는 기능

### (8) 리스크 관리

건설 프로젝트에서 발생할 수 있는 리스크 요인을 분석하고 적절히 대응하여 불확정 요인으로 인한 피해를 최소화 할 수 있도록 관리하는 기능

### (9) 계약관리

발주자와 설계자, 계약자, 관급자재 납품업자 등 건설 프로젝트 참여자간의 계약체결을 위한 발주 전략을 수립하고 입찰, 계약, 계약이행 및 준공에 이르는 전과정을 관리하는 기능

## 10.2 공정관리

건설공사에서 공정관리는 주어진 공사의 특성이나 작업의 구성을 세밀하게 분석하여 현장에서 수행되는 작업의 진행방법과 순서를 결정하고, 작업의 순서를 다이어그램 형식으로 표현하여 지속적으로 관리하는 것이 목적이다. 각 건설공사 마다 다른 여건을 가지고 있고 또한 서로 연관되는 작업사이에 여러 가지 제약조건이 있어서 공정관리를

하는데 복잡성을 더하게 된다. 일반적으로 공사계약에 있어서 발주자는 시공자에게 공사가 완료되어야 하는 시점을 제시하는 경우가 대부분이며 발주자에 의해 제시된 기간이 공사기간이 되는 것이다. 시공자는 주어진 기간 내에 공사를 완료해야 할 의무를 갖게 되므로, 인력(Man), 자재(Material), 장비(Machine), 자금(Money) 및 공사방법(Method) 등의 투입자원을 효율화하여 지정 기일 내에 공사를 완료하는 것은 매우 중요하다.

### 10.2.1 공정관리 절차

모든 관리업무는 우선적으로 계획을 세우고, 계획에 따라 실시하고, 계획과 수행된 실적을 비교·분석하여 문제가 발생하면 적절한 시정조치를 취하는 일련의 순환과정을 거치게 된다.

#### (1) 계획단계

최종 목적물이 무엇인지를 인지하고 공사현장의 상황, 계약서, 설계도, 시방서를 충분히 검토한다. 공정계획을 수립하기 위하여 건설공사를 구성하는 각각의 요소작업(활동이라고도 함)으로 구분하고 요소작업의 순서를 결정한다. 얻어진 결과를 근거로 하여 공정표를 작성하여 일정계획을 세우고 소요공기를 산출한다. 만약 계산된 공기가 실제로 주어진 공기와 차이가 발생하는 경우에는 공정관리 이론을 적용하여 공기를 조정하거나 필요시 투입자원의 적절한 배분하는 과정을 수행한다. 본 단계에서 작업계획의 기술적 타당성과 경제성을 함께 검토한다.

#### (2) 실시단계

본 단계에서는 계획된 작업을 이해하고, 필요한 자원을 투입하여 계획된 작업을 수행한다. 일반적으로 작업을 수행하는데 현장여건 및 여러 가지 요인으로 작업수행 방법은 다양해 질 수 있다. 작업 수행자는 실행 가능한 모든 방법에 대하여 철저한 검토를 거쳐서 최선의 시공방법을 택하게 된다.

### (3) 평가단계

건설 프로젝트의 진행정도를 파악하기 위하여 우선적으로 정확한 방법에 의하여 작업에 관계된 자료를 수집 및 분석하고, 분석 자료를 이용하여 계획된 공정과 실행된 공정을 비교함으로써 문제점을 파악하는 단계이다.

### (4) 조치단계

평가단계에서 공기의 지연과 같은 문제점이 확인된 경우에는 주어진 공기 내에 프로젝트를 완료하기 위하여 작업을 수행하기 위한 일정을 재수립한다. 즉, 전체 공기를 맞추기 위하여 작업공정을 수정하거나 변경하는 시정조치를 취하는 단계이다.

## 10.2.2 공정관리 기법

공정계획을 표현하기 위하여 여러 가지 방법들이 사용된다. 개략적인 공정표 작성에 사용되는 막대도표와 여러 가지 작업들의 표현과 이들의 상호관계 및 논리적 종속관계를 표현하기 위하여 사용되는 네트워크 기법이 있다. 또한 도로공사나 건축물 공사와 같은 반복작업의 진행을 표시하기 위한 방법도 있다.

### (1) 막대도표 기법 (Bar Chart, Gantt Chart)

막대도표 기법은 세계 1차 대전중 미육군 병기국에서 군수물을 생산하기 위하여 간트(Henry L. Gantt)가 개발한 것으로, 도표상에 종축에 작업명을 작업순서에 따라 배열하고 횡측에 시작과 종료를 나타내는 막대를 사용하여 단순하게 표시하는 기법이다. 간단히 작성될 수 있고 수정이 편리하며 이해하기 쉬워서 간단한 공사에는 적합하나 대형 공사에서 합리적 표현이 불가능하다. 작업의 선후관계가 불명확하고 공기에 영향을 주는 요인을 찾기가 어렵다.

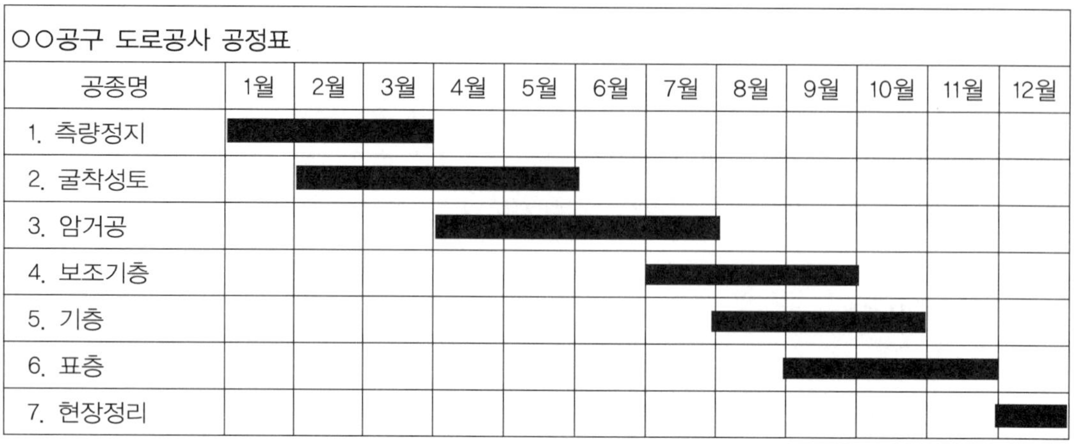


그림 10.2 막대도표 기법

### (2) CPM(Critical Path Method)과 PERT(Program Evaluation and Review Technique)

CPM은 1957년 미국 듀폰(Dupont)사의 워커(Morgen R. Walker)에 의하여 개발되어 플랜트 공사의 설계 및 시공을 위한 일정관리와 원가관리에 사용되었다. CPM은 어느 정도 경험이 있는 사업에 적용하며, 특정 작업을 위한 소요공기는 작은 분산을 갖는 것으로 가정한다. 네트워크 상의 작업간의 선후관계를 설정하고 각 작업의 소요공기를 기준으로 전체 일정을 계산한다. 주공정선(Critical Path)을 중점 관리함으로써 정확한 일정관리 및 자원배당에 따른 통제가 가능하다. 하지만 CPM은 작성하기가 번거롭고 시간이 많이 소요되며 한번 작성한 공정표는 수정하기가 힘들다.

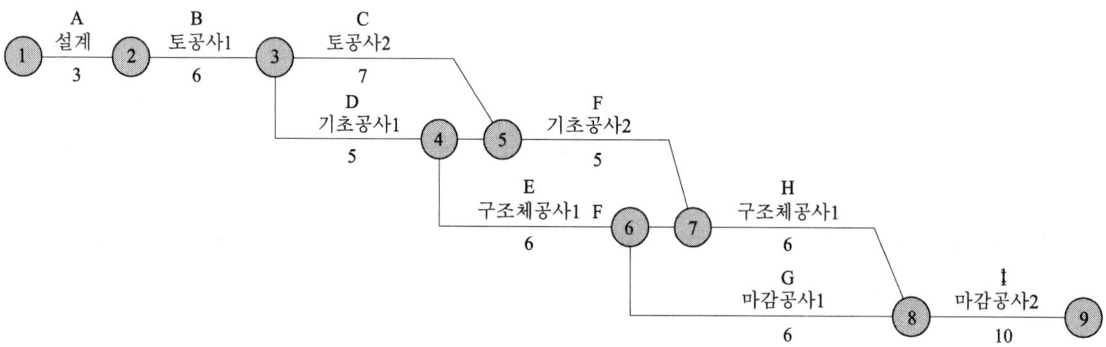


그림 10.3 CPM 기법 [61]

61) http://pax.hoseo.ac.kr/resrc_bb4128/PMS

PERT 기법은 1958년 미국 해군 군수국에서 탄도미사일 계획과정에서 개발되었다. 이 기법은 소요공기를 결정하고 주공정선을 구하는 것은 CPM과 유사하지만 다른 점은 신규사업이나 경험이 없는 사업에 적용하며, 특정 작업을 위한 소요공기가 큰 분산을 갖는다는 점이다. 한 작업을 위한 낙관치, 비관치, 최빈치 등의 3가지 공기에 대한 기대치를 토대로 소요공기에 대한 평균기대값과 표준오차를 구하게 된다. 이 기법은 3가지 값의 산정이 불확실한 경우 산정된 소요공기의 신뢰도가 떨어진다.

### (3) PDM (Precedence Diagramming Method)

도로공사, 관로매설 공사, 아파트 공사 등은 여러 구간에서 같은 작업을 차례로 반복하는 공정으로 진행되고 동일한 작업에 대하여 반복공정이 중첩되어 진행된다. 만약 CPM을 이용하여 반복중첩공정을 표현하게 된다면 연결선과 접합점이 많아져서 네트워크가 전체적으로 복잡해진다. 이러한 문제점을 해결하기 위하여 PDM을 이용하여 반복중첩공사를 표현하게 된다. 이 기법은 각 작업을 사각형으로 표시하고 화살표는 작업을 선후관계만을 표시하며, 반복작업을 작업별로 하나의 활동으로 표시함으로써 작업공정을 단순화 시켜서 나타낼 수 있다.[62)]

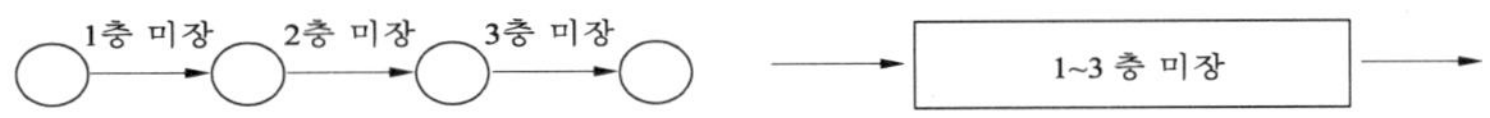


(a) CPM과 PDM 비교

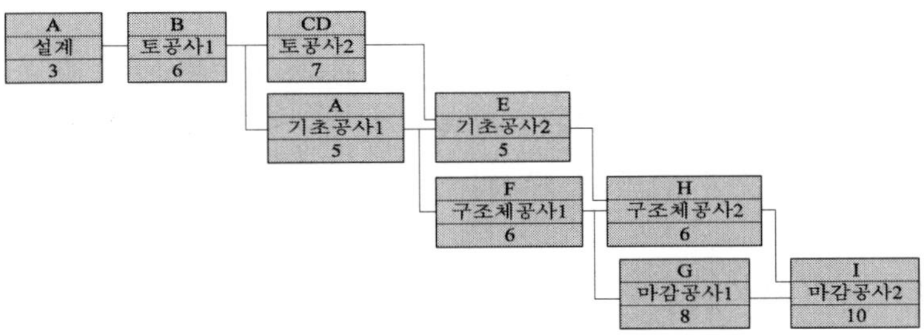


(b) PDM 사용예

그림 10.4 PDM 기법[62)]

### (4) LSM (Linear Scheduling Method)[63)]

LSM은 LOB(Line of Balance)라고도 하며 PDM과 마찬가지로 반복중첩공정을 표현하

62) 이양규, 건설공시관리 및 적산학 (3판), 보문당, 2002

63) 김문한 외, 건설경영공학, 기문당, 2003

는데 사용된다. LSM은 도표상에서 종측에 단위작업의 반복되는 수를 표기하고 횡측에는 소요공기를 나타낸다. 작업의 진행은 직선으로 표시하며 직선의 기울기는 단위작업의 생산성을 나타낸다. LSM은 기본적으로 단위작업에 투입되는 자원이 동일한 후속작업에 다시 투입된다는 것을 가정하고 있다. 전체의 공사기간은 마지막 반복작업의 완료시점을 파악하여 구할 수 있다.

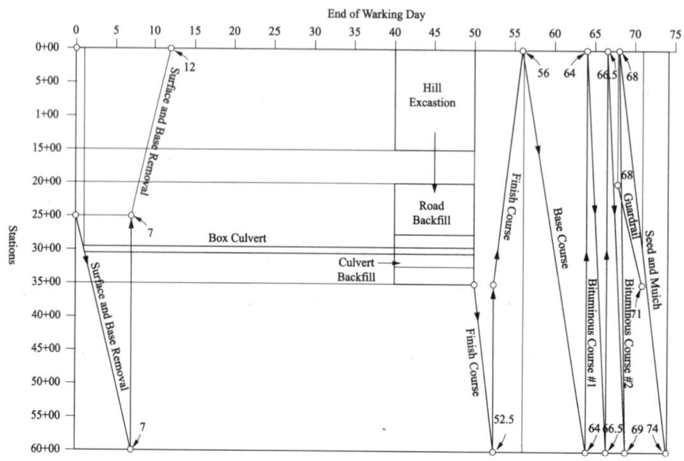


그림 10.5 LSM 기법 64)

# 10.3 원가관리

건설회사는 경제원칙에 따라서 최소 비용으로 최고 품질의 공사를 수행하려고 여러 가지 노력을 기울이고 있다. 원가관리는 이러한 노력중의 일환으로 성공적인 건설 공사의 수행을 위한 매우 중요한 관리 요소이다.

## 10.3.1 원가관리의 개념

원가(Cost)란 특정의 목적을 위하여 수행되는 생산, 용역, 공사 등의 과정에서 발생하거나 발생할 수 있는 경제가치를 화폐단위로 나타낸 것을 말한다. 그리고 비용(Expense)은 일정기간 동안 이익창출을 위하여 소비된 원가를 의미한다. 건설공사에서 원가는 공사를 수행하는데 필요한 재료, 인력, 장비, 및 각종 경비 등에 사용되는 비용을 의미한

64) Harris, R. B. and Ioannou, P. G. Repetitive Scheduling Method. UMCEE Report No. 98-35, Civil & Environmental Eng., Univ. of Michigan, 1998.

다. 적산(Cost Estimating) 또는 견적(Estimating)이란 시공계획에 의하여 건설공사를 수행하는데 소요되는 공사비를 산출하기 위한 계산과정을 의미하는 것으로, 설계도면, 시방서, 및 시공계획에 근거하여 시공하여야 할 전체 공종별 공사량과 단위단가를 구하고 재료비, 노무비, 장비비, 외주비, 현장경비, 및 이윤 등 기타 소요되는 비용을 가산하여 총공사비를 산출하는 과정을 말한다. 원가관리는 주어진 예산 내에서 계획대로 예산집행이 적절히 이루어지도록 효율적으로 관리하고 통제하는 것이다.

### 10.3.2 원가관리의 목적

원가관리는 건설공사에 관련된 경영활동을 합리화하여 원가를 절감하는 것을 목표로 한다. 이것은 각종 기법에 의하여 소요되는 비용을 산정하기 위한 원가산정, 관리 목표를 설정하고 실행계획을 수립하는 원가계획, 수립된 비용계획과 공사에 소요된 비용을 비교・평가하여 원가의 흐름을 관리하는 원가통제, 그리고 건설공사를 수행하면서 발생하는 현금의 흐름을 관리하는 원가회계로 구성된다. 토목공사는 대상 구조물의 종류가 다양하고 같은 구조물을 건설하는 경우에도 공사의 규모, 시공현장의 조건, 재료, 인력 및 장비의 조달조건 등에 의하여 예산이 크게 달라진다. 공사의 기획단계에서 설정된 예산이 낮게 설정된 경우에는 원가관리를 수행하기에 많은 어려움이 따른다. 계약에 의하여 확정된 공사의 물량과 단가에 관한 사항은 공사관리자가 임으로 조정할 수 없으므로 이런 경우에는 인력 및 장비의 생산성을 올려서 작업량을 개선할 수 있는 방법을 찾아야만 한다. 또한 아울러 시공기술의 개선과, 적절한 분석기법의 적용을 통한 공정 및 자원배분 등의 개선으로 공정을 진척 시켜야만 한다.

건설공사에서 원가관리 업무내용과 원가관리의 순서는 다음과 같다.[65]

#### (1) 원가관리 업무내용

1) 경제적인 건설공사 수행계획을 세우고 이 계획을 근거로 하여 실행예산을 작성한다.
2) 작성된 실행예산을 기준으로 실제원가의 소요액을 계산하여 기록한다.
3) 재료, 인력, 장비 및 외주(하도급)에 관련되는 보고서와 비목별 원가현황 보고서를

65) 이배호, 건설공사관리의 이론과 실제, 구미서관, 2000

참조하여 실행예산과 실제원가를 비교하여 발생하는 차이의 원인을 규명한다.

4) 적절한 실적자료를 토대로 건설공사 수행계획을 재검토, 재평가를 실시하여 원가절감을 추구한다.
5) 필요시 공사계획, 공정, 품질, 안전 등에 영향을 검토하여 적절한 시정조치를 취하고 그 결과를 확인한다.

#### (2) 원가관리의 순서

1) 원가관리 체계 및 목표를 수립하고, 원가계산 제도를 설정하여, 원가관리의 기준이 되는 실행예산을 작성한다.
2) 공사 착공후 발생하는 원가실적을 공정에 따라 정기적으로 수집, 정리하여 원가계산을 한다.
3) 수립된 원가계획과 실제 발생비용을 비교하고 재료, 인력, 장비, 외주 등이 계획대로 조달되었는지, 그리고 공사가 계획된 설계와 방법에 따라 공정대로 진척이 되었는지를 분석한다.
4) 분석결과, 현시점에서 예상되는 공사의 최종손익을 추정하고, 필요한 경우 원가절감을 위한 적절한 시정 및 개선조치를 취한다.

이러한 원가관리 순서는 공사의 시작으로부터 공사의 완료까지 지속적으로 원가를 통제하고 개선을 하기 위하여 반복적으로 시행되는 것이다.

### 10.3.3 견적의 종류

적산과 견적은 비슷한 의미로 혼용되고 있으나 적산은 발주자의 입장에서 공사를 수행하는데 필요한 예정가격을 산출하는 의미이고, 견적은 적산의 한 부분으로 설계도면, 시방서, 및 시공계획에 근거하여 시공하여야 할 전체 공종별 공사량과 단위단가를 곱하여 구체적으로 공사비를 산출하는 행위를 말한다.

#### (1) 개산견적

대상 구조물에 관하여 구체적인 설계 및 시방이 준비되지 않은 경우나 시간이나 자료의 제약으로 인하여 상세 공사비 산출이 어려운 경우, 그리고 긴급예산을 편성해야 하는 경우에 사용하는 방법으로 규모나 성격이 유사한 과거의 공사의 자료를 바탕으로 공사비를 산출한다. 주로 설계가 시작되기 전에 공사의 사업성을 분석하거나 여러 가지 설계에 관하여 경제성을 평가하기 위하여 사용한다. 산출의 정확도는 떨어지지만 단기간에 개략적인 공사비를 파악할 수 있는 장점이 있다. 개산견적의 방법으로는 단위설비, 단위면적, 단위체적 등 단위기준에 의한 방법과 가격비율 및 수량비율 등의 비례기준에 의한 방법이 있다.

#### (2) 상세견적

상세견적은 완성된 설계도면과 시방서를 기준으로 세부 작업공종으로 분할하고, 분할된 공종에 필요한 재료, 인력, 장비 등의 필요수량을 정확하게 산출하여 해당 자원의 단위비용을 이용하여 공사비를 산출하는 방법이다. 이 방법은 상대적으로 정확하게 공사비를 산출할 수 있으나 많은 시간과 인력이 필요하다. 상세견적은 발주자의 공사예정가격을 산출하는 경우, 입찰자가 발주처에 입찰서를 제출하는 경우, 시공사가 실행예산을 수립하는 경우에 공사비를 산출하기 위하여 실시한다.

### 10.3.4 원가의 구성항목

건설공사 원가계산은 원가계산에 의한 예정가격 작성준칙에 따라서 요소항목으로 구분하여 비목별로 계산된 비용을 합산하여 공사항목별 비용을 산정한다. 견적비용은 그림 10.6과 같이 총원가와 이윤으로 구성되며, 총원가는 직접공사비와 간접공사비의 합인 공사원가와 일반관리비로 구성된다.

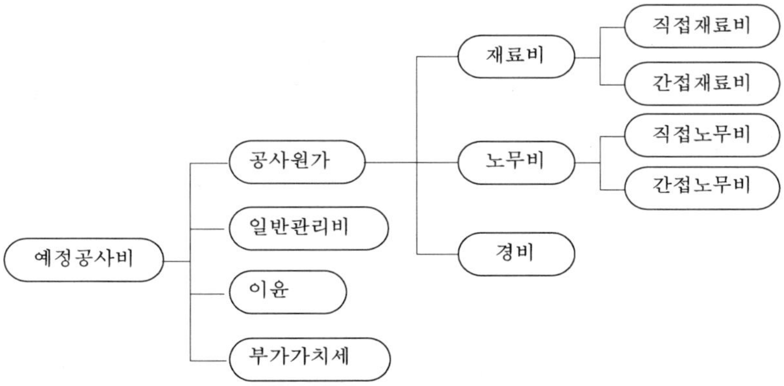


그림 10.6 건설 공사비의 구성

건설공사 원가를 구성하는 항목에 관하여 간단히 설명하면 다음과 같다.

### (1) 재료비

재료비는 철근, 시멘트, 모래, 목재 등과 같이 구조물을 직접적으로 구성하는 물품의 가치인 직접재료비, 각종 오일, 접착제 등과 같이 구조물을 직접적으로 구성하지는 않으나 건설공사에 보조적으로 사용되는 물품의 가치인 간접재료비, 그리고 거푸집, 비계, 동바리 등과 같이 시공을 위하여 필요한 가설재의 가치인 가설재료비로 구성된다. 재료비의 산출은 현재의 시중 구입단가를 반영하여 산출을 하는 것이 중요하다.

### (2) 노무비

건설공사에 참여하여 직·간접적으로 작업을 수행하는 작업자의 노동력에 대하여 지불해야 하는 원가로 일반적으로 직접노무비와 간접노무비로 구분한다. 직접노무비는 직접적으로 건설생산 활동에 참여하는 작업자에 지급되는 것으로 설계도서 및 표준품셈에 의하여 산출한 노무량에 노무비단가를 곱하여 산출한다. 여기에는 기본급과 상여금, 퇴직적립금 충당액, 수당 등이 포함된다. 간접노무비는 직접적으로 건설생산 활동에 참여하지 않지만 작업현장에서 보조작업을 수행하는 작업자에게 지급되는 것으로 일정기준에 의하여 지급되며, 직접노무비를 초과할 수 없다.

### (3) 경비

경비는 공사원가 중에서 재료비 및 노무비 이외의 부분을 의미하며 현행 건설관련 법령 기준에는 경비에 관련된 항목을 26개[66]로 분류하고 있다. 경비관련 비목의 원가계산은 회계예규인 예정가격준칙에 의하며 처리방법은 기업의 회계처리 방식을 준용한다.

---

66) 기계경비, 가설비, 운반비, 안전관리비, 안전점검비, 보험료, 폐기물 처리비, 환경보전비, 품질관리비, 보상비, 특허사용료, 기술료, 전력비, 수도광열비, 지급임차료, 연구개발비, 복리후생비, 보관비, 외주가공비, 소모품비, 여비/교통비/통신비, 세금과 공과, 도서인쇄비, 지급수수료, 건설근로자 퇴직공제 부금비, 기타 법정경비

### (4) 일반관리비

일반관리비는 건설회사의 유지를 위하여 경영, 관리활동 부분에서 발생하는 제반비용으로 임직원의 인건비, 집기 및 소모품비, 교통통신비, 수도광열비, 세금과공과, 지급임차료, 비품이나 차량 등의 감가상각비, 경상시험연구개발비, 기부금, 보험료, 광고료 등이 포함된다. 이 비용은 건설회사의 전체적인 공사지원기능에서 발생하는 비용이다. 일반관리비의 산출은 재료비, 노무비, 경비의 합에 일반관리비율을 곱하여 산정한다.

### (5) 이윤

이윤은 건설회사의 영업이익을 의미한다. 일반적으로 노무비, 경비 (기술료와 외주가공비는 제외), 및 일반관리비 합의 15% 미만으로 계상한다.

### (6) 부가가치세

부가가치세는 건설공사 수행으로 인하여 창출되는 부가가치에 관하여 부과되는 세금이다.

## 10.3.5 원가관리방법

원가관리는 계획된 예산과 지속적으로 수집된 지출 원가자료를 비교·분석하여 문제점이 발생하였을 경우에 적절한 조치를 취하여 원가를 개선하고자 하는 것이다.

### (1) 원가자료의 수집

공사진행과 더불어 비용지출은 지속적으로 발생한다. 정해진 방법에 의하여 공종별 및 투입자원별로 발생한 원가에 대한 신뢰성 있는 실적자료를 주기적으로 수집하여 관리하는 것이 중요하다. 재료는 손실분을 포함한 사용된 수량을 시중가격으로 계산하고, 노무비는 작업일보를 기준으로 정확한 노무시간과 정해진 노무임금을 기준으로 계산한다. 장비비는 장비작업일보를 기준으로 사용시간과 수량을 파악하고 정해진 단가를 곱하여 산정한다. 외주비 실적은 외주기성고조서 또는 하도급업체의 지급청구서를 기준으로 기성고 수량을 파악하여 정해진 단위계약금액 곱하여 산정한다.

### (2) 원가의 측정

원가측정을 위하여 다음의 3가지 개념이 사용된다.

- 계획공사비 (BCWS: Budgeted Cost for Work Schedule)
  건설공사를 수행하기 위하여 계획된 비용으로 주어진 공사기간 내에 완료되어야 하는 모든 작업들에 관한 예산이다.
- 기성금액 (BCWP: Budgeted Cost for Work Performed)
  특정 시점까지 실제적으로 완료된 작업에 대하여 배분된 예산을 의미한다. 이것을 EV(Earned Value)라고 한다.
- 실투입비 (Actual Cost for Work Performed)
  특정 시점까지 완료된 작업에 대하여 실질적으로 투입된 비용을 의미한다. 즉, 작업을 수행하기 위하여 사용되어 지출로 기록된 비용을 말한다.

다음 그림에서와 같이 계획공사비와 기성금액 및 실투입비를 비교함으로써 일정 및 원가의 편차를 파악할 수 있다. 계획공사비와 기성금액의 차이를 일정편차(Schedule Variance)라고 하며, 기성금액과 실투입비의 차이를 원가편차(Cost Variance)라고 한다. 그림에서는 현재시점에서 공기지연이 생기고 있는 것을 알 수 있다. 따라서 지연된 공기의 단축과 관리비용의 절감을 위하여 적절한 수정조치가 필요하다.

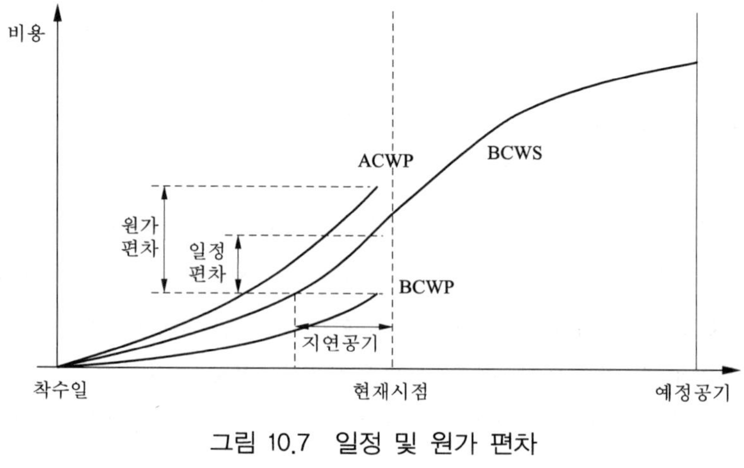


그림 10.7 일정 및 원가 편차

### (3) 원가의 개선

현장관리자는 실행예산과 실적을 비교하여 문제가 발생하면 원인을 규명하고 적절한 조치를 취해야 한다. 관리자 및 책임자는 주기적으로 원가의 변동사항을 파악하고 있어야 한다. 문제가 발생한 경우에는 관련 부서가 모여서 원가관리 대책을 수립해야하며 분석된 결과에 따라서 시공개선, 시공계획 수정, 계약조건의 변경, 설계변경 등의 방안을 강구할 수 있을 것이다. 또한 시정조치를 취할 경우에 예상되는 손익을 예측하여 최선책을 실시하게 된다.[67] 적자인 공종뿐만 아니라 흑자인 공종에서도 낭비가 발생하지 않은지 확인할 필요가 있다.

## 10.4 품질관리

산업혁명을 거치면서 대량 생산이 가능하게 되었고 이와 더불어 좋은 품질의 제품생산에 관한 연구가 시작되었다. 생산관리를 과학적으로 실시할 것을 최초로 제안한 사람은 영국출신인 James Watt와 M. R. Boulton이다. 하지만 그당시 영국에서는 관리기술이 빛을 보지 못했다. 1924년 미국 벨연구소 (Bell Telephone Lab.)의 Walter A. Shewhart가 통계적 기법인 관리도를 개발한 것이 품질관리의 시작이라고 본다. 그는 과학적인 관리기법을 적용하여 생산량과 품질을 관리하는 것이 생산의 요건이라고 주장하였다. 그 후 H. F. Dodge와 H. G. Romig는 통계학 원리를 이용한 샘플링 기법을 제안함으로써 품질관리가 한층 더 발전하게 되었다. 품질관리의 필요성이 높아진 제 2차 세계대전 무렵 통계적인 품질관리 기법이 군수산업에 적용되었으며, 1950년에 W. E. Deming 박사에 의하여 일본기업에 품질관리 기법들이 소개되었다. 1961년에는 제네럴 일렉트릭사의 A. V. Feigenbaum에 의하여 경영자와 종업원의 지속적인 품질개선의 노력으로 적정비용으로 소비자의 기대를 충족시키기 위한 종합적 품질관리(Total Quality Management)가 제안되었다.

1950년대 외국학자들에 의하여 우리나라에 품질관리가 소개되었으며, 1962년 상공부에 공업표준심의회가 발족되면서 한국생산성본부와 한국규격협회가 처음으로 품질관리

67) 이배호, 건설공사관리 이론과 실제, 구미서관, 2000.

강좌를 개최하면서부터 본격적인 품질관리의 보급이 시작되었다.[68] 1967년 우리나라 정부는 KS(Korea Standard)제도를 제정하여 산업의 발전과 공산품의 품질향상을 추구하기 시작했다.

### 10.4.1 품질관리의 목적

품질은 일반적으로 어떤 제품이나 서비스에 대한 요구조건의 적합한 정도를 의미한다. KS 규격에서 품질은 "제품 또는 서비스가 명시적 또는 묵시적 욕구를 만족시키는 능력이 있는 특징 또는 특성의 총체"로 언급하고 있으며, 품질관리는 "수요자의 요구에 합치하는 품질의 제품을 경제적으로 만들어 내는 모든 수단을 채용하고 있으며, 특히 통계적 품질관리라고 부르기도 한다"라고 정의하고 있다. Deming 박사는 "통계적 품질관리는 최대한 유용하고 시장성이 있는 제품을 가장 경제적으로 생산하는 것을 목표로 모든 단계에 통계학의 원칙과 수법을 응용하는 것이다"라고 언급하고 있다. 합리적인 품질관리를 위해서는 주관적인 판단을 배제하고 과학적인 수단의 적용으로 객관적인 판단을 내려야만 한다. 통계적인 기법들은 합리적으로 품질관리가 가능하도록 하는 기능을 제공하고 있다.

초기에 제조업에서의 품질관리는 단순한 품질검사를 의미하는 것으로 최종 완제품의 검사를 통하여 합격, 불합격의 판정을 내리는 것이었다. 하지만 불합격된 제품에 관련된 문제점을 해결하기 위하여 통계적인 기법을 적용하여 제품의 하자를 줄이는 것으로 의미가 확대되었으며, 나아가서 품질을 경영목표로 설정하여 관리하는 품질경영으로까지 변하게 되었다.

Deming 박사는 품질관리의 목적으로 다음 3가지를 제시하고 있다.

- 고객이 원하는 것이 무엇인가를 파악하는 것
- 고객의 요구를 고려한 물건의 생산속도와 경제성과 일관성을 가지고 만들 수 있는 제조공정을 설계하는 것
- 제품을 검사하여 공정을 개선하는 것

68) 김문한 외, 건설경영공학, 기문당, 2003.

건설업에서 품질관리의 목적은 설계도면과 시방서의 품질관련 요건사항을 만족시키면서 안전하고 신뢰성 있는 구조물을 경제적으로 완성하는 것이다. 김문한 외(2003)는 건설업에서 품질관리의 목적을 다음과 같이 정리하였다.

- 문제점을 발견하여 원인을 찾아내고 대책을 수립, 개선하여 요구되는 상태가 유지될 수 있도록 작업표준을 정하고 관리하는 것
- 각 공종에서 발생할 수 있는 품질의 산포를 감소시키는 것
- 예상되는 결점을 미연에 방지하는 것
- 공사 및 프로젝트 생산 전체에 대한 신뢰성을 증대시키는 것
- 이상의 사항들을 시간의 함수로써 신속히 해결하는 것

### 10.4.2 품질관리의 순서와 방법

품질관리는 품질요건을 충족시키기 위하여 사용되는 운영기법 및 관리활동을 의미하는 것으로 그림 10.8과 같은 순환과정으로 이루어진다.

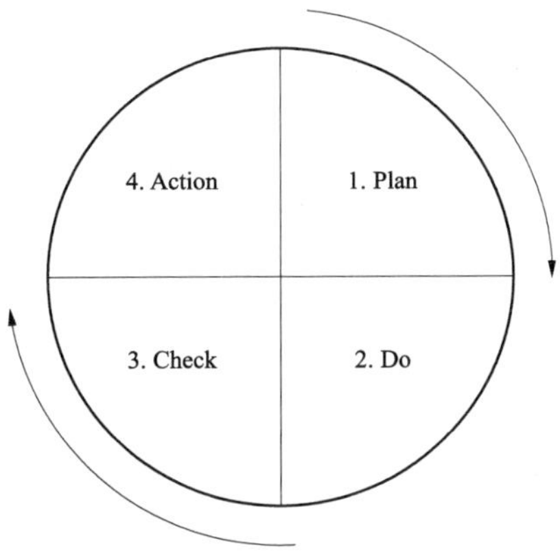


그림 10.8 관리 사이클

1) 계획 (Plan) - 목표를 설정하고 목표를 달성하기 위한 계획을 수립한다.
2) 실시 (Do) - 수립된 계획을 실시한다.
3) 검토 (Check) - 실시된 결과를 분석 · 검토한다.
4) 조치 (Action) - 검토결과 문제가 확인된 경우에 적절한 조치를 취한다.

품질관리의 실시는 다음과 같은 절차로 진행한다.

1) 품질을 판정할 기준이 되는 품질표준 및 품질목표를 설정한다.
   건축물 및 토목 구조물에 요구되는 품질과 규격에 관하여 표준이 설정되어야 한다. 주로 이러한 사항은 설계도면과 시방서 또는 관계법령에 규정되어 있다.
2) 품질표준을 달성할 수 있는 기술표준 및 작업표준을 설정한다.
   요구되는 품질의 목표치가 설정이 되면, 설정된 목표치를 충분히 만족 시킬 수 있도록 품질의 산란정도를 고려하여 작업을 수행해야 한다. 또한 품질목표를 달성하기 위한 작업방법을 구체적으로 설정해야만 한다. 즉, 표준화된 시험방법, 재료의 계량, 사용 및 관리방법, 허용오차 정도, 작업의 순서 등을 구체적으로 정해야 한다.
3) 정해진 표준에 의하여 교육훈련을 실시한다.
4) 작업표준에 따라서 작업을 실시하고, 관련 자료를 수집한다.
   작업결과에 대하여 측정대상이 되는 관리항목에 관한 자료를 수집한다. 특히 공공공사의 경우에는 시공단계의 품질관리 항목과 빈도를 시방서에서 언급하고 있다.
5) 자료를 분석하여 실시결과가 표준을 만족시키고 있는지 확인한다.
   설정된 기준치와 여유를 고려하여 조사된 실시결과가 이상이 없는지 확인해야 한다. 일반적으로 작업표준에 따라서 공사를 수행하더라도 품질의 특성치는 산란해서 분포하게 된다. 산란의 분포정도가 양호하며 정해진 여유내에 있는지를 확인해야 한다. 만약 분석결과 이상이 없으면 표준대로 작업을 계속 진행한다.
6) 품질목표와 실시결과를 분석하여 이상이 발견되면 그 원인을 찾아 적절한 시정조치를 취한다.
7) 시정조치의 효과를 확인한다.

### 10.4.3 품질관리 기법

품질의 특성치는 재료, 작업자의 기능정도, 공사방법, 현장조건, 기상조건, 데이터 수집방법에 따라서 산란도가 발생하게 되는데, 이러한 산란정도를 분석하여 산란의 원인을 분석하여 관리하기 위하여 통계적인 기법이 사용된다. 본 장에서는 품질관리에서 일반적으로 사용되고 있는 7가지 통계적인 기법을 소개하고자 한다. 통계적 방법은 모집단에서 일부만을 합리적으로 취하여 전체의 품질을 추정하는 신뢰성 있는 접근방법으로 인식되고 있다.

### (1) 관리도

공정의 상태를 평가하기 위한 기준(관리중심선과 상하한 관리한계선)을 설정하여 놓고 공정을 관리하는 방법이다. 관리도상에서 관측치가 상하한 관리한계선내에 존재하며 특정 분포패턴이 존재하지 않으면 정상적인 것으로 보며, 만약 관리한계선을 벗어나거나 특정 분포패턴이 존재하면 이상이 있는 것으로 파악할 수 있다.

관리도의 종류는 계량치 관리도로 x 관리도, $\bar{x}$-R 관리도와 $\tilde{x}$-R 관리도가 있으며, 계수치 관리도로 P 관리도, $P_n$ 관리도, C 관리도와 U 관리도가 있다.

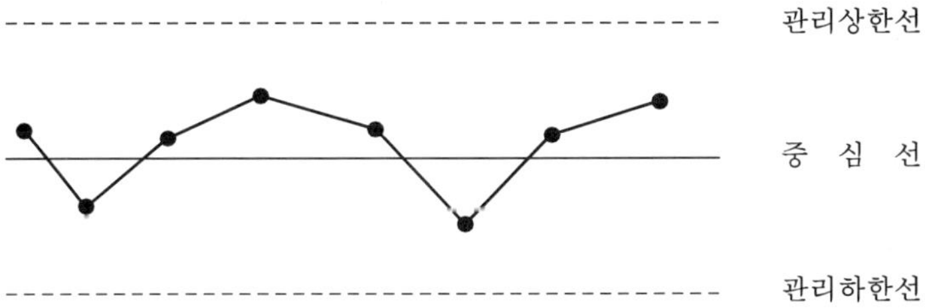


그림 10.9 관리도 예

### (2) 히스토그램

관측치가 어떤 분포를 이루고 있는지 알아보기 위하여 작성하는 막대그래프이다. 분포의 상태, 분포의 중심위치, 분포의 산포정도를 파악하여 품질의 상태가 어떠한지를 파악하기 위하여 사용된다.

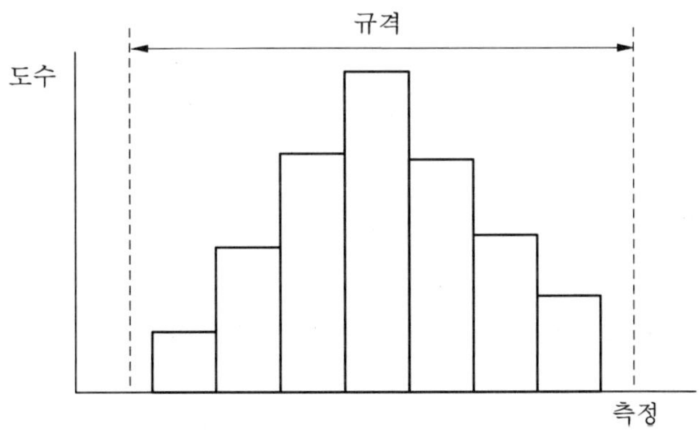


그림 10.10 히스토그램 예

품질의 상·하한치를 표시하는 세로선을 규격의 한계선으로 규정하면, 관측치의 산포가 규격안에 존재하는지의 여부와 평균값이 중앙에 위치하는지의 여부로 품질의 상태를 판단할 수 있다. 관측치의 산포가 규격을 벗어나거나 평균값이 한쪽으로 치우치는 경우에는 조치를 취해야 한다.

### (3) 파레토도

측정치를 항목별로 분류하여 크기 순으로 나열해 놓은 그래프로 하자발생 및 결함 등의 문제점을 파악하여 개선하기 위하여 사용된다. 불량건수 또는 손실금액의 크기 순으로 배열을 하여 직관적으로 파레토도로부터 주된 불량요인을 파악할 수 있다.

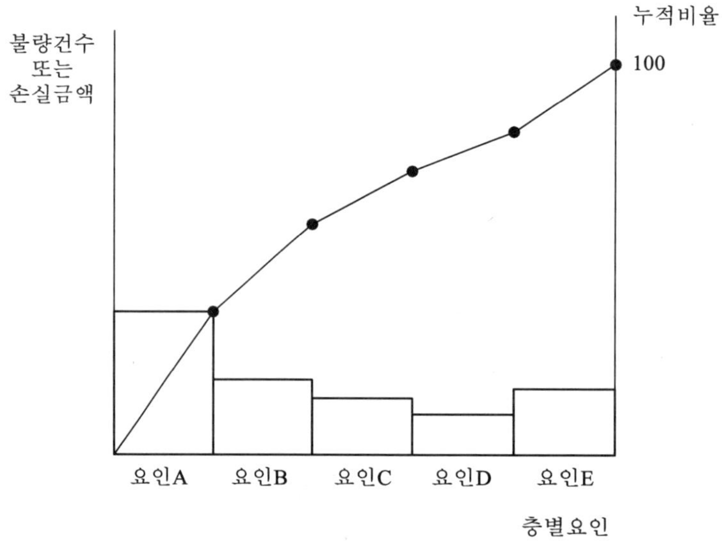


그림 10.11 파레토도 예

### (4) 특성요인도

특성요인도는 어떤 결과와 그 원인이 어떤 관계가 있는가를 나타내는 그림으로 하자 분석시 사용된다.

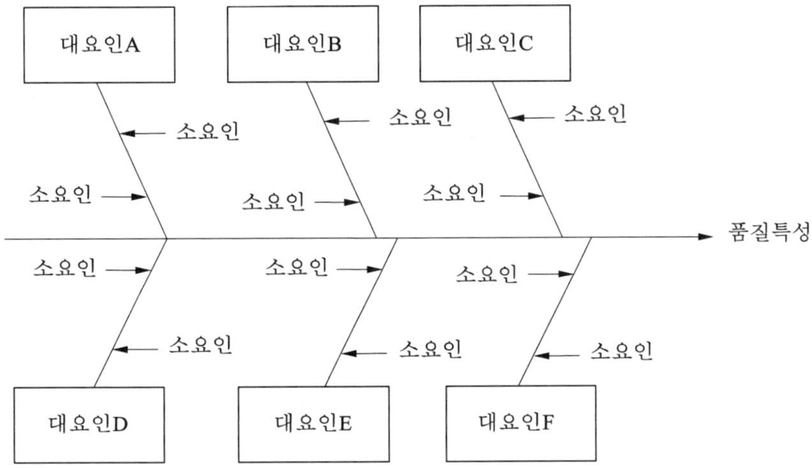


그림 10.12 특성요인도 예

## (5) 산포도

대응하는 2가지 측정치를 그래프용지에 점으로 나타내어, 2개의 데이터 사이의 상관관계를 파악하기 위하여 사용된다. 산포도의 모양에 따라서 정상관형, 무산관형, 그리고 부상관형으로 구분된다. 만약 상관관계수를 계산하여 유의성이 있으면 2개의 데이터 사이의 경향을 예측할 수 있는 회귀식을 구할 수 있다.

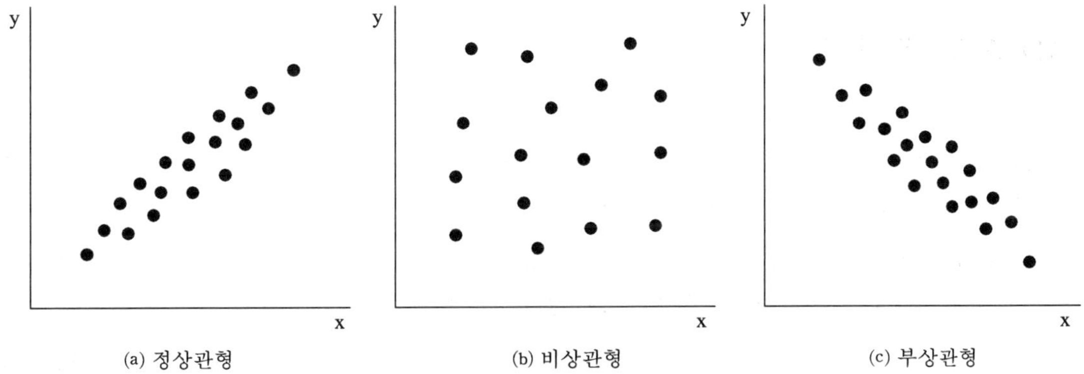


그림 10.13 산포도 예

## (6) 체크시트

데이터를 몇 개의 항목으로 분류하여 표시할 수 있도록 만든 그림 또는 표로 계수치의 데이터가 어느 항목에 집중되어 있는지를 파악하는데 사용한다.

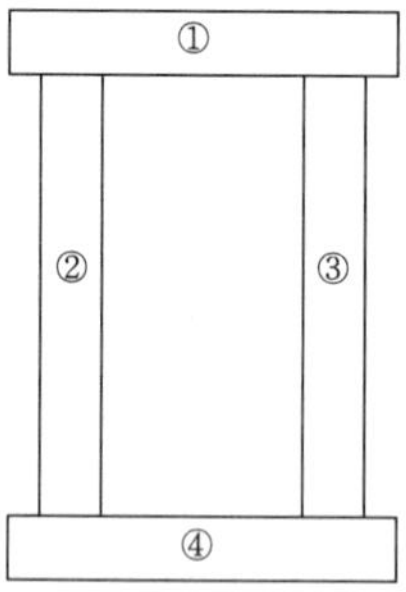


| 부위 \ 요일 | Mon | Tue | Wed | Thu | Fri | Sat |
|---|---|---|---|---|---|---|
| ① | / | // | / | / | // | / |
| ② | /// | / | /// | // | // | // |
| ③ | / | // | // | / | // | // |
| ④ | //// | // | // | //// | /// | /// |

그림 10.14 체크시트 예

### (7) 층별

측정된 데이터를 정해진 기준에 의하여 몇 개의 그룹으로 분류하여 그룹별로 품질의 분포를 살펴서 산란의 원인을 파악하는데 사용한다. 만약 불량이 발생했을 경우에 위치, 작업자, 투입자원 별로 구분하여 데이터를 구분하면 불량의 원인을 파악하는데 도움이 된다.

## 10.5 안전관리

그동안 건설업은 경제적으로 단기간에 계획한 구조물을 완성하는 것에만 관심을 두어온 반면 건설안전에 관해서는 관심이 많이 없었다. 이러한 안전에 관한 무관심으로 인하여 와우아파트 붕괴, 성수대교 붕괴, 대구 지하철 공사장 가스폭발, 삼풍백화점 붕괴 등과 같은 대형사고를 유발하게 되었으며 결과적으로 건설업은 국민들로부터 불신을 받는 계기가 된 것이다. 이러한 대형사고의 발생은 어느 한 시공회사의 잘못으로 인한 것이 아니라 안전의식이 결여된 발주자, 설계자, 시공자, 및 관련 담당자 모두의 책임이며 건설안전 정책의 미비가 원인이라고 할 수 있다. 건축물 및 토목구조물에 관련된 안전은 단순히 직접 공사에 참여하는 작업자의 안전뿐만 아니라 궁극적으로 해당 구조물을 사용하게 되는 일반 대중의 안전과도 직결되어 있으므로 매우 중요하다.

### 10.5.1 안전관리의 의의

2002년도 전체 산업재해 80,755건 중 건설재해는 19,925건이 발생했다. 전체 부상자는 79,306명이었고 이중 건설업에서 발생한 부상자 수는 19,258명이었으며, 전체 사망자의 2,605명 중 667명이 건설재해로 인한 것이었다. 전체 근로자 중에서 건설업에 종사하는 근로자는 9%정도이나, 건설업의 산업재해율은 전체의 25%를 차지하고 있다. 건설업의 산업재해 사망자 수는 전체 산업 중 가장 높은 수치이며, 건설회사가 산업재해로 인한 불이익을 피하고자 보고를 하지 않은 경우를 생각한다면 발표된 수치보다 훨씬 클 것으로 판단된다. 이러한 산업재해는 근로자와 근로자 가족에게 큰 고통을 가져오며 건설회사도 큰 경제적인 손실 및 이미지의 손실과 함께 나아가서는 입찰참가에 제약을 받는다.

재해예방은 산업안전보건법의 제1조 목적에서 "이 법은 산업안전, 보건에 관한 기준을 확립하고 그 책임을 소재를 명확하게 하여 산업재해를 예방하고 쾌적한 작업환경을 조성함으로써 근로자의 안진과 보건을 유지·증신함을 목석으로 한다."라고 명시함으로써 인간의 생명보호를 위한 법적인 이념을 나타내고 있다. 인명을 보호하기 위한 사회적 요구를 반영할 것이라고 볼 수 있다. 안전관리는 산업재해를 미연에 방지할 수 있도록 함으로써 완성된 구조물을 이용하는 일반대중의 인명과 재산을 보호하고, 산업재해에 대한 불안을 해소하여 건설활동을 하는 근로자의 근로의욕을 고취하고, 사업자가 불필요한 경영손실을 막을 수 있도록 하여 안정적 이윤추구가 가능하도록 한다.

### 10.5.2 건설 안전사고의 요인

건설교통부는 건설산업이 타산업에 비하여 비교적 높은 산업재해율을 기록하는 있는 원인으로 다음과 같은 8가지 요인을 제시하고 있다.[69)]

#### (1) 작업환경의 가변성

건설작업의 대부분이 자연환경의 영향을 많이 받는 외부에서 이루어지고 있어서, 가변적인 상황이 많이 발생하여 사고의 위험을 예측하기에 어려움이 많이 따른다.

69) 건설교통부, 건설공사 안전관리지침 제정연구, 건설교통부, 1996.

### (2) 작업 자체의 위험성

작업환경 내에서 빈번한 인력, 장비 및 재료의 이동이 생기며, 중량물의 이동 및 취급시 위험요인이 항상 내포되어 있으며, 고소작업, 수중작업, 터널내 작업 등과 같이 보호장비 및 도구 없이 작업하기 힘든 환경에서의 공사수행과 같은 작업의 위치에 따른 위험요인이 있다.

### (3) 공사계약의 불평등

발주자에 의하여 공사기간 및 공사비가 무리하게 책정되는 경우에는 계약자는 주어진 계약조건을 완수하기 위하여 안전관리에 대해서는 무관심해질 우려가 있다.

### (4) 고용의 불안정과 근로자의 유동성

건설공사에 참여하는 대부분의 인력은 상시고용 인력이 아니라 일용직 인력이 대부분이다. 따라서 소속감이 없으며 고용에 관한 불안감등이 팽배해 있다. 이러한 이유에 기인하여 안전에 관한 체계적이며 지속적인 교육을 수행하기가 힘들고 근로자들도 안전교육을 형식적으로 생각하는 경우가 많다.

### (5) 신기술 · 신공법에 따른 안전기술 부족

신기술 · 신공법의 개발하여 처음으로 도입하는 경우에는 경험미숙으로 인한 위험성이 항상 존재하지만 사전에 안전대책에 관한 충분한 검토가 없는 경우가 많다. 오직 공사비 절감 및 공기단축에 중점을 두고 있어서 근로자의 안전에 대한 배려가 부족한 것이 현실이다.

### (6) 하도급에서 발생되는 여건

대규모 건설공사의 경우에 여러 단계에 걸쳐서 하도급을 주어 공사를 진행하게 되면 안전관리에 대한 인식이 부족해지며 또한 책임소재도 불명확해지게 되므로 안전에 대한 조치가 소홀해 진다.

(7) 공정의 연속성 및 복합성

건설공사는 수많은 공정이 복합적으로 연관이 되어 수행이 되므로 어느 한 공정에서의 부실은 다른 공정에 영향을 미치게 되며, 이러한 영향은 잠재적으로 안전사고의 발생요소로 존재하게 된다. 잠재적인 요인들이 누적되면 구조물의 기능에 영향을 주어서 결과적으로 건설재해가 발생하게 되는 것이다.

(8) 근로자의 안전의식 부족

작업의 특수성으로 인하여 일일 근무시간이 불명확하며, 공기를 준수하기 위하여 휴일작업 및 야간작업 등을 수행하는 경우에는 작업자들의 피로가 누적되어 안전에 관하여 소홀해 지는 경우도 많다.

### 10.5.3 건설 안전활동

건설재해를 방지하기 위해서는 기획단계에서부터 미리 발생할 수 있는 사고가능성에 대비를 해야만 한다. 이것을 위해서는 작업표준 마련, 작업자의 안전교육, 정기적인 안전점검, 및 제도적 뒷받침이 되어야 할 것이다.

(1) 작업표준

건설공사 수행을 위한 작업표준은 안전한 작업방법과 순서를 제시하여 요구되는 품질의 공사를 빠르고 바르게 할 수 있도록 하는데 목적이 있다. 이배호(2000)는 작업표준을 어떤 작업을 동작과 시간의 관계로 분석해서 여기에 안전요소를 가미한 것으로 정의하고 있으며, 작업표준 작성을 위해서는 작업원이 함께 참여하여 정확한 동작의 단계 및 동작의 순서를 파악해야 하며, 동작간의 리듬을 고려하고 유효한 범위내에서 적정한 속도로 실시할 것을 언급하고 있다. 표준화된 절차와 순서에 따라서 작업을 실시함으로써 안전하게 작업을 수행하고 정해진 공정을 준수할 수 있도록 하는 것이다.

### (2) 안전교육 및 예방조치

우선적으로 작업자가 전체적인 작업 및 작업현장에 관하여 이해할 수 있도록 해야 하며, 정해진 작업표준에 관하여 교육과 훈련을 실시해야 한다. 또한 새롭게 적용되는 기술이나 방법에 관해서도 지속적으로 반복교육을 실시해야 한다. 안전교육은 작업수행 중에 예상치 못한 안전사고 방지를 위하여 매우 중요한 의미를 갖는다. 하지만 안전교육이 형식적으로 실시되는 경우도 많으며 공사관리자들도 안전문제를 개인적인 문제로 간주하고 있어서 체계적인 관리활동이 이루어지지 못하는 경우도 있다.

안전교육이 실효성을 거두기 위해서는 작업자의 지식수준, 연령, 경험정도를 고려하여 실시되어야 하며, 실질적이며 현실적인 교육이 정기적으로 실시되어야만 한다. 경영자나 공사관리자들도 안전관리의 필요성을 인지하고 현장 작업자들이 안전에 관한 구체적인 목표를 설정할 수 있도록 지원할 수 있는 관리활동에 노력을 기울여야 할 것이다. 효과적인 안전교육을 위한 인력양성, 프로그램 개발 및 교육보조재의 개발이 필요하다고 판단된다. 현장에서 작업자들은 작업실시전에 해당 작업의 내용, 범위, 방법을 숙지하고 안전주의사항을 인지하고 있어야만 하며 복장 및 필요한 개인보호구의 착용 여부를 확인해야 한다.

### (3) 안전점검

안전점검은 사고의 원인이 될 수 있는 여러 가지 불완전한 상태 및 동작을 파악하여 미리 시정조치를 취함으로써 재해발생을 방지하고자 하는데 목적이 있다. 안전점검은 안전전담요원에 의하여 실시되고, 점검대상은 작업환경, 설비 및 기계, 작업자 그리고 작업내용이 된다. 안전점검은 정해진 항목에 관하여 정해진 시기와 방법에 의하여 실시된다.

### (4) 안전관련 제도

법과 제도를 통하여 건설업에서 안전관리가 정착되도록 유도하고 있으며, 일정규모 이상의 건설회사는 안전위원회와 협의조직을 두도록 의무화하고 있다. 제도를 효율적으로 운영하기 위해서는 건설안전을 담당하는 정부부처가 일원화되어야 할 것이며, 공사별 안전지침, 안전시방서, 안전점검요령 등이 마련되어야 할 것이다. 그리고 건설업체들도 상시적인 안전관리 조직을 운영하고 부족한 부분은 강화를 해야 할 것이다. 신기술 및 신공법을 적용하는 경우에는 안전에 관한 평가가 사전에 시행되어야 할 것이며 공사진행 중에도 지속적으로 관리가 될 수 있도록 제도적으로 뒷받침 되어야 한다.

### 10.5.4 사고 발생시 조치 사항

사고가 발생한 경우에는 즉시 작업을 중단하고 피해자가 발생했는지를 확인하고 적절한 조치를 취해야 한다. 그리고 2차적인 피해가 발생하지 않도록 안전조치를 취해야 한다. 사고의 조사는 빠른 시간내에 객관적인 관점에서 실시하도록 한다. 구체적으로 인적요인, 물적요인, 관리적 요인으로 조사를 실시하여 사고의 원인을 분석해야 한다. 원인에 대한 해결책을 마련하고 향후의 공사를 위하여 해당 사실을 관리자 및 작업자에게 주지 시켜야 한다. 발생한 사고와 유사한 과거의 사례를 찾아 분석하고 자료를 남겨두어 동일한 사고의 재발을 방지할 수 있도록 해야 한다.

## 10.6 조달관리

조달관리는 건설공사의 모든 단계에서 발생하는 것으로 제한된 공비 및 공기에 요구되는 품질의 공사를 수행하기 위하여 매우 중요한 활동이라고 말할 수 있다. 건설공사를 수행하기 위하여 필요한 투입자원 및 용역서비스를 외부로부터 공급해야만 하는데, 얼마나 조달내용에 관한 사항을 정확히 정의하여 계획을 세우고, 어떻게 능력있는 조달업체를 선정하고, 어떻게 조달된 자원들을 관리운영 할 것인가가 건설공사의 성패를 좌우한다.

### 10.6.1 조달관리의 개념

조달관리는 건설공사의 전체단계에 걸쳐서 필요한 인력, 자재, 장비, 자금, 용역 등을 적시에 최소의 비용으로 안정적으로 공급하는 것을 목적으로 한다. 정해진 예산 내에서 공사일정에 맞추어 요구되는 품질과 필요한 수량만큼의 자원을 배당하는 것은 공사의 성패와 밀접한 관계가 있다. 공사를 수행하다보면 수많은 종류의 자원이 투입되게 되고, 또한 동일한 건설공사에서 같은 자원이 여러 곳에서 동시에 사용되기도 한다. 자원이 무한정으로 공급되는 것이 아니므로 이러한 경우에 자원투입의 우선순위의 문제가 발생하는데 전체 공사의 이득측면에서 투입자원의 우선순위를 고려하게 된다.

건설업에서의 조달관리는 건설업의 특성상 제조업과 비교하여 불확실성이 많으므로 관리하는데 주의를 기울여야 한다. 대체적으로 공기가 길고, 자연환경 및 작업여건에 영향을 많이 받으며, 투입되는 자원의 종류가 다양하고, 하도급에 의한 생산구조로 인한 예측할 수 없는 변화가 존재하여 일괄적이며 장기적인 조달계획을 수립하기가 어렵다. 특히 자재는 공사원가 중에서 많은 비중을 차지하는데 미리 자재를 많이 조달하게 되는 경우에는 계획보다 많은 투입자본과 이자, 그리고 재고관리에 따른 비용의 부담이 발생하게 되며, 자재조달이 늦어지는 경우에는 공기지연으로 인한 각종 손실이 발생하게 된다. 따라서 변화되는 공사일정에 따른 효과적이며 탄력있는 조달계획이 매우 중요하다.

### 10.6.2 조달관리의 업무절차

미국의 프로젝트관리협회(Project Management Institute: PMI)에서는 표 10.1과 같이 프로젝트 조달관리를 위한 절차를 제시하고 있다.[70)]

1) 조달계획 (Procurement Planning) - 무엇을 언제 조달할 것인가를 결정
2) 공급자 모집계획 (Solicitation Planning) - 조달품목의 요구조건에 관한 서류작성 및 잠재적 자원의 확인
3) 공급자 모집 (Solicitation) - 입찰서, 견적서, 제안서의 획득
4) 공급자 선정 (Source Selection) - 잠재적인 공급자들로부터 공급자 선정
5) 계약관리 (Contract Administration) - 공급자와의 관계업무 수행
6) 계약종료 (Contract Closeout) - 계약의 종료 및 처리

70) PMI, A Guide to the Project Management Body of Knowledge, Project Management Institute Inc., 2000.

표 10.1 프로젝트 조달관리 절차 (PMI, 2000)

| 항 목 \ 단계 | 조달계획 | 공급자 모집계획 | 공급자 모집 | 공급자 선정 | 계약관리 | 계약종료 |
|---|---|---|---|---|---|---|
| 투 입 | 범위기술서<br>제품설명<br>조달자원<br>시장상황<br>기타 계획서<br>제약사항<br>가정사항 | 조달관리 계획<br>작업 설명서<br>기타 계획서 | 조달서류<br>자격이 있는<br>업체의 리스트 | 입찰서<br>평가기준<br>조직적인 정책 | 계약<br>작업결과<br>변경요구<br>공급자 송장 | 계약 문서화 |
| 도구 및 기법 | 내부 및<br>외부제작<br>전문가 판단<br>계약종류 선정 | 표준양식<br>전문가 판단 | 응찰자 면담<br>광고 | 계약협상<br>가중치 체계<br>선별 체계<br>개별적 평가 | 계약변경<br>관리 시스템<br>진도보고<br>지급 시스템 | 조달심사 |
| 산 출 | 조달관리 계획<br>작업 설명서 | 조달서류<br>평가기준<br>작업설명서<br>겡신 | 입찰서 | 계약 | 계약일치<br>계약변경<br>지불요청 | 계약 파일<br>공식적인<br>승인 및<br>종료 |

### 10.6.3 인력계획

공정계획에 따라서 일별로 수행해야하는 작업의 종류, 성격, 및 작업물량에 따라서 필요한 인력을 산출하게 된다. 이미 수행되어야만 하는 작업을 위하여 인력이 확보되어 있다면 문제가 없지만, 인력이 확보되지 못한 경우에는 예정대로 공사를 진행할 수 없으므로 공사일정에 변경이 생길 가능성이 있다. 따라서 일정대로 공사를 진행하려면 야간작업 및 휴일작업 등의 추가적인 작업을 통하여 계획된 작업량을 소화하거나 아니면 하도급업체를 고용하여 문제를 해결해야 한다.

인력계획에서는 일, 주, 또는 월별로 계획된 작업물량을 최소한의 인원으로 완성을 할 수 있도록 계획을 세우고, 필요한 인력을 적시에 차질없이 공급할 수 있도록 계획을 수립하는 것이 중요하다. 그리고 필요한 인력을 수시로 늘리거나 줄이는 것보다는 인력을 평준화하여 일정 인원을 꾸준히 투입하는 것이 인력관리 측면에서 편리하다. 경우에 따라서는 인력을 직접 고용하여 작업에 투입하는 것보다 하도급업체를 고용하여 작업을 수행하는 것이 효율적인 경우가 있다. 이러한 경우에는 하도급업체를 선정할 때, 하도급업체의 경영상태, 시공경험, 적정 기술자의 보유 및 모집 가능성 여부 등을 종합적으로 판단하여 선정을 해야 한다.

### 10.6.4 장비계획

지금과 같이 공사가 복잡화 대규모화 되어가고 있는 상황에서 기계화 시공은 효과적인 건설공사 수행을 위한 매우 중요한 요소가 되었다. 어떻게 필요한 장비를 조달하여 건설공사에 투입하여 작업을 수행할 것인가, 어떤 장비조합이 작업효율을 높일 수 있는가, 그리고 어떻게 장비를 운영 및 유지 관리할 것인가에 관한 사항은 건설공사의 품질향상, 안전향상, 공기단축 및 공비절감 등과 밀접한 관계를 갖고 있다.

필요한 장비의 종류 및 소요 대수는 인력계획에서와 마찬가지로 일정계획에 의거하여 파악할 수 있다. 작업에 투입되어야 하는 장비는 직접회사에서 구입하여 보유하거나 또는 일정기간 동안만 임대를 하여 확보할 수 있다. 확보된 장비를 대상으로 장비의 기종별로 일별 활용계획을 세워야하며 장비운영 시간이 최대가 되도록 해야 한다. 장비를 운영함에 있어서 장비의 조합은 생산성과 직접적인 관련이 있다. 일반적으로 장비군의 생산능력은 조합을 이루는 장비 중에서 가장 낮은 생산능력을 가지고 있는 장비에 영향을 받게 되므로 각각 장비의 능력과 효율성도 검토가 되어야만 한다. 그리고 장비를 선정함에 있어서 되도록이면 다기능의 범용성이 있는 장비를 선택하는 것이 유리하다. 왜냐하면 하나의 장비로 다양한 작업에 투입을 가능하게 함으로써 장비의 운휴시간을 최소하여 궁극적으로 생산성 향상의 효과가 있게 된다.

만약 확보된 장비가 계획된 공사에 투입하기에 부족한 경우에는 인력계획에서와 마찬가지로 추가시간 작업을 통하여 보완하도록 하거나 추가적인 장비를 투입하는 방법이 있다. 이러한 방법을 사용할 수 없는 경우에는 공기연장이 최소한으로 되도록 장비운영 계획을 새로 수립해야만 한다.

### 10.6.5 자재계획

설계도서에서 명시된 품질과 조건을 만족하는 소요자재를 일정계획에 맞게 조달할 수 있어야만 한다. 요구되는 자재가 계획된 시각에 필요한 수량만큼 조달되지 않는다면 공기지연이 발생할 수 있다. 자재는 장기간에 소요되는 자재, 일시에 소요되는 자재, 및 반복적으로 사용되는 가설자재가 있다. 자재계획에서는 중점관리 대상인 자재를 파악하여 안정적으로 공급할 수 있도록 해야 한다. 자재의 안정적 공급을 위해서는 자재의 품질, 가격, 공급능력을 고려한 납품업자의 선정과 적정한 재고능력을 고려한 1회 구입량과 구입일정, 그리고 가설자재의 전용계획 등을 사전에 미리 면밀히 검토해야만 한다.[71] 납품업자를 선택함에 있어서 대상을 다양화함으로써 안정적 조달과 적정비용을 유지할 수 있도록 해야 할 것이다.

이배호(2000)는 자재조달 계획을 세우는데 다음과 같은 유의할 점을 언급하고 있다.

- 자재의 품목, 규격, 품질
- 사용목적
- 총수량 또는 기간별 소요수량
- 사용시기
- 사용현장의 상황에 따라 사용후의 재사용 여부
- 재고품, 대체품 또는 다른 현장으로부터 전용 여부

## 10.6.6 보관관리

자재가 현장에 반입되면 우선적으로 반입된 자재가 주문서와 일치하는지 요구되는 종류, 규격, 수량, 품질 및 성질이 일치하는지를 확인해야 한다. 확인후 이상이 없으면 자재장부에 기록을 하고 자재별로 품질 및 성능에 이상이 생기지 않도록 정해진 보관방법에 따라서 창고 또는 정해진 장소에 보관을 해야 하며 도난에 대해서도 주의를 기울여야 한다. 자재의 반출이 이루어질 때마다 자재의 종류, 수량 등을 기록해야하고 항상 자재의 재고량을 파악하여 부족한 자재가 있으면 일정수준으로 재고량을 채워야 한다. 재고량이 과다하게 되면 투자비 및 이자, 보관비에 대한 부담과 재료의 파손 및 변형 등으로 인한 손실이 발생하게 되고, 재고량이 부족하게 되면 자재가 필요한 경우 적절히 공급할 수 없게 되어 공사진행에 차질을 가져오게 된다. 따라서 공사일정을 면밀히 파악하여 적정수준의 자재의 재고량을 유지해야만 한다. 자재의 보관시에는 자재별로 요구되는 보관방법 및 장소에 따라 정리 정돈하여 보관하여야 하며, 온도, 배수 및 통풍에 주의를 기울여야 한다.

71) 이배호, 건설공사관리 이론과 실제, 구미서관, 2000.

근래에는 정보통신 기술이 발달로 인하여 효율적으로 자재관리를 할 수 있게 되었다. 자재관리에 재고관리 시스템, 바코드, RFID, PDF 등을 이용함으로써 기존의 문서위주의 관리방법보다 빠르고 정확하고 효율적으로 관리가 가능하게 된 것이다.

## 연습문제

1. 건설프로젝트의 계약유형 3가지에 관하여 설명을 하시오.
2. 건설관리(Construction Management)의 목적은 무엇인가?
3. 건설관리의 요소기능은 무엇인가?
4. 건설공사의 투입자원 5M은 무엇인가?
5. 공정관리 기법인 막대도표, CPM, PERT, PDM 기법의 장단점을 비교 설명하시오.
6. 공사의 원가를 구성하는 항목은 무잇인가?
7. 품질관리의 목적은 무엇인가?
8. 전통적인 품질관리 도구 7가지에 관하여 설명하시오.
9. 품질관리의 절차를 설명하시오.
10. 조달관리의 목적은 무엇인가?
11. 건설공사 수행을 위하여 작업표준을 정하는 의미는 무엇인가?
12. 다음 그림은 일정 및 원가편차를 나타낸 것이다. ❶❷❸은 무엇이며 그 의미를 설명하시오.

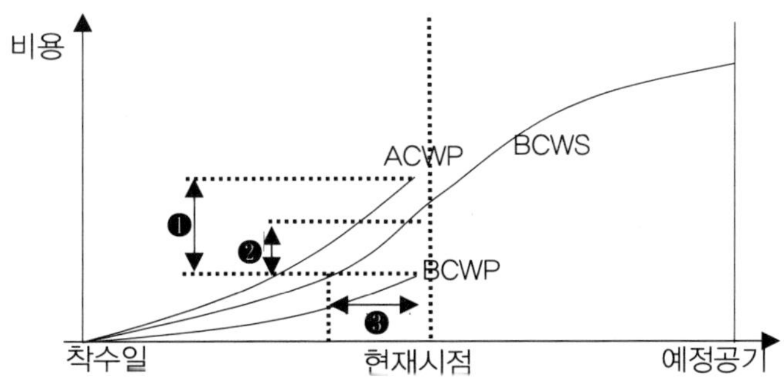

# 참고문헌

건설교통부(1996), 건설공사 안전관리지침 제정연구, 건설교통부

김문한 외(2003), 건설경영공학, 기문당

이배호(2000), 건설공사관리의 이론과 실제, 도서출판 구미서관

이양규(2002), 건설공사관리 및 적산학, 보문당

한국건설산업연구원(1997), 건설관리 및 경영, 보성각

한국건설기술연구원(2000), 건설사업관리 발주체계 및 조달시스템 연구보고서, 건설교통부

한국건설기술연구원(2001), 건설사업관리 적용방안 연구보고서, 한국수자원공사

PMI(2000), A Guide to the Project Management Body of Knowledge, Project Management Institute

Harries, R.B and Ioannoy, P.G(1998), Repetitive Schedufing Method, UMCEE Report No. 98-35, Civil & Environmental Eng., Univ of Michigan

## ▶▶ Website

호서대학교 홈페이지 <http://pax.hosoe.ac.kr/resrc_bb4128/PMS>

## 저자 약력

**이철규**

중앙대학교 토목공학과(공학사)
중앙대학교 대학원(공학석사)
중앙대학교 대학원(공학박사)
한국건설기술연구원 선임연구원
현. 기획예산처 사무관

**김성근**

중앙대학교 토목공학과(공학사)
중앙대학교 대학원(공학석사)
University of Wisconsin-Madison(공학박사)
한국건설기술연구원 선임연구원
제주대학교 토목공학과 전임강사
현. 서울과학기술대학교 건설시스템디자인공학과 부교수

**김경주**

한양대학교 토목공학과(공학사)
한양대학교 대학원(공학석사)
University of Texas-Austin(공학박사)
한국건설기술연구원 선임연구원
현. 중앙대학교 건설환경공학과 부교수

**토목공학개론**

저 자 이철규 · 김성근 · 김경주

발행인 임 해 진
발행처 구미서관

발 행 2006년 2월 25일 초판 1쇄
2015년 9월 10일 초판 5쇄

주 소 서울시 마포구 신촌로2길 5-15 구미빌딩
등 록 1979년 6월 29일 No.9-6호
ISBN 89-8225-478-1 (93530)

TEL : (代) 333-1101 FAX : 335-2201
**http://www.goomibook.com**

**정가 15,000원**